河南省"十四五"普通高等教育规划教材

普通高等教育土木与交通类"十四五"新形态教材

土木工程材料

（第2版）

主　编　李克亮　霍洪媛

主　审　赵顺波

中国水利水电出版社

www.waterpub.com.cn

·北京·

内 容 提 要

　　本书是按照《高等学校土木工程本科指导性专业规范》编写的河南省"十四五"普通高等教育规划教材和普通高等教育土木与交通类"十四五"新形态教材。全书共11章，内容包括土木工程材料的基本性质、无机胶凝材料、水泥混凝土、建筑砂浆、墙体材料、建筑钢材、沥青及沥青混合料、合成高分子材料、木材、建筑功能材料与土木工程材料试验。为配合教学，每章均附有本章内容及要求、重点、难点、思考题，并有各种材料发展情况、思考题讲解视频及工程实例与分析，供学生学习参考。

　　本书适用于高等学校土木类相关本科专业教学，也可供从事土木工程勘测、设计、施工、监理、科研和管理等相关人员参考。

图书在版编目（CIP）数据

　　土木工程材料 / 李克亮，霍洪媛主编. -- 2版. --
北京：中国水利水电出版社，2022.6
　　ISBN 978-7-5226-0743-6

　　Ⅰ. ①土… Ⅱ. ①李… ②霍… Ⅲ. ①土木工程－建筑材料－高等学校－教材 Ⅳ. ①TU5

　　中国版本图书馆CIP数据核字（2022）第093697号

书　名	河南省"十四五"普通高等教育规划教材 普通高等教育土木与交通类"十四五"新形态教材 **土木工程材料（第2版）** TUMU GONGCHENG CAILIAO	
作　者	主　编　李克亮　霍洪媛 主　审　赵顺波	
出版发行	中国水利水电出版社 （北京市海淀区玉渊潭南路1号D座　100038） 网址：www. waterpub. com. cn E-mail：sales@mwr. gov. cn 电话：（010）68545888（营销中心）	
经　售	北京科水图书销售有限公司 电话：（010）68545874、63202643 全国各地新华书店和相关出版物销售网点	
排　版	中国水利水电出版社微机排版中心	
印　刷	清淞永业（天津）印刷有限公司	
规　格	184mm×260mm　16开本　21.5印张　523千字	
版　次	2012年6月第1版第1次印刷 2022年6月第2版　2022年6月第1次印刷	
印　数	0001—2000册	
定　价	**58.00**元	

前　言

　　本书为河南省"十四五"普通高等教育规划教材和普通高等教育土木与交通类"十四五"新形态教材，根据《高等学校土木工程本科指导性专业规范》，按照大土木学科背景、应用型人才培养目标，围绕专业规范要求的土木工程材料基础知识领域中的核心知识单元和知识点，按土木工程材料种类编排章节，以各类材料的技术性质为中心内容，充分考虑了土木工程材料研究新成果和国家及行业新标准（规范），同时增加工程实例与分析和视频等电子资源供学生拓展知识。编写过程中力求语言简练、重点突出、图文并茂，以满足专业规范设定的课程教学要求。

　　本书由华北水利水电大学李克亮、霍洪媛两位教授担任主编，赵顺波教授担任主审。各章编写人员为：李克亮（绪论、3.5 节、第 10 章），霍洪媛（第 1 章），陈渊召（第 2 章），马军涛（3.1～3.4 节），赵玉青（第 4 章、第 5 章），刘焕强（第 6 章、第 7 章），王慧贤（第 8 章、第 9 章），王静、陈记豪（第 11 章）。另外，工程实例与分析由李克亮编写，思考题讲解视频由刘焕强制作，其他视频由马军涛制作。

　　限于作者水平，加之土木工程材料千差万别，书中疏漏与不妥之处在所难免，敬请广大读者批评指正。

　　本教材获得华北水利水电大学教材建设基金资助。

编者

2022 年 6 月

目 录

绪　　论

本章导读

　　内容及要求：本章主要介绍土木工程材料的定义与分类；土木工程材料在工程建设中的作用；土木工程材料的发展；土木工程材料的技术标准。通过本章的学习，应掌握土木工程材料的定义与分类；了解土木工程材料在工程建设中的作用、发展过程及其技术标准；建立对土木工程材料的感性认识。

　　重点：土木工程材料的定义与分类。

　　难点：土木工程材料标准分类及代号表示方法。

0.1　土木工程材料的定义与分类

　　土木工程是指建造在地上或地下，直接或间接为人类生活、生产、军事、科研服务的各种工程设施，例如房屋、道路、铁路、隧道、桥梁、运河、堤坝、港口、电站、飞机场、海洋平台、给水排水以及防护工程等。土木工程材料是指用于土木工程中的各种材料及其制品，包括构成土木工程实体的材料如砂石、水泥、石灰、混凝土、钢材、沥青、沥青混合料、功能材料等；施工过程的辅助材料如脚手架、模板等；建筑器材如消防设备、给排水设备、网络通信设备等。本课程中主要讲述构成土木工程实体（基础、地面、墙体、梁、柱、板、屋面、路、桥梁、水坝等）的这一类材料，也称为狭义的土木工程材料。

　　土木工程材料种类繁多，为了方便研究和使用，常从不同的角度对土木工程材料进行分类。常用的分类主要有以下4种。

　　（1）根据材料来源，可分为天然材料和人工材料。

　　（2）根据材料化学成分，可分为无机材料、有机材料和复合材料，见表0.1。

　　（3）根据材料在土木工程中的应用部位，可分为结构材料、墙体材料、屋面材料、地面材料、饰面材料、吊顶材料等。

表 0.1　　　　　　　　　土木工程材料按化学成分的分类

无机材料	金属材料	黑色金属	钢、铁及其合金
		有色金属	铝、铜等及其合金
	非金属材料	天然石材	砂石料及石材制品
		烧土制品	砖、瓦、玻璃等
		胶凝材料	石灰、石膏、水泥等

续表

有机材料	植物材料	木材、竹材等
	沥青材料	石油沥青、煤沥青及沥青制品
	高分子材料	塑料、合成橡胶等
复合材料	非金属材料与非金属材料复合	水泥混凝土、砂浆等
	无机非金属材料与有机材料复合	玻璃纤维增强塑料、聚合物水泥混凝土、沥青混合料等
	金属材料与无机非金属材料复合	钢纤维增强混凝土等
	金属材料与有机材料复合	轻质金属夹芯板等

（4）根据材料在建筑中所起的作用，可分为承重材料、防水材料、隔热保温材料、防护材料、装饰材料、密封材料、吸声隔声材料、智能材料等。

0.2　土木工程材料在工程建设中的作用

1. 土木工程材料对工程造价的影响

土木工程材料是各项工程建设的重要物质基础。在工程建设过程中，材料的选择、使用与管理是否合理，对其工程成本的影响很大。一项工程中用于材料购买与加工的费用，占工程总造价的比例可高达 60％以上。在满足相同技术指标和质量要求的前提下，如何从品种繁多的材料中，选择质优价廉的材料，对降低工程造价具有重要意义。就是选择了相同的材料，使用方法不同，也可能产生不同的经济效果。因此，从工程技术经济及可持续发展的角度来看，在土木工程建设工作中正确选择和使用材料，对于创造良好的经济效益与社会效益是十分重要的。

2. 土木工程材料对工程质量的影响

工程质量的优劣，通常与其采用材料的好坏以及材料使用的合理与否有直接的关系。为保证工程质量，要从材料的生产、选择、运输、保管，到材料的出库、检测和使用的每个环节，都必须严格按照国家相关标准进行科学管理。否则，任何环节的失误，都有可能导致工程质量事故。大量的事实表明，多数建筑物的病害和工程质量事故都与工程材料有关，材料选择不当、质量不符合要求，建筑物的正常使用和耐久性就得不到保障。重要的工程建设项目均是建立在高质量的工程材料基础上，例如，青藏铁路工程采用的是抗冻高性能混凝土，三峡大坝工程采用的是低水化热高性能混凝土，北京奥运会国家体育中心"鸟巢"工程采用的是高强优质钢材，"水立方"整个建筑外层包裹了一层具有良好热学性能和透光性的 ETFE 膜。因此，从事土木工程建设，就必须准确熟练地掌握工程材料知识，正确地选择和合理使用土木工程材料。

3. 土木工程材料对工程技术的影响

土木工程材料和建筑、结构、施工一起构成土木工程学科的主体，其中土木工程材料是基础。材料品种、质量及规格，直接影响着各项土木工程的坚固、耐久、适用、美观和经济性，也是影响土木工程结构设计形式和施工方法的主要因素。工程中许多技术问题的突破，往往也依赖于土木工程材料问题的解决。新的土木工程材料的

水立方膜
结构工程

出现，又将促进结构设计形式及施工技术的革新。例如，水泥和钢筋的出现，产生了钢筋混凝土结构；轻质材料和保温材料的出现对减轻建筑物的自重、提高建筑物的抗震能力、改善工作与居住环境条件等起到了十分有益的作用，并推动了节能建筑的发展；新型装饰材料的出现使得建筑物的造型及建筑物的内外装饰焕然一新，生气勃勃；混凝土减水剂尤其是高效减水剂与高性能减水剂的问世与使用，可使混凝土的流动性大大提高，促进了泵送混凝土施工技术的快速发展，同时也实现了混凝土的高强度化，推动了现代建筑向高层和大跨度方向发展。建筑设计理论的进步和施工技术的革新不但受到建筑材料发展的制约，亦受到建筑材料发展的推动。大跨度预应力结构、薄壳结构、悬索结构、空间网架结构、节能型绿色环保建筑的出现无疑都是与新材料的产生密切相关的。因此，土木工程材料技术的迅速发展，对于工程技术的进步具有重要的推动作用。

0.3　土木工程材料的发展

土木工程材料的发展是随着人类社会生产力和科学技术水平的提高而逐步发展的。其发展历经从天然材料到人工材料，从手工业生产到工业化生产，从单一材料到复合材料几个阶段。

原始社会，人类只能简单使用天然材料如泥土、砂石和树木。火的使用，使砖、瓦和石灰等烧土制品产生。在学会用黏土烧制砖瓦，用岩石烧制石灰、石膏后，土木工程材料由天然材料阶段进入到人工材料阶段。在公元初，人类学会了使用水硬性胶凝材料，建造了罗马圣庙与庞贝城。

进入 18 世纪，工业革命兴起，促进了工商业和交通运输业的蓬勃发展，土木工程材料也进入了一个新的发展时期，钢铁、水泥和混凝土这些具有优良性能的无机材料相继问世，为现代大规模工程建设奠定了基础。近代土木工程材料方面具有划时代意义的几个事件：1824 年，英国人 J. Aspdin 获得了人工配料生产硅酸盐水泥的专利，开启了近现代的水泥混凝土时代；19 世纪中叶发明的工业化炼钢技术，催生了钢结构技术，从而使结构物跨度从砖木结构时代的几十米增加到超过百米，并出现了钢筋混凝土结构；1928 年，法国人 E. Freys - sinet 获得预应力钢筋混凝土的专利，开创了预应力钢筋混凝土的应用，弥补了钢筋混凝土结构抗裂性能、刚度和承载能力差的缺点。

20 世纪初发明的合成高分子材料，至今已进入了人类社会的方方面面。各种复合材料的出现和使用，大大地改善了材料的工程性能。例如，纤维增强混凝土提高了混凝土的抗拉强度和抗冲击韧性，改善了混凝土材料脆性大、容易开裂的缺点，使混凝土材料的适用范围得到扩大；聚合物混凝土制造的仿大理石台面，既有天然石材的质地和纹理，又具有良好的加工性。

进入 21 世纪，土木工程材料的发展方向表现为高性能化、多功能化、智能化、工业规模化、绿色化等。

（1）高性能化。高性能包括轻质、高强、高耐久、高抗渗、高保温等性能。在改

路面材料
发展史

性无机材料，特别是高性能的复合材料方向最有发展前景。

（2）多功能化。材料应向多种功能性方向发展。墙体材料应向节能、隔热、高强发展，装饰材料应向装饰性、功能性、环保性、耐久性方向发展，防水材料应向耐候性、高弹性、环保性发展。例如，具有抗菌、防霉、防污、除臭功能的室内装饰材料；具有除臭、抗菌、防射线的镀膜调光节能功能的玻璃窗；具有空气净化功能的内墙材料及涂料等。

（3）智能化。材料本身具有自我诊断和预告破坏、自我修复的功能。例如，具有主动、自动对结构进行自诊断、自调节、自修复、自恢复的智能混凝土，已成为结构—功能一体化的发展趋势。1989 年，美国的 D. D. L. Chuug 发现将一定形状、尺寸和掺量的短切碳纤维掺入到混凝土中，可以使混凝土具有自感知内部应力、应变和损伤程度的功能。将碳纤维应用于机场跑道、桥梁路面等工程中，利用混凝土的电热效应，可实现自动融雪和除冰功能。

（4）工业规模化。为满足现代土木工程结构性能和规模化施工技术的要求，材料的使用必然向着机械化与自动化的方向发展，材料的供应向着成品或半成品的方向延伸。例如，水泥混凝土等结构材料向着预拌和商品化的方向发展。材料的加工、储运、使用以及施工操作的机械化、自动化水平不断提高，劳动强度逐渐下降。土木工程材料的生产要实现现代化、工业化，而且为了降低成本、控制质量、便于机械化施工，生产要标准化、大型化、商品化等。例如，装配式建筑是由工厂化预制生产大量部品部件，运输到施工现场后再组合、连接与安装的。

（5）绿色化。绿色建材又称生态建材、环保建材，是指采用低能耗制造工艺和对环境无污染的生产技术，产品配制和生产过程中，不使用对人体和环境有害的污染物质，少用天然资源、大量使用工业或城市固体废弃物等，生产无毒、无污染、无放射性、环保和有利于人类健康的材料。绿色建材代表了 21 世纪土木工程材料的发展方向，是符合世界发展趋势和人类要求的土木工程材料，必然在未来的建材行业中占主导地位，成为今后土木工程材料发展的必然趋势。2021 年"碳达峰""碳中和"首次被写入政府工作报告，中国要在 2030 年前，使二氧化碳的排放总量达到峰值之后，不再增长，并逐渐下降。在双碳目标引领下，高耗能建材产业开始探索绿色转型。

全预制装配式
框架结构体系

中国建筑废弃
物处理现状

0.4　土木工程材料的技术标准

为了保证土木工程材料的质量，保证现代化生产和科学管理，必须对材料产品的各项技术制定统一的执行标准。这些标准一般包括：产品规格、分类、技术要求、检验方法、验收规则、标志、运输和储存注意事项等方面内容。土木工程材料的技术标准是产品质量的技术依据。对于生产企业，必须按照标准生产，控制其质量，同时技术标准可促进企业改善管理，提高生产技术和生产效率。对于使用部门，则按照标准选用、设计、施工，并按标准验收产品。工程应用过程中，相关单位按标准合理地选用材料，从而使设计、施工也相应标准化。

1. 技术标准的分类

技术标准通常分为基础标准、产品标准和方法标准。

（1）基础标准。基础标准是指在一定范围内作为其他标准的基础，并普遍使用的具有广泛指导意义的标准，如《水泥命名定义和术语》（GB/T 4131）。

（2）产品标准。产品标准是衡量产品质量好坏的技术依据，如《通用硅酸盐水泥》（GB 175）。

（3）方法标准。方法标准是指以试验、检查、分析、抽样、统计、计算、测量等各种方法为对象制定的标准，如《水泥胶砂强度检验方法（ISO法）》（GB/T 17671）。

2. 技术标准的等级

根据发布单位与适用范围，土木工程材料技术标准分为国家标准、行业标准、地方标准和企业标准4级。

各级标准分别由相应的标准化管理部门批准并颁布。国家标准是全国通用标准，是国家指令性技术文件；行业标准是在全国某一行业范围内使用的标准；地方标准是由地方（省、自治区、直辖市）标准化主管机构或专业主管部门批准，发布，在某一地区范围内统一的标准；企业标准由企业组织制定，并报请有关主管部门审查备案。

我国的土木工程标准材料还分为强制性标准和推荐性标准，强制性标准具有法律属性，在规定范围内必须严格执行；推荐性标准具有技术上的权威性、指导性，是自愿执行的标准，它在合同或行政文件确认的范围内也具有法律属性。

3. 技术标准的代号与表示方法

各级标准都有自己的部门代号，与土木工程材料技术标准有关的部门代号有：GB——国家标准、GBJ——建筑工程国家标准、JG——建筑工业行业标准、JC——建筑材料行业标准、SL——水利行业标准、YB——冶金行业标准、HG——化工行业标准、DB——地方标准、QB——企业标准等。

工程中还可能采用国际标准和其他国家的技术标准，例如，ISO——国际标准、ANS——美国国家标准、ASTM——美国材料与试验学会标准、JIS——日本工业标准、BS——英国标准、NF——法国标准、DIN——德国工业标准。我国是国际标准化协会成员国，当前我国各项技术标准都正在向国际标准靠拢，以便于科学技术的交流与提高。例如我国制定《水泥胶砂强度检验方法（ISO）》（GB/T 17671—2021）时采用 ISO 679：2009《水泥　试验方法　强度测定》。

技术标准按标准名称、部门代号、编号和批准年份的顺序书写，推荐性标准在部门代号后加"/T"表示"推荐"。例如我们常用的国家标准《水泥的命名定义和术语》（GB/T 4131—2014），标准名称为：水泥的命名定义和术语，部门代号为 GB，编号为 4131，批准年份为 2014 年。

0.5　本课程的特点和学习方法

土木工程材料课程是土木工程类专业的一门专业基础课程，学习该课程的目的是使学生获得土木工程材料的基本理论、基本知识和实验检验技能，为后续的专业课程提供材料的基础知识，并为今后从事设计、施工、管理和科研工作中能够合理选择和正确使用土木工程材料奠定基础。

　　土木工程材料种类繁多，课程内容繁杂，各章之间的联系较少。内容以叙述为主，名词、概念、专业术语、经验公式较多，与工程实际联系紧密，有许多定性的描述或经验规律的总结。因而要学好本门课程，掌握良好的学习方法是至关重要的。在学习过程中，要注意了解事物的本质和内在联系，了解形成这些性质的内在原因和性质之间的相互关系。对于同一类属的材料，不但要学习它们的共性，更重要的是要了解它们各自的特性和具备这些特性的原因。学习中应以材料的技术性质、材料的性能特点以及材料在工程中的应用为重点，并注意材料的组成、结构构造、生产过程等对其性能的影响，掌握各项性能之间的联系。对于现场配制的材料（如水泥混凝土），应掌握其配合比设计的原理及方法。

　　要重视理论联系实际，培养综合应用知识的能力，重视试验课和习题作业。试验课是本课程的重要教学环节，通过实验验证所学的基本理论，学会常用土木材料检验的实验方法，掌握一定的试验技能，并能对试验结果进行正确的分析和判断，培养分析与解决问题的能力及严谨的科学态度。

思　考　题

0.1　何谓土木工程材料？土木工程材料如何分类？

0.2　简述土木工程材料的选择与应用对土木工程建设的影响。

0.3　简述土木工程材料的发展趋势。

第1章 土木工程材料的基本性质

本章导读

　　内容及要求： 本章主要介绍土木工程材料的组成与结构、物理性质、力学性质、耐久性、装饰性和安全性等。通过本章学习，应掌握土木工程材料的几种密度的概念和计算方法，材料与水有关的性质；熟悉土木工程材料与热有关的性质，材料的变形、脆性、韧性、耐久性与引起耐久性破坏因素的关系；了解硬度、耐磨性、材料的装饰性与安全性；学会结合材料的组成和结构分析材料的性质。

　　重点： 土木工程材料的物理性质、力学性质和耐久性。

　　难点： 土木工程材料的耐久性原理。

　　土木工程材料的性质通常是指其对环境作用的抵抗能力或在环境条件作用下的表现。例如，结构材料主要承受各种荷载作用；基础材料除承受建筑物或构筑物上部荷载作用外，还要承受地下水的作用以及外界温度变化引起的冻融循环破坏作用；外部围护结构材料常常受到风、霜、雨、雪等大气因素的作用。这些都要求材料具有相应的力学性质和耐久性等。材料的性质与质量很大程度上决定了工程的性能与质量。

　　土木工程材料的性质，可分为基本性质和特殊性质两大部分。材料的基本性质是指土木工程中通常考虑的最基本的、共有的性质。概括归纳起来主要有物理性质、力学性质、耐久性质等。材料的特殊性质则是指材料本身的不同于别的材料的性质，是材料的具体使用特点的体现。本章仅就土木工程材料共有的基本性质进行讲解，对于各类材料的特殊性质将在有关章节进行叙述。

1.1　土木工程材料的组成与结构

　　材料是由原子、分子或分子团以不同结合形式构成的物质。材料的组成或构成方式不同，其性质可能有很大的差别。材料的组成、结构和构造是影响材料性质的内因。只有了解材料的组成、结构及构造，才能更好地掌握材料的基本性质，更好地了解材料的各种性质及其变化规律。

1.1.1　材料的组成

　　材料的组成包括材料的化学组成、矿物组成和相组成。它不仅影响着材料的化学性质，而且也是决定材料物理力学性质和耐久性的最基本因素。

　　1. 化学组成

　　化学组成是指构成材料的化学元素及化合物的种类与数量。无机非金属材料常用组成其的各氧化物的含量来表示；金属材料常用组成其的各化学元素的含量来表示；有机材料则常用组成其的各化合物含量来表示。当材料与自然环境或各类物质相接触时，它们之间必然按化学变化的规律发生作用。例如，石膏、石灰和石灰石的主要化学组成分别是 $CaSO_4$、CaO、和 $CaCO_3$，这些化学组成就决定了石膏、石灰易溶于水而耐水性差，而石灰石较稳定。木材主要由 C、H、O 形成的纤维素和木质素组成，易于燃烧；石油沥青由多种 C—H 化合物及其衍生物组成，决定了其易于老化等。因此，化学组成（成分）是材料性质的基础，它对材料性质起着决定性作用，既决定着材料的化学性质，也影响着材料的物理力学性质。

2. 矿物组成

矿物组成是指构成材料的矿物种类和数量。将材料中具有特定晶体结构、特定物理力学性能的组织结构称为矿物。无机非金属材料是由各种矿物组成的。材料的化学组成不同，矿物组成不同，其性质也不同。相同的化学组成，可组成不同的矿物。如硅酸盐水泥中，CaO 和 SiO_2 是其主要的化学成分，它们组成的主要矿物有硅酸三钙（C_3S）和硅酸二钙（C_2S），这二者的性质相差很大。如天然石材其矿物组成是决定其性质的主要因素，比如花岗岩的主要矿物组成为长石、石英和少量云母，决定了花岗岩耐酸性好，但耐火性差；大理石的主要矿物组成为方解石、白云石，含有少量石英，因此大理石不耐酸，酸雨会使大理石中的方解石发生腐蚀，致使石材表面失去光泽。

3. 相组成

材料中结构相近、性质相同的均匀部分称为相。自然界中的物质可分为气相、液相、固相。即使是同种物质，在温度、压力等条件发生变化时常常会转变其存在状态，例如气相变为液相或固相。在材料中把凡是由两相或两相以上物质组成的材料称为复合材料。土木工程材料大多数是多相固体材料，如混凝土、钢筋混凝土、沥青混凝土等。如混凝土就是由骨料颗粒（骨料相）分散在水泥浆基体（基相）中组成的两相复合材料。

复合材料的性质与其构成材料的相组成和界面特性有密切关系。界面是指多相材料中相与相之间的分界面。在实际材料中，界面往往是一个薄弱区域，它的成分和结构与相内的部分是不一样的，具有界面特性形成"界面相"。因此，对于土木工程材料，可通过改变和控制其相组成和界面相，来改善和提高材料的性能。

1.1.2 材料的结构

材料的性质除与材料组成有关外，还与其结构和构造有密切关系。材料的结构和构造是对材料的性质起决定性作用的内在因素。研究材料的结构和构造以及它们与性能的关系，无疑是材料科学的主要任务之一。通常，按材料的结构的尺度范围，材料的结构大体上可以分为宏观结构、亚微观结构（细观结构）和微观结构 3 个层次。

1. 宏观结构

材料的宏观结构通常是指用肉眼或放大镜能够观察到的粗大组织，其尺寸在 10^{-3} m 级以上。

宏观结构不同的材料具有不同的特性。例如，玻璃与泡沫玻璃的组成相同，但宏观结构不同，前者为致密结构，后者为多孔结构，其性质截然不同，玻璃用作采光材料，泡沫玻璃用作绝热材料。

土木工程材料的宏观结构常见的结构形式有致密结构、多孔结构、微孔结构、堆聚结构、纤维结构、层状结构、散粒结构等。

（1）致密结构。

致密结构是指在外观上和结构上都是致密而无孔隙存在（或孔隙极少）的结构。土木工程中常用的致密结构材料主要有钢材、玻璃、沥青、密实塑料、花岗岩、瓷器等。致密结构材料的性能主要取决于材料的组成与细观结构。

（2）多孔结构。

多孔结构是指在材料中存在均匀分布的孤立或适当连通的粗大孔隙的结构。如加气混凝土、泡沫混凝土、泡沫塑料等。这类材料的孔隙多少、孔尺寸大小及分布均匀程度等结构状态，对材料性质都具有影响。

（3）微孔结构。

微孔结构是指在材料中存在均匀分布的微孔隙的结构。某些材料在生产时，由于掺入可燃性物质或增加拌和用水量，在生产过程中水分蒸发或可燃性物质燃烧后都可形成微孔结构。如石膏制品、烧土制品等均为微孔结构。

（4）堆聚结构。

堆聚结构是指材料内部以宏观颗粒间的相互黏结而形成的结构。这种材料的许多性质除了与其中各颗粒本身的性质有关外，还与颗粒间的接触程度、黏结性质等有关。土木工程材料中水泥混凝土、砂浆、沥青混凝土、陶粒砌块等均属此类。

（5）纤维结构。

纤维结构是指材料内部组成具有方向性，沿轴线方向上各质点间的连接紧密，而相邻纤维间的横向连接疏松，从而表现为物理力学性质有明显的各向异性。如平行纤维方向与垂直纤维方向的强度与导热性就有明显的差异。土木工程中常用的纤维结构材料有木材、矿物棉及各种纤维制品等。

（6）层状结构。

层状结构是指天然形成或人工黏结等方法将材料叠合成层状整体的结构。层状结构的材料获得了单一材料不能得到的性质，提高了材料的强度、硬度、保温及装饰等性能。如胶合板、纸面石膏板、层状填料塑料板及各种叠合复合材料等。

（7）散粒结构。

散粒结构是指材料呈松散颗粒状的结构。如砂、卵石、碎石和珍珠岩等。

2. 亚微观结构

亚微观结构又称细观结构，指用光学显微镜所能观察到的结构；其尺度介于微观和宏观之间，范围为 $10^{-3} \sim 10^{-6}$ m。亚微观结构主要研究材料内部的晶粒和颗粒等的大小和形态、晶界或界面的形态、孔隙与微裂纹的大小、形状及分布。如天然岩石的矿物组织；金属材料的晶粒大小与金相组织；木材的纤维、导管、髓线等。

材料的亚微观结构对材料的性质影响很大。例如，钢材的晶粒尺寸越小，钢材的强度越高；混凝土中毛细孔的数量减少、孔径减小，将使混凝土的强度和抗渗性等提高。因此，对于土木工程材料而言，从亚微观结构层次上改善材料的性能，具有十分重要的意义。

3. 微观结构

微观结构是指用电子显微镜、X 射线衍射仪等手段来分析研究的材料的原子和分子层次上的结构，其尺寸范围为 $10^{-6} \sim 10^{-10}$ m。材料的许多物理力学性质，如强度、硬度、熔点、导热性、导电性等，都是由材料内部的微观结构所决定的。

材料在微观结构层次上可分为晶体结构、玻璃体结构、胶体结构。

（1）晶体结构。

质点（离子、原子或分子）在空间上按特定的规则呈周期性排列所形成的结构称为晶体结构。晶体结构具有如下特点：

1）特定的几何外形。这是晶体内部质点按特定规则排列的外部表现，如图 1.1 所示。

材料微观结构对材料性能的影响

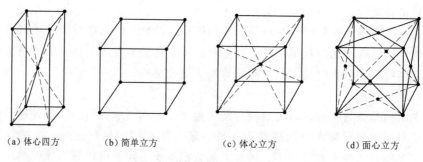

（a）体心四方　　　（b）简单立方　　　（c）体心立方　　　（d）面心立方

图 1.1　晶体几何外形示意图

2）各向异性。这是晶体结构特征在性能上的反映。

3）固定的熔点和化学稳定性。这是由晶体键能和质点所处最低的能量状态所决定的。

4）结晶接触点和晶面是晶体破坏或变形的薄弱部分。

（2）玻璃体结构。

玻璃体是高温熔融物在急冷时由于质点来不及按一定规律排列而形成的内部质点无序排列的结构。玻璃体结构的材料没有固定的熔点和几何形状，且各向同性。由于内部质点未达到能量最低位置，内部大量的化学能未能释放出来，因此，其化学稳定性差，易与其他物质发生化学反应，这一性质也称为材料的潜在化学活性。如粒化高炉矿渣、火山灰、粉煤灰等材料，都是经过高温急冷得到，含大量玻璃体，工程上利用它们活性高的特点，用于水泥和混凝土的生产，以改善水泥和混凝土的性能。

（3）胶体结构。

物质以极微小的质点（粒径为 $10^{-7} \sim 10^{-9}$ m）分散在介质中形成的结构称为胶体结构。这些极小的质点作为介质中的分散相，称为胶粒。由于胶体质点很微小，体系中内表面积很大，因而表面能很大，有很强的吸附力，使得胶体具有较强的黏结力。乳胶漆是高分子树脂通过乳化剂分散在水中形成的涂料；硅酸盐水泥水化形成的水化产物中的凝胶将砂和石黏结成一个整体，形成水泥石。

1.2 土木工程材料的物理性质

1.2.1 材料的物理状态参数

1. 密度

密度是指材料在绝对密实状态下单位体积的质量，按式（1.1）计算

$$\rho = \frac{m}{V} \tag{1.1}$$

式中　ρ——密度，g/cm³ 或 kg/m³；

　　　m——材料的质量（干燥至恒重），g 或 kg；

　　　V——材料的绝对密实体积，cm³ 或 m³。

密度的单位，我国建设工程中一般用 g/cm³，忽略不写时，隐含的单位为 g/cm³。如水的密度为 1。

在常用的土木工程材料中，除钢材、玻璃、沥青等可近似认为不含孔隙外，绝大多数材料都含有孔隙（图 1.2）。含孔材料的密度测定，关键是测出其绝对密实体积。测定含孔材料绝对密实体积的方法通常是将材料磨成细粉（粒径小于 0.20mm），干燥后用排液法（李氏瓶）测得的粉末体积即为绝对密实体积。材料磨得越细，内部孔隙消除得越完全，测得的体积也就越精确。对砖、石等材料常采用此种方法测定其密实体积。

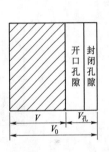

图 1.2　材料组成示意图

1—孔隙；2—固体物质

材料的密度（ρ）仅由其微观结构和组成有关，而与其自然状态无关。

另外，工程上还经常用到相对密度，它是指材料的密度与 4℃纯水密度之比。

2. 表观密度

表观密度是指材料在自然状态下，单位体积所具有的质量。按式（1.2）计算

$$\rho_0 = \frac{m}{V_0} \tag{1.2}$$

式中　ρ_0——材料的表观密度，kg/m³ 或 g/cm³；

　　　m——材料的质量，kg 或 g；

　　　V_0——材料的表观体积，m³ 或 cm³。

材料的孔隙，包括开口孔和闭口孔，这样一个整体材料的外观体积称为材料的表观体积。规则外形材料的表观体积，可通过量具量测计算得到，比如各种砌块、砖；不规则材料的表观体积用静水天平置换法（对有些材料表面应预先涂蜡，封闭开口孔隙——蜡封法）得到。

根据材料含水状态或所处环境的不同，有干表观密度和湿表观密度之分。未注明

含水情况常指气干状态表观密度。烘干状态下的表观密度称为干表观密度。

材料表观密度（ρ_0）的大小不仅与材料的微观结构和组成有关，还与其宏观结构特征及含水状况等有关。因此，材料在不同的环境状态下，表观密度的大小可能不同。

由于大多数材料或多或少含有一些孔隙，故一般材料的表观密度总是小于其密度。

3. 堆积密度

堆积密度是指粉状、粒状或纤维状材料在自然堆积状态下，单位体积所具有的质量，按式（1.3）计算

$$\rho_0' = \frac{m}{V_0'} \tag{1.3}$$

式中　ρ_0'——堆积密度，kg/m^3 或 g/cm^3；

　　　m——材料的质量，kg 或 g；

　　　V_0'——材料的堆积体积，m^3 或 cm^3，包括颗粒体积和颗粒之间的空隙体积（图 1.3）。

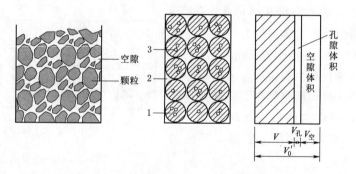

图 1.3　散粒材料堆积体积示意图
1—固体体积；2—空隙；3—孔隙

散粒材料在自然堆积状态下的体积，是指既含颗粒内部的孔隙，又含颗粒之间空隙在内的总体积。散粒材料的堆积体积可用已标定容积的容器测得。砂子、石子的堆积密度即用此法求得。堆积密度与堆积状态有关，若以捣实体积计算时，则称紧密堆积密度。

材料的堆积密度不仅与材料的微观结构和组成有关，且与其颗粒的宏观结构、含水状态等亦有关，而且还与其颗粒间空隙或颗粒间被压实的程度等因素有关。

在土木工程中，计算材料用量、构件自重、配料计算及确定堆放空间等时经常用到材料的密度、表观密度和堆积密度等数据。

常用土木工程材料的密度、表观密度、堆积密度及孔隙率见表 1.1。

4. 材料的密实度与孔隙率

（1）密实度。

密实度是指材料体积内被固体物质所充实的程度，也就是固体物质的体积占总体积的比例。以 D 表示，可按式（1.4）计算

表 1.1　　　常用土木工程材料的密度、表观密度、堆积密度及孔隙率

材料名称	密度 $\rho/(g/cm^3)$	表观密度 $\rho_0/(kg/m^3)$	堆积密度 $\rho_0'/(kg/m^3)$	孔隙率 $P/\%$
石灰岩	2.40～2.60	1800～2600	—	
花岗岩	2.60～2.90	2500～2800	—	0.50～3.00
碎石	2.60	—	1400～1700	
砂	2.60	—	1450～1650	
黏土	2.50	—	1600～1800	
普通黏土砖	2.50	1600～1800	—	20～40
黏土空心砖	2.50	1000～1400	—	
水泥	2.80～3.20	—	1200～1300	
普通混凝土	—	2100～2600	—	5～20
轻骨料混凝土	—	800～1900	—	
木材	1.55	400～800	—	55～75
钢材	7.85	7850	—	0
泡沫塑料	—	20～50	—	
沥青	约1.0	约1000	—	

$$D = \frac{V}{V_0} \times 100\% \quad 或 \quad D = \frac{\rho_0}{\rho} \tag{1.4}$$

式中　ρ 和 ρ_0——材料干燥状态下的密度和表观密度。

密实度反映了材料的致密程度。含有孔隙的固体材料的密实度均小于1。材料的很多性能如强度、吸水性、耐久性、导热性等都与其密实度有关。

（2）孔隙率。

孔隙率是指材料孔隙体积占材料总体积的百分率。分为孔隙率（总孔隙率）、开口孔隙率和闭口孔隙率。

1）孔隙率。孔隙率是指材料孔隙体积（包括不吸水的闭口孔隙和能吸水的开口孔隙）与材料总体积之比，以 P 表示，可按式（1.5）计算

$$P = \frac{V_0 - V}{V_0} \times 100\% = \left(1 - \frac{V}{V_0}\right) \times 100\% = \left(1 - \frac{\rho_0}{\rho}\right) \times 100\% \tag{1.5}$$

孔隙率与密实度的关系为

$$D + P = 1 \tag{1.6}$$

2）开口孔隙率。材料开口孔隙的体积占材料在总体积的百分率，称为材料的开口孔隙率。

由于水可进入开口孔隙，工程中常将材料在吸水饱和状态下所吸水的体积，为开口孔隙的体积（V_k），开口孔隙率（P_k）按式（1.7）计算

$$P_k = \frac{V_k}{V_0} \times 100\% \tag{1.7}$$

开口孔隙对吸水、透水、吸声有利，对材料的抗渗、抗冻、耐久性不利。

3）闭口孔隙率。材料闭口孔隙的体积占材料总体积的百分率，称为材料的闭口孔率。

闭口孔隙率（P_b）按式（1.8）计算

$$P_b = \frac{V_b}{V_0} \times 100\% = P - P_k \tag{1.8}$$

微小而均匀的闭口孔隙可降低材料的导热系数，对改善材料的抗渗、抗冻有利。

孔隙率亦反映材料的致密程度。孔隙率大，则密实度小。

孔隙的大小、形状、分布、连通与否，称为孔隙特征。

除了孔隙率（P）以外，材料的孔隙特征也是影响材料性质的重要因素之一。通常在一般工程应用上，孔隙特征主要指孔尺寸大小、连通与否两个内容。根据孔隙的孔径大小可分为粗大孔隙、细小孔隙和微细孔隙三类。按孔隙的连通性可分为开口孔隙和闭口孔隙。连通孔隙不仅彼此贯通且与外界相通，而封闭孔隙则不仅彼此不连通且与外界相隔绝。

4）孔隙对材料性质的影响。同一种材料其孔隙率越大，密实度越小，则材料的表观密度、堆积密度越小，强度、弹性模量越低，耐磨性、耐水性、抗渗性、抗冻性、耐腐蚀性及其他耐久性越差，而吸水性、吸湿性、保温性、吸声性越强。孔隙是开口还是闭口，对性质的影响也有差异。

由此可见，改变材料内部孔隙，是改善材料性能的重要手段。

几种常用土木工程材料的孔隙率见表 1.1。

5. 材料的填充率与空隙率

（1）填充率。

材料孔结构对吸水性的影响

散状材料在其堆积体积中，被颗粒实体体积填充的程度称为填充率，常用 D' 表示。可用式（1.9）计算

$$D' = \frac{V_0}{V_0'} \quad 或 \quad D' = \frac{\rho_0'}{\rho_0} \tag{1.9}$$

（2）空隙率。

散粒材料堆积体积中，颗粒间空隙体积占堆积总体积的百分率称为空隙率，常用 P' 表示。可用式（1.10）计算

$$P' = \frac{V_0' - V_0}{V_0'} \quad 或 \quad P' = 1 - \frac{\rho_0'}{\rho_0} \tag{1.10}$$

填充率和空隙率是从两个不同侧面反映散粒材料的颗粒互相填充的疏密程度。即 $D' + P' = 1$。

在配制混凝土时，砂、石的空隙率是作为控制混凝土中骨料级配与计算混凝土砂率时的重要依据。可以通过压实或振实的方法获得较小的空隙率，以满足工程的需要。

1.2.2　材料与水有关的性质

1. 亲水性与憎水性

当材料与水接触时，如果水可以在材料表面铺展开，即材料表面可以被水所润湿，则称材料具有亲水性，这种材料称为亲水性材料。若水不能在材料的表面铺展

开，即材料表面不能被水所润湿，则称材料具有憎水性，这种材料称为憎水性材料。当液滴与固体在空气中接触且达到平衡时，从固、液、气三相界面的交点处，沿着液滴表面作切线，此切线与材料和水接触面的夹角 θ 称为润湿角（或接触角）。材料的亲水（或憎水）程度可用润湿角 θ 来表示。如图 1.4 和图 1.5 所示。

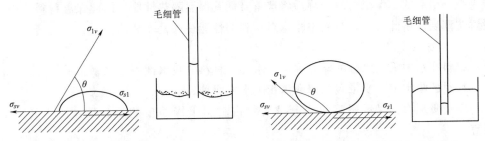

图 1.4 亲水材料的润湿与毛细现象   图 1.5 憎水材料的润湿与毛细现象

显然，液体能否润湿固体与接触角 θ 大小有关。一般认为：当 $\theta \leqslant 90°$ 时，水分子之间的内聚力小于水分子与材料分子间的相互吸引力，此种材料称为亲水性材料；当 $\theta > 90°$ 时，水分子之间的内聚力大于水分子与材料分子间的吸引力，此种材料称为憎水性材料。润湿角越小，亲水性越强，憎水性越弱。

含有毛细孔的材料，当孔壁表面具有亲水性时，由于毛细作用，会自动将水吸入孔隙内，如图 1.4 所示。当孔壁表面为憎水性时，则需施加一定压力才能使水进入孔隙内，如图 1.5 所示。因此，憎水性材料不仅可用作防水材料，而且还可以用于亲水性材料的表面处理，以降低其吸水性。

大多数土木工程材料，如石料、砖、混凝土、木材等都属于亲水性材料，表面易被水润湿，且能通过毛细管作用将水吸入材料的内部。

大部分有机材料属于憎水性材料，如沥青、石蜡、塑料、有机硅等，表面不能被水润湿。工程上多利用材料的憎水性来制造防水材料。

2. 吸湿性

材料在潮湿空气中吸收空气中水分的性质称为吸湿性。材料的吸湿性指标用含水率表示。

材料所含水的质量占材料干燥质量的百分数，称为材料的含水率，可按式（1.11）计算

$$W_h = \frac{m_s - m_g}{m_g} \times 100\% \qquad (1.11)$$

式中 W_h——材料的含水率，%；

m_s——材料吸湿状态下的质量，g；

m_g——材料干燥至恒重时的质量，g。

材料的含水率大小，除与材料本身的特性有关外，还与周围环境的温度、湿度有关。气温越低、相对湿度越大，材料的含水率也就越大。

当空气的湿度保持稳定时，材料中的湿度会与空气的湿度达到平衡，这时候的含水率称为平衡含水率，或称气干含水率。平衡含水率并不是固定不变的，它随环境中

的温度和湿度的变化而改变。当材料吸水达到饱和状态时的含水率即为饱和含水率。

　　材料含水后，不但可使材料的重量增加，而且会使材料的强度降低，导热性增大，耐久性降低，有时还会发生明显的体积膨胀。如木材的吸湿性特别明显，它能大量吸收水汽而增加质量，降低强度和改变尺寸。木门窗在潮湿的夏天不易开关，就是因为吸湿引起的。保温材料吸湿后将严重降低其保温隔热性能，因此保温材料表面应设置防潮层。由此可见，材料中含水对材料的性能往往是不利的。

　　3. 吸水性

　　材料在水中吸入水分的能力称为吸水性。材料的吸水性用吸水率表示。

　　材料的吸水率有质量吸水率和体积吸水率两种。

　　质量吸水率：材料所吸收水分的质量占材料干燥质量的百分数，按式 (1.12) 计算

$$W_m = \frac{m_b - m_g}{m_g} \times 100\%　　　　　　(1.12)$$

式中　W_m——材料的质量吸水率，%；

　　　　m_b——材料饱水后的质量，g；

　　　　m_g——材料烘干到恒重的质量，g。

　　体积吸水率：材料吸收水分的体积占材料自然体积的百分数，是材料体积内被水充实的程度，按式 (1.13) 计算

$$W_v = \frac{V_w}{V_0} \times 100\% = \frac{m_b - m_g}{V_0} \times \frac{1}{\rho_w} \times 100\%　　　　(1.13)$$

式中　W_v——材料的体积吸水率，%；

　　　　V_w——材料在饱水时，水的体积，cm^3；

　　　　V_0——干燥材料在自然状态下的体积，cm^3；

　　　　ρ_w——水的密度，g/cm^3，按 $\rho_w = 1$ 计。

　　质量吸水率与体积吸水率存在如下关系：

$$W_v = W_m \times \rho_0　　　　　　(1.14)$$

式中　ρ_0——材料在干燥状态下的表观密度，g/cm^3。

　　材料的吸水性大小，不仅与材料的亲水性或憎水性有关，而且与孔隙率的大小及孔隙特征有关。水分通过材料的开口孔隙吸入，通过连通孔隙渗入其内部，通过润湿作用和毛细管作用等因素将水分存留住。一般孔隙率愈大，吸水性也愈强。封闭的孔隙，水分不易进入；粗大开口的孔隙，虽水分容易渗入，但也仅能润湿孔壁表面，不易在孔内存留。较多细微连通孔隙的材料，其吸水率较大。致密材料和仅有闭口孔隙的材料是不吸水的。

　　各种材料的吸水率相差很大，如花岗岩吸水率仅为 0.1%～0.7%，混凝土的吸水率为 2%～3%，黏土砖的吸水率为 8%～20%。对于一些轻质材料，如加气混凝土、软木等，由于具有较多开口而微小的孔隙，所以它的质量吸水率往往超过100%，即湿质量为干质量的几倍，在这种情况下，最好用体积吸水率表示其吸水性。

　　材料吸水后，表观密度和导热性增大，强度降低，体积膨胀且易受冰冻破坏。因

此，吸水率大对材料性质是不利的。

4. 耐水性

材料长期在饱和水作用下不破坏，其强度也不显著降低的性质称为材料的耐水性。材料的耐水性用软化系数表示，可按式（1.15）计算

$$K_r = \frac{f_b}{f_g} \tag{1.15}$$

式中　K_r——材料的软化系数；

　　　f_b——材料在饱水状态下的抗压强度，MPa；

　　　f_g——材料在干燥状态下的抗压强度，MPa。

由式（1.15）可知，软化系数 K_r 的范围在 $0\sim1$ 之间，K_r 值的大小表明材料浸水后强度降低的程度。一般材料在水的作用下，其强度均有所下降。这是由于水分进入材料内部后，削弱了材料微粒间的结合力所致。如果材料中含有某些易于被软化或溶解的物质，强度降低将更为严重。

在某些工程中，软化系数 K_r 的大小成为选择材料的重要依据。干燥环境下使用的材料可不考虑耐水性；一般次要结构物或受潮较轻的结构所用的材料 K_r 值应不低于 0.75；受水浸泡或处于潮湿环境的重要结构物的材料，其 K_r 值应不低于 0.85；特殊情况下，K_r 值应当更高。工程中通常将 $K_r > 0.85$ 的材料称作是耐水材料，可以用于水中或潮湿环境中的重要结构。

5. 抗渗性

材料抵抗压力水渗透的性质称为抗渗性（或不透水性），可用渗透系数 K 表示。

渗透系数以公式表示为

$$K = \frac{Qd}{Ath} \tag{1.16}$$

式中　K——渗透系数，cm/h；

　　　Q——透过材料试件的水量，cm^3；

　　　t——透水时间，h；

　　　A——透水面积，cm^2；

　　　h——静水压力水头，cm；

　　　d——试件厚度，cm。

渗透系数 K 的物理意义是一定厚度的材料，单位时间内，在单位压力水头作用下，透过单位面积上的渗水量。渗透系数反映了材料抵抗压力水渗透的性质。渗透系数越大，材料的抗渗性越差。

对于防潮、防水材料，如油毡、沥青、沥青混凝土等材料，常用渗透系数表示其抗渗性。

对于混凝土、砂浆等材料，抗渗性也常用抗渗等级 P 来表示。

$$P = 10H - 1 \tag{1.17}$$

式中　P——抗渗等级；

　　　H——试件开始渗水时的水压力，MPa。

抗渗等级是指材料在标准试验方法下，用规定的试件进行透水试验，试件在透水前所能承受的最大水压力来确定的。用"Pn"表示，n 表示试件所能承受的最大水压力的 10 倍，如 P4、P6、P8 分别表示材料能承受 0.4MPa、0.6MPa、0.8MPa 的水压而不透水。抗渗等级愈高，材料的抗渗性愈好。

材料的抗渗性与其孔隙数量和孔隙特征关系密切，开口并连通的孔隙是材料渗水的主要渠道。材料越密实、闭口孔越多、孔径越小，水越难渗透；孔隙率越大、孔径越大、开口并连通的孔隙越多的材料，其抗渗性越差。此外，材料的亲水性、裂缝缺陷等也是影响抗渗性的重要因素。工程上常采用降低孔隙率提高密实度、提高闭口孔隙比例、减少裂缝或进行憎水处理等方法来提高材料的抗渗性。

水的渗透会对材料的性质和使用带来不利的影响，尤其当材料处于压力水中时，材料的抗渗性是决定其工程使用寿命的重要因素。因此，对于地下建筑及水工构筑物，因常受到压力水的作用，故要求材料具有好的抗渗性；对于防水材料，则要求具有更高的抗渗性。

6. 抗冻性

材料在饱水状态下，能经受多次冻结和融化（冻融循环）作用而不破坏，同时也不严重降低强度的性质称为抗冻性。材料的抗冻性常用抗冻等级表示。抗冻等级记为"Fn"，其中 n 表示材料能承受的最大冻融循环次数。

土木工程中通常按规定的方法对材料的试件进行冻融循环试验。如混凝土材料冻融循环试验，以试件质量损失不超过 5%、或强度下降不超过 25% 时，所能承受的最大冻融循环次数来确定混凝土的抗冻等级。如 F25、F50、F100 等，分别表示此混凝土可承受 25 次、50 次、100 次的冻融循环而不破坏。

对于抗冻性要求高的混凝土可用快冻法来测定其抗冻性，确定抗冻等级。快冻法是以混凝土试件质量损失率不超过 5% 并且相对动弹模量不小于 60% 时的最大冻融循环次数确定。

冰冻的破坏作用是由于当温度下降到负温时，材料内的水分会由表及里地冻结，内部水分不能外溢，水结冰后体积膨胀约 9%，产生强大的冻胀压力，使材料内毛细管壁胀裂，造成材料局部破坏，随着温度交替变化，冻结与融化循环反复，冰冻的破坏作用逐渐加剧，最终导致材料破坏。材料经多次冻融交替作用后，表面将出现剥落、裂纹，产生质量损失，强度也将会降低。冻融循环的次数越多，对材料的破坏作用越严重。

影响材料抗冻性的因素很多，主要有材料的孔隙率、孔隙特征、吸水率、降温速度、冻结温度、冻融循环频率等。一般说孔隙率小的材料抗冻性高；封闭孔隙含量多，抗冻性好。

材料的抗冻等级要根据结构物的种类、使用条件及气候条件来决定，用于桥梁和道路的混凝土抗冻等级应为 F100、F150 或 F250，而水工混凝土要求可高达 F500。

抗冻性良好的材料，抵抗环境温度变化、干湿交替等风化作用的能力也较强。所以抗冻性常作为考察材料耐久性的一项指标。在设计寒冷地区及寒冷环境（如冷库）的工程结构时，必须要考虑材料的抗冻性。处于温暖地区的建筑物，虽无冰冻作用，但为提高抗风化性，确保建筑物的耐久性，也常对材料提出一定的抗冻性要求。

1.2.3 材料与热有关性质

在建筑物中，除需要满足强度及其他性能要求外，还需使室内维持一定的温度，为生产、工作和生活创造适宜的环境，同时能降低建筑物的使用能耗。因此，常要求土木工程材料要有一定的热工性质，以维持室内温度。常用材料的热工性质有导热性、热容量、比热容等。

1. 导热性

热量在材料中传导的性质称为导热性。表明材料传递热量的一种能力。导热性指标用导热系数 λ 表示，即

$$\lambda = \frac{Qd}{(t_1 - t_2)AZ} \tag{1.18}$$

式中　λ——导热系数，W/(m·K)；

　　Q——传导热量，J；

　　d——材料厚度，m；

$(t_1 - t_2)$——材料两侧温度差，K；

　　A——材料传热面积，m²；

　　Z——传热时间，s。

导热系数的物理意义是厚度为 1m 的材料，当其相对两表面的温度差为 1K 时，1s 时间内通过 1m² 面积的热量。

各种土木工程材料的导热系数差别很大，如泡沫塑料 $\lambda = 0.03$W/(m·K)，大理石 $\lambda = 3.30$W/(m·K) 等。表 1.2 为几种典型材料的热工性质指标。土木工程中，一般把导热系数小于 0.23W/(m·K) 的材料称为绝热材料。

表 1.2　　　　　　　　　　几种典型材料的热工性质指标

材料	导热系数 /[W/(m·K)]	比热容 /[J/(g·K)]	材料	导热系数 /[W/(m·K)]	比热容 /[J/(g·K)]
铜	370	0.38	松木（横纹）	0.15	1.63
钢	55	0.46	泡沫塑料	0.03	1.30
花岗岩	2.9	0.80	冰	2.20	2.05
普通混凝土	1.8	0.88	水	0.60	4.19
烧结普通砖	0.55	0.84	密闭空气	0.025	1.00

影响材料导热系数大小的因素主要有材料的组成、结构及构造，同时还受湿度及温度的影响。

通常所说的材料导热系数是指干燥状态下的导热系数。材料导热性是一个非常重要的热物理性质，在设计围护结构、窑炉设备时，都要正确地选用材料，以满足结构隔热与传热的要求。

2. 比热容及热容量

材料在受热时要吸收热量，在冷却时要放出热量，吸收或放出的热量按式

(1.19) 计算

$$Q = cm(t_2 - t_1) \tag{1.19}$$

式中　Q——材料吸收或放出的热量，J；

　　　c——材料的比热容，J/(g·K)；

　　　m——材料的质量，g；

$(t_2 - t_1)$——材料受热或冷却前后的温度差，K。

　　比热容的物理意义：1g 材料温度升高或降低 1K 时所吸收或放出的热量。

　　材料的比热容大小与其组成和结构有关。无机材料的比热容比有机材料的比热容小；湿度对材料的比热容也有影响，因为水的比热值最大，当材料含水率高时，比热容则变大。通常所说材料的比热容是指其干燥状态下的比热容。

　　比热容 c 与材料质量 m 的乘积称为材料的热容量。

　　采用热容量大的材料作围护结构，对维持建筑物内部温度的相对稳定十分重要。夏季高温时，室内外温差较大，热容量较大的材料温度升高所吸收的热量就多，室内温度上升较慢；冬季采暖后，热容量大的材料吸收的热量较多，短时间停止采暖，室内温度下降缓慢。

　　材料的比热容和导热系数是建筑热工计算的重要依据。

　　3. 热阻与传热系数

　　材料层（墙体或其他围护结构）抵抗热流通过的能力称为热阻。热阻公式表示为

$$R = \frac{d}{\lambda} \tag{1.20}$$

式中　R——材料层热阻，(m²·K)/W；

　　　d——材料层厚度，m；

　　　λ——材料的导热系数，W/(m·K)。

　　热阻的倒数为材料层的传热系数，传热系数是指材料两面温差为 1K 时，在单位时间内通过单位面积的热量。

　　4. 耐燃性

　　材料抵抗燃烧的性能，称为材料的耐燃性。

　　土木工程材料按其燃烧性能分为 4 级，A 级——不燃性材料；B1 级——难燃性材料；B2 级——可燃性材料；B3 级——易燃性材料。

　　不燃性材料在空气中受到火烧或高温作用时不起火、不燃烧、不碳化。如花岗石、大理石、水泥制品、混凝土制品、玻璃、陶瓷、金属材料等。

　　难燃性材料在空气中受到火烧或高温作用时难起火、难微烧、难碳化，当离开火源后，燃烧或微燃烧立即停止，如纸面石膏板、水泥刨花板、酚醛塑料等。

　　可燃性材料在空气中受到火烧或高温作用时立即起火或燃烧，且离开火源后仍继续燃烧或微烧，如木材、部分塑料制品等。

　　易燃性材料，在空气中受到火烧或高温作用时立即起火，并迅速燃烧，火焰传播速度很快，且离开火源后仍继续迅速燃烧，如部分未经阻燃处理的塑料、纤维织物等。

材料的耐燃性是影响建筑物防火和建筑结构耐火等级的一项重要因素。

5. 耐火性

土木工程材料抵抗高热或火的作用,保持其原有性质的能力称为土木工程材料的耐火性。金属材料、玻璃等虽属于不燃烧材料,但在高温或火的作用下在短时间内就会变形、熔融,因而不具有耐火性。

各种材料都有一定的使用温度限制。例如,普通混凝土在燃烧过程中,从低温到高温将会发生以下变化:100～110℃时,混凝土细孔中的水成水蒸气,混凝土经受一次蒸养,强度提高;300℃左右时,水化硅酸钙脱水;540～570℃时,水化铝酸钙脱水;560～590℃时,氢氧化钙脱水;900℃左右时,碳酸钙(石灰石)分解,到此混凝土基本完全破坏。因此,普通混凝土适用的温度范围通常为200～250℃。当温度超过300℃以上,随着温度升高,混凝土抗压强度逐渐降低。

又比如,钢材在高温时强度降低。纯铁熔点为1538℃,但由于钢材中含合金元素及有害杂质,900℃就开始熔化;在约600℃时,钢材已变软,承载力大幅度降低;在约300℃时,钢材强度和弹模开始显著下降,塑性开始增大,产生徐变;在约250℃时,钢材抗拉强度提高,塑性和韧性变差;低于150℃时,钢材性能变化不大。因此,钢材的最高允许温度为250℃,钢筋混凝土中钢筋的最高允许温度为500℃。

《建筑设计防火规范》(GB 50016—2014)规定建筑材料或构件的耐火极限用时间来表示。按规定方法,从材料受到火的作用时间起,直到材料失去支持能力、完整性被破坏或失去隔火作用的时间,以h计。构件的耐火极限不仅与材料有关,而且与结构厚度或截面最小尺寸有关。如同为钢筋混凝土柱,截面尺寸为18cm×24cm时的耐火极限为1.2h,截面尺寸为30cm×50cm时的耐火极限为4.7h;无保护层钢柱的耐火极限仅为0.25h,因钢材在高温下软化,失去原有力学性能。而用普通黏土砖作保护层的钢柱,耐火极限可达12h。可见,加大结构物厚度或断面尺寸,采用无机矿物质材料作保护层,可作为提高建筑物防火性的主要措施之一。

美国世贸中心
钢结构大楼
遇火坍塌

这里所说的耐火等级与高温窑中耐火材料的耐火性完全不同。耐火材料的耐火性是指材料抵抗熔化的性质,用耐火度来表示,即材料在不发生软化时所能抵抗的最高温度。耐火材料一般要求材料能长期抵抗高温或火的作用,具有一定的高温力学强度、高温体积稳定性、热震稳定性等。如砌筑窑炉、锅炉、烟道等的材料,必须具有一定的耐火性。

6. 温度变形

指材料在温度变化时产生的体积变化。多数材料在温度升高时体积膨胀,温度下降时体积收缩。温度变形在单向尺寸上的变化称为线膨胀或线收缩,一般用线膨胀系数来衡量。

线膨胀系数用"α"表示,可按式(1.21)计算

$$\alpha = \frac{\Delta L}{(t_2 - t_1)L} \tag{1.21}$$

式中　α——材料在常温下的平均线膨胀系数,1/K;

　　　ΔL——材料的线膨胀或线收缩量,mm;

(t_2-t_1)——温度差，K；

　　L——材料原长，mm。

　　材料的线膨胀系数一般都较小。但由于土木工程结构的尺寸较大，温度变形引起的结构体积变化仍是关系其安全与稳定的重要因素。

　　建筑工程常用材料中，钢筋与混凝土间具有较为接近的线膨胀系数，两者不会因温度变形不同步而产生错动，因而有利于钢筋混凝土的大规模应用。对于大面积或大体积混凝土，可通过设置伸缩缝以防止因温度变形产生裂缝而带来的破坏。

1.3　土木工程材料的力学性质

　　力学性质是指材料抵抗外力的能力及其在外力作用下的表现。通常以材料在外力作用下所表现的强度或变形特性来表示。材料在外力（荷载）作用下抵抗破坏的能力称为强度。外力作用于材料或多或少会引起材料的变形，随外力增大，变形也会相应的增加，直到破坏。材料对外力的抵抗能力大小取决于材料的组成、结构和构造。

1.3.1　材料的强度

1. 强度

　　材料的静力强度，通常是以材料试件在静荷载作用下，达到破坏时的极限应力值来表示的，简称材料的强度。

　　材料受到外力作用下，内部将产生与外力方向相反、大小相等的内力，单位面积上的内力称为应力。当外力增加时，应力也随之增大，直到质点间的应力不足以抵抗所作用的外力时，材料即破坏，此时的极限应力即为材料的强度。根据外力作用方式的不同，材料强度有抗压强度［图 1.6（a）］、抗拉强度［图 1.6（b）］、抗弯强度［图 1.6（c）］和抗剪强度［图 1.6（d）］等。

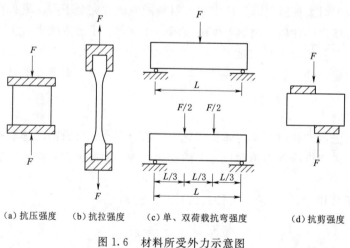

(a)抗压强度　(b)抗拉强度　(c)单、双荷载抗弯强度　　(d)抗剪强度

图 1.6　材料所受外力示意图

　　材料的抗压强度、抗拉强度、抗剪强度，可按式（1.22）计算

$$f = \frac{P}{A} \tag{1.22}$$

式中　f——材料强度，MPa；

　　　P——材料破坏时的最大荷载，N；

　　　A——材料受力截面面积，mm^2。

材料受弯时其应力分布比较复杂，强度计算公式也不一致。

在跨度的中点加一集中荷载时，对矩形截面的试件，其抗弯强度按式（1.23）计算

$$f_{弯} = \frac{3FL}{2bh^2} \tag{1.23}$$

在跨度的三分点上加两个相等的集中荷载，此时其抗弯强度按式（1.24）计算

$$f_{弯} = \frac{FL}{bh^2} \tag{1.24}$$

式中　$f_{弯}$——材料的抗弯强度，MPa；

　　　F——材料弯曲破坏时的最大荷载，N；

　　　L——两支点间的距离，mm；

　b、h——试件横截面的宽及高，mm。

影响材料强度的因素很多。各种不同化学组成的材料具有不同的强度值，如岩石、混凝土、砂浆、黏土砖等都具有较高的抗压强度，因此多用于建筑物的墙体和基础等受压部位；木材的抗拉强度大于抗压强度，钢材的抗压强度和抗拉强度基本相等，而且都很高，因此木材多用于梁柱和屋架结构，钢材适用于各种受力构件。为了充分利用各种材料的力学特性，常常把几种材料复合制成新的复合材料以改善材料的性能，如钢筋混凝土就利用了钢筋抗拉强度高和混凝土抗压强度高的特点制成的一种复合材料。

同一种类的材料，其强度随孔隙率及宏观构造特征的不同有很大差异。一般讲，材料的孔隙率越大，强度越低，二者有近似反比关系；具有纤维状或层状构造的材料，在受力时表现为各向异性，如木材的顺纹方向的抗拉强度大于横纹方向的抗拉强度。

材料的强度通常是通过破坏性试验来测定的。因此，测得的材料强度值除与其组成、结构及构造等因素有关外，还与试验条件有密切关系。试验条件一般包括材料的形状、尺寸、表面状态、温度、湿度及试验时的加荷速度等因素。另外还有试验设备的准确性，试验人员操作的熟练程度等，都会引起各种实验误差，都可使试验结果不准确。因此，测定强度时，应严格遵守国家规定的标准试验方法。

在土木工程中，根据不同结构的受力特点，合理利用各种材料的力学性质，是十分重要的。几种常用结构材料的强度值见表1.3。

表 1.3　　　　　　　　　　　　几种常用结构材料的强度

材料种类	抗压强度/MPa	抗拉强度/MPa	抗弯强度/MPa
花岗岩	100~300	7~25	10~14
普通黏土砖	10~30	—	1.8~4.0
普通混凝土	10~60	1~6	1~10
松木（顺纹）	30~50	80~120	60~100
建筑钢材	240~1500	240~1500	240~1500

2. 强度等级

为便于生产和使用，土木工程材料常按其强度的大小划分成若干个等级，称为强度等级。如硅酸盐水泥按抗压强度和抗折强度分为 42.5、42.5R、52.5、52.5R、62.5、62.5R 六个强度等级；混凝土按抗压强度有 C15、C20、C25、…、C60 等强度等级；对建筑钢材则按其抗拉强度划分等级。将土木工程材料划分为若干强度等级，对掌握材料的性质、合理选用材料、正确进行设计和施工以及控制工程质量都有重要的意义。

3. 比强度

单位体积质量材料所具有的强度，即材料的强度与其表观密度的比值称为比强度。比强度是衡量材料轻质高强特性的技术指标。玻璃钢和木材是轻质高强的材料，它们的比强度大于低碳钢，而低碳钢的比强度大于普通混凝土，普通混凝土是表观密度大而比强度相对较低的材料。随着高层建筑、大跨度结构的发展，要求材料不仅要有较高的强度，而且要尽量减轻其自重，即要求材料具有较高的比强度。轻质高强性能已经成为材料发展的一个重要方向。比如铝合金的广泛应用，一些高强塑料代替钢材等。

几种土木工程结构材料的参考比强度值见表 1.4。

表 1.4　　　　　　　　几种土木工程结构材料的参考比强度值

材料（受力状态）	强度/MPa	表观密度/(kg/m³)	比强度/[(×10⁶N·m)/kg]
玻璃钢（抗弯）	450	2000	0.225
低碳钢	420	7850	0.054
铝材	170	2700	0.063
铝合金	450	2800	0.160
花岗岩（抗压）	175	2550	0.069
石灰岩（抗压）	140	2500	0.056
松木（顺纹抗拉）	100	500	0.200
普通混凝土（抗压）	40	2400	0.017
烧结普通砖（抗压）	10	1700	0.006

1.3.2 材料的变形

1. 弹性变形与塑性变形

材料在外力作用下发生变形，当外力取消后，材料能够完全恢复原来形状和尺寸的性质称为弹性。这种可以完全恢复的变形称为弹性变形（或瞬时变形）。

弹性变形属可逆变形，其数值大小与外力成正比，其比例系数 E 称为弹性模量。如图 1.7 所示。

材料在弹性变形范围内，弹性模量为常数，其值等于应力与应变之比，即

$$E = \frac{\sigma}{\varepsilon} \tag{1.25}$$

弹性模量是衡量材料抵抗变形能力的一个指标。弹性模量越大，材料越不易变形，亦即刚度越好。弹性模量是结构设计的重要参数。

材料在外力作用下发生变形，当外力取消后，材料不能恢复原来的形状和尺寸，但并不产生裂缝的性质称为塑性。这种不能恢复的变形称为塑性变形（或永久变形）。

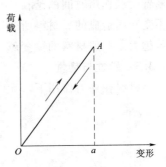

图 1.7 材料的弹性变形曲线

实际上，材料受力后所产生的变形是比较复杂的。某些材料在受力不大的条件下，表现出弹性性质，当外力达到一定值后，则失去其弹性而表现出塑性性质，建筑钢材就是这种材料，如图 1.8 所示。有的材料在外力作用下，弹性变形和塑性变形同时发生，如图 1.9 所示。当外力取消后，其弹性变形 ab 可以恢复，而塑性变形 Ob 则不能恢复，水泥混凝土受力后的变形就是这种情况。

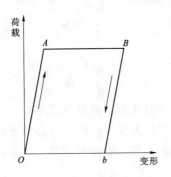

图 1.8 材料的塑性变形曲线

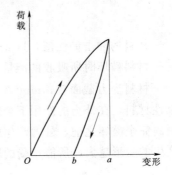

图 1.9 弹塑性材料的变形曲线

2. 徐变与松弛

材料在长期不变的外力作用下，变形随着时间的延长而逐渐增加的现象，称为徐变。产生徐变的原因是由于非晶体物质部分的黏性流动或晶体物质的晶格位错运动及晶体的滑移所造成的。徐变属于塑性变形。晶体材料（如某些岩石）的徐变很小，而非晶体材料及高分子材料（如木材、塑料等）的徐变较大。材料的徐变与应力成正比，即作用的外力越大，则徐变越大。徐变过大将使材料趋于破坏。当应力不大时，

材料在受力初期的徐变速度较快，后期逐步减慢，直至趋于稳定。当应力值达到或超过某一极限值，徐变的发展随时间的延长而增大，最后导致材料破坏。材料的徐变还与环境的温度和湿度有关，如混凝土、岩石等材料的徐变随着温度和湿度的增加而加大，金属材料在高温下的徐变特别显著。

材料在荷载作用下，若所产生的变形因受约束而不能发展时，则其应力将随时间延长而逐渐减小，这一现象称为应力松弛，简称松弛。产生应力松弛的原因，是由于随着荷载作用时间的延长，材料内部塑性变形逐渐增大，弹性变形逐渐减小（总变形不变）而造成的。材料所受应力水平越高，应力松弛越大；温度、湿度越大，应力松弛越大。一般材料的徐变越大，应力松弛也越大。

1.3.3　脆性与韧性

材料在外力作用下，无明显塑性变形而发生突然破坏的性质，称为脆性。具有这

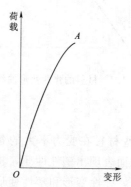

图 1.10　脆性材料的变形曲线

种性质的材料称为脆性材料。脆性材料的变形曲线如图 1.10 所示。一般来说，脆性材料的抗压强度远远高于其抗拉强度，它对承受振动和冲击荷载作用是极为不利的。土木工程材料中的砖、石、陶瓷、玻璃和铸铁等属于脆性材料。

在冲击、振动荷载作用下，材料能够吸收较大的能量，同时也能产生较大的变形而不破坏的性质称为韧性（冲击韧性）。具有这种性质的材料称为韧性材料。衡量材料韧性的指标常用材料的冲击韧性值。用材料受冲击破坏时单位断面所吸收的能量 "a_k" 表示。计算公式如下：

$$a_k = \frac{A_k}{A} \tag{1.26}$$

式中　a_k——材料的冲击韧性值，J/mm^2；

　　　A_k——材料破坏时所吸收的能量，J；

　　　A——材料受力截面积，mm^2。

对于韧性材料，在外力的作用下会产生明显的变形，并且变形随着外力的增加而增大，在材料完全破坏之前，外力产生的功被转化为变形能而被材料所吸收。材料在破坏前所产生的变形越大，所能承受的应力越大，其所吸收的能量就越多，材料的韧性就越强。

在土木工程中，用于道路、桥梁、轨道、吊车梁及其他受振动荷载的结构，应选用韧性较好的材料。常用的韧性较好的材料如低碳钢、低合金钢、铝合金、塑料、橡胶、木材等。

1.3.4　硬度与耐磨性

1. 硬度

硬度是材料表面抵抗其他较硬物体刻划或压入的能力。土木工程中为保持建筑物的使用性能或外观，常要求材料具有一定的硬度。

测定硬度的方法很多，常用的有刻划法、回弹法和压入法。

刻划法常用于测定天然矿物的硬度。按滑石、石膏、方解石、萤石、磷灰石、正长石、石英、黄玉、刚玉、金刚石的硬度递增顺序分为 10 级。通过它们对材料的划痕来确定所测材料的硬度，称为莫氏硬度。

回弹法用于测定混凝土表面硬度，并可间接推算混凝土的抗压强度。也用于测定陶瓷、砖、砂浆、塑料、橡胶等材料的表面硬度和间接推算其强度。

压入法用于测定金属材料、塑料、橡胶等材料的硬度。是以一定的压力将一定规格的钢球或金刚石制成的尖端压入试样表面，根据压痕的面积或深度来确定其硬度。常用的压入法有布氏法、洛氏法和维氏法，相应的硬度称为布氏硬度（HB）、洛氏硬度（HR）和维氏硬度（HV）。

布氏硬度是利用直径为 D 的淬火钢球，以荷载 P 将其压入试件表面，经规定的持续时间后卸除荷载，以材料表面产生的球形凹痕单位面积上所受压力来表示硬度值。

洛氏硬度是用金刚石圆锥或淬火的钢球制成的压头压入材料表面，以压痕的深度计算求得硬度值。

维氏硬度以 120kg 以内的载荷和顶角为 136° 的金刚石方形锥压入器压入材料表面，用材料压痕凹坑的表面积除以载荷值计算硬度值。

硬度大的材料耐磨性较强，但不易加工。所以，材料的硬度在一定程度上可以表明材料的耐磨性及加工难易程度。

2. 耐磨性

耐磨性是指材料表面抵抗磨损的能力。材料的耐磨性用磨损率或磨耗率表示，按式（1.27）计算

$$B = \frac{m_1 - m_2}{A} \tag{1.27}$$

式中　B——材料的磨损率，g/cm^2；

m_1、m_2——试件被磨损前、后的质量，g；

　　A——试件受磨损的面积，cm^2。

材料的耐磨性与材料的组成结构、构造、材料强度和硬度等因素有关。材料的结构致密、硬度较大、韧性较高时，其耐磨性越好。土木工程中如道路的路面、桥面、地面以及大坝溢流面等，经常受到车轮摩擦、水流及其挟带泥沙水流的冲刷作用，从而遭受损失和破坏。其选择材料时，应考虑硬度和耐磨性。

1.3.5 疲劳极限

材料在受到外力的反复作用时，当应力超过某一限度时即会导致材料的破坏，这个限度叫做疲劳极限，又称疲劳强度。当应力小于疲劳极限时，材料或结构在荷载多次重复作用下不会发生破坏。材料的疲劳极限通过试验确定的，一般是在规定应力循环次数下，把它对应的极限应力作为疲劳极限。疲劳破坏与静力破坏不同，它不产生明显的塑性变形，破坏应力远低于强度。比如混凝土，通常规定应力循环次数为 $10^6 \sim 10^8$ 次，此时混凝土的抗压疲劳极限为抗压强度的 $50\% \sim 60\%$。

韩国汉城
大桥倒塌

1.4　土木工程材料的耐久性

材料的耐久性是指材料在长期使用过程中，抵抗环境的破坏作用，并保持原有性能不变质、不破坏的性质。材料的耐久性与结构物的使用年限直接相关，材料耐久性好，可以延长结构物的使用寿命，减少维修费用。很多工程实践表明，造成结构物破坏的原因是多方面的，仅仅由强度不足引起的破坏事例并不多见，而耐久性不良往往是引起结构物破坏最主要的原因。尤其对于水利工程、海洋工程、地下工程等比较苛刻环境条件下的结构物，耐久性与强度同样重要甚至更重要。北京地区的很多立交桥，由于冻融循环和除冰盐腐蚀而破损严重；山东潍坊白浪河大桥，因位于盐渍地区而受盐、冻侵蚀，仅使用 8 年就已成了危桥。1970—1980 年日本沿海地带修建了大量的高架道路，由于长年处于海风、海潮侵蚀的环境下，建造后十几年时间桥墩等部位出现了大量的裂缝。

耐久性是材料的一项综合性质。由于环境的作用因素复杂，耐久性难以用一个参数来衡量。如抗冻性、抗风化性、抗老化性、耐化学腐蚀性等均属耐久性的范围。

环境因素对材料的破坏作用，可分为物理作用、化学作用和生物作用。

物理作用包括材料的干湿变化、温度变化、冻融变化及磨损等。这些作用可引起材料体积的收缩或膨胀，长期或反复作用会使材料逐渐破坏。

化学作用包括酸、碱、盐等物质的水溶液及气体对材料产生的侵蚀作用；日光及紫外线等对材料的作用。这些作用使材料产生质的变化而破坏。

生物作用是指昆虫、菌类等对材料所产生的蛀蚀、腐朽等破坏作用。如木材及植物纤维的腐烂等。

土木工程材料中的砖、石、混凝土等矿物材料，大多数由于物理作用而破坏；金属材料主要由于化学作用引起腐蚀而破坏；木材、植物等天然材料，主要由于生物作用而腐蚀、腐朽破坏；沥青及高分子材料，在阳光、空气、水和热的作用下会逐渐老化，使材料变脆、开裂而破坏。

影响材料耐久性的因素主要有内因与外因（环境因素）两个方面。内在因素主要有：材料的组成结构、强度、孔隙率、孔特征、表面状态等。当材料的组成和结构特点不能适应环境要求时便容易过早地产生破坏。

工程中改善材料耐久性的主要措施有：①根据使用环境合理选择材料的品种；②采取各种方法提高材料密实度，控制材料的孔隙率与孔特征；③改善材料的表面状态，增强抵抗环境作用的能力。比如提高材料本身对外界作用的抵抗性（提高材料的密实度，采取防腐措施等），也可用其他材料保护主体材料免受破坏（覆面、抹灰、刷涂料等）。

材料耐久性的测定，通常根据使用条件与要求，在实验室进行快速试验，对材料耐久性进行判断。即在实验室模拟实际使用条件，进行有关的快速试验，根据试验结果对耐久性做出判定。

土木工程材料的耐久性与破坏因素的关系见表 1.5。

表 1.5　　　　　　　　　　　材料的耐久性与破坏因素的关系

破坏原因	破坏作用	破坏因素	评定指标	常用材料
渗透	物理	压力水	渗透系数、抗渗等级	混凝土、砂浆
冻融	物理	水、冻融作用	抗冻等级	混凝土、砖
磨损	物理	机械力、流水、泥沙	磨损率	混凝土、石材
热环境	物理、化学	冷热交替、晶型转变	耐火度	耐火砖
燃烧	物理、化学	高温、火焰	燃烧性、耐火极限	防火板
碳化	化学	CO_2、H_2O	碳化深度	混凝土
化学侵蚀	化学	酸、碱、盐	*	混凝土
老化	化学	阳光、空气、水、温度	*	塑料、沥青
锈蚀	物理、化学	H_2O、O_2、Cl^-	电位锈蚀率	钢材
腐朽	生物	H_2O、O_2、菌类	*	木材、棉
虫蛀	生物	昆虫	*	木材、棉、毛
碱-骨料反应	物理、化学	R_2O、H_2O、SiO_2	膨胀率	混凝土

注　＊表示可参考强度变化率、开裂情况、变形情况等进行评定。

1.5　土木工程材料的装饰性

随着经济的发展，人们对各类工程的要求不仅局限于实用方面，而且要求获得舒适和美的感受，达到一定的艺术效果。土木工程材料中目前发展最快的材料之一就是装饰材料。装饰材料应该与环境相协调，以最大限度地表现装饰材料的装饰效果。

装饰性是指材料用于建筑物内、外表面，主要起装饰作用的性质。只有把握住材料装饰性质的基本要求，才能取得理想的装饰效果。影响材料的装饰性的因素主要有以下几方面。

（1）颜色、光泽、透明性。

颜色是材料对光谱选择吸收的结果。不同的颜色给人以不同的感觉，如红色能使人兴奋，绿色能使人消除紧张和疲劳等。但材料颜色的表现不是材料本身所固有的，它与入射光光谱成分及人们对光的敏感程度有关。颜色选择恰当，符合人的心理需求，才能创造出美好的空间环境。

光泽是材料表面方向性反射光线的性质。材料表面愈光滑，则光泽度愈高。当为定向反射时，材料表面具有镜面特征，又称镜面反射。不同的光泽度，可改变材料表面的明暗程度，并可扩大视野或造成不同的虚实对比。

透明性是光线透过材料的性质。根据透明性，材料可分为透明体（可透光，透视）、半透明体（透光，但不透视）、不透明体（不透光，不透视）。利用不同的透明度可隔断或调整光线的明暗，造成特殊的光学效果，也可使物像清晰或朦胧。

（2）花纹图案、形状、尺寸。

在生产或加工材料时，利用不同的工艺将材料的表面做成各种不同的表面组织，如粗糙、平整、光滑、镜面、凹凸、麻点等；或将材料的表面制作成各种花纹图案（或拼镶成各种图案），如山水风景画、人物画、仿木花纹、陶瓷壁画、拼镶陶瓷锦砖等。

装饰材料的形状和尺寸对装饰效果也有很大的影响，能给人带来空间尺寸的大小和使用上是否舒适的感觉。改变装饰材料的形状和尺寸，并配合花纹、颜色、光泽等可拼镶出各种线型和图案，从而获得不同的装饰效果，以满足不同建筑型体和线型的需要，最大限度地发挥材料的装饰性。

（3）质感。

质感是材料的表面组织结构、花纹图案、颜色、光泽、透明性等给人的一种综合感觉。如钢材、木材、陶瓷、玻璃等材料在人的感官中的软硬、粗犷、细腻、冷暖等感觉。组成相同的材料可以有不同的质感，如普通玻璃与压花玻璃、镜面花岗岩板材与剁斧石。相同的表面处理形式往往具有相同或类似的质感，但有时并不完全相同，如人造花岗岩、仿木纹制品，一般均没有天然的花岗岩和木材亲切、真实，而略显得单调呆板。

此外，在选用装饰材料时还要考虑材料的成本造价和多功能性。

1.6　土木工程材料的安全性

随着愈来愈多的有机、无机材料在工程中应用，除了带来方便、舒适、多功能的享受外，材料的安全性问题也日益受到重视。材料的安全性是指材料在生产、使用过程中，是否会对人类和环境造成危害的性能，包括环境卫生安全和灾害安全。

1. 材料的环境卫生安全性

材料的环境卫生安全性是指材料在生产和使用过程中，是否对环境造成危害的性能。常用土木工程材料对环境卫生安全影响较大的危害主要有以下几个方面。

（1）无机材料中释放的有害物质。

1）氡。氡是一种天然放射性气体，无色无味。氡能够影响造血细胞和神经系统，严重时还会导致肿瘤的发生。有些无机材料（如新鲜的加气混凝土、砖、天然石材等）中常含有放射性铀系元素，它在衰竭过程中会不同程度地放出氡气。材料对环境的氡污染已成为评定材料健康性能的主要指标之一。

2）辐射。有些土木工程材料往往具有较强的放射性，其中，γ 射线会对人体健康造成很大的危害。因此，当材料中含有放射性物质时应禁止应用于人们常接触的建筑物中；对于房屋建筑工程，通常要求所用材料的辐射强度不得超过规定值。通常材料的放射性多与其取材地点有关。

3）混凝土等现场配制材料中释放的有毒化学物质。现场配制材料在施工过程中以及以后的使用过程中，可能产生一系列的化学变化，有些变化可释放有害化学物质。如混凝土防冻剂成分中的硝铵、尿素在使用过程中就可产生氨气等有害物质，对人体器官及免疫系统都会产生一定的影响。另外，某些混凝土或抹灰材料中使用的早强剂、防冻剂，还会产生某些有毒的重铬酸盐、亚硝酸盐、硫氰酸盐及其他挥发性有毒气体等，在某些与人体健康关系密切的工程中应严禁使用。

4）含有大量石棉等微细纤维的无机材料也会对人体有害。因为它们在生产或长期使用过程中这些微细纤维会飘散到空气中，很容易被人呼吸进入体内而引起石棉肺等疾病。因此，含有大量石棉纤维的某些材料已被限制使用；如果使用，必须采取相应的防护措施。

（2）木材加工制品中释放的有害物质。

土木工程中所采用的木材及其制品多进行各种化学加工处理，如黏接、防腐、装饰等。有些经过这些化学处理的木材制品可能会在使用过程中产生某些对人体或环境有危害的物质。如木材表面的防腐装饰涂层在施工初期可释放苯、醇、醛类等可挥发物质；建筑物使用中可继续释放氯乙烯、氯化氢、苯类、酚类等有害气体；某些涂料还含有铅、汞、锰、砷等有毒物质。这些有机物质经呼吸道吸入人体后会引起头疼、恶心，并可引起多种疾病。因此，对于某些人们常接触的工程，应注意各种木材加工制品中上述有害物质对环境的影响。

（3）合成高分子材料释放的有害物质。

如有机土木工程材料在施工和使用过程中释放的甲醛、苯类及其他可挥发性有机物（VOC），人体摄入过量就会产生疾病，甚至影响生命。也有一些有机装饰材料在发生火灾的情况下，会放出有害气体。

这一系列的问题早已引起社会重视，国际、国内已有相关法规出台，以保障人类的健康安全。我们国家为了保障人民群众的身体健康和人身安全，制定了《建筑材料放射性核素限量》（GB 6566—2010）以及《室内装饰装修材料　人造板及其制品中甲醛释放限量》（GB 18580—2017）、《室内装饰装修材料　溶剂型木器涂料中有害物质限量》（GB 18581—2009）、《室内装饰装修材料　内墙涂料中有害物质限量》（GB 18582—2008）、《室内装饰装修材料　胶粘剂中有害物质限量》（GB 18583—2008）、《室内装饰装修材料　木家具中有害物质限量》（GB 18584—2001）、《室内装饰装修材料　壁纸中有害物质限量》（GB 18585—2001）、《室内装饰装修材料　聚氯乙烯卷材地板中有害物质限量》（GB 18586—2001）、《室内装饰装修材料　地毯、地毯衬垫及地毯用胶粘剂中有害物质释放限量》（GB 18587—2001）、《混凝土外加剂中释放氨的限量》（GB 18588—2001）等多项国家标准。对于建筑工程，建筑材料中有害物质含量应符合国家相关标准的要求。

2. 材料的灾害安全性

材料的灾害安全性是指在突发灾害情况下，材料是否对人造成危害的性能。包括防火、防爆能力等。

🦉 思　考　题

1.1　材料的密度、表观密度、堆积密度有何区别？材料含水后对三者有何影响？

1.2　材料的孔隙率和空隙率的含义有何区别？了解它们有何意义？

1.3　材料的孔隙率、孔隙特征对材料的性质（如强度、保温、抗渗、抗冻、耐腐蚀、吸水性等）有何影响？

1.4 材料的吸水性、耐水性、抗渗性和抗冻性各用什么指标表示？它们之间有何关系？

1.5 亲水性材料与憎水性材料是怎样区分的？在使用上有何不同？

1.6 何为绝热材料？影响材料导热性的因素有哪些？

1.7 为什么新建房屋的墙体保暖性能差，尤其是在冬季？

1.8 在有冲击、振动荷载的部位宜选用具有哪些特性的材料？为什么？

1.9 影响材料强度测试结果的试验条件有哪些？怎样影响？

1.10 材料比强度的含义是什么？它是评价材料什么性能的指标？

1.11 什么是材料的耐久性？材料的耐久性应包括哪些内容？为什么对材料要有耐久性要求？

1.12 已测得陶粒混凝土的导热系数 $\lambda = 0.35\mathrm{W/(m \cdot K)}$，普通混凝土的 $\lambda = 1.40\mathrm{W/(m \cdot K)}$，在传热面积、温差、传热时间均相同的情况下，问要使和厚 200mm 的陶粒混凝土墙所传导的热量相等，则普通混凝土墙的厚度应为多少？

1.13 某岩石试样干燥时的重量为 250g，将该岩石试样放入水中，待岩石试样吸水饱和后，排开水的体积为 100cm³。将该岩石试样用湿布擦干表面后，再次投入水中，此时排开水的体积为 125 cm³。试求该岩石的表观密度、吸水率及开口孔隙率。

思考题讲解

第2章 无机胶凝材料

本章导读

　　内容及要求：本章主要介绍建筑石膏、石灰、水玻璃、镁质胶凝材料等气硬性胶凝材料的生产、性质和技术要求，通用硅酸盐水泥的生产、组成、水化过程、凝结硬化过程与特点、技术性质与要求、性能特征和工程应用及各种特性水泥、专门水泥、新型胶凝材料。通过本章学习，掌握六大通用水泥的性质特点与技术要求；熟悉石膏的生产及硬化过程、石膏的特性及用途；石灰水化反应的特点及硬化的原理、过程，石灰的特性及用途；通用硅酸盐水泥的生产、组成与反应过程，其他品种水泥的性能特点与适用范围。了解石灰的生产、成分及品种，镁质胶凝材料的性质及其用途，其他新型胶凝材料。学会分析各种胶凝材料的优缺点和适用范围，在工程设计与施工中正确选择和合理使用各类胶凝材料。

　　重点：六大通用水泥的性质特点与技术要求。

　　难点：硅酸盐水泥熟料组成及其水化反应过程。

　　土木工程材料中，凡是在一定条件下，经过自身的一系列物理、化学作用，能由浆体变成坚硬的固体，并能将散粒或块状、片状材料黏结成整体的材料，统称为胶凝材料。

　　胶凝材料根据其化学组成分为有机胶凝材料和无机胶凝材料两大类。有机胶凝材料种类较多，在土木工程中常用的有沥青、各类胶乳剂等。无机胶凝材料在工程中常用的有各种水泥、石灰、石膏等。

　　无机胶凝材料根据其凝结硬化条件的不同，又分为气硬性胶凝材料和水硬性胶凝材料。

2.1 气硬性胶凝材料

　　只能在空气中凝结硬化、保持并发展其强度的无机胶凝材料，称为气硬性胶凝材料。常用的有石膏、石灰、水玻璃和镁质胶凝材料。

2.1.1 石膏

　　石膏是一种历史悠久的胶凝材料。对古老的金字塔进行的化学分析证明，那时所用的胶凝材料往往是煅烧石膏。石膏又是一种应用广泛的胶凝材料，除了在土木工程中应用外，化工、机械行业中用于制作模具，在工艺美术行业中制作雕塑，在医药等行业中也有应用。

石膏是以硫酸钙为主要成分的气硬性胶凝材料。由于石膏胶凝材料及其制品具有许多良好的性能（如质轻、绝热、隔音、防火等），而且石膏原料来源丰富，生产工艺简单，生产能耗较低，因而是一种理想的高效节能材料，在土木工程中应用广泛。

目前常用的石膏胶凝材料主要有建筑石膏、高强石膏和无水石膏水泥等。

1. 石膏胶凝材料的制备

自然界中存在的石膏原料有天然二水石膏（$CaSO_4 \cdot 2H_2O$，又称软石膏、生石膏）矿石和天然无水石膏（$CaSO_4$，又称硬石膏）矿石，后者结晶紧密，质轻较硬，只能用于生产无水石膏水泥，或少量用作硅酸盐系列水泥的调凝剂。而生产石膏胶凝材料的原料主要是天然二水石膏矿石。纯净的二水石膏矿石呈无色透明或白色的矿物，但天然石膏矿石常因含有各种杂质而呈灰色、褐色、黄色、红色、黑色等颜色。

除天然原料外，也可用一些含有 $CaSO_4 \cdot 2H_2O$ 或含有 $CaSO_4 \cdot 2H_2O$ 与 $CaSO_4$ 的混合物的化工副产品及废渣作为生产石膏的原料。常见的品种有：热电厂烟气脱硫产生的脱硫石膏，生产磷酸时的废渣磷石膏和生产氢氟酸的废渣氟石膏，还有海水制盐的盐石膏等。

生产石膏胶凝材料的主要工序是破碎、加热、磨细，随制备方法、加热方式和温度的不同，可生产出不同性质和质量的石膏胶凝材料。

（1）将天然二水石膏在非密闭的窑炉中加热，当温度为 65～70℃ 时，$CaSO_4 \cdot 2H_2O$ 开始脱水，至 107～170℃ 时生成半水石膏 $CaSO_4 \cdot \frac{1}{2}H_2O$，其反应式为

$$CaSO_4 \cdot 2H_2O \xrightarrow{107\sim170℃} CaSO_4 \cdot \frac{1}{2}H_2O + \frac{3}{2}H_2O \qquad (2.1)$$

所生成的以 $CaSO_4 \cdot \frac{1}{2}H_2O$ 为主要成分的产品为 β 型半水石膏，也即建筑石膏。建筑石膏结晶较细，调制成一定的浆体时，需水量较大，因而硬化后强度低。

（2）将天然二水石膏置于具有 0.13MPa、124℃ 过饱和蒸汽条件下蒸炼，或置于某些盐溶液中沸煮，则二水石膏脱水生成 α 型半水石膏。该石膏晶粒粗大，比表面积小，调制成一定稠度的浆体时，需水量少，硬化后强度高，故称高强石膏。

（3）当加热温度为 170～200℃ 时，石膏脱水成为可溶性硬石膏，与水调和后仍能很快凝结硬化；当加热温度升高到 200～250℃ 时，石膏中残留很少的水，其凝结硬化非常缓慢。

（4）当加热温度高于 400℃（通常为 400～750℃）时，石膏完全失去水分，成为不溶性硬石膏，失去凝结硬化能力，成为死烧石膏。但是如果掺入适量激发剂混合磨细，即可制成无水石膏水泥，硬化后强度可达 5～30MPa，可用于制造石膏板或其他制品，也可用作室内抹灰。

（5）当加热温度高于 800℃ 时，部分石膏分解出的氧化钙起催化作用，所得产品又重新具有凝结硬化性能，而且硬化后有较高的强度和耐磨性，抗水性较好。该产品称为高温煅烧石膏，也称为地板石膏，可用于制作地板材料。

2. 建筑石膏的凝结硬化

建筑石膏与适量的水混合，最初成为可塑性的浆体，但很快就失去塑性并产生强

度，发展成为坚硬的固体，这种现象称为凝结硬化。发生这种现象的实质，是由于浆体内部经历了一系列的物理化学变化。

长期以来，对半水石膏的水化硬化机理做过大量研究工作。归纳起来，主要有两种理论：一种是结晶理论（或称溶解-析晶理论）；另一种是胶体理论（或称局部化学反应理论）。结晶理论由法国学者雷·查德里提出，得到了大多数学者的认同。

（1）半水石膏加水后进行如下化学反应：

$$CaSO_4 \cdot \frac{1}{2}H_2O + \frac{3}{2}H_2O \longrightarrow CaSO_4 \cdot 2H_2O \tag{2.2}$$

半水石膏首先溶解形成不稳定的过饱和溶液。这是因为半水石膏在常温下（20℃）的溶解度较大，为 8.16g/L 左右，而这对于溶解度为 2.04g/L 左右的二水石膏来说，则处于过饱和溶液中，因此，二水石膏胶粒很快结晶析出。

（2）二水石膏结晶，促使半水石膏继续溶解，继续水化，如此循环，直到半水石膏全部耗尽。

（3）由于二水石膏粒子比半水石膏粒子小得多，其生成物总表面积大，所需吸附水量也多，加之水分的蒸发，浆体的稠度逐渐增大，颗粒之间的摩擦力和黏结力增加，因此浆体可塑性降低，表现为石膏的"凝结"。其后浆体继续变稠，逐渐凝聚成为晶体，晶体逐渐长大、共生、相互交错搭接形成结晶结构网，使之逐渐产生强度，并不断增长，直到完全干燥，晶体之间的摩擦力和黏结力不再增加，强度发展到最大值，石膏完全硬化。

建筑石膏凝结硬化示意图如图 2.1 所示。

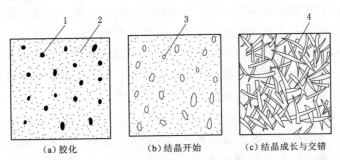

图 2.1　建筑石膏凝结硬化示意图

1—半水石膏；2—二水石膏胶体颗粒；3—二水石膏晶体；4—交错的晶体

3. 建筑石膏的技术性质

（1）建筑石膏的技术标准。

建筑石膏为白色粉末，密度为 $2.60 \sim 2.75 g/cm^3$，堆积密度为 $800 \sim 1000 kg/m^3$。国家标准《建筑石膏》（GB/T 9776—2008）的技术指标主要有强度、细度和凝结时间，并按 2h 强度分为 3.0、2.0、1.6 等 3 个等级。其基本技术要求见表 2.1。

建筑石膏颗粒较细，易吸湿受潮，因此在运输及储存时应注意防潮，一般在正常运输和储存条件下，储存期为 3 个月。

（2）建筑石膏的特性。

表 2.1 建筑石膏等级标准 (GB/T 9776—2008)

等级		3.0	2.0	1.6
2h强度/MPa	抗折强度	≥3.0	≥2.0	≥1.6
	抗压强度	≥6.0	≥4.0	≥3.0
细度/%	0.2mm方孔筛筛余	≤10.0		
凝结时间/min	初凝时间	≥3		
	终凝时间	≤30		

1）建筑石膏凝结硬化快，凝固时体积略有膨胀。建筑石膏的初凝和终凝时间都很短，加水 6min 后即开始凝结，终凝也不超过 30min，因此凝结硬化非常迅速。为便于施工，常掺入适量的缓凝剂以降低其凝结速度。常用缓凝剂主要有硼砂、纸浆废液、柠檬酸、骨胶、皮胶等。同时，建筑石膏在凝结硬化时具有微膨胀性（膨胀率约为 1%），使得制品棱角饱满、轮廓清晰、纹理细致、尺寸精确，富有装饰性。

2）建筑石膏制品孔隙率大，质量轻，保温性好，吸声性强。建筑石膏水化反应的理论需水量只占半水石膏质量的 18.6%，而在使用时为使浆体具有足够的流动性，通常加水量可达 60%～80%，多余水分蒸发后，使得制品硬化后的孔隙率达 50%～60%。这种多孔结构，使石膏制品具有表观密度小、质量轻、保温性好、吸声性强等等优点。

3）吸湿性强，耐水性、抗冻性差。建筑石膏硬化后具有很强的吸湿性，又由于前述具有的良好保温性和装饰性，因而可调节室内的温度和湿度，能创造一个舒适的"小环境"。但长期在潮湿条件下，其晶粒间的结合力被削弱，强度显著降低，遇水则晶体溶解而引起破坏；若吸水后结冰受冻，将因孔隙中水分结冰膨胀而破坏。故石膏制品的耐水性和抗冻性均较差，不宜用于室外及潮湿环境中。为提高其耐水性，可加入适量的水泥、矿渣等水硬性材料，也可加入密胺、聚乙烯醇等水溶性树脂，或沥青等有机乳液，以改善石膏制品的孔隙状态和孔壁的憎水性。

4）防火性好。建筑石膏制品在遇到火灾时，二水石膏中的结晶水蒸发，吸收热量，并在表面形成蒸汽幕和脱水物隔热层，阻止火势蔓延，起到防火并保护主体结构作用。但建筑石膏制品不宜长期在 65℃ 以上的高温部位使用，以免二水石膏缓慢脱水分解而降低强度。

4. 建筑石膏的用途

根据建筑石膏及其制品的上述性能特点，其在建筑上的主要用途有以下两大方面：

（1）用于室内抹灰及粉刷。

以建筑石膏为胶凝材料，加入水、砂拌和成石膏砂浆，用于室内抹灰。因其热容量大，吸湿性好，能够调节室内温湿度，给人以舒适感，而且经石膏抹灰后的墙面、顶棚还可直接涂刷涂料、粘贴壁纸，因而是一种较好的室内抹灰材料。石膏浆（可掺入部分石灰或外加剂）常用于室内抹面及粉刷，粉刷后的墙面光滑细腻，洁白美观。

（2）制作石膏制品。

粉刷石膏
耐水性

由于石膏制品质量轻，加工性能好，可锯、可钉、可刨，同时石膏凝结硬化快，制品可连续生产，工艺简单，能耗低，生产效率高，施工时制品拼装快，可加快施工进度等，所以石膏制品有着广泛的发展前途，是当前着重发展的新型轻质材料之一。目前我国生产的石膏制品主要有各类石膏板、石膏砌块、石膏角线、角花、线板以及雕塑艺术装饰制品等。

此外，建筑石膏还可用于一些建筑材料生产的原材料，如用于生产水泥及人造大理石等。

环保布面
石膏板

2.1.2 石灰

石灰是以氧化钙或氢氧化钙为主要成分的气硬性胶凝材料，是一种传统而又古老的建筑材料。由于石灰的原料（石灰石）分布很广，而且生产工艺简单，成本低廉，所以在土木工程建设中一直被大量使用。

1. 生石灰的生产

用于制备石灰的原料有石灰石、白垩、白云石和贝壳等，它们的主要成分都是碳酸钙，在低于烧结温度下煅烧所得到的块状、粒状或粉状物质即生石灰，其主要化学成分为氧化钙，反应式为

$$CaCO_3 \xrightarrow{900\sim1100℃} CaO + CO_2 \uparrow \qquad (2.3)$$

$CaCO_3$ 在 600℃ 左右已经开始分解，800～850℃ 时分解加快，通常把 898℃ 作为 $CaCO_3$ 的分解温度。温度提高，分解速度将进一步加快。生产中石灰石的煅烧温度一般控制在 900～1100℃ 左右。

煅烧过程对石灰的质量有很大影响。煅烧温度过低或时间不足，会使生石灰中残留有未分解的石灰石，称为欠火石灰。欠火石灰中 CaO 含量低，降低了石灰的质量等级和石灰的利用率。若煅烧温度过高或时间过长，将产生过火石灰。由于过火石灰质地密实，其与水反应的速度极为缓慢，以致在使用之后才发生水化作用，产生膨胀而引起崩裂或隆起等现象。当温度正常，时间合理时，得到的石灰是多孔结构，内比表面积大，晶粒较小，这种石灰称正火石灰，它与水反应的能力较强。

石灰石中常含有一定的碳酸镁，碳酸镁在煅烧时分解成氧化镁，其反应式为

$$MgCO_3 \xrightarrow{600\sim800℃} MgO + CO_2 \uparrow \qquad (2.4)$$

因而生石灰中还含有次要成分氧化镁。生石灰根据氧化镁的含量不同分为钙质生石灰和镁质生石灰。其中氧化镁含量小于或等于 5%，不添加任何水硬性的或火山灰质的生石灰称为钙质生石灰；氧化镁含量大于 5%，不添加任何水硬性的或火山灰质的生石灰称为镁质生石灰。镁质石灰熟化较慢，但硬化后强度稍高。

石灰的另一来源是化学工业副产品。例如用水作用于碳化钙（即电石）制取乙炔时，所产生的电石渣，其主要成分是氢氧化钙，即消石灰，化学方程式为

$$CaC_2 + 2H_2O === C_2H_2 \uparrow + Ca(OH)_2 \qquad (2.5)$$

2. 生石灰的熟化

工地上使用石灰时，通常将生石灰加水，使之消解为膏状或粉末状的消石灰——氢氧化钙，这个过程称为石灰的"消化"，又称"熟化"或"消解"，其反应式为

$$CaO + H_2O \longrightarrow Ca(OH)_2 + 64.9kJ \tag{2.6}$$

经熟化后的石灰称为熟石灰。生石灰具有强烈的水化能力，水化时放出大量的热，同时体积膨胀 $1 \sim 2.5$ 倍。一般煅烧良好、氧化钙含量高、杂质含量少的生石灰，不但熟化速度快，放热量大，而且熟化时体积膨胀也大。

为了消除过火石灰因结构密实，熟化很慢的特性而引起的工程质量问题，应使灰浆在储灰坑中储存 14d 以上，使石灰充分熟化，这一储存过程称为石灰的"陈伏"。陈伏期间，为防止石灰碳化，应在其表面保留一层水。

3. 石灰的硬化

石灰用于抹面或砌筑时是一种可塑性的浆体，但随着时间的延续，它会在空气中逐渐硬化，这一变化是通过下面两个过程来完成的：一是结晶作用，即游离水分蒸发或被基底材料所吸收，氢氧化钙逐渐从饱和溶液中结晶，形成结晶结构网，使强度增加；二是碳化作用，即氢氧化钙与空气中的二氧化碳反应生产碳酸钙结晶，释放水分并被蒸发

$$Ca(OH)_2 + CO_2 + nH_2O \Longrightarrow CaCO_3 + (n+1)H_2O \tag{2.7}$$

新生成的碳酸钙晶体相互交叉连生或与氢氧化钙共生，构成紧密交织的结晶网，使硬化浆体的强度进一步提高。由于空气中的 CO_2 含量很低，而且表面形成碳化层后，CO_2 又不易进入内部，内部水分的蒸发也受到阻碍，故自然状态下石灰的碳化是缓慢的。

石灰硬化后石灰硬化体表面为碳酸钙层，它会随着时间延长而厚度逐渐增加，里层是氢氧化钙晶体。

4. 石灰的品种

根据成品加工方法不同建筑石灰分成五大类，即：

（1）块灰。由石灰石直接煅烧所得块状生石灰，主要成分为 CaO。

（2）消石灰粉。由生石灰加适量水消化所得的粉末，主要成分为 $Ca(OH)_2$。

（3）石灰膏。由生石灰加 $3 \sim 4$ 倍水消化而成的膏状可塑性浆体，主要成分为 $Ca(OH)_2$ 和 H_2O。

（4）石灰乳。由生石灰加大量水消化或石灰膏加水稀释而成的一种乳状液体，主要成分为 $Ca(OH)_2$ 和 H_2O。

（5）磨细生石灰。将块状生石灰破碎、磨细而成的细粉，主要成分为 CaO。它克服了传统石灰的熟化时间长、硬化慢、强度低等缺点，使用时不用提前消化，可直接加水使用，不仅提高了工效，而且节约场地，改善了施工环境，其熟化硬化速度可提高 $30 \sim 50$ 倍，强度可提高约 2 倍。石灰利用率也得到一定提高。但成本高、易吸湿、不易储存。

5. 石灰的技术性质

（1）石灰的技术标准。

土木工程中常用的石灰品种有建筑生石灰和建筑消石灰粉。

建材行业标准《建筑生石灰》（JC/T 479—2013）规定，钙质生石灰和镁质生石灰根据化学成分的含量（按质量分数计）分成各个等级，见表 2.2。

表 2.2　　　　　建筑生石灰的化学成分 (JC/T 479—2013)

类　别	名　称	代号	CaO+MgO/%	MgO/%	CO_2/%	SO_3/%
钙质石灰	钙质石灰 90	CL90	≥90	≤5	≤4	≤2
	钙质石灰 85	CL85	≥85	≤5	≤7	≤2
	钙质石灰 75	CL75	≥75	≤5	≤12	≤2
镁质石灰	镁质石灰 85	ML85	≥85	>5	≤7	≤2
	镁质石灰 80	ML80	≥80	>5	≤7	≤2

生石灰的识别标志由产品名称、加工情况和产品依据标准编号组成。生石灰块在代号后加 Q，生石灰粉在代号后加 QP。建筑生石灰的物理性质应符合表 2.3 要求。

表 2.3　　　　　建筑生石灰的物理性质 (JC/T 479—2013)

名　称	产浆量/(dm³/10kg)	细度/%	
		0.2mm 筛余量	90μm 筛余量
CL90 - Q	≥26	—	—
CL90 - QP	—	≤2	≤7
CL85 - Q	≥26	—	—
CL85 - QP	—	≤2	≤7
CL75 - Q	≥26	—	—
CL75 - QP	—	≤2	≤7
ML85 - Q	—	—	—
ML85 - QP		≤2	≤7
ML80 - Q		—	—
ML80 - QP		≤7	≤2

我国建材行业标准《建筑消石灰》(JC/T 481—2013) 将消石灰分为钙质消石灰和镁质消石灰。建筑消石灰分类按扣除游离水和结合水后的 (CaO+MgO) 的质量分数加以分类。各类别建筑消石灰的化学成分和物理性质符合表 2.4 的要求。

表 2.4　　　　建筑消石灰的化学成分和物理性质 (JC/T 481—2013)

类　别	名　称	代　号	CaO+MgO/%	MgO/%	SO_3/%	游离水/%	细度（筛余量）/%		安定性
							0.2mm	90μm	
钙质消石灰	钙质消石灰 90	HCL90	≥90	≤5	≤2	≤2	≤2	≤7	合格
	钙质消石灰 85	HCL85	≥85	≤5	≤2	≤2	≤2	≤7	合格
	钙质消石灰 75	HCL75	≥75	≤5	≤2	≤2	≤2	≤7	合格
镁质消石灰	镁质消石灰 85	HML85	≥85	>5	≤2	≤2	≤2	≤7	合格
	镁质消石灰 80	HML80	≥80	>5	≤2	≤2	≤2	≤7	合格

(2) 石灰的特性。

1) 消石灰具有良好的可塑性。生石灰熟化成石灰浆时，能形成颗粒极细（粒径

约为 $1\mu m$）的呈胶体状态的氢氧化钙，表面吸附一层厚的水膜，流动性强、保水性好，因而具有良好的可塑性。在水泥砂浆中掺入石灰膏，可使其塑性显著提高。

2）生石灰吸湿性强，保水性好。生石灰具有多孔结构，吸湿能力很强，且具有较强的保持水分的能力，因此，是传统的干燥剂。但由于其易吸湿而变质，故运输和储存时应注意防潮。

3）凝结硬化慢，强度低。石灰砂浆在空气中的碳化过程很缓慢，导致其硬化速度很慢，且熟化时的大量多余水分在硬化后蒸发，在石灰体内留下大量孔隙，所以硬化后的石灰体密实度小，强度也不高。通常 1：3 石灰砂浆 28d 的抗压强度只有 $0.2\sim 0.5MPa$。

4）硬化时体积收缩大。石灰浆在硬化时，水分的大量蒸发和碳化作用使其体积大量收缩，易引起开裂。因此，除调制成石灰乳作薄层涂刷外，不宜单独使用。用于抹面时，常在石灰中掺入砂子、麻刀或纸筋等，以抵抗石灰收缩引起的开裂和增加其抗拉强度。

5）耐水性差。石灰制品中的氢氧化钙晶体易溶于水，若长期受潮或被水浸泡，会使已硬化的石灰溃散。所以，石灰不宜在潮湿的环境中使用。

6. 石灰在土木工程中的应用

石灰在土木工程中的应用非常广泛，其主要用途如下。

（1）配制石灰砂浆和石灰乳。用石灰膏和砂子（或麻刀、纸筋等）配制成石灰砂浆（或麻刀灰、纸筋灰）用于内墙、顶棚的抹面；将石灰膏、水泥和砂子配制成混合砂浆用于砌筑和抹面；将消石灰粉或熟化好的石灰膏加入大量水稀释成石灰乳用于内墙和顶棚的粉刷。

（2）配制灰土和三合土。将生石灰熟化成消石灰粉，再与黏土拌和即为灰土（灰土按石灰粉或消石灰粉：黏土＝1：（2～4）的比例来配制）；若再加入一定的砂石或炉渣等填料一起拌和则成为三合土〔三合土按生石灰粉或消石灰粉：黏土：砂子（或碎石、炉渣）＝1：2：3 的比例来配制〕。灰土和三合土的应用在我国已有数千年的历史，经夯实后广泛用作基础、地面或路面的垫层，其强度和耐水性比石灰或黏土都高得多。究其原因，主要是黏土颗粒表面的少量活性氧化硅、氧化铝与石灰起化学反应，生成了具有较高强度和耐水性的水化硅酸钙和水化铝酸钙等不溶于水的水化物。另外，石灰的加入改善了黏土的可塑性，在强力夯打之下大大提高了垫层的紧密度，从而也使其强度和耐水性得到进一步提高。

（3）制作硅酸盐制品。以石灰和硅质材料（如粉煤灰、石英砂、炉渣等）为原料，加水拌和、经成型、蒸养或蒸压处理等工序而制成的土木工程材料，统称为硅酸盐制品。将磨细生石灰与砂、粒化高炉矿渣、炉渣、粉煤灰等硅质材料混合成型，在一定条件下养护，可制得如灰砂砖、粉煤灰砖、砌块等各种墙体材料。

中国古代的
建筑石灰

（4）制作碳化石灰板。碳化石灰板是将磨细生石灰、纤维状填料（如玻璃纤维）或轻质骨料（如矿渣）搅拌成型，然后经人工碳化而成的一种轻质材料。为了提高碳化效果和减小表观密度，多制成空心板。一般孔洞率为 34％～39％时，其表观密度约为 $700\sim 800kg/m^3$，抗弯强度为 $3\sim 5MPa$，抗压强度 $5\sim 15MPa$，导热系数小于

0.2W/(m·K)，能锯、能刨、能钉，适宜作非承重内隔墙板和天花板等。

（5）配制无熟料水泥。将具有一定活性的硅质材料（如粒化高炉矿渣、粉煤灰、火山灰等）与石灰按适当比例混合磨细即可制得具有水硬性的胶凝材料，如石灰矿渣水泥、石灰粉煤灰水泥、石灰火山灰水泥等。

（6）石灰还可以用来加固软土地基、制造静态破碎剂和膨胀剂等。

2.1.3 水玻璃

水玻璃俗称泡花碱，是由碱金属氧化物和二氧化硅结合而成的能溶解于水的一种硅酸盐材料。其化学通式为 $R_2O \cdot nSiO_2$，式中 R_2O 为碱金属氧化物，n 为 SiO_2 和 R_2O 的摩尔比值，称为水玻璃的模数。n 值越大，水玻璃的黏度越高，但水中的溶解能力下降。当 n 大于 3.0 时，只能溶于热水中。n 值越小，水玻璃的黏度越低，越易溶于水。土木工程中常用模数 n 为 2.6～2.8，既易溶于水又有较高的强度。我国生产的水玻璃模数一般在 2.4～3.3 之间。

水玻璃在水溶液中的含量常用密度（或称浓度）表示。土木工程中常用水玻璃的密度一般为 1.36～1.50g/cm^3。密度越大，水玻璃含量越高，黏度越大。

根据碱金属氧化物的不同，水玻璃有不同品种，如硅酸钠水玻璃（$Na_2O \cdot nSiO_2$），硅酸钾水玻璃（$K_2O \cdot nSiO_2$），硅酸锂水玻璃（$Li_2O \cdot nSiO_2$），钠钾水玻璃（$k_2O \cdot Na_2O \cdot nSiO_2$）等。建筑工程中常用的是硅酸钠水玻璃，下面就以其为例介绍水玻璃的生产概况、硬化机理、性质和应用。

1. 水玻璃的生产

硅酸钠水玻璃的生产有湿法和干法两种。湿法生产时，是将石英砂和苛性钠溶液在蒸压锅（2～3 个大气压）内用蒸汽加热，使其直接反应而成液体水玻璃；干法则是将石英砂和碳酸钠磨细拌匀，在熔炉内于 1300～1400℃ 的温度下熔化，按下式反应生成固体水玻璃

$$Na_2CO_3 + nSiO_2 \longrightarrow Na_2O \cdot nSiO_2 + CO_2 \uparrow \qquad (2.8)$$

液体水玻璃因所含杂质不同，常呈青灰色或淡黄色，以无色透明的为最好。液体水玻璃可以与水按任意比例混合成不同浓度（或密度）的溶液。同一模数的水玻璃，其浓度越大，则密度越大，黏结力越强。当水玻璃的浓度太大或太小时，可用加热浓缩或加水稀释的办法来调整。

2. 水玻璃的硬化

液体水玻璃在空气中吸收二氧化碳，形成无定形硅酸凝胶，并逐渐干燥而硬化。

$$Na_2O \cdot nSiO_2 + CO_2 + mH_2O == Na_2CO_3 + nSiO_2 \cdot mH_2O \qquad (2.9)$$

这一过程进行很慢，为加速硬化，可采取两种措施：一是加热，二是掺入促凝剂氟硅酸钠（Na_2SiF_6）。加入的氟硅酸钠与水玻璃发生如下反应，促使硅酸凝胶加速析出。

$$2(Na_2O \cdot nSiO_2) + Na_2SiF_6 + mH_2O == 6NaF + (2n+1)SiO_2 \cdot mH_2O \qquad (2.10)$$

氟硅酸钠的适宜掺量为水玻璃质量的 12%～15%，若掺量太少，不但硬化慢，强度低，而且未经反应的水玻璃易溶于水，从而使耐水性变差；若掺量太多，又会引起凝结过速，不但施工困难，而且渗透性大，强度也低，同时要注意氟硅酸钠有一定

的毒性。

3. 水玻璃的特性

（1）水玻璃有良好的黏结能力，硬化后具有较高强度（如水玻璃胶泥的抗拉强度大于 2.5MPa，水玻璃混凝土的抗压强度在 15～40MPa 之间），而且硬化时析出的硅酸凝胶有堵塞毛细孔隙而提高材料密实度和防止水渗透的作用。

（2）水玻璃不燃烧，在高温下凝胶干燥得更加强烈，强度并不降低，甚至有所提高。

（3）硬化后的水玻璃，因其主要成分是硅胶，所以能抵抗大多数无机酸和有机酸的作用，从而使其具有良好的耐酸性，但不耐碱。

（4）水玻璃在加入氟硅酸钠后仍不能完全硬化，仍然有一定量的 $Na_2O \cdot nSiO_2$，由于 $Na_2O \cdot nSiO_2$ 可溶于水，所以水玻璃硬化后不耐水。

4. 水玻璃的用途

根据水玻璃的上述性能，硅酸钠水玻璃在土木工程中主要有以下用途：

（1）涂刷或浸渍材料。将液体水玻璃直接涂刷在建筑物或构件的表面上，可提高其抗风化能力和耐久性。用浸渍法处理多孔材料时，可使材料的密实度、强度、抗渗性、耐水性均得到提高。如用液体水玻璃涂刷或浸渍粘土砖、硅酸盐制品、水泥混凝土等可提高材料的相关性能，但不能用以涂刷或浸渍石膏制品，因为硅酸钠与硫酸钙会起化学反应生成硫酸钠，在制品孔隙中结晶，体积膨胀而导致制品破坏。

（2）配制快凝堵漏防水剂。以水玻璃为基料，加入两种、三种或四种矾可配制成防水剂。这种防水剂能急速凝结硬化，一般不超过 1min。用于与水泥浆调和，堵塞漏洞、缝隙等局部抢修。

（3）加固地基。将模数为 2.5～3 的液体水玻璃与氯化钙溶液交替压入地层，两种溶液发生化学反应

$$Na_2O \cdot nSiO_2 + CaCl_2 + xH_2O \longrightarrow 2NaCl + nSiO_2 \cdot (x-1)H_2O + Ca(OH)_2$$

(2.11)

析出的硅酸胶体 $[nSiO_2 \cdot (x-1)H_2O]$ 将土壤颗粒包裹并填实其空隙。同时，硅酸胶体为一种吸水膨胀的冻状凝胶，因吸收地下水而经常处于膨胀状态，从而阻止水分的渗透和使土壤固结。在上述两种因素的共同作用下，使地基的承载能力和不透水性都得到大大提高，用这种方法加固的砂土，抗压强度可达 3～6MPa。

（4）配制耐热砂浆和耐热混凝土。由于硬化后的水玻璃耐热性能好，能长期承受一定高温作用（极限使用温度 1200℃ 以下）而强度不降低，因而可用它与耐热骨料配制成耐热砂浆和耐热混凝土，用于耐热工程中。

（5）配制耐酸砂浆和耐酸混凝土。水玻璃硬化后具有很高的耐酸性，常与耐酸骨料一起配制成耐酸砂浆和耐酸混凝土，用于工程中。

2.1.4　镁质胶凝材料

镁质胶凝材料是指以 MgO 为主要成分之一的无机气硬性胶凝材料，主要有氯氧镁水泥（magnesium oxychloride cement，MOC）、硫氧镁水泥（magnesium oxysulfate cement，MOS）和磷酸镁水泥（magnesium phosphate cement，MPC）3 种。

1. 氯氧镁水泥

氯氧镁水泥，又称 Sorel 水泥（索瑞尔水泥），是法国人 Sorel 于 1867 年发明的。它主要是由含碳酸镁的菱镁矿经轻烧（700～1000℃）而成的轻烧氧化镁与一定浓度氯化镁溶液之间反应获得的镁质胶凝材料。

（1）氯氧镁水泥具有以下优点：

1）快硬、轻质、高强。氯氧镁水泥的水化反应是放热的，其水化热可达 925kJ/kgMgO，30d 的放热量可达 1387kJ/kgMgO，是水泥水化热（300～400kJ/kg）的 3～4 倍，因此氯氧镁水泥无须采取附加措施就能在常温下达到快硬的目的。氯氧镁水泥制品的密度一般只有普通硅酸盐水泥制品的 70%。在配比合适的情况下，其抗压强度可以很轻易地达到 60～140MPa。

2）弱碱性和低腐蚀性。氯氧镁水泥浆体滤液的 pH 值在 8.5～9.5 之间，一般只对金属有腐蚀作用，可以用植物纤维或玻璃纤维直接增强制成纤维增强水泥复合材料，代替对人体有害、对环境有污染的石棉水泥材料，用作轻质墙体材料和装饰板材，不会引起木质纤维的降解。

3）黏结性好。与一些有机或无机集料如锯木屑、木粉、矿石粉末和砂石等有很强的黏结力，故可以用作木屑板和胶合板的胶黏剂。

4）耐磨性好，其耐磨性是普通硅酸盐水泥的 3 倍。

5）阻燃性优良，MgO、$MgCl_2$ 都是不可燃的，且制品水化物中大量结晶水都能阻止点燃。

6）抗盐卤能力强。

（2）氯氧镁水泥的缺点是返卤、泛霜起白、耐水性差和翘曲变形。

氯氧镁水泥由于质轻、强度高、与植物纤维黏结强度高、耐磨以及只要在空气中养护就可以硬化等特点，在工业界得到广泛应用。如波镁板/瓦、隔墙板、墙体保温板（如发泡氯氧镁水泥与聚苯颗粒复合制备的轻质保温板）、砌块、烟道及通风管道、门框及门板、井盖、包装箱以及各种建筑装饰材料和工艺品等。

2. 硫氧镁水泥

硫氧镁水泥是轻烧氧化镁（即菱镁矿在 800～1000℃煅烧而成）与一定浓度硫酸镁溶液之间反应获得。

硫氧镁水泥的耐磨性约是硅酸盐水泥的 1.5 倍，但只有氯氧镁水泥的一半。在力学性能上，硫氧镁水泥也不及氯氧镁水泥出色，但优于硅酸盐水泥。氯氧镁水泥与硫氧镁水泥的共同特点是耐水性不佳。因此需要通过无机或有机改性剂以及矿物混合材料等来提高其耐久性。

与氯氧镁水泥类似，硫氧镁水泥也由于质轻、强度高、与植物纤维黏结强度高、耐磨以及只要在空气中养护就可以硬化等特点，在工业界得到广泛应用。如波镁板/瓦、隔墙板、墙体保温板、砌块、烟道及通风管道、门框及门板、井盖、包装箱以及各种建筑装饰材料和工艺品等。此外，因为硫氧镁水泥不含有氯盐，因此也有学者在探索将硫氧镁水泥取代硅酸盐水泥用在钢筋混凝土体系。

3. 磷酸镁水泥

磷酸镁水泥（MPC）是一种酸基水泥（acid‐base cement），即通过酸与碱之间的反应得到的水泥，它依靠重烧氧化镁［菱镁矿的煅烧温度在 1100～1700℃）和磷酸盐溶液（如磷酸盐（钾、钠、铵）、磷酸二氢盐（钾、钠、铵）、磷铝酸盐等〕反应获得。以磷酸二氢钾或者磷酸二氢铵为原料的磷酸镁水泥性能最为稳定且研究最为广泛。

磷酸镁是一种快硬高早强的镁质胶凝材料，水泥反应速率非常快，取决于重烧氧化镁的活性以及细度的不同，也取决于环境温度，常温状态下凝结时间通常在几分钟到十几分钟之间变化。这也是为什么磷酸镁水泥体系采用重烧氧化镁而不采用轻烧氧化镁的原因。此外，磷酸镁水泥的反应放热量也非常大，通常用硼酸或者硼砂作为缓凝剂来延缓磷酸镁水泥的反应。磷酸镁水泥最早是用在牙科或耐火材料领域。由于磷酸镁水泥具有凝结时间短、早期强度高（1h 强度可高达 30～40MPa）、黏聚性好、与旧混凝土及其他材料之间界面黏结强度高、体积变形小、耐磨、抗冻性、抗盐冻剥蚀性能和防钢筋锈蚀等耐久性较好、环境温度适应性强等特点，当今已经作为建筑和交通领域的快速修补材料而被广泛使用。目前《磷酸镁修补砂浆》（JC/T 2537—2019）已发布实施。

2.2　通用硅酸盐水泥

2.2.1　硅酸盐水泥

既能在空气中硬化，又能更好地在水中硬化，保持并发展其强度的胶凝材料称为水硬性胶凝材料。

水泥呈粉末状，与水拌和后，通过一系列物理化学变化，由可塑性浆体变成坚硬的石状固体，并能将散粒状的材料胶结成为整体，而且其浆体不但能在空气中硬化，还能更好地在水中硬化，保持并继续增长其强度，因此，水泥是一种典型的水硬性胶凝材料。

中国水泥工业
发展历史

水泥是一种生产、使用历史悠久，且至今仍在广泛使用的重要的土木工程材料。早在 1796 年，就出现了用含有一定比例黏土成分的石灰石煅烧而成的"罗马水泥"。1824 年，英国泥瓦工约瑟夫·阿斯普丁（Joseph Aspdin）首先取得了生产硅酸盐水泥的专利权。因为水泥凝结后的外观颜色与波特兰岛的石头相似，所以将产品命名为波特兰水泥（Portland cement），我国称为硅酸盐水泥。自水泥问世以来，一直是土木工程材料中的主体材料，目前世界上水泥的品种已达 200 余种，其用途非常广泛。在建筑、交通、水利、电力、海港和国防等工程中都离不开水泥。

中国早期的
水泥生产

水泥的品种很多，常按不同方式对其进行分类。根据国家标准《水泥的命名、定义和术语》（GB/T 4131—2014）的规定，水泥分为两大类：通用水泥和特种水泥。用于一般土木工程的水泥称为通用水泥，以水泥的硅酸盐矿物名称命名，并可冠以混合材料名称或其他适当名称命名。国家标准《通用硅酸盐水泥》（GB 175—2020），将通用水泥分为：硅酸盐水泥（代号 P·Ⅰ和 P·Ⅱ）、普通硅酸盐水泥（代号 P·O）、矿渣硅酸盐水泥（代号P·S）、火山灰质硅酸盐水泥（代号P·P）、粉煤灰硅酸盐水泥（代号P·F）和复合硅酸盐水泥（代号P·C）等六大类。另一类是特种水泥，以水泥的主要矿物名称、特性或用途命名，并可冠以不同型号或混合材料名称。例如：铝酸盐水泥、硫铝酸盐水泥、快硬硅酸盐水泥、低热矿渣硅酸盐水泥、G级油井水泥等。

有专门用途的特种水泥也称专用水泥，如砌筑水泥、道路水泥、油井水泥等。某种性能比较突出的特种水泥也称特性水泥，如快硬水泥、低热水泥、抗硫酸盐水泥、膨胀水泥、白色水泥等。

水泥按其主要水硬性物质种类又可分为：硅酸盐水泥、铝酸盐水泥、硫铝酸盐水泥、铁铝酸盐水泥及氟铝酸盐水泥等。

近年来，发展出一些新型胶凝材料，在广义上也属于水泥的范畴，如LC^3水泥、碱激发胶凝材料和微生物胶凝材料等。

水泥品种繁多，在我国水泥产量的90％仍属于以硅酸盐为主要水硬性物质的硅酸盐类水泥，其中又以硅酸盐水泥的组成最为简单，也是最为基本的水泥。因此，在讨论水泥的性质和应用时，常以硅酸盐水泥为基础。

2.2.1.1 硅酸盐水泥的生产及矿物组成

国家标准《通用硅酸盐水泥》（GB 175）规定，凡由硅酸盐水泥熟料、0～5％石灰石或粒化高炉矿渣、适量石膏磨细制成的水硬性胶凝材料，称为硅酸盐水泥。硅酸盐水泥分为两种类型，不掺加石灰石或粒化高炉矿渣的为Ⅰ型硅酸盐水泥，代号为P·Ⅰ；掺加不超过水泥质量5％的石灰石或粒化高炉矿渣混合材料的为Ⅱ型硅酸盐水泥，代号为P·Ⅱ。

1. 硅酸盐水泥的生产

生产硅酸盐水泥的原料主要有石灰质原料和黏土质原料。常用的石灰质原料主要是石灰石，也可用白垩、石灰质凝灰岩等，主要提供水泥中氧化钙（CaO）；黏土质原料主要采用黏土或黄土，它主要提供氧化硅（SiO_2）、氧化铝（Al_2O_3）、氧化铁（Fe_2O_3）。若所选用的石灰质原料和黏土质原料按一定比例配合不能满足某些化学组成要求时，则要掺加相应的校正原料，如铁质校正原料铁砂粉、黄铁矿渣，以补充Fe_2O_3，硅质校正原料砂岩、粉砂岩等，以补充SiO_2。此外，为改善煅烧条件，常加入少量的矿化剂（如萤石、石膏）等。

硅酸盐水泥的生产就是将上述原料按适当的比例混合、磨细制成生料，生料均化后，送入窑中煅烧至部分熔融形成熟料，熟料与适量石膏共同磨细，即得到Ⅰ型硅酸盐水泥。若将熟料、石膏、不超过5％石灰石或粒化高炉矿渣共同磨细，即可得到Ⅱ型硅酸盐水泥。其生产工艺流程如图2.2所示。

2. 硅酸盐水泥熟料的组成

（1）化学组成。

硅酸盐水泥熟料是由含量在95％以上的CaO、SiO_2、Al_2O_3、Fe_2O_3等氧化物和5％以下的MgO、SO_3、TiO_2、K_2O、Na_2O等氧化物所组成。据统计，各主要氧化物含量的波动范围为CaO 62％～67％、SiO_2 20％～24％、Al_2O_3 4％～7％、Fe_2O_3 2.5％～6％。

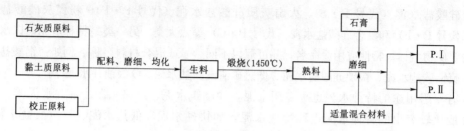

图 2.2 硅酸盐水泥生产工艺流程图

在水泥熟料中，CaO、SiO_2、Al_2O_3、Fe_2O_3 不是以单独的氧化物存在，而是以两种或两种以上的氧化物互相反应生成的多种矿物的集合体存在，它结晶比较细小（一般小于 $100\mu m$）。

（2）矿物组成。

硅酸盐水泥熟料中有四种主要矿物：硅酸三钙 $3CaO \cdot SiO_2$，简写为 C_3S，含量为 $37\% \sim 60\%$；硅酸二钙 $2CaO \cdot SiO_2$，简写为 C_2S，含量为 $15\% \sim 37\%$；铝酸三钙 $3CaO \cdot Al_2O_3$，简写为 C_3A，含量为 $7\% \sim 15\%$；铁铝酸四钙 $4CaO \cdot Al_2O_3 \cdot Fe_2O_3$，简写为 C_4AF，含量为 $10\% \sim 18\%$。

水泥熟料中，硅酸三钙和硅酸二钙矿物含量（质量分数）不小于 66%，CaO 和 SiO_2 质量比不小于 2.0。除主要熟料矿物外，水泥中还含有少量游离氧化钙、游离氧化镁和一定的碱，但其总含量一般不超过水泥质量的 10%。

2.2.1.2 硅酸盐水泥的水化及凝结硬化

1. 硅酸盐水泥的主要水化产物

硅酸盐水泥遇水后，其熟料矿物即与水发生水化反应，生成水化产物并放出一定的热量，各种矿物成分水化反应如下：

$$3CaO \cdot SiO_2 + nH_2O \Longrightarrow xCaO \cdot SiO_2 \cdot yH_2O + (3-x)Ca(OH)_2 \quad (2.12)$$

硅酸三钙　　　　　水化硅酸钙　　　氢氧化钙

$$2CaO \cdot SiO_2 + nH_2O \Longrightarrow xCaO \cdot SiO_2 \cdot yH_2O + (2-x)Ca(OH)_2 \quad (2.13)$$

硅酸二钙　　　　　水化硅酸钙　　　氢氧化钙

$$3CaO \cdot Al_2O_3 + 6H_2O \Longrightarrow 3CaO \cdot Al_2O_3 \cdot 6H_2O \quad (2.14)$$

铝酸三钙　　　　　水化铝酸三钙

$$4CaO \cdot Al_2O_3 \cdot Fe_2O_3 + 7H_2O \Longrightarrow 3CaO \cdot Al_2O_3 \cdot 6H_2O + CaO \cdot Fe_2O_3 \cdot H_2O$$

铁铝酸四钙　　　　水化铝酸三钙　　　水化铁酸钙　（2.15）

在氢氧化钙饱和溶液中，水化铝酸三钙还能与氢氧化钙进一步反应，生成六方晶体的水化铝酸四钙

$$CaO \cdot Al_2O_3 \cdot 6H_2O + Ca(OH)_2 + 6H_2O \Longrightarrow 4CaO \cdot Al_2O_3 \cdot 13H_2O \quad (2.16)$$

水化铝酸四钙

在石膏存在时，部分水化铝酸三钙会与石膏反应，生成高硫型水化硫铝酸钙

$$3CaO \cdot Al_2O_3 \cdot 6H_2O + 3(CaSO_4 \cdot 2H_2O) + 19H_2O \Longrightarrow 3CaO \cdot Al_2O_3 \cdot CaSO_4 \cdot 31H_2O$$

高硫型水化硫铝酸钙　（2.17）

从上述水化反应式可以看出，硅酸盐水泥水化后，生成的水化产物主要有水化硅酸钙和水化铁酸钙凝胶及氢氧化钙、水化铝酸钙和水化硫铝酸钙晶体等。水泥充分水化后，水化硅酸钙（C—S—H凝胶）约占70%，氢氧化钙约占20%。

2. 硅酸盐水泥熟料矿物的水化特性

硅酸盐水泥熟料中不同的矿物成分与水作用时，不仅水化物种类有所不同，而且水化特性也各不相同，它们对水泥凝结硬化速度、水化热及强度等的影响也各不相同。

铝酸三钙水化速度最快，水化热也最大，其主要作用是促进水泥早期强度的增长，而对水泥后期的强度的贡献较小；硅酸三钙的水化较快，水化时放热量也较大，在凝结硬化的前四周内，是水泥石强度的主要贡献者；硅酸二钙水化反应的产物虽然与硅酸三钙基本相同，但它的水化反应速度很慢，水化放热量也少，对水泥强度的贡献早期低、后期高；铁铝酸四钙水化的速度较快，水化时放热量也较大，对水泥的抗折强度有利。

各种水泥熟料矿物水化时所表现的特性见表2.5。

表 2.5   各种矿物单独与水作用时的主要特性

矿物名称	硅酸三钙	硅酸二钙	铝酸三钙	铁铝酸四钙
凝结硬化速度	快	慢	最快	快
28d 水化放热量	多	少	最多	中
强度贡献	高	早期低、后期高	低	低（含量多时对抗折强度有利）

水泥是几种熟料矿物的混合物，改变熟料矿物成分的比例时，水泥的性质即可发生相应的变化，从而生产出不同特性的水泥。如提高硅酸三钙的含量，可得到快硬早强水泥；降低铝酸三钙和硅酸三钙的含量，提高硅酸二钙的含量，可制得水化热低的水泥，如低热水泥等。

3. 硅酸盐水泥的凝结硬化

水泥加水拌和最初形成可塑性的浆体，然后逐渐变稠失去塑性但尚不具备强度的过程，称为水泥的"凝结"。随后开始产生强度并逐渐发展而形成坚硬的石状固体——水泥石，这一过程称为水泥的"硬化"。水泥的凝结和硬化是人为划分的，它实际上是一个连续而复杂的物理化学变化过程。凝结硬化过程示意图如图2.3所示。

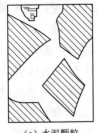 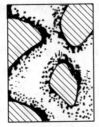  

(a) 水泥颗粒　　　(b) 水泥颗粒表面有　　(c) 水化物长大连　　(d) 产物进一步长
分散于水中　　　　水化产物出现　　　接共生（凝结）　　　大密实（硬化）

图 2.3　水泥凝结硬化过程示意图

当水和水泥颗粒接触时，水泥颗粒先发生水化反应，生成相应的水化物。随着水化物的增多和溶液浓度的增大，一部分水化物呈胶体或晶体析出，并包在水泥颗粒的表面。在水化初期，水化物不多时，水泥浆具有可塑性。

随着时间的推移，水泥颗粒不断水化，水化产物不断增多，使包在水泥颗粒表面的水化物膜层增厚，并形成凝聚结构，使水泥浆开始失去可塑性，这就是水泥的初凝，但这时还不具有强度。再随着固态水化物不断增多，其结晶体和胶体相互贯穿形成的网状结构不断加强，固相颗粒间的空隙和毛细孔不断减小，结构逐渐紧密，使水泥浆体完全失去塑性，并开始产生强度，也就是水泥出现终凝。水泥进入硬化期后，水化速度逐渐减慢，水化物随时间增长而逐渐增加，并扩展到毛细孔中，使结构更趋致密，强度进一步提高。如此不断进行下去直到水泥颗粒完全水化，水泥石的强度才停止发展，从而达到最大值。

4. 影响水泥凝结硬化的主要因素

（1）矿物组成。熟料各矿物单独与水作用后的特性是不同的，它们相对含量的变化，将导致不同的凝结硬化特性。如当水泥中 C_3A 含量高时，水化速率快，但强度不高，而 C_2S 含量高时，水化速率慢，早期强度低，后期强度高。

（2）细度。水泥颗粒愈细，比表面积增加，与水反应的区域增多，水化速度加快，从而加速水泥的凝结、硬化，早期强度较高。

（3）水灰比。水灰比是水与水泥的质量比，是影响水泥石强度的关键因素之一。水泥水化的理论需水量约占水泥质量的 23%，但实际使用时，用这样的水量拌制的水泥浆非常干涩，无法成型为密实的水泥石结构。在水灰比为 0.38 时，水泥可以完全水化，此时的水成为化学结合水或凝胶水，而无毛细孔水。随着水灰比的增加，自由水逐步增加，此时，在水泥水化过程中，水泥石中由于自由水的蒸发等形成的孔隙增加，造成水泥石的密实度降低，其强度也随之下降。

（4）石膏。石膏影响硅酸盐水化产物凝聚结构形成的速率和结晶的速率与形状。未加石膏的水泥将很快形成凝聚结构，由于水化铝酸钙从过饱和溶液中很快结晶出来，使结构坚硬，导致水泥不正常急凝（即闪凝）。加入石膏后，在水泥颗粒上形成难溶于水的水化硫铝酸钙覆盖在未水化水泥颗粒表面，阻碍了水泥的进一步水化，从而延长了凝结时间。

石膏的掺量必须严格控制，掺量太少时缓凝作用小；掺量过多时会引起凝结时间缩短，且在水泥浆硬化后继续水化生成高硫型水化硫铝酸钙而导致水泥石产生体积膨胀，使硬化的水泥石开裂而破坏。其掺量原则是保证在凝结硬化前（约加水后 24h 内）全部耗尽。适宜的掺量主要取决于水泥中 C_3A 含量和石膏中 SO_3 的含量。国家标准规定硅酸盐水泥中的 SO_3 不得超过 3.5%，石膏掺量一般为水泥质量的 3%～5%。

（5）温度和湿度。对 C_3S 和 C_2S，温度对水化反应速度的影响遵循一般的化学反应规律，温度升高，水化加速，特别是对 C_2S，由于 C_2S 的水化速率低，所以温度对它的影响更大。C_3S 在常温时水化就较快，放热也较多，所以温度影响较小。当温度降低时，水泥水化速率减慢，凝结硬化时间延长，尤其对早期强度影响很大。在 0℃以下，水化会停止，强度不仅不增长，还会因为水泥浆体中的水分发生冻结膨胀，而使水泥石结构产生破坏，强度大大降低。

湿度是保证水泥水化的必备条件，因为在潮湿环境条件下，水泥浆内的水分不易蒸发,水泥的水化硬化得以充分进行。当环境温度十分干燥时,水泥中的水分将很快蒸发,以致水泥不能充分水化,硬化也将停止。

保持一定的温度和湿度使水泥石强度不断增长的措施,叫做养护。在较高温度下养护的水泥石,往往后期强度增长缓慢,甚至下降。

(6)龄期。水泥加水拌和之日起至实测性能之日止,所经历的养护时间称为龄期。硅酸盐水泥早期强度增长较快,后期逐渐减慢。水泥加水后,起初 3~7d 强度发展快,大约 4 周后显著减慢。但是,只要维持适当的温度和湿度,水泥强度在几个月、几年,甚至几十年后还会持续增长。

2.2.1.3 硅酸盐水泥的技术性质

根据国家标准《通用硅酸盐水泥》(GB 175),硅酸盐水泥的技术性质主要有细度、标准稠度用水量、凝结时间、体积安定性、强度及强度等级等。

1. 细度

细度是指水泥颗粒的粗细程度,它是影响水泥性能的重要指标。水泥颗粒粒径一般在 7~200μm 范围内,颗粒愈细,与水反应的表面积愈大,水化反应快而且较完全,早期强度和后期强度都较高。但在空气中硬化时收缩性较大,成本较高,在储运过程中也易受潮而降低活性。若水泥颗粒过粗则不利于水泥活性的发挥,一般认为水泥颗粒小于 40μm 时,才具有较高活性,大于 90μm 后其活性就很小了。因此,为保证水泥具有一定的活性和具有一定的凝结硬化速度,须对水泥提出细度要求。

国家标准规定,水泥的细度可用筛析法和比表面积法检验。筛析法是采用孔径为 45μm 方孔筛对水泥试样进行筛析试验,用筛余百分率表示细度。比表面积法是根据一定量空气通过一定空隙率和厚度的水泥层时,所受阻力不同而引起流速的变化来测定水泥的比表面积(单位质量的水泥颗粒所具有的总表面积),单位以 m²/kg 表示。国家标准规定,硅酸盐水泥的细度采用比表面积法检验,其比表面积应不低于 300m²/kg,且不大于 400m²/kg。

2. 标准稠度用水量

水泥技术性质中在体积安定性和凝结时间测定时,国家标准规定必须采用标准稠度的水泥净浆。获得这一标准稠度净浆所需的水量称为标准稠度用水量,以水与水泥质量的比值来表示。影响标准稠度用水量的因素有熟料的矿物组成、水泥的细度、混合材料品种(如沸石粉需水性大)和数量等。

3. 凝结时间

水泥凝结时间是指水泥从开始加水拌和到失去流动性所需要的时间,分初凝时间和终凝时间。

初凝时间为水泥从开始加水拌和起至水泥浆开始失去可塑性所需要的时间;终凝时间是从水泥开始加水拌和起至水泥浆完全失去可塑性并开始产生强度所需的时间。水泥的凝结时间对施工有重要实际意义,其初凝时间不宜过早,以便在施工中有足够的时间完成混凝土或砂浆的搅拌、运输、浇捣和砌筑等操作;终凝时间不宜过迟,以使水泥能尽快硬化和产生强度,进而缩短施工工期。国家标准规定:硅酸盐水泥初凝时间不得早于 45min;终凝时间不得迟于 390min。

4. 体积安定性

水泥体积安定性是反映水泥浆体在硬化过程中或硬化后体积是否均匀变化的性能。安定性不良的水泥，在浆体硬化过程中或硬化后可能产生不均匀的体积膨胀，甚至引起开裂，并进而影响和破坏工程质量，甚至引起严重工程事故。因而体积安定性不良的水泥应按不合格品处理，不能用于工程中。

造成水泥安定性不良的主要原因如下：

(1) 熟料中游离氧化钙含量过多。游离氧化钙是熟料煅烧时，一部分氧化钙没有被吸收成为熟料矿物所形成的过烧氧化钙即游离氧化钙（f-CaO），这种 f-CaO 水化慢，而且水化生成 $Ca(OH)_2$ 时体积膨胀，给硬化的水泥石造成破坏。用沸煮法检验水泥中 f-CaO 是否会引起安定性不良。《硅酸盐水泥熟料》（GB/T 21372）规定：熟料中的 f-CaO 不得超过 1.5%。

(2) 熟料中游离氧化镁含量过多。熟料中游离氧化镁（f-MgO）正常水化的速度更缓慢，且体积膨胀，同样会造成膨胀破坏。水泥中游离氧化镁是否会引起安定性不良，用物理方法——压蒸法来检验，只有压蒸才能加速 f-MgO 的水化。《硅酸盐水泥熟料》（GB/T 21372）要求熟料中的 MgO 不得超过 5.0%，当制成 I 型硅酸盐水泥的压蒸试验合格时，允许放宽到 6.0%。《通用硅酸盐水泥》（GB 175）要求水泥的 MgO 含量不超过 6.0%。

(3) 水泥中三氧化硫含量过多。SO_3 过多同样也会造成膨胀破坏。石膏带来的危害用物理检验方法需长期在常温水中才能确定安定性是否不良。同游离氧化镁一样，物理检验不便于快速检验，需要用化学分析法检验 SO_3 含量是否超标，其中，《硅酸盐水泥熟料》（GB/T 21372）要求熟料中的 SO_3 含量不超过 1.5%，《通用硅酸盐水泥》（GB 175）要求硅酸盐水泥的 SO_3 含量不超过 3.5%。

5. 强度及强度等级

水泥的强度是水泥的重要力学性质，它与水泥的矿物组成、水灰比大小、龄期和环境温湿度等密切相关。同一水泥在不同条件下所测得的强度值不同。因此，为使试验结果具有可比性，水泥强度须按国家标准《通用硅酸盐水泥》（GB 175）和《水泥胶砂强度检验方法（ISO 法）》（GB/T 17671）的规定来测量。根据测定结果，将硅酸盐水泥分为 42.5、42.5R、52.5、52.5R、62.5 和 62.5R 6 个强度等级，其中代号 R 表示早强型水泥。各强度等级硅酸盐水泥的各龄期强度不得低于表 2.6 中的数值。

表 2.6　　　　　　　　　　硅酸盐水泥的强度要求（GB 175）

强度等级	抗压强度/MPa		抗折强度/MPa	
	3d	28d	3d	28d
42.5	17.0	42.5	4.0	6.5
42.5R	22.0	42.5	4.5	6.5
52.5	22.0	52.5	4.5	7.0
52.5R	27.0	52.5	5.0	7.0
62.5	27.0	62.5	5.0	8.0
62.5R	32.0	62.5	5.5	8.0

6. 烧失量和不溶物

烧失量是指水泥在一定灼烧温度和时间内，烧失的量占原质量的百分数。烧失量愈大，说明水泥质量愈差。国家标准规定，Ⅰ型硅酸盐水泥的烧失量不得大于3.0%；Ⅱ型硅酸盐水泥的烧失量不得大于3.5%。

不溶物是指经盐酸处理后的残渣，再以氢氧化钠溶液处理，经盐酸中和过滤后所得的残渣经高温灼烧所剩的物质。不溶物含量高对水泥质量有不良影响。Ⅰ型硅酸盐水泥中不溶物不得超过0.75%；Ⅱ型硅酸盐水泥中不溶物不得超过1.50%。

7. 水化热

水泥在水化过程中放出的热量称为水泥的水化热。水泥的水化放热量和放热速度主要决定于水泥的矿物组成和细度。若水泥中铝酸三钙和硅酸三钙的含量愈高，颗粒愈细，则水化热愈大，放热速度也愈快。水化热对一般工程的冬季施工是有利的，但对大体积混凝土是有害的。因为在大体积混凝土中，水泥水化放出的热量积聚在内部不易散失，使内部温度上升到60～70℃，内外温差所引起的温度应力，使混凝土产生裂缝。

8. 碱含量

当骨料中含有活性二氧化硅、水泥的碱含量又较高时，会发生碱-骨料反应，在骨料表面生成复杂的碱—硅酸凝胶，凝胶吸水体积膨胀，从而导致混凝土开裂破坏。若使用活性骨料，用户要求提供低碱水泥时，水泥中的碱含量（按 $Na_2O+0.658K_2O$ 计算值表示）应不大于0.60%，或由供需双方协商确定。

9. 密度及堆积密度

在计算组成混凝土的各项材料用量和储运水泥时，往往需要知道水泥的密度和堆积密度。硅酸盐水泥的密度一般在 $3.0\sim3.2g/cm^3$ 之间。堆积密度除与矿物组成及粉磨细度有关外，主要取决于水泥堆积的紧密程度，松堆状态为 $1000\sim1100kg/m^3$，紧密状态可达 $1600kg/m^3$。在配制混凝土和砂浆时，水泥堆积密度可取 $1200\sim1300kg/m^3$。

另外，《通用硅酸盐水泥》（GB 175）还有氯离子含量、放射性和水溶性铬（Ⅳ）的技术要求。

2.2.1.4 水泥石的腐蚀与防止

硅酸盐水泥浆体硬化后的水泥石，在正常使用条件下具有较好的耐久性。但在某些腐蚀性介质的作用下，水泥石的结构逐渐遭到破坏，强度下降以致溃裂，这种现象称为水泥石的腐蚀。

1. 水泥石腐蚀的主要类型

引起水泥石腐蚀的原因很多，作用甚为复杂，下面介绍几种典型介质的腐蚀作用。

（1）软水侵蚀（溶出性侵蚀）。

蒸馏水、工业冷凝水、天然雨水、雪水以及含重碳酸盐 $[Ca(HCO_3)_2]$ 很少的河水及湖水均属软水。当水泥长期与这些水相接触时，由于水的侵蚀作用，使水泥石中的氢氧化钙晶体不断溶出，并促使水泥石中其他产物分解，从而使水泥石结构遭到破坏。

在静水或无压水中，由于水泥石周围的水易为溶出的氢氧化钙饱和，使溶解作用中止，在此情况下，软水的侵蚀作用仅限于表层，影响不大。但若水泥石处在流动的或有压水中，则流出的氢氧化钙会不断流失，侵蚀作用不断深入内部，使水泥石孔隙增大，致使强度降低。

（2）盐类腐蚀。

1）硫酸盐腐蚀。在海水、地下水以及某些工业废水中常含有钠、钾、铵等的硫酸盐，它们与水泥石中氢氧化钙反应生成硫酸钙，硫酸钙再与水泥石中的固态水化铝酸钙作用，生成比原体积增加 1.5 倍的高硫型水化硫铝酸钙，由于体积膨胀而使已经硬化的水泥石开裂、破坏。其方程式为

$$4CaO \cdot Al_2O_3 \cdot 12H_2O + 3CaSO_4 + 20H_2O \Longrightarrow 3CaO \cdot Al_2O_3 \cdot 3CaSO_4 \cdot 31H_2O + Ca(OH)_2 \tag{2.18}$$

高硫型水化硫铝酸钙呈针状晶体。

另外，当水中硫酸盐浓度较高时，反应生成的硫酸钙晶体将在孔隙中沉积而直接导致水泥石膨胀破坏。

2）镁盐腐蚀。在海水及地下水中常含有大量镁盐，主要是硫酸镁和氯化镁。它们与水泥石中的氢氧化钙发生如下的反应：

$$MgSO_4 + Ca(OH)_2 + 2H_2O \Longrightarrow CaSO_4 \cdot 2H_2O + Mg(OH)_2 \tag{2.19}$$

$$MgCl_2 + Ca(OH)_2 \Longrightarrow CaCl_2 + Mg(OH)_2 \tag{2.20}$$

生成的氢氧化镁松软而无凝胶能力，氢氧化钙和硫酸钙易溶于水，且硫酸钙还会进一步引起硫酸盐的膨胀破坏。因此，硫酸镁对水泥石起着镁盐和硫酸盐的双重腐蚀作用。

（3）酸类腐蚀。

1）碳酸腐蚀。工业污水、地下水常溶解有较多的二氧化碳，当水泥石与这些水接触时，水泥石中的氢氧化钙便首先与二氧化碳发生如下反应：

$$Ca(OH)_2 + CO_2 + H_2O \Longrightarrow CaCO_3 + 2H_2O \tag{2.21}$$

当水中所含的碳酸超过平衡浓度（溶液中的 pH<7 时），则生成的碳酸钙将继续与含碳酸的水作用，变成易溶于水的碳酸氢钙 $Ca(HCO_3)_2$

$$CaCO_3 + CO_2 + 2H_2O \longrightarrow Ca(HCO_3)_2 \tag{2.22}$$

由于碳酸氢钙的溶失，以及水泥石中其他产物的分解，从而使水泥石遭到破坏。显然，只有当水中含有较多的碳酸，并超过平衡浓度时才会引起碳酸腐蚀。

2）一般酸的腐蚀。工业废水，地下水中常含无机酸和有机酸；工业窑炉中的烟气中常含有二氧化硫，遇水后即生成亚硫酸。各种酸类对水泥石都有不同程度的腐蚀作用，它们与水泥石中的氢氧化钙作用后生成的化合物，或者易溶于水，或者体积膨胀而导致水泥石破坏。其中无机酸中的盐酸、氢氟酸、硫酸和有机酸中的醋酸、蚁酸及乳酸对水泥石腐蚀作用最快。

例如，盐酸与水泥石中的氢氧化钙作用

$$2HCl + Ca(OH)_2 \Longrightarrow CaCl_2 + 2H_2O \tag{2.23}$$

水泥石中的氢氧化钙晶体因上述反应生成了易溶于水的氯化钙，从而导致破坏。硫酸与水泥石中的氢氧化钙作用

$$H_2SO_4 + Ca(OH)_2 === CaSO_4 \cdot 2H_2O \tag{2.24}$$

生成的二水石膏或者直接在水泥石孔隙中结晶产生膨胀破坏，或者再与水泥石中的水化铝酸钙作用，生成钙矾石而使其破坏。

（4）强碱腐蚀。

碱类溶液如浓度不大时一般是无害的，但铝酸盐含量较高的硅酸盐水泥遇到强碱作用后也会破坏，如氢氧化钠可与水泥石未水化的铝酸盐作用，生成易溶的铝酸钠

$$3CaO \cdot Al_2O_3 + 6NaOH === 3Na_2O \cdot Al_2O_3 + 3Ca(OH)_2 \tag{2.25}$$

当水泥石被氢氧化钠溶液浸透后又在空气中干燥时，氢氧化钠与空气中的二氧化碳作用生成碳酸钠

$$2NaOH + CO_2 === Na_2CO_3 + H_2O \tag{2.26}$$

碳酸钠在水泥石毛细孔中结晶沉积而使水泥石胀裂。

2. 水泥石腐蚀的防止

水泥石的腐蚀是一个极为复杂的物理化学过程。水泥石在遭受腐蚀时，很少为单一的腐蚀作用，往往是几种腐蚀作用同时存在，相互影响。但产生水泥石腐蚀的基本原因可归纳为三点：一是水泥石中存在着易遭受腐蚀的两种组成成分氢氧化钙和水化铝酸钙；二是水泥石本身不密实而使侵蚀性介质易于进入其内部；三是外界因素的影响，如腐蚀介质的存在、环境温度、介质浓度的影响等。

针对以上腐蚀原因，可从下列途径采取相应措施以防止其腐蚀：

（1）根据侵蚀环境特点，合理选用水泥品种。例如，硫酸盐介质存在的环境宜选用铝酸三钙含量低于 5% 的抗硫酸盐水泥；有软水作用的环境可采用水化产物中氢氧化钙含量较少的水泥（如矿渣水泥等）。

（2）提高水泥石的密实度。水泥石中孔隙越多，腐蚀介质越易进入其内部，腐蚀作用也就越严重。因此提高水泥石的密实度是提高水泥石防腐能力的一个重要途径。为此，在实际工程中，可针对不同情况，采取相应措施，如合理设计混凝土的配合比，尽可能采用低水灰比、掺入外加剂、选用最优施工方法等。此外，在混凝土或砂浆表面进行碳化或氟硅酸处理，使之生成难溶的碳酸钙外壳或氟化钙及硅胶薄膜，以提高表面的密实度，也可减少侵蚀性介质深入内部。

（3）加做保护层。当侵蚀作用较强时，可用耐腐蚀石料、陶瓷、玻璃、塑料、沥青等覆盖于水泥石的表面，避免腐蚀介质与水泥石直接接触。

2.2.1.5 硅酸盐水泥的性能与应用

（1）强度高。硅酸盐水泥具有凝结硬化快、早期强度高以及强度等级高的特性，因此可用于地上、地下和水中重要结构的高强及高性能混凝土工程中，也可用于有早强要求的混凝土工程中。

（2）抗冻性好。硅酸盐水泥水化放热量高，早期强度也高，因此可用于冬季施工及严寒地区遭受反复冻融的工程。

（3）抗碳化性能好。硅酸盐水泥水化后生成物中有 $20\%\sim25\%$ 的 $Ca(OH)_2$，因此水泥石中碱度不易降低，对钢筋有保护作用，故抗碳化性能好。

（4）水化热高。因为硅酸盐水泥的水化热高，所以不宜用于大体积混凝土工程。

（5）耐腐性差。由于硅酸盐水泥石中含有较多的易受腐蚀的氢氧化钙和水化铝酸钙，因此其耐腐蚀性能差，不宜用于或单独用于水利工程、海水作用和矿物水作用的工程。

（6）不耐高温。当水泥石受热温度到 $250\sim300℃$ 时，水泥石中的水化物开始脱水，水泥石收缩，强度开始下降；当温度达 $700\sim800℃$ 时，强度降低更多，甚至破坏。水泥石中的氢氧化钙在 $547℃$ 以上开始脱水分解成氧化钙，当氧化钙遇水，则因熟化而发生膨胀导致水泥石破坏。因此，硅酸盐水泥不宜用于有耐热要求的混凝土工程以及高温环境。

2.2.2 普通硅酸盐水泥

凡在硅酸盐水泥熟料中，掺入一定量的混合材料和适量石膏共同磨细而制成的水硬性胶凝材料，均属掺混合材料的硅酸盐水泥。

2.2.2.1 水泥混合材料

在生产水泥时，为改善水泥性能，调节水泥强度等级而掺入水泥中的天然或人工的矿物材料，称为水泥混合材料。根据所加矿物材料的性质和作用不同，水泥混合材料通常分为活性混合材料和非活性混合材料两大类。

1. 活性混合材料

（1）活性混合材料的主要类型。

经磨细后，在常温下，与石灰（或与石灰和石膏）一起加水后能生成具有胶凝性的水化产物，既能在空气中又能在水中硬化的混合材料称为活性混合材料。生产水泥常用的活性混合材料如下：

1）粒化高炉矿渣。粒化高炉矿渣是将高炉冶炼生铁时所得以硅酸钙与铝酸钙为主要成分的熔融矿渣，经水淬急速冷却而成的颗粒，颗粒粒径一般为 $0.5\sim5mm$。其主要成分为 CaO、Al_2O_3、SiO_2，通常约占总量的 90% 以上，此外还有少量的 MgO、Fe_2O_3 和一些硫化物等。矿渣的活性不仅取决于其活性 Al_2O_3 和活性 SiO_2 的含量，而且在很大程度上取决于内部结构。矿渣熔融体在淬冷成粒时，阻止了熔融体向结晶结构的转化而形成了玻璃体（含量达 85% 以上），储有较高的潜在化学能，从而使其具有较高的潜在活性。在有激发剂的情况下，其浆体就具有一定的水硬性。含氧化钙较高的碱性矿渣，本身就具有弱的水硬性。

2）火山灰质混合材料。火山喷发时，随同熔岩一起喷发的大量碎屑沉积在地面或水中而成的松软物质，称为火山灰。火山灰由于喷出后即遭急冷，因此形成了一定量的玻璃体，这些玻璃体成分使其具有活性，它的成分主要是活性 SiO_2 和活性 Al_2O_3。火山灰质混合材料是泛指具有火山灰活性的天然或人工矿物材料，如天然的火山灰、凝灰岩、浮石、硅藻土、硅藻石、蛋白石等。属于人工的有烧黏土、煅烧的煤矸石、粉煤灰及硅灰等。

3）粉煤灰。粉煤灰是火力发电厂以煤做燃料，从其锅炉烟气中收集下来的灰渣，又称飞灰（Fly ash）。其颗粒多呈玻璃态实心或空心的球形，表面光滑，粒径一般为$0.001\sim0.05mm$。粉煤灰的成分主要是活性 SiO_2 和活性 Al_2O_3，还含有少量 CaO。根据其 CaO 含量不同，又有高钙粉煤灰和低钙粉煤灰之分。前者 CaO 含量一般高于10%，本身就具有一定的水硬性。

（2）活性混合材料的作用。

上述的活性混合材料，它们与水调和后，本身不会硬化或硬化极为缓慢，强度很低。但有石灰存在时，就会发生显著的水化，特别是在饱和的氢氧化钙溶液中水化更快，其水化反应一般认为是

$$xCa(OH)_2+SiO_2+mH_2O\longrightarrow xCaO\cdot SiO_2\cdot nH_2O \tag{2.27}$$

式中　x 值决定于混合材料的种类、石灰和活性氧化硅的比例、环境温度以及作用所延续的时间等，一般为 1 或稍大。n 值一般为 $1\sim2.5$。

同样，活性 Al_2O_3 与 $Ca(OH)_2$ 也能相互作用形成水化铝酸钙。当液相中有石膏存在时，水化铝酸钙将进一步与石膏反应生成水化硫铝酸钙。可以看出，氢氧化钙和石膏的存在使活性混合材料的潜在活性得以发挥，氢氧化钙和石膏起着激发水化、促进凝结硬化的作用，故称为激发剂。常用的激发剂有碱性激发剂和硫酸盐激发剂两类，一般用作碱性激发剂的是石灰和能水化析出氢氧化钙的硅酸盐水泥熟料；硫酸盐激发剂主要是二水石膏或半水石膏，而且其激发作用必须在有碱性激发剂的条件下才能充分发挥。

2. 非活性混合材料

非活性混合材料是指不具有潜在的水硬性，与水泥矿物组成也不起化学作用的混合材料。它们掺入到水泥中仅起减少水化热、降低强度等级和提高水泥产量的作用。常用的有磨细石灰石粉、磨细石英砂等。

2.2.2.2　普通硅酸盐水泥

凡由硅酸盐水泥熟料、5%～20%混合材料、适量石膏磨细制成的水硬性胶凝材料，称为普通硅酸盐水泥，简称普通水泥，代号为 P·O。

掺活性混合材料时，其最大掺量不得超过 20%，其中允许用不超过水泥质量 5%的窑灰、石灰石、砂岩来代替。

普通硅酸盐水泥按照国家标准《通用硅酸盐水泥》（GB 175）的规定分为 42.5、42.5R、52.5、52.5R、62.5、62.5R 6 个强度等级，其各龄期强度不得低于表 2.7 中的数值；初凝时间不得早于 45min，终凝时间不得迟于 600min；安定性用沸煮法检验必须合格；氯离子、氧化镁、三氧化硫、碱含量等均与硅酸盐水泥规定相同。

普通水泥中所掺入混合材料较少，绝大部分仍为硅酸盐水泥熟料，其成分与硅酸盐水泥相近，因而其性能和应用与同强度等级的硅酸盐水泥也极为相近；但毕竟所掺混合材料稍多一些，因而与硅酸盐水泥相比，早期硬化速度稍慢，抗冻性与耐磨性能也略差。它被广泛用于各种混凝土或钢筋混凝土工程，是我国的主要水泥品种之一。

2.2.3　矿渣硅酸盐水泥

凡由硅酸盐水泥熟料和粒化高炉矿渣、适量石膏磨细制成的水硬性胶凝材料称为

表 2.7　　　　　　　　普通硅酸盐水泥各龄期的强度要求（GB 175）

强度等级	抗压强度/MPa		抗折强度/MPa	
	3d	28d	3d	28d
42.5	≥17.0	≥42.5	≥4.0	≥6.5
42.5R	≥22.0	≥42.5	≥4.5	≥6.5
52.5	≥22.0	≥52.5	≥4.5	≥7.0
52.5R	≥27.0	≥52.5	≥5.0	≥7.0
62.5	≥27.0	≥62.5	≥5.0	≥8.0
62.5R	≥32.0	≥62.5	≥5.5	≥8.0

矿渣硅酸盐水泥，简称矿渣水泥，代号为 P·S。分 A、B 两种类型。其中 P·S·A 型水泥中粒化高炉矿渣掺加量按质量百分比计为＞20％且≤50％；B 型水泥中粒化高炉矿渣掺加量按质量百分比计为＞50％且≤70％。允许用粉煤灰、火山灰、石灰石、砂岩、窑灰中的一种代替矿渣，但代替数量不得超过水泥质量的 8％，替代后水泥中粒化高炉矿渣不得少于 20％。

按照国家标准《通用硅酸盐水泥》（GB 175）规定，矿渣硅酸盐水泥分为 32.5、32.5R、42.5、42.5R、52.5 和 52.5R 6 个强度等级，各强度等级水泥的各龄期强度不得低于表 2.8 中的数值；对细度、凝结时间及沸煮安定性、氧化镁含量（P·S·A）的要求均与普通硅酸盐水泥相同；三氧化硫的含量不得超过 4.0％。

表 2.8　　　　矿渣水泥、火山灰水泥、粉煤灰水泥的强度要求（GB 175）

强度等级	抗压强度/MPa		抗折强度/MPa	
	3d	28d	3d	28d
32.5	12.0	32.5	3.0	5.5
32.5R	17.0	32.5	4.0	5.5
42.5	17.0	42.5	4.0	6.5
42.5R	22.0	42.5	4.5	6.5
52.5	22.0	52.5	4.5	7.0
52.5R	27.0	52.5	5.0	7.0

2.2.4　火山灰质硅酸盐水泥

凡由硅酸盐水泥熟料和火山灰质混合材料、适量石膏磨细制成的水硬性胶凝材料称为火山灰质硅酸盐水泥，简称火山灰水泥，代号为 P·P，水泥中火山灰质混合材料掺加量按质量百分比计为＞20％且≤40％。

国家标准规定，火山灰水泥中三氧化硫的含量不得超过 3.5％，其细度、凝结时间、强度、沸煮安定性和氧化镁含量的要求均与矿渣硅酸盐水泥相同。

2.2.5　粉煤灰硅酸盐水泥

凡由硅酸盐水泥熟料和粉煤灰混合材料、适量石膏磨细制成的水硬性胶凝材料称为粉煤灰硅酸盐水泥，简称粉煤灰水泥，代号为 P·F，水泥中粉煤灰掺加量按质量百分比计为＞20％且≤40％。

国家标准规定，粉煤灰硅酸盐水泥的细度、凝结时间、体积安定性、强度、三氧化硫含量、氧化镁含量的要求与火山灰水泥完全相同。

2.2.6　复合硅酸盐水泥

凡由硅酸盐水泥熟料、两种或两种以上规定的混合材料、适量石膏磨细制成的水硬性胶凝材料，称为复合硅酸盐水泥，简称复合水泥，代号为 P·C。水泥中混合材料总掺量按质量百分比计应＞20％且≤50％。允许用不超过 8％的窑灰代替部分混合材料。掺矿渣时，混合材料掺量不得与矿渣硅酸盐水泥重复。

国家标准规定，复合硅酸盐水泥分为 42.5、42.5R、52.5 和 52.5R 4 个强度等级，各强度等级水泥的各龄期强度不得低于表 2.8 中的数值。复合硅酸盐水泥的细度、凝结时间、体积安定性、三氧化硫含量、氧化镁含量的要求与火山灰水泥完全相同。

复合硅酸盐水泥由于在水泥熟料中掺入了两种或两种以上规定的混合材料，因此其特性主要取决于所掺混合材料的种类、掺量及相对比例，既与矿渣水泥、火山灰水泥、粉煤灰水泥有相似之处，又有其本身的特性，而且相比掺加单一混合材料的水泥具有更好的技术效果，故它也广泛适用于各种混凝土工程。

2.2.7　通用硅酸盐水泥特性

普通硅酸盐水泥由于掺加的混合材料较少，因此它的性质与硅酸盐水泥的性质基本上相同。

矿渣水泥、火山灰水泥、粉煤灰水泥、复合水泥与硅酸盐水泥或普通水泥的组成成分相比，都有一个共同点，即所掺入的混合材料较多，水泥中熟料相对较少，这就使得这 4 种水泥的性能之间有许多相近的地方，但与硅酸盐水泥或普通水泥的性能相比又有许多不同之处，具体来讲，这 4 种水泥相对于硅酸盐水泥有以下主要特点。

（1）凝结硬化速度较慢。

早期强度较低，但后期强度增长较多。这是因为相对硅酸盐水泥，这 4 种水泥熟料矿物较少而活性混合材料较多，其水化反应是分两步进行的。首先是熟料矿物水化，此时所生成的水化产物与硅酸盐水泥基本相同。由于熟料较少，故此时参加水化和凝结硬化的成分较少，水化产物较少，凝结硬化较慢，强度较低；随后，熟料矿物水化生成的氢氧化钙和石膏分别作为混合材料的碱性激发剂和硫酸盐激发剂，与混合材料中的活性成分发生二次水化反应，从而在较短时间内有大量水化物产生，进而使其凝结硬化速度大大加快，强度增长较多。

（2）水化放热速度慢，放热量少。

这也是因为熟料含量相对较少，其中所含水化热大、放热速度快的铝酸三钙、硅酸酸钙含量较少的缘故。

（3）对温度较为敏感。

温度低时硬化较慢，当温度达到 70℃以上时，硬化速度大大加快，甚至可超过硅酸盐水泥的硬化速度。这是因为，温度升高加快了活性混合材料与熟料水化析出的氢氧化钙的化学反应。

（4）抗侵蚀能力强。

由于熟料水化析出的氢氧化钙本身就少，再加上与活性混合材料作用时又消耗了大量的氢氧化钙，因此水泥石中所剩余的氢氧化钙就更少了，所以，这 4 种水泥抵抗软水、海水和硫酸盐腐蚀的能力较强，宜用于水工和海港工程。

（5）抗冻性和抗碳化能力较差。

根据上述特点，这些水泥除适用于地面工程外，特别适宜用于地下和水中的一般混凝土和大体积混凝土结构以及蒸汽养护的混凝土构件，也适用于一般抗硫酸盐侵蚀的工程。

由于这 4 种水泥所掺混合材料的类型或数量的不同，这就使得它们在特性和应用上也各有其特点，从而可以满足不同的工程需要。矿渣水泥耐热性好，可用于耐热混凝土工程。但保水性较差，泌水性较大，干缩性较大；火山灰水泥使用在潮湿环境后，会吸收 $Ca(OH)_2$ 而产生膨胀胶化作用使结构变得致密，因而有较高的密实度和抗渗性，适宜用于抗渗要求较高的工程，但耐磨性比矿渣水泥差，干燥收缩较大，在干热条件下会起粉，故不宜用于有抗冻、耐磨要求和干热环境的工程；粉煤灰水泥的干燥收缩小，抗裂性较好，其拌制的混凝土和易性较好。

硅酸盐水泥、普通水泥、矿渣水泥、火山灰水泥、粉煤灰水泥和复合水泥是土木工程中广泛使用的水泥品种，主要用来配制混凝土和砂浆，选用见表 2.9。

表 2.9　　　　　　　　　通 用 水 泥 的 选 用

		混凝土工程特点及所处环境条件	优先选用	可以选用	不宜选用
普通混凝土	1	在一般环境中的混凝土	普通硅酸盐水泥	矿渣水泥、火山灰水泥、粉煤灰水泥、复合水泥	
	2	在干燥环境中的混凝土	普通硅酸盐水泥	矿渣水泥	火山灰水泥 粉煤灰水泥
	3	在高湿环境中或长期处于水中的混凝土	矿渣水泥、火山灰水泥、粉煤灰水泥、复合水泥	普通硅酸盐水泥	
	4	厚大体积的混凝土	矿渣水泥、火山灰水泥、粉煤灰水泥、复合水泥		硅酸盐水泥
有特殊要求的混凝土	1	要求快硬、高强（＞C40）的混凝土	硅酸盐水泥	普通硅酸盐水泥	矿渣水泥、火山灰水泥、粉煤灰水泥、复合水泥
	2	严寒地区的露天混凝土，寒冷地区处于水位升降范围内的混凝土	普通硅酸盐水泥	矿渣水泥	火山灰水泥 粉煤灰水泥

续表

混凝土工程特点及所处环境条件		优先选用	可以选用	不宜选用
有特殊要求的混凝土	3 严寒地区处于水位升降范围内的混凝土	普通硅酸盐水泥		矿渣水泥、火山灰水泥、粉煤灰水泥、复合水泥
	4 有抗渗要求的混凝土	火山灰水泥		矿渣水泥
	5 有耐磨性要求的混凝土	硅酸盐水泥	普通硅酸盐水泥	火山灰水泥 粉煤灰水泥
	6 受侵蚀介质作用的混凝土	矿渣水泥、火山灰水泥、粉煤灰水泥、复合水泥		硅酸盐水泥、普通硅酸盐水泥

2.3 其他品种水泥

在土木工程中，除大量使用通用水泥外，为满足一些工程的特殊需要，还需使用一些特性水泥和专用水泥，本节将就其中几个品种简要介绍。

2.3.1 快硬早强型水泥

1. 快硬硅酸盐水泥

凡以硅酸盐水泥熟料和适量石膏磨细制成的、以 3d 抗压强度表示强度等级的水硬性胶凝材料，称为快硬硅酸盐水泥，简称快硬水泥。

快硬硅酸盐水泥与硅酸盐水泥的生产方法基本相同，快硬的特性主要依靠合理设计矿物组成及控制生产工艺条件。通常采取以下 3 种主要措施：一是提高熟料中凝结硬化最快的两种成分的总含量，通常硅酸三钙为 50%～60%，铝酸三钙为 8%～14%，二者的总量不应小于 60%～65%；二是增加石膏的掺量（达到 8%），促使水泥快速硬化；三是提高水泥的粉磨细度，使其比表面积达到 330～450 m^2/kg。

根据国家标准规定，水泥中三氧化硫含量不得超过 4%，氧化镁含量不得超过 5.0%，如经压蒸安定性试验合格，则允许放宽到 6.0%，用 80μm 方孔筛的筛余不得超过 10%，或 45μm 方孔筛的筛余不得超过 30%，初凝时间不得早于 45min，终凝时间不得迟于 10h；按 3d 抗压抗折强度分为 32.5、37.5 和 42.5 3 个等级，各等级各龄期强度不低于表 2.10 中的相应数值。

表 2.10　　　　　　　　快硬硅酸盐水泥各龄期强度要求

强度等级	抗压强度/MPa			抗折强度/MPa		
	1d	3d	28d	1d	3d	28d
32.5	15.0	32.5	52.5	3.5	5.0	7.2
37.5	17.0	37.5	57.5	4.0	6.0	7.6
42.5	19.0	42.5	62.5	4.5	6.4	8.0

快硬水泥凝结硬化快，早期强度增进较快，因而它适用于要求早期强度高的工程、紧急抢修工程、冬季施工工程以及制作混凝土或预应力钢筋混凝土预制构件。

由于快硬水泥颗粒较细，易受潮变质，故运输、储存时须特别注意防潮，且不宜久存，从出厂之日起超过一个月，则应重新检验，合格后方可使用。

2. 铝酸盐水泥

凡以铝酸钙为主、氧化铝含量大于 50% 的熟料磨制的水硬性胶凝材料，称为铝酸盐水泥，代号为 CA。由于其主要原料为铝矾土，故又称矾土水泥，又由于熟料中氧化铝含量较高，也常称其为高铝水泥。

（1）铝酸盐水泥的矿物组成。

铝酸盐水泥的主要矿物组成为铝酸一钙（$CaO \cdot Al_2O_3$，简称为 CA）其含量约占 70%，其次还含有其他铝酸盐，如二铝酸一钙（$CaO \cdot 2Al_2O_3$，简写为 CA_2），七铝酸十二钙（$12CaO \cdot 7Al_2O_3$，简写为 $C_{12}A_7$）和铝方柱石（$2CaO \cdot Al_2O_3 \cdot SiO_2$，简写为 C_2AS），另外还含有少量的硅酸二钙（C_2S）。

（2）铝酸盐水泥的技术性质。

铝酸盐水泥根据其 Al_2O_3 含量不同分为 4 种类型：即 CA50、CA60、CA70、CA80，各类型水泥各龄期强度值不低于表 2.11 中的数值。各种水泥的比表面积不小于 $300m^2/kg$ 或在孔径为 $45\mu m$ 筛上的筛余不大于 20%，CA50、CA60 - Ⅰ、CA70、CA80 的初凝时间不得早于 30min，终凝不得迟于 6h，CA60 - Ⅱ 的初凝时间不得早于 60min，终凝时间不得迟于 18h。

表 2.11　　　　　　　铝酸盐水泥胶砂强度（GB/T 201—2015）

水泥类型		抗压强度/MPa				抗折强度/MPa			
		6h	1d	3d	28d	6h	1d	3d	28d
CA50	CA50 - Ⅰ	≥20	≥40	≥50	—	≥3.0	≥5.5	≥6.5	—
	CA50 - Ⅱ		≥50	≥60	—		≥6.5	≥7.5	—
	CA50 - Ⅲ		≥60	≥70	—		≥7.5	≥8.5	—
	CA50 - Ⅳ		≥70	≥80	—		≥8.5	≥9.5	—
CA60	CA60 - Ⅰ	—	≥65	≥85	—	—	≥7.0	≥10.0	—
	CA60 - Ⅱ	—	≥20	≥45	≥85	—	≥2.5	≥5.0	≥10.0
CA70		—	≥30	≥40	—	—	≥5.0	≥6.0	—
CA80		—	≥25	≥30	—	—	≥4.0	≥5.0	—

（3）铝酸盐水泥的特性及应用。

1）铝酸盐水泥早期强度增长较快，24h 即可达到其极限强度的 80% 左右，因此宜用于要求早期强度高的特殊工程和紧急抢修工程。

2）铝酸盐水泥水化热较大，而且集中在早期放出，1d 内即可释放出总量 70%～80% 的热量，因此，适宜于寒冷地区的冬季施工工程，但不宜用于大体积混凝土工程。

3）铝酸盐水泥在高温时能产生固相反应，以烧结代替了水化结合，使得铝酸盐水泥在高温时仍然可得到较高强度。因此，可采用耐火的骨料和铝酸盐水泥配制成使用温度高达 1300～1400℃的耐火混凝土。

4) 铝酸盐水泥由于其主要组成为低钙铝酸盐，硅酸二钙含量极少，水化析出的氢氧化钙也很少，故其抗硫酸盐的侵蚀性能好，适用于有抗硫酸盐侵蚀要求的工程。

5) 铝酸盐水泥由于随着时间的推移而发生晶体转化，其长期强度有降低的趋势，因此用于工程中，应按其最低稳定强度进行设计，同时在使用时，其最适宜的硬化温度为 15℃左右，一般环境温度不得超过 25℃，故配制的混凝土不能进行蒸汽养护，也不能在炎热季节进行施工。

6) 铝酸盐水泥严禁与硅酸盐水泥、石灰等能析出 $Ca(OH)_2$ 的胶凝材料混用，也不得与尚未硬化的硅酸盐水泥混凝土接触使用，否则不仅会使铝酸盐水泥出现瞬凝现象，而且由于生成碱性水化铝酸钙，使混凝土开裂、破坏。

3. 快硬硫铝酸盐水泥

由适当成分的硫铝酸盐水泥熟料和少量石灰石、适量石膏共同磨细制成的，具有早期强度高的水硬性胶凝材料，代号 R-SAC。这种水泥中石灰石含量不大于 15%。无水硫铝酸钙水化快，能在水泥尚未失去塑性时就形成大量的钙矾石晶体，并迅速构成结晶骨架，而同时析出的氢氧化铝凝胶填塞于骨架的空隙中，从而使水泥获得较高的早期强度。同时 β-C_2S 活性较高，水化较快，也能较早地生成水化硅酸钙凝胶，并填充于钙矾石的晶体骨架中，使水泥石结构更加致密，强度进一步提高。另外，该水泥细度较大，从而也使其具有早强的特性。

根据《硫铝酸盐水泥》(GB 20472—2006)规定，快硬硫铝酸盐水泥以 3d 抗压强度划分为 42.5、52.5、62.5 和 72.5 等 4 个标号，各龄期强度不得低于表 2.12 中规定的数值。初凝时间不早于 25min，终凝时间不迟于 3h，细度以比表面积计，不得低于 350m²/kg。

表 2.12　　　　快硬硫铝酸盐水泥各龄期的强度要求

强度等级	抗压强度/MPa			抗折强度/MPa		
	1d	3d	28d	1d	7d	28d
42.5	30.0	42.5	45.0	6.0	6.5	7.0
52.5	40.0	52.5	55.0	6.5	7.0	7.5
62.5	50.0	62.5	65.0	7.0	7.5	8.0
72.5	55.0	72.5	75.0	7.5	8.0	8.5

快硬硫铝酸盐水泥具有快凝（一般 0.5～1h 即初凝，1～1.5h 终凝）、早强（一般 4h 即具有一定的强度，12h 的强度即可达到 3d 强度的 50%～70%）、微膨胀或不收缩的特点，因此宜用于紧急抢修工程、国防工程、冬季施工工程、抗震要求较高工程和填灌构件接头以及管道接缝等，也可以用于制作水泥制品、玻璃纤维增强水泥制品和一般建筑工程。但由于其配制的混凝土中碱度较低，使用时应注意钢筋的锈蚀问题。同时，其主要水化产物高硫型水化硫铝酸钙在 150℃以上开始脱水，强度大幅度下降，其耐热性较差。另外，其水化热较大，也不宜用于大体积混凝土工程。

另外，《快凝快硬硫铝酸盐水泥》(JC/T 2282—2014)规定的双快水泥，代号

QR·SAC，它的凝结时间非常短，终凝时间不大于 12min，具有凝结速度快、早期强度高的特点。

《快硬高铁硫铝酸盐水泥》（JC/T 993—2019）规定了一种快硬高铁硫铝酸盐水泥，由高铁硫铝酸盐水泥熟料和少量石灰石、适量石膏共同磨细制成的，具有早期强度高的水硬性胶凝材料，代号 R·FAC。其性能与快硬硫铝酸盐水泥相近。

2.3.2　膨胀型水泥

一般水泥在硬化过程中都会产生一定的收缩，从而可能造成其制品出现裂纹而影响制品的性能和使用，甚至不适于某些工程的使用。而膨胀型水泥则在硬化过程中，不仅不收缩，而且还有不同程度的膨胀。根据在约束条件下所产生的膨胀量（自应力值）和用途不同，膨胀型水泥分为收缩补偿型膨胀水泥和自应力型膨胀水泥两大类。前者在硬化过程中的体积膨胀较小（其自应力值小于 2.0MPa，一般为 0.5MPa）主要起着补偿收缩、增加密实度的作用，所以称其为收缩补偿型膨胀水泥，简称膨胀水泥；后者膨胀值较大（其自应力值大于 2.0MPa），能够产生可资应用的化学预应力，故称其为自应力型膨胀水泥，简称自应力水泥。

膨胀型水泥根据其基本组成，可分为硅酸盐膨胀水泥、明矾石膨胀水泥、铝酸盐膨胀水泥、铁铝酸盐膨胀水泥和硫铝酸盐膨胀水泥 5 种类型。

1. 硅酸盐膨胀水泥和自应力水泥

硅酸盐膨胀水泥和自应力水泥是以硅酸盐水泥为主要组分，外加高铝水泥和石膏按一定比例配制而成的一种具有膨胀性的水硬性胶凝材料。这种水泥的膨胀作用，主要是由于高铝水泥中的铝酸盐矿物和石膏遇水后化合形成了具有膨胀性的钙矾石晶体。由于水泥的膨胀能力主要源自于高铝水泥和石膏，因此习惯称高铝水泥和石膏为膨胀组分。显然，水泥膨胀值的大小可通过改变膨胀组分的含量来调节。如采用 85%～88% 的硅酸盐水泥熟料、6%～7.5% 的高铝水泥、6%～7.5% 的二水石膏可制成收缩补偿型水泥，用这种水泥配制的混凝土可作屋面刚性防水层、锚固地脚螺丝或修补等用。若适当提高其膨胀组分的含量，如将高铝水泥提高到 12%～13%，二水石膏提高到 14%～17%，即可增加其膨胀量，配制成自应力水泥。这种自应力水泥常用于制造自应力钢筋混凝土压力管及配件等。

2. 铝酸盐膨胀水泥和自应力水泥

铝酸盐膨胀水泥是由高铝水泥熟料和二水石膏共同磨细而成的水硬性胶凝材料，其中高铝水泥熟料约占 60%～66%，二水石膏约占 34%～40%。铝酸盐膨胀水泥及自应力水泥的膨胀作用同样是基于硬化初期，生成钙矾石使其体积膨胀。该水泥细度高（比表面积不小于 450m²/kg）、凝结硬化快、膨胀值高、自应力大、抗渗性高、气密性好，并且制造工艺较易控制，质量比较稳定。常用于制作大口径或较高压力的自应力水管或输气管等。

3. 自应力硫铝酸盐水泥

由适当成分的硫铝酸盐水泥熟料加入适量石膏磨细制成的具有膨胀性的水硬性胶凝材料，代号 S·SAC。以 28d 自应力值分为 3.0、3.5、4.0、4.5 等 4 个自应力等级，28d 的自应力增进率≤0.010%，7d 自由膨胀率≤1.30%，28d 自由膨胀率

≤1.75%。其他技术性能见《硫铝酸盐水泥》（GB/T 20472—2006）。

2.3.3 白色和彩色硅酸盐水泥

1. 白色硅酸盐水泥

由白色硅酸盐水泥熟料，加入适量石膏和混合材料磨细制成的水硬性胶凝材料。以适当成分的生料烧至部分熔融，得到以硅酸钙为主要成分，氧化铁含量少的熟料。熟料中氧化镁的含量不宜超过 5.0%。

白水泥与硅酸盐水泥由于氧化铁含量不同，因而具有不同的颜色，一般硅酸盐水泥由于含有较多的 Fe_2O_3 等氧化物而呈暗灰色；而白水泥则由于 Fe_2O_3 等着色氧化物很少而呈白色。为了满足白水泥的白度要求，在生产过程中应尽量降低氧化铁的含量，同时对于其他着色氧化物（如氧化锰、氧化钛、氧化铬等）的含量也要加以限制。

根据《白色硅酸盐水泥》（GB/T 2015—2017）规定，白水泥分为 32.5、42.5、52.5 等 3 个强度等级（表 2.13）。水泥在各龄期的强度符合表 2.13 中的规定。白色硅酸盐水泥按照白度分为 1 级和 2 级，代号分别为 P•W-1 和 P•W-2。水泥中三氧化硫含量不得超过 3.5%，在 $45\mu m$ 方孔筛上的筛余不得超过 30%，初凝时间不得早于 45min，终凝时间不得迟于 10h，安定性用沸煮法检验必须合格。

表 2.13　　　　　　　　　白色硅酸盐水泥各龄期强度

强度等级	抗压强度/MPa		抗折强度/MPa	
	3d	28d	3d	28d
32.5	≥12.0	≥32.5	≥3.0	≥6.0
42.5	≥17.0	≥42.5	≥3.5	≥6.5
52.5	≥22.0	≥52.5	≥4.0	≥7.0

2. 彩色硅酸盐水泥

由硅酸盐水泥熟料及适量石膏（或白色硅酸盐水泥）、混合材及着色剂磨细或混合制成的带有色彩的水硬性胶凝材料称为彩色硅酸盐水泥。

彩色硅酸盐水泥强度等级分为 27.5、32.5、42.5。水泥中三氧化硫含量不得超过 4.0%，在 $80\mu m$ 方孔筛上的筛余不得超过 6.0%，初凝时间不得早于 1h，终凝时间不得迟于 10h，安定性用沸煮法检验必须合格。其他技术指标遵循《彩色硅酸盐水泥》（JC/T 870）。

白色水泥和彩色硅酸盐水泥富有装饰性，主要用于建筑物的内外表面装修上，如做成彩色砂浆、水磨石、水刷石、斩假石、水泥拉毛等各种饰面材料而用于楼地面、内外墙、楼梯、柱及台阶等的饰面。

2.3.4 道路硅酸盐水泥

道路硅酸盐水泥，简称道路水泥，是由道路硅酸盐水泥熟料、0~10% 活性混合材料和适量石膏共同磨细制成的水硬性胶凝材料，代号：P•R。

道路硅酸盐水泥熟料以硅酸钙为主要成分，且含有较多量的铁铝酸四钙。其中，铁铝酸四钙的含量不得小于 15.0%，铝酸三钙含量不得大于 5.0%，游离氧化钙含量不得大于 1.0%。

世博会彩色
透水混凝土

按国家标准《道路硅酸盐水泥》（GB/T 13693—2017）规定，根据 28d 抗折强度，道路硅酸盐水泥分为 7.5 和 8.5 两个强度等级，各龄期强度值应符合表 2.14 中的规定；水泥中氧化镁含量不得超过 5.0%，三氧化硫含量不得超过 3.5%，安定性用沸煮法检验必须合格；初凝时间不得早于 1.5h，终凝时间不得迟于 12h；比表面积在 300~450m²/kg；28d 的干缩率不得大于 0.10%；耐磨性以磨损量表示，不得大于 3.00kg/m²。

表 2.14　　　　　　　　　　　道路水泥各龄期强度指标

强度等级	抗压强度/MPa		抗折强度/MPa	
	3d	28d	3d	28d
7.5	≥21.0	≥42.5	≥4.0	≥7.5
8.5	≥26.0	≥52.5	≥5.0	≥8.5

道路硅酸盐水泥具有早期强度高、干缩率小、耐磨性好等特性，主要用于道路路面和机场地面，也可用于要求较高的工厂地面、停车场或一般土建工程。

2.3.5　中低热水泥

中热硅酸盐水泥：以适当成分的硅酸盐水泥熟料，加入适量石膏，磨细制成的具有中等水化热的水硬性胶凝材料，称为中热硅酸盐水泥，代号 P·MH。中热硅酸盐水泥熟料中硅酸三钙含量不大于 55.0%，铝酸三钙的含量不大于 6.0%，游离氧化钙含量不大于 1.0%。中热硅酸盐水泥强度等级为 42.5。

低热硅酸盐水泥：以适当成分的硅酸盐水泥熟料，加入适量石膏，磨细制成的具有低水化热的水硬性胶凝材料，称为低热硅酸盐水泥，代号 P·LH。低热硅酸盐水泥熟料中，硅酸二钙含量不小于 40%，铝酸三钙含量不大于 6.0%，游离氧化钙含量不大于 1.0%。低热硅酸盐水泥强度等级分为 42.5 和 32.5 两个等级。

中低热水泥各龄期的水化热符合表 2.15 规定。国家标准《中热硅酸盐水泥、低热硅酸盐水泥》（GB 200—2017）规定，其强度等级及各龄期强度值见表 2.16；水泥中三氧化硫含量不得超过 3.5%，比表面积不小于 250m²/kg，初凝不得早于 60min，终凝不得迟于 12h，安定性沸煮法检测需合格。

表 2.15　　　　　　　　　　　中低热水泥各龄期水化热值

品　　种	强度等级	水化热/(kJ/kg)	
		3d	7d
中热水泥	42.5	≤251	≤293
低热水泥	32.5	≤197	≤230
	42.5	≤230	≤260

表 2.16　　　　　　　　　　　中低热水泥各龄期强度值

品　　种	强度等级	抗压强度/MPa			抗折强度/MPa		
		3d	7d	28d	3d	7d	28d
中热水泥	42.5	≥12.0	≥22.0	≥42.5	≥3.0	≥4.5	≥6.5
低热水泥	32.5	—	≥12.0	≥32.5	—	≥3.0	≥5.5
	42.5	—	≥13.0	≥42.5	—	≥3.5	≥6.5

由于中低热水泥水化热较低，因此适用于大体积混凝土工程，如大坝、大体积建筑物和厚大的基础工程等。

2.3.6 砌筑水泥

由硅酸盐水泥熟料加入规定的混合材料和适量石膏，磨细制成的保水性较好的水硬性胶凝材料，称为砌筑水泥。

国家标准《砌筑水泥》（GB/T 3183—2017）规定，砌筑水泥分为12.5、22.5和32.5等3个强度等级，各龄期强度符合表2.17的规定。水泥中三氧化硫含量不得超过3.5%，安定性用沸煮法检验必须合格。80μm方孔筛筛余不得超过10%。初凝不得早于60min，终凝不得迟于12h，保水率不得低于80%。砌筑水泥由于强度较低、和易性较好，主要用于配制砌筑砂浆。

大体积混凝土采用中热硅酸盐水泥

表 2.17　　　　　　　　砌筑水泥强度要求（GB/T 3183—2017）

水泥强度等级	抗压强度/MPa			抗折强度/MPa		
	3d	7d	28d	3d	7d	28d
12.5	—	≥7.0	≥12.5	—	≥1.5	≥3.0
22.5	—	≥10.0	≥22.5	—	≥2.0	≥4.0
32.5	≥10.0	—	≥32.5	≥2.5	—	≥5.5

2.3.7 油井水泥

油井水泥专用于油井、气井的固井工程，又称堵塞水泥。它的主要作用是将套管与周围的岩层胶结封固，封隔地层内油、气、水层，防止互相串扰，以便在井内形成一条从油层流向地面且隔绝良好的油流通道。油井水泥的基本要求为：水泥浆在注井过程中要有一定的流动性和适合的密度；水泥浆注入井内后，应较快凝结，并在短期内达到相当的强度；硬化后的水泥浆应有良好的稳定性和抗渗性、抗蚀性。

油井底部的温度和压力随着井深的增加而提高，每深入100m，温度约提高3℃，压力增加1.0~2.0MPa。因此，高温高压，特别是高温对水泥各种性能的影响，是油井水泥生产和使用的最主要问题。因此，要根据油井、气井的具体情况，采用相适应的油井水泥。我国油井水泥分为6个级别（A、B、C、D、G和H），类型包括普通型（O）、中抗硫酸盐型（MSR）和高抗硫酸盐型（HSR），其技术指标需满足国家标准《油井水泥》（GB/T 10238—2015）的要求。

2.3.8 其他新型胶凝材料

1. 碱激发胶凝材料

碱激发胶凝材料是目前正在深入研究并推广的几种可替代水泥的胶凝材料之一。碱激发胶凝材料是指具有潜在活性的原料（矿渣、粉煤灰、偏高岭土、再生微粉等）在碱性激发剂的作用下具有水硬活性的一类胶凝材料，其制备过程耗能低、排放低，且具有与硅酸盐水泥相似的性能。

用碱作为胶凝材料的组分可追溯到1930年，当时德国的Kuhl研究了磨细矿渣粉和氢氧化钾溶液混合物的凝结特性。Chassevent于1937年用氢氧化钠和氢氧化钾的溶液测试了矿渣的活性。Purdon于1940年首次对由矿渣和氢氧化钠或由矿渣、碱及碱性盐组成的无熟料水泥进行了广泛的实验室研究。1957 年后期，Glukhovsky 发现可用低钙或无钙的硅铝酸盐（黏土）和碱金属的溶液来生产胶凝材料，他把这种胶凝材料称为"土壤水泥"，把相应的混凝土称为"土壤混凝土"。根据原材料的组成，其胶凝材料可分成两大系统：$Me_2O - Me_2O_3 - SiO_2 - H_2O$（碱系列）和 $Me_2O - MeO - Me_2O_3 - SiO_2 - H_2O$（碱土系列）。

1981 年，法国的 Davidovits 将煅烧过的高岭土、石灰石和白云石混合物与碱溶液混合得到胶凝材料，他把这种胶凝材料称为地聚合物（Geopolymer），因为它具有聚合物的结构。

苏联的 Glukhovsky 及其团队以碱激发胶凝材料制备的砌块用于公寓楼修建，

图 2.4　1994 年在俄罗斯 Lipetsk 市建造的高楼

1984 年以该胶凝材料配制混凝土铺设了数千米重载道路，1994 年在俄罗斯 Lipetsk 市将其用作结构材料建造了高达 24 层的高楼，如图 2.4 所示。

碱激发胶凝材料在原材料、生产工艺（不使用两磨一烧工艺）、反应过程与机理、产物种类方面与硅酸盐水泥有根本区别。制备过程能耗低，可大量资源化利用固体废弃物。固体废弃物的用量在 90% 以上。碱激发胶凝材料主要性能如下：

（1）高强。碱激发胶凝材料具有较高的早期和后期强度，特别适用于工程抢险加固、预制构件、公路路面、机场跑道和军事工程。

（2）抗硫酸盐侵蚀。长达 1 年的检测发现，碱激发胶凝材料试件在硫酸钠溶液中没有发现任何膨胀产生，具有优良的抗硫酸盐侵蚀性能。主要是因为碱激发胶凝材料产物中不含有氢氧化钙、水化铝酸钙。特别适用于硫酸盐腐蚀严重的环境。

（3）抗氯离子渗透与抗冻融循环。碱激发胶凝材料混凝土抗氯离子渗透和抗冻融循环能力强，特别适用于海洋、水利水电工程。

（4）碱-骨料反应。很多学者担心碱激发胶凝材料使用了碱激发剂，容易导致碱-骨料反应，但有研究表明：碱激发胶凝材料不易发生碱-骨料反应。

（5）水化热低。与普通硅酸盐水泥相比，碱激发胶凝材料水化热低，适用于大体积混凝土。

（6）固化重金属性能。碱激发胶凝材料对重金属有很好的固化效果。

2. LC^3 水泥

煅烧黏土与石灰石复合胶凝材料体系（Limestone Calcined Clay Cement，简称 LC^3）是瑞士洛桑联邦理工学院的 Karen Scrivener 教授和古巴中央大学的 Fernando Martirena 教授于 2004 年提出的。它是一种基于石灰石和煅烧黏土的硅酸盐基水泥。当煅烧黏土与石灰石两者总掺量达到 45% 时，水泥基材料的力学性能与抗渗性能依然优于常规的普通硅酸盐水泥品种。煅烧黏土与石灰石的复合掺加能节约更多的硅酸盐水泥熟料，降低水泥生产过程中的碳排放量（可达 30%），因而是一种绿色低碳水泥，符合当前绿色生态、可持续发展理念。使用煅烧黏土与石灰石能显著优化水泥基材料的孔径结构，降低孔隙率，从而有效抑制有害介质的扩散侵入，提高混凝土抵抗氯离子侵蚀的能力。在同等条件下，煅烧黏土与石灰石复合胶凝体系的氯离子扩散系数较普通硅酸盐水泥降低。因而被视为一种极具应用前景的新型低碳水泥体系。目前，LC³ 水泥已经在印度和古巴应用于工程实践（图 2.5）。

3. 微生物水泥

胶凝材料的发展，有着极为悠久的历史，而在黏土、火山灰等古老的胶凝材料出现之前，微生物矿化胶凝现象就已经在自然界的成岩造丘中起着至关重要的作用了。21 世纪以来，受到这一自然现象的启发，研究人员开始尝试制备一种新型的微生物胶凝材料。这种生物矿化胶凝技术利

图 2.5 古巴把 LC³ 水泥用于制备预制块

用一些特定的微生物，通过为之提供丰富的钙离子及相应的营养源，在其新陈代谢过程中，产生二氧化碳和碱性环境，从而析出具有优异胶结作用的碳酸钙结晶。不同代谢类型的微生物可以形成不同的微生物诱导碳酸钙沉积（MICP）方式。目前可供选择的 MICP 方式主要有：尿素水解、反硝化作用、三价铁还原和硫酸盐还原。其中，产脲酶微生物广泛存在于自然环境中，且作用机理简单，反应过程容易控制，能快速水解尿素生成大量碳酸根，从而促进碳酸盐的沉积。因此基于尿素水解的 MICP 一直作为主流的碳酸钙生物矿化技术被广泛应用。

思 考 题

2.1 气硬性胶凝材料与水硬性胶凝材料有何区别？

2.2 石膏制品有何特性？建筑石膏主要有哪些用途？

2.3 石灰的消化和硬化有何特点？

2.4 何谓陈伏？石灰在使用前为何要陈伏？磨细生石灰是否需要陈伏？

2.5 氯氧镁水泥为何不能直接用水拌和使用？氯氧镁水泥在工程中有何用途？

2.6 水玻璃有何特性和用途？

2.7 硅酸盐水泥熟料的矿物成分主要有哪些？它们在水化时各有何特性？它们的水化产物是什么？

2.8 影响硅酸盐水泥强度的主要因素有哪些？

2.9 水泥有哪些主要技术性质？如何测试与评定？

2.10 现有甲、乙两厂生产的硅酸盐熟料，其矿物组成见下表。

生产厂家	熟料矿物组成/%			
	C_3S	C_2S	C_3A	C_4AF
甲厂	55	20	10	15
乙厂	52	28	7	13

若用上述熟料分别生产硅酸盐水泥，试比较它们的水化特性有何差异？

2.11 既然硫酸盐对水泥石具有腐蚀作用，那么为什么在生产水泥时掺入的适量石膏对水泥石不产生腐蚀作用？

2.12 何谓水泥混合材料？常用类型有哪些？将它们掺入水泥中有何作用？

2.13 常用特性水泥主要有哪些？它们各有何特性和用途？

2.14 有下列混凝土构件工程，请分别选用合适的水泥，并说明其理由：

(1) 大体积混凝土工程；(2) 紧急抢修工程；(3) 高炉基础；(4) 现浇楼板、梁、柱；(5) 采取蒸汽养护的预制构件；(6) 有硫酸盐腐蚀的地下工程；(7) 抗冻性要求较高的混凝土；(8) 公路路面工程。

2.15 经过测定，某普通硅酸盐水泥标准胶砂试件的抗折和抗压荷载见下表，试评定其强度等级。

抗折荷载/kN		抗压荷载/kN	
3d	28d	3d	28d
1.5	3.0	29	76
		30	78
1.8	2.8	32	68
		33	72
1.6	2.9	30	70
		32	72

2.16 建筑石膏及其制品为什么适用于室内，而不适用于室外使用？

2.17 某单位宿舍楼的内墙使用石灰砂浆抹面。数月后，墙面上出现了许多不规则的网状裂纹。同时在个别部位还出现了部分凸出的放射状裂纹。试分析上述现象产生的原因。

2.18 既然石灰不耐水，为什么由它配制的灰土或三合土却可以用于基础的垫层、道路的基层等潮湿部位？

思考题讲解

第3章 水 泥 混 凝 土

本章导读

    内容及要求：主要介绍普通混凝土的原材料选用和主要性能（包括和易性、力学性质、变形性能及耐久性等），以及混凝土的质量波动特征与质量控制、配合比设计方法与步骤；简要介绍其他品种混凝土。通过本章学习，应掌握混凝土拌合物的性能、测定和调整方法，硬化混凝土的力学、变形性能和耐久性，普通水泥混凝土的配合比设计；熟悉水泥混凝土的基本组成材料、分类和性能要求；了解新型混凝土；在工程设计与施工中能正确选择原材料、合理确定配合比和评价混凝土性能。

    重点：混凝土拌合物的性能，硬化混凝土的力学、变形性能和耐久性。

    难点：普通水泥混凝土的配合比设计。

    混凝土是由胶凝材料将天然的（或人工的）骨料粒子或碎片聚集在一起，形成坚硬的整体，并具有强度和其他性能的复合材料。

    （1）混凝土可以从不同的角度进行分类。

    1）混凝土按所用胶结材料可分为：水泥混凝土、硅酸盐混凝土、石膏混凝土、水玻璃混凝土、沥青混凝土、聚合物混凝土、树脂混凝土等。其中使用最多的是以水泥为胶结材料的水泥混凝土，它是当今世界上使用最广泛、使用量最大的结构材料。

    2）混凝土按表观密度大小（主要是骨料不同）可分为：①干表观密度大于 $2600kg/m^3$ 的重混凝土，常采用重晶石、铁矿石、钢屑等做骨料和锶水泥、钡水泥共同配制防辐射混凝土，作为核工程的屏蔽结构材料；②干表观密度为 $1950\sim2600kg/m^3$ 的普通混凝土，是土木工程中应用最为普遍的混凝土，主要用作各种土木工程的承重结构材料；③干表观密度小于 $1950kg/m^3$ 的轻混凝土，采用陶粒、页岩等轻质多孔骨料或掺加引气剂、泡沫剂形成多孔结构的混凝土，具有保温隔热性能好、质量轻等优点，多用作保温材料或高层、大跨度建筑的结构材料。

    3）按照生产方式，混凝土可分为预拌混凝土和现场搅拌混凝土。

    4）按照施工方法，混凝土可分为泵送混凝土、喷射混凝土、碾压混凝土、挤压混凝土、离心混凝土、压力灌浆混凝土等。

    5）按用途，混凝土可分为结构混凝土、大体积混凝土、防水混凝土、耐热混凝土、膨胀混凝土、防辐射混凝土、道路混凝土等多种。

    通常将水泥、粗细骨料、水以及化学外加剂和矿物掺合料按一定的比例配制成的水泥混凝土，称为"普通混凝土"，并简称为"混凝土"。

    混凝土是世界上用量最大的一种工程材料，应用范围遍及建筑、道路、桥梁、水利、国防工程等领域，近代混凝土基础理论和应用技术的迅速发展有力地推动了土木工程的不断创新。

混凝土的
发展历史

（2）混凝土之所以在土木工程中得到广泛应用，是由于它有许多独特的性能。

1）材料来源广泛。混凝土中占整个体积 70%以上的砂、石料均可就地取材，其资源丰富，有效降低了制作成本。

2）性能可调整范围大。根据使用功能要求，改变混凝土的材料配合比例及施工工艺可在相当大的范围内对混凝土的强度、保温耐热性、耐久性及工艺性能进行调整。

3）在硬化前有良好的可塑性。混凝土拌合物优良的可塑性，使混凝土可适应各种形状复杂的结构构件的施工要求。

4）施工工艺简易、多变。混凝土既可简单进行人工浇筑，亦可根据不同的工程环境特点灵活采用泵送、喷射、水下等施工方法。

5）可用钢筋增强。钢筋与混凝土虽为性能迥异的两种材料，但两者却有近乎相等的线膨胀系数，从而使它们可共同工作。弥补了混凝土抗拉强度低的缺点，扩大了其应用范围。

6）有较高的强度和耐久性。高强混凝土的抗压强度可达 100MPa 以上，同时具备较高的抗渗、抗冻、抗腐蚀、抗碳化性，其耐久年限可达百年以上。

（3）混凝土具有许多优点，当然相应的缺点也不容忽视，主要表现为：

1）抗拉强度低。混凝土抗拉强度是混凝土抗压强度的 1/10 左右，是钢筋抗拉强度的 1/100 左右。

2）延展性不高。属于脆性材料，变形能力差，只能承受少量的张力变形（约0.003），否则就会因无法承受而开裂；抗冲击能力差，在冲击荷载作用下容易产生脆断。

3）自重大，比强度低。高层、大跨度建筑物要求材料在保证力学性质的前提下，以轻为宜。

4）体积不稳定性。尤其是当水泥浆量过大时，这一缺陷表现得更加突出。随着温度、湿度、环境介质的变化，容易引发体积变化，产生裂纹等内部缺陷，直接影响建筑物的使用寿命。

3.1 混凝土的组成材料

现代水泥混凝土的基本组成材料是水泥、矿物掺合料、粗细骨料、化学外加剂和水。其中，水、水泥和矿物掺合料组成的胶凝材料浆体占 20%～30%，砂石骨料占70%左右。在混凝土拌合物中，胶凝材料浆体填充砂子孔隙，包裹砂粒，形成砂浆，砂浆又填充石子孔隙，包裹石子颗粒，形成混凝土拌合物；胶凝材料浆体在硬化前起润滑作用，使混凝土拌合物具有可塑性，胶凝材料浆体多，混凝土拌合物流动性大，反之干稠。在混凝土硬化后，胶凝材料硬化浆体则起胶结和填充作用。粗细骨料主要起骨架作用，给混凝土带来很大的技术优点，它比胶凝材料硬化浆体具有更高的体积稳定性和更好的耐久性，可以有效地降低水化热、减少收缩裂缝的产生和发展。混凝土的组成结构如图 3.1 所示。

混凝土的质量，很大程度上取决于原材料的技术性质是否符合要求。因此，为了合理选用材料和保证混凝土质量，必须掌握原材料的技术质量要求。

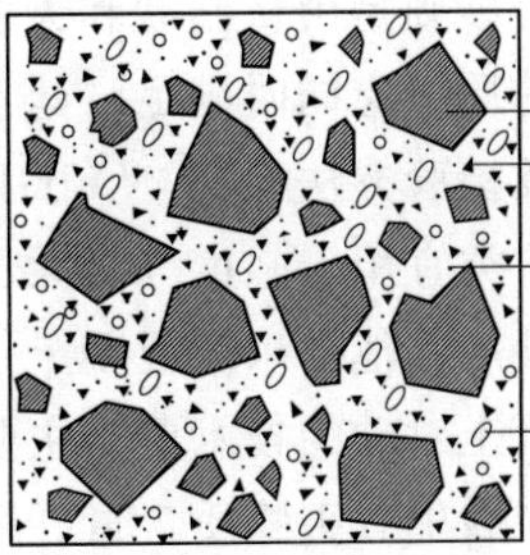

石子
砂
水泥浆
气孔

图 3.1 混凝土的组成结构

3.1.1 水泥

水泥是混凝土中重要的组分，其技术性质要求详见第 2 章有关内容，这里只讨论如何选用。对于水泥的合理选用包括两个方面。

1. 水泥品种的选择

配制混凝土时，应根据工程性质、部位、施工条件、环境状况等，按各品种水泥的特性作出合理的选择。在满足工程要求的前提下，应选用价格较低的水泥品种，以降低工程造价。

2. 水泥强度等级的选择

水泥强度等级的选择应与混凝土的设计强度等级相适应。原则上，配制高强度等级的混凝土应选用高强度等级的水泥，反之亦然。简单而言，即要避免大材小用或小材大用。若大材小用，即采用高强度等级水泥配制低强度等级的混凝土，则较少的水泥用量即可满足混凝土的强度，但水泥用量过少会严重影响混凝土拌合物的和易性及硬化混凝土的耐久性，此时需要通过掺加矿物掺合料进行调节，使胶凝材料用量能够满足硬化混凝土的耐久性要求；若小材大用，即采用低强度等级水泥配制高强度等级的混凝土时，会因水胶比太小及水泥用量过大而影响混凝土拌合物的流动性，并会显著增加混凝土的水化热和混凝土的干缩与徐变，同时混凝土的强度也不易得到保证，经济上也不合理。

3.1.2 骨料

普通混凝土所用骨料按粒径大小分为两种。粒径小于 4.75mm 的称为细骨料，粒径大于 4.75mm 的称为粗骨料。

1. 细骨料

根据产源不同可分为天然砂和人工砂两类。

天然砂是指在自然条件作用下岩石产生破碎、风化、分选、运移、堆/沉积，形成的粒径小于 4.75mm 的岩石颗粒，包括河砂、湖砂、山砂、净化处理的海砂，但不包括软质、风化的颗粒。河砂和海砂由于长期受水流的冲刷作用，颗粒表面比较圆滑、洁净，且产源较广，但海砂中常含有贝壳片及可溶性盐等有害杂质。山砂颗粒多具有棱角，表面粗糙，砂中含泥量及有机质等有害杂质较多。

人工砂为机制砂和混合砂的统称。机制砂是以岩石、卵石、矿山废石和尾矿等为原料，经除土处理，由机械破碎、整形、筛分、粉控等工艺制成的，级配、粒形和石粉含量满足要求且粒径小于 4.75mm 的颗粒，其颗粒形状尖锐，棱角丰富，较洁净，但片状颗粒及细粉含量较多。一般在当地天然砂源匮乏时，可采用机制砂。

混合砂则是由机制砂和天然砂混合制成的。

砂的质量应同时满足《建设用砂》（GB/T 14684—2022）和《普通混凝土用砂、石质量及检验方法标准》（JGJ 52—2006）的要求。砂按技术要求分为Ⅰ类、Ⅱ类、Ⅲ类。Ⅰ类宜用于强度等级大于 C60 的混凝土；Ⅱ类宜用于强度等级 C30～C60 及抗冻、抗渗或其他要求的混凝土；Ⅲ类宜用于强度等级小于 C30 的混凝土和建筑砂浆。

混凝土对砂的技术要求主要有以下几个方面。

（1）砂中有害物质含量、坚固性。

为保证混凝土的质量，混凝土用砂不应混有草根、树叶、树枝、塑料、煤块、炉渣等杂物。但实际上砂中常含有云母、轻物质、有机物、硫化物及硫酸盐、氯化物等有害物质，这些物质对混凝土的性能产生不良影响。砂中的有害物质含量应符合表 3.1 的规定。

表 3.1　　　　砂中有害物质含量、坚固性指标要求（GB/T 14684—2022）

项　目		指　标		
		Ⅰ类	Ⅱ类	Ⅲ类
有害物质含量	云母（按质量计）/%	≤1.0	≤2.0	
	轻物质（按质量计）/%	≤1.0		
	有机物（比色法）	合格		
	硫化物及硫酸盐（按 SO_3 质量计）/%	≤0.5		
	氯化物（以氯离子质量计）/%	≤0.01	≤0.02	≤0.06
坚固性	天然砂采用硫酸钠溶液法进行试验，砂样经 5 次循环后的质量损失/%	≤8		≤10
压碎指标	机制砂单级最大压碎指标/%	≤20	≤25	≤30

砂的坚固性，是指砂在自然风化和其他外界物理化学因素作用下抵抗破裂的能力。砂的坚固性指标应符合表 3.1 的规定。

（2）含泥量、泥块含量和石粉含量。

含泥量是指天然砂中粒径小于 0.075mm 的颗粒含量。泥块含量是指砂中原粒径大于 1.18mm，经水浸洗、手捏后小于 0.60mm 的颗粒含量。《建设用砂》（GB/T 14684—2022）标准中，Ⅰ类、Ⅱ类、Ⅲ类天然砂的含泥量（质量分数）分别不大于 1.0%、不大于 3.0%、不大于 5.0%，Ⅰ类、Ⅱ类、Ⅲ类天然砂的泥块含量（质量分数）分别不大于 0.2%、不大于 1.0%、不大于 2.0%。

石粉是指在人工砂中粒径小于 0.075mm 的颗粒含量，机制砂的石粉含量应符合表 3.2 的规定。

（3）粗细程度与颗粒级配。

在混凝土中，粗骨料的表面由水泥砂浆包裹，细骨料的表面由水泥净浆包裹，粗骨料之间的空隙由水泥砂浆来填充，细骨料之间的空隙由水泥净浆来填充。为了节约水泥，提高混凝土密实度，从而提高硬化混凝土强度和耐久性，应尽可能减小细骨料和粗骨料的总表面积以及细骨料和粗骨料之间的堆积空隙率。

表 3.2　　　　　　　　　**机制砂中的石粉含量（GB/T 14684—2022）**

类别	亚甲蓝值（MB）	石粉含量（按质量计）/%
I 类	≤0.5	≤15
	0.5<MB≤1.0	≤10
	1.0<MB≤1.4 或快速试验合格	≤5.0
	MB>1.4 或快速试验不合格	≤1.0
II 类	MB≤1.0	≤15
	1.0<MB≤1.4 或快速试验合格	≤10
	MB>1.4 或快速试验不合格	≤3.0
III 类	MB≤1.4 或快速试验合格	≤15
	MB>1.4 或快速试验不合格	≤5.0

　　砂的粗细程度与其总表面积有直接关系，砂越粗，其总表面积越小。砂的颗粒级配是指不同粒径的砂粒相互之间的搭配比例。在混凝土中砂之间的空隙是由水泥浆所填充，为了节约水泥和提高混凝土强度，就应尽量减小砂粒之间的空隙。从图 3.2 可以看出，如果是相同粒径的砂，空隙就大 [图 3.2 (a)]；用两种不同粒径的砂搭配起来，空隙就减小了 [图 3.2 (b)]；用

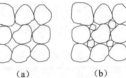

图 3.2　砂的颗粒级配

三种不同粒径的砂搭配，空隙就更小了 [图 3.2 (c)]。由此可见，只有适宜的颗粒分布，才能达到良好的级配要求。混凝土用砂应选用颗粒级配良好的砂。

　　砂的粗细程度和颗粒级配用筛分法进行测定，筛分法是用一套孔径分别为 4.75mm、2.36mm、1.18mm、0.60mm、0.30mm、0.15mm 的标准方孔筛，将 500g 干砂试样由粗到细依次过筛，然后称得余留在各号筛上砂的质量（分计筛余量），并计算出各筛上的分计筛余百分率（分计筛余量占砂样总质量的百分数）及累计筛余百分率（各筛和比该筛粗的所有分计百分率之和）。分计筛余百分率、累计筛余百分率的关系见表 3.3。

表 3.3　　　　　　　　**筛余量、分计筛余百分率、累计筛余百分率的关系**

筛孔尺寸/mm	筛余量 m_i/g	分计筛余百分率 a_i/%	累计筛余百分率 A_i/%
4.75	m_1	a_1	$A_1 = a_1$
2.36	m_2	a_2	$A_2 = a_1 + a_2$
1.18	m_3	a_3	$A_3 = a_1 + a_2 + a_3$
0.60	m_4	a_4	$A_4 = a_1 + a_2 + a_3 + a_4$
0.30	m_5	a_5	$A_5 = a_1 + a_2 + a_3 + a_4 + a_5$
0.15	m_6	a_6	$A_6 = a_1 + a_2 + a_3 + a_4 + a_5 + a_6$

　　砂细度模数 M_x 的计算公式如下：

$$M_x = \frac{(A_2 + A_3 + A_4 + A_5 + A_6) - 5A_1}{100 - A_1} \qquad (3.1)$$

细度模数越大，表示砂越粗。$3.1 \leqslant M_x \leqslant 3.7$ 为粗砂，$2.3 \leqslant M_x \leqslant 3.0$ 为中砂，$1.6 \leqslant M_x \leqslant 2.2$ 为细砂，$0.7 \leqslant M_x \leqslant 1.5$ 为特细砂。细砂和特细砂会增加用水量和水泥用量，降低混凝土拌合物的流动性，并增大混凝土的干缩和徐变变形，降低混凝土强度和耐久性，但砂过粗时，由于粗颗粒砂对粗骨料的黏聚力较低，会引起混凝土拌合物产生离析、分层，因此，工程中应优先使用中砂。当使用细砂和特细砂时，应采取一些相应的技术措施，如增大单位用水量和单位水泥用量，以保证混凝土拌合物和易性和硬化混凝土强度。

应当注意，砂的细度模数只能反映砂的粗细程度，并不能反映砂的颗粒级配情况，细度模数相同的砂其颗粒级配不一定相同，甚至相差很大。因此，配制混凝土必须同时考虑砂的细度模数和颗粒级配。

砂的颗粒级配常以级配区和级配曲线表示。天然砂根据 0.60mm 方孔筛的累计筛余分成三个级配区，见表 3.4 和图 3.3（级配曲线）。混凝土用砂的颗粒级配，应处于表 3.4 或图 3.3 的任何一个级配区内，否则认为砂的颗粒级配不合格。

表 3.4　　　　　　　　天然砂的颗粒级配区（GB/T 14684—2022）

砂的分类	天　然　砂			机制砂、混合砂		
级配区	1 区	2 区	3 区	1 区	2 区	3 区
方筛孔尺寸	累计筛余/%					
4.75mm	10～0	10～0	10～0	5～0	5～0	5～0
2.36mm	35～5	25～0	15～0	35～5	25～0	15～0
1.18mm	65～35	50～10	25～0	65～35	50～10	25～0
0.60mm	85～71	70～41	40～16	85～71	70～41	40～16
0.30mm	95～80	92～70	85～55	95～80	92～70	85～55
0.15mm	100～90	100～90	100～90	97～85	94～80	94～75

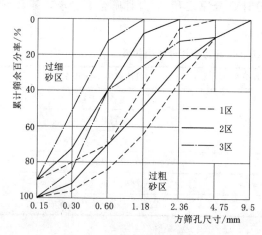

图 3.3　天然砂的级配曲线

处于 2 区级配的砂，其粗细适中，级配较好，是配制混凝土最理想的级配区，宜优先选用。当采用 1 区砂时，应提高砂率，并保持足够的水泥用量，以满足混凝土的和易性。当采用 3 区砂时，宜适当降低砂率，以保证混凝土强度。

（4）表观密度、堆积密度、空隙率、碱-骨（集）料反应。

砂的表观密度、堆积密度、空隙率应符合下列规定：表观密度不小于 2500kg/m³，松散堆积密度不小于

$1400 \mathrm{kg/m^3}$，空隙率不大于 44%。

　　碱-骨料反应主要是由混凝土组成材料中水泥、外加剂及环境中的碱性氧化物（Na_2O、K_2O）与具有碱活性的骨料在潮湿环境下发生的膨胀性反应。经碱-骨料反应试验后，由砂制备的试件应无裂缝、酥裂、胶体外溢等现象，在规定的试样龄期的膨胀率应小于 0.10%。

　　2. 粗骨料

　　粗骨料指粒径大于 4.75mm 的岩石颗粒。混凝土常用的粗骨料有卵石和碎石两大类。卵石是在自然条件作用下岩石产生破碎、风化、分选、运移、堆（沉）积，而形成的粒径大于 4.75mm 的岩石颗粒，分为河卵石、海卵石和山卵石；碎石是天然岩石、卵石或矿山废石经破碎、筛分等机械加工而成的，粒径大于 4.75mm 的岩石颗粒。卵石多为圆形，表面光滑，与水泥的黏结较差；碎石多棱角，表面粗糙，与水泥黏结较好。当采用相同配合比时，用卵石拌制的混凝土拌合物流动性较好，但硬化后强度较低；用碎石拌制的混凝土拌合物流动性较差，硬化后强度较高。配制混凝土选用碎石还是卵石，要根据工程性质、当地材料的供应情况、成本等各方面综合考虑。

　　粗骨料的质量应同时满足《建设用卵石、碎石》（GB/T 14685—2022）和《普通混凝土用砂、石质量及检验方法标准》（JGJ 52—2006）的要求。卵石、碎石按技术要求分为Ⅰ类、Ⅱ类、Ⅲ类。Ⅰ类宜用于强度等级大于 C60 的混凝土；Ⅱ类宜用于强度等级 C30～C60 及抗冻、抗渗或其他要求的混凝土；Ⅲ类宜用于强度等级小于 C30 的混凝土。

　　卵石、碎石的技术要求主要有以下几个方面。

　　（1）有害物质、针片状颗粒、含泥量和泥块含量、坚固性。

　　为保证混凝土的质量，卵石和碎石中不应混有草根、树叶、树枝、塑料、煤块、炉渣等杂物。在实际工程中，卵石和碎石中常含泥和泥块，针状（颗粒长度大于相应粒级平均粒径的 2.4 倍）和片状（厚度小于平均粒径的 0.4 倍）颗粒，以及有机物、硫化物、硫酸盐等有害物质。

　　卵石含泥量是指卵石和碎石中粒径小于 0.075mm 的黏土颗粒含量，碎石泥粉含量是指碎石中粒径小于 0.075mm 的黏土和石粉颗粒含量。泥块含量是指卵石和碎石中原粒径大于 4.75mm，经水浸洗、淘洗后小于 2.36mm 的颗粒含量。泥、泥块和有害物质对混凝土的危害作用与细骨料相同。

　　针、片状颗粒易折断，其含量多时，会降低新拌混凝土的流动性和硬化后混凝土的强度。

　　粗骨料的坚固性是指碎石、卵石在自然风化和其他外界物理化学因素作用下抵抗破碎的能力。

　　卵石和碎石中的有害物质、针片状颗粒、含泥量、泥粉和泥块的含量、坚固性指标要求应符合表 3.5 的规定。

　　（2）强度。

　　为了保证混凝土的强度，粗骨料必须具有足够的强度。碎石的强度可用压碎指标和岩石抗压强度指标表示，卵石的强度可用压碎指标表示。当混凝土强度等级大于或等于 C60 时，对粗骨料强度有严格要求或对骨料质量有争议时，宜用岩石抗压强度作检验。

表 3.5　　　　　　　碎石、卵石主要指标要求（GB/T 14685—2022）

项　目		指　　标		
		Ⅰ类	Ⅱ类	Ⅲ类
有害物质含量	有机物（比色法）	合格	合格	合格
	硫化物及硫酸盐（按 SO_3 质量计）/%	≤0.5	≤1.0	≤1.0
针片状颗粒含量	针片状颗粒含量（按质量计）/%	≤5	≤8	≤15
含泥量、泥粉含量和泥块含量	卵石含泥量（按质量计）/%	≤0.5	≤1.0	≤1.5
	碎石泥粉含量（按质量计）/%	≤0.5	≤1.5	≤2.0
	泥块含量（按质量计）/%	≤0.1	≤0.2	≤0.7
坚固性指标	采用硫酸钠溶液法进行试验，经 5 次循环后的质量损失/%	≤5	≤8	≤12

　　岩石抗压强度，是用母岩制成 50mm×50mm×50mm 的立方体或 ϕ50mm×50mm 圆柱体试件，浸泡水中 48h，待吸水饱和后测定的抗压强度值。

　　压碎指标是将一定质量气干状态下粒径为 9.5～19.0mm 的石子装入一定规格的圆筒内，在压力机上均匀加荷到 200kN 并稳荷 5s，然后卸荷后称取试样质量（m_0），再用孔径为 2.36mm 的筛筛除被压碎的碎粒，称取留在筛上的试样质量（m_1）。压碎指标的计算公式如下：

$$压碎指标 = \frac{m_0 - m_1}{m_0} \times 100\%　　　　　　　　　(3.2)$$

　　压碎指标越小，表明粗骨料抵抗破碎的能力越强，粗骨料的强度越高。碎石、卵石的压碎指标和岩石抗压强度要求见表 3.6。

表 3.6　　　　　　　碎石、卵石的强度要求（GB/T 14685—2022）

项　目		指　　标		
		Ⅰ类	Ⅱ类	Ⅲ类
压碎指标/%	碎石	≤10	≤20	≤30
	卵石	≤12	≤14	≤16
岩石抗压强度		在水饱和状态下，岩浆岩≥80MPa，变质岩≥60MPa，沉积岩 ≥30MPa		

　　（3）最大粒径和颗粒级配。

　　1）最大粒径。粗骨料中公称粒级的上限称为该骨料的最大粒径。当骨料粒径增大时，其总表面积减小，因此包裹它表面所需的水泥浆数量相应减少，可节约水泥，所以在条件许可的情况下，粗骨料最大粒径应尽量用得大些。但试验研究证明，粗骨料最大粒径超过 80mm 后，随骨料粒径的增大节约水泥的效果不明显；当集料粒径大于 40mm 后，由于减少用水量获得的强度的提高被黏结面积的减少和大粒径骨料造成的不均匀性的不利影响所抵消；且给混凝土搅拌、运输、振捣等带来困难，强度也难以提高。因此要综合考虑各种因素来确定石子的最大粒径。

　　《混凝土结构工程施工及验收规范》（GB 50204—2015）从结构和施工的角度，对粗骨料的最大粒径做了以下规定：粗骨料的最大粒径不得超过结构截面最小尺寸的 1/4，同时不得超过钢筋间最小净距的 3/4；对混凝土实心板，粗骨料最大粒径不宜超过板厚的 1/3，且不得超过 40mm。对于泵送混凝土，为防止混凝土泵送时堵塞管道，保证泵送施工的顺利进行，《普通混凝土配合比设计规程》（JGJ 55—2011）规定，泵送混凝土粗骨料最大粒径与输送管的管径之比应符合表 3.7 的规定。

表 3.7 泵送混凝土粗骨料的最大粒径与输送管的管径之比

粗骨料品种	泵送高度/m	粗骨料的最大粒径与输送管的管径之比
碎石	<50	≤1∶3
	50～100	≤1∶4
	>100	≤1∶5
卵石	<50	≤1∶2.5
	50～100	≤1∶3
	>100	≤1∶4

2）颗粒级配。粗骨料的级配原理与细骨料基本相同，也要求有良好的颗粒级配，以减小空隙率，节约水泥，提高混凝土的密实度和强度。

《建设用卵石、碎石》（GB/T 14685—2022）规定，卵石、碎石的颗粒级配用筛分析的方法进行测定，其测定原理和砂相同。粗骨料的级配采用孔径为 2.36mm、4.75mm、9.5mm、16.0mm、19.0mm、26.5mm、31.5mm、37.5mm、53.0mm、63.0mm、75.0mm 和 90.0mm 的标准筛共 12 个，可按需选用筛号进行筛分，然后计算得每个筛号的分计筛余百分率和累计筛余百分率（计算与砂相同）。粗骨料的颗粒级配分为连续粒级和单粒粒级，各粒级的累计筛余百分率应符合表 3.8 的规定。

表 3.8 卵石和碎石的颗粒级配（GB/T 14685—2022）

公称粒径/mm	累计筛余/% 筛孔尺寸/mm	2.36	4.75	9.5	16.0	19.0	26.5	31.5	37.5	53.0	63.0	75.0	90.0
连续粒级	5～16	95～100	85～100	30～60	0～10	0							
	5～20	95～100	90～100	40～80	—	0～10	0						
	5～25	95～100	90～100	—	30～70	—	0～5	0					
	5～31.5	95～100	90～100	70～90	—	15～45	—	0～5	0				
	5～40	—	95～100	70～90	—	30～65		—	0～5	0			
单粒粒级	5～10	95～100	80～100	0～15	0								
	10～16		95～100	80～100	0～15								
	10～20		95～100	85～100		0～15	0						
	16～25			95～100	55～70	25～40	0～10						
	16～31.5		95～100		85～100			0～10	0				
	20～40			95～100		80～100			0～10	0			
	40～80					95～100			70～100		30～60	0～10	0

粗骨料的颗粒级配可分为单粒级、间断级配和连续级配 3 种。

单粒级是指主要由一个粒级的颗粒组成的级配，其堆积空隙率最大。单粒级骨料除用于配制大孔混凝土外，一般不宜单独使用。工程上通常将粗骨料按单粒级存放，防止颗粒分层离析，并用来配制所要求的连续级配或间断级配骨料。

间断级配是指粒径不连续，即中间缺少 1～2 级的颗粒，且相邻两级粒径相差较大（比值为 5～6）。间断级配的空隙率小，有利于节约水泥用量，但由于骨料粒径相差较大，使混凝土拌合物易产生离析、分层，造成施工困难，故仅适合配制流动性小的半干硬性及干硬性混凝土，或水泥用量多的混凝土，且宜在预制厂使用，不宜在工地现场使用。

连续级配是指颗粒由小到大，每一级粗骨料都占有一定的比例，且相邻两级粒径相差较小（比值小于 2）。连续级配的空隙率较小，适合配制各种混凝土，尤其适合配制流动性大的混凝土，在工程中应用较多。

（4）表观密度、空隙率、碱-骨（集）料反应。

粗骨料的表观密度、空隙率应符合下列规定：表观密度不小于 $2600\text{kg}/\text{m}^3$，连续级配松散堆积空隙率应符合：Ⅰ 类石子不大于 43%，Ⅱ 类石子不大于 45%，Ⅲ 类石子不大于 47%。经碱-骨（集）料反应试验后，由碎石、卵石制备的试件应无裂缝、酥裂、胶体外溢等现象，在规定的试样龄期的膨胀率应小于 0.10%。

3.1.3　混凝土用水

混凝土用水包括混凝土拌和用水和养护用水。混凝土用水按水源分为饮用水、地表水、地下水、再生水和海水等。混凝土用水的基本质量要求是：不影响混凝土的凝结和硬化；无损于混凝土的强度发展和耐久性，不加快钢筋的锈蚀；不引起预应力钢筋脆断；不污染混凝土表面等。水质应符合《混凝土用水标准》（JGJ 63—2006）的规定，见表 3.9。

表 3.9　　　　　　　　　混凝土用水水质要求（JGJ 63—2006）

项　　目	预应力混凝土	钢筋混凝土	素混凝土
pH 值	≥5	≥4.5	≥4.5
不溶物/(mg/L)	≤2000	≤2000	≤5000
可溶物/(mg/L)	≤2000	≤5000	≤10000
氯化物（按 Cl^- 计）/(mg/L)	≤500	≤1000	≤3500
硫酸盐（按 SO_4^{2-} 计）/(mg/L)	≤600	≤2000	≤2700
碱含量/(mg/L)	≤1500	≤1500	≤1500

凡能饮用的水和清洁的天然水，都可用于混凝土拌制和养护。海水不得拌制钢筋混凝土、预应力混凝土及有饰面要求的混凝土；工业废水须经适当处理后经过检验，符合混凝土用水标准的要求才能使用；对于设计使用年限为 100 年的结构混凝土，氯离子含量不得超过 500mg/L；对使用钢丝或热处理钢筋的预应力混凝土，氯离子含量不得超过 350mg/L。

3.1.4 外加剂

混凝土外加剂是指在拌制混凝土过程中掺入的用以改善混凝土性能的物质，其掺量一般不大于水泥质量的 5%。混凝土外加剂的使用是近代混凝土技术发展的重要成果，外加剂种类繁多，虽掺量很少，但对混凝土和易性、强度、耐久性、水泥的节约都有明显的改善，常称为混凝土的第五组分。特别是高效能外加剂的使用成为现代高性能混凝土的关键技术，发展和推广使用外加剂具有重要的技术和经济意义。

1. 混凝土外加剂的类型

混凝土外加剂种类繁多，按化学成分不同分为有机外加剂（多为表面活性剂）、无机外加剂（多为电解质盐类）和有机无机复合外加剂；按其主要功能一般分为以下 5 类：

（1）改善混凝土拌合物流变性能的外加剂，如各种减水剂、泵送剂、引气剂等。

（2）调节混凝土凝结时间、硬化性能的外加剂，如缓凝剂、早强剂、速凝剂等。

（3）调节混凝土气体含量的外加剂，如引气剂、加气剂、泡沫剂等。

（4）改善混凝土耐久性的外加剂，如抗冻剂、防水剂、阻锈剂等。

（5）提供混凝土特殊性能的外加剂，如引气剂、膨胀剂、着色剂、泵送剂、发泡剂等。

2. 常用的混凝土外加剂

（1）减水剂。

减水剂是指在混凝土拌合物坍落度基本相同的条件下，能减少拌和用水量的外加剂。按化学成分来分，减水剂品种主要包括木质素磺酸盐减水剂、萘磺酸甲醛缩合物、三聚氰胺磺酸盐甲醛缩合物、脂肪族系减水剂、聚羧酸系减水剂等；按减水效果分为普通减水剂、高效减水剂和高性能减水剂；按凝结时间可分成普通型、早强型和缓凝型 3 种；按是否引气可分为引气型和非引气型两种。

减水剂是一种表面活性剂，即其分子是由亲水基团和憎水基团两部分构成。当水泥加水拌和后，若无减水剂，则由于水泥颗粒之间分子凝聚力的作用，使水泥浆形成絮凝结构，将一部分拌和用水（游离水）包裹在水泥颗粒的絮凝结构内 [图 3.4 (a)]，从而降低混凝土拌合物的流动性。如在混凝土中加入适量减水剂后，则减水剂的憎水基团定向吸附于水泥颗粒表面，使水泥颗粒表面带有电性相同的电荷，产生电性斥力，在电性斥力作用下，使水泥颗粒分开 [图 3.4 (b)]，从而将絮凝结构解体释放出游离水，有效地增加了混凝土拌合物的流动性。另外，当水泥颗粒表面吸附足够的减水剂后，减水剂还能在水泥颗粒表面形成一层溶剂水化膜 [图 3.4 (c)]，这层水膜是很好的润滑剂，在水泥颗粒间起到很好的润滑作用。减水剂的吸附—分散和湿润—润滑作用使混凝土拌合物在不增加用水量的情况下，增加了流动性。

20 世纪 80 年代初，日本率先成功研制了聚羧酸系高性能减水剂，逐渐成为配制高性能混凝土的首选外加剂，《聚羧酸系高性能减水剂》（JG/T 223—2017）中将其定义为以羧基不饱和单体和其他单体合成的聚合物为母体的减水剂。聚羧酸减水剂的作用机理除了静电斥力，空间位阻作用也较强。普遍接受的观点是，聚羧酸系减水剂主要通过在水泥颗粒或者水泥水化产物上吸附，产生立体位阻效应，对水泥粒子起分

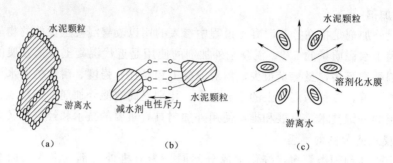

图 3.4　水泥浆的絮凝结构和减水剂作用示意图

散与保持分散的作用。聚羧酸减水剂的分子结构比较复杂，聚羧酸减水剂的主链与侧链长度、分子量、官能团类型等不同结构，都对水泥的水化及混凝土的流变特性产生影响。

混凝土中掺入减水剂后，根据使用目的的不同，减水剂可达到以下作用效果：

1）在原配合比不变，即水、水灰比、强度均不变的条件下，增加混凝土拌合物的流动性。

2）在保持流动性及水泥用量不变的条件下，可减少拌和用水，使水灰比下降，从而提高混凝土的强度和耐久性。

3）在保持强度不变，即水灰比不变以及流动性不变的条件下，可减少拌合用水，从而使水泥用量减少，达到保证强度而节约水泥的目的。

（2）引气剂。

在混凝土搅拌过程中能引入大量均匀分布、稳定而封闭的微小气泡且能保留在硬化混凝土中的外加剂。引气剂能减少混凝土拌合物泌水离析、改善和易性，并能显著提高硬化混凝土抗冻耐久性。

引气剂也是一种憎水型表面活性剂。它与减水剂类表面活性剂的最大区别在于其活性作用不是发生在液—固界面上，而是发生在液—气界面上。掺入混凝土中后，在搅拌作用下能引入大量微小气泡，吸附在骨料表面或填充于水泥硬化过程中形成的泌水通道中，这些微小气泡从混凝土搅拌一直到硬化都会稳定存在于混凝土中。在混凝土拌合物中，骨料表面的这些气泡会起到滚珠轴承的作用，减小摩擦，增大混凝土拌合物的流动性，同时气泡对水的吸附作用也使黏聚性、保水性得到改善。在硬化混凝土中，气泡填充于泌水开口孔隙中，会阻隔外界水的渗入。而气泡的弹性，则有利于释放孔隙中水结冰引起的体积膨胀，因而大大提高混凝土的抗冻性、抗渗性等耐久性指标。

掺入引气剂形成的气泡，使混凝土的有效承载面积减少，故引气剂可使混凝土的强度受到损失；同时气泡的弹性模量较小，会使混凝土的弹性变形加大。所以引气剂的掺量必须适当。

混凝土引气剂的种类按化学组成可分为松香树脂类、烷基磺酸盐类、脂肪醇磺酸盐类、蛋白盐及石油磺酸盐等多种。其中应用较为普遍的是松香树脂类中的松香热聚物和松香皂，其掺量极微，均为 0.005%～0.015%。

引气剂是外加剂中重要的一类。长期处于潮湿严寒环境中的混凝土，应掺用引气剂或引气减水剂。引气剂的掺量根据混凝土的含气量要求并经试验确定，最小含气量与骨料的最大粒径有关，最大含气量不宜超过 7%。我国在海港、水坝、桥梁等长期处于潮湿及严寒环境中的抗海水腐蚀要求较高的混凝土工程中应用引气剂，取得了很好的效果。

　　由于，外加剂技术的不断发展，近年来引气剂已逐渐被引气型减水剂所代替，引气型减水剂不仅能起到引气作用，而且对强度有提高作用，还可节约水泥，因此应用范围逐渐扩大。

　　(3) 早强剂。

　　加速混凝土早期强度发展的外加剂。早强剂的种类有：无机物类（氯盐类、硫酸盐类、碳酸盐类等）、有机物类（有机胺类、羧酸盐类等）、矿物类（明矾石、氟铝酸钙、无水硫铝酸钙等）等。为更好地发挥各种早强剂的技术特性，实践中常采用复合早强剂。早强剂或对水泥的水化产生催化作用，或与水泥成分发生反应生成固相产物从而有效提高混凝土的早期强度。

　　1) 氯盐早强剂。氯盐早强剂包括钙、钠、钾的氯化物，其中应用最广泛的为氯化钙。氯化钙可加速水泥的凝结硬化，能使水泥的初凝和终凝时间缩短，掺量不宜过多，否则会引起水泥速凝，不利于施工，有时也称为促凝剂。氯化钙的掺量为 0.5%～2%，它可使混凝土 3d 的强度提高 40%～70%，7d 的强度提高 25%。氯盐早强剂还可同时降低水的冰点，因此适用于混凝土的冬期施工，可作为早强促凝抗冻剂。

　　在混凝土中掺加氯化钙后，可增加水泥浆中的 Cl^- 离子浓度，从而对钢筋造成锈蚀，进而使混凝土发生开裂，影响混凝土的强度及耐久性，故在钢筋混凝土结构中应慎用。

　　2) 硫酸盐早强剂。硫酸盐早强剂包括硫酸钠、硫代硫酸钠、硫酸钙等，应用最多的是硫酸钠 (Na_2SO_4)。硫酸钠掺入混凝土中后，会迅速与水泥水化产生的氢氧化钙反应生成高分散性的二水石膏，它比直掺的二水石膏更易与 C_3A 迅速反应生成水化硫铝酸钙的晶体，从而加快了水化反应和凝结硬化速度，有效提高了混凝土的早期强度。

　　硫酸钠的适宜掺量为 0.5%～2%。可使混凝土 3d 强度提高 20%～40%。硫酸钠常与氯化钠、亚硝酸钠、三乙醇胺、重铬酸盐等制成复合早强剂，可取得更好的早强效果。硫酸钠对钢筋无锈蚀作用，可用于不允许使用氯盐早强剂的混凝土中。但硫酸钠与水泥水化产物 $Ca(OH)_2$ 反应后可生成 $NaOH$，与碱-骨料可发生反应，故其严禁用于含有活性骨料的混凝土中。

　　3) 三乙醇胺复合早强剂。三乙醇胺是一种络合剂，属非离子型的表面活性物质，为淡黄色的油状液体。三乙醇胺的早强机理是三乙醇胺能与 Fe^{3+} 和 Al^{3+} 等离子形成稳定的络离子，该络离子与水泥的水化产物作用生成溶解度很小的络盐并析出，有利于早期骨架的形成，从而使混凝土的早期强度提高。三乙醇胺属碱性，对钢筋无锈蚀作用。

三乙醇胺掺量为 $0.02\%\sim0.05\%$，由于掺量极微，单独使用早强效果不明显，故常采用与其他外加剂组成三乙醇胺复合早强剂。三乙醇胺不但直接催化水泥的水化，而且还能在其他盐类与水泥反应中起到催化作用，它可使混凝土 3d 的强度提高 50%，对后期强度也有一定提高，使混凝土的养护时间缩短近一半，常用于混凝土的快速低温施工。

（4）缓凝剂。

缓凝剂是延长混凝土凝结时间的外加剂。按化学成分可分为无机缓凝剂和有机缓凝剂。无机缓凝剂包括磷酸盐、锌盐、硫酸铁、硫酸铜、氟硅酸盐等；有机缓凝剂包括羟基羧酸及其盐、多元醇及其衍生物、糖类等。

缓凝剂因其在水泥及其水化物表面的吸附或与水泥矿物反应生成不溶层而延缓水泥的水化达到缓凝的效果。适于高温季节施工和泵送混凝土、滑模混凝土以及大体积混凝土的施工或远距离运输的商品混凝土。但缓凝剂不宜用于日最低气温在 5℃ 以下施工的混凝土。

（5）速凝剂。

速凝剂是能使混凝土迅速凝结硬化的外加剂。主要用于采用喷射法施工的喷射混凝土中，亦可用于需要速凝的其他混凝土中。

按其主要成分可以分成 3 类：铝氧熟料加碳酸盐系速凝剂、硫铝酸盐系速凝剂、水玻璃系速凝剂。

1）铝氧熟料加碳酸盐系速凝剂。其主要速凝成分是铝氧熟料、碳酸钠以及生石灰，这种速凝剂含碱量较高，混凝土的后期强度降低较大，但加入无水石膏可以在一定程度上降低碱度并提高后期强度。

2）硫铝酸盐系速凝剂。它的主要成分是铝矾土、芒硝（$Na_2SO_4 \cdot 10H_2O$），此类产品碱量低，且由于加入了氧化锌而提高了混凝土的后期强度，但却延缓了早期强度的发展。

3）水玻璃系速凝剂。它以水玻璃为主要成分，这种速凝剂凝结、硬化很快，早期强度高，抗渗性好，而且可在低温下施工。缺点是收缩较大，这类产品用量低于前两类。因其抗渗性能好，常用于止水堵漏。

（6）防冻剂。

防冻剂是指能使混凝土在负温下硬化，并在规定养护条件下达到预期性能的外加剂。防冻剂常由防冻组分、早强组分、减水组分和引气组分组成，形成复合防冻剂。

防冻剂的防冻组分可改变混凝土液相浓度，降低冰点，保证了混凝土在负温下有液相存在，使水泥仍能继续水化；减水组分可减少混凝土拌和用水量，从而减少混凝土中的成冰量，并使冰晶粒度细小且均匀分散，减小对混凝土的破坏应力；引气组分引入一定量的微小封闭气泡，减缓冻胀应力；早强组分提高混凝土早期强度，增强混凝土抵抗冰冻的破坏能力，因此防冻剂的综合效果是能显著提高混凝土的抗冻性。

（7）膨胀剂。

膨胀剂是能使混凝土产生一定体积膨胀的外加剂。工程上常用的膨胀剂有硫铝酸钙类、硫铝酸钙-氧化钙类、氧化钙类等。

膨胀剂主要用于补偿收缩混凝土、自应力混凝土和有较高抗裂防渗要求的混凝土工程，如用于屋面刚性防水、地下防水、基础后浇缝、堵漏、底座灌浆、梁柱接头等工程。

（8）其他外加剂。

混凝土常用的其他外加剂还有泵送剂、防水剂、起泡剂（泡沫剂）、加气剂（发气剂）、阻锈剂、消泡剂、保水剂、灌浆剂、着色剂、隔离剂（脱模剂）、碱-骨料反应抑制剂等。

3.1.5 掺合料

矿物掺合料是指在混凝土拌合物中，为改善混凝土性能，以硅、铝、钙等氧化物为主要成分，具有一定细度的天然或者人造的矿物质粉体材料，是现代混凝土的重要组分。常用的矿物掺合料有：粉煤灰、粒化高炉矿渣粉、硅灰、石灰石粉、偏高岭土、沸石粉等，其中粉煤灰和磨细矿渣应用最普遍。

在混凝土中加入矿物掺合料可达到下列目的：减少水泥用量，改善混凝土的工作性能；降低胶凝材料水化热；减少混凝土干缩、自收缩；增进后期强度；调整混凝土的内部微结构；提高抗渗性和抗化学腐蚀能力；抑制碱-骨料反应等。因此，国外有人将这种材料称为辅助性胶凝材料，是高性能混凝土不可缺少的组分。矿物掺合料在混凝土中掺量较大，通常占胶凝材料的 $20\%\sim70\%$。在混凝土中掺用这些"辅助"材料可降低混凝土生产的能源成本，近年来对生态环境的关注进一步推动了这些"辅助"材料的应用。一方面，硅酸盐水泥的生产对生态有害，不仅需要开采矿石，还将向大气排放大量的二氧化碳，且耗能较大，对于混凝土产业而言，掺加掺合料是最可行的低碳措施；另一方面，大量工业废料（如粉煤灰、硅灰和矿渣）需要处理，因此，很多工业副产品成为矿物掺合料的主要来源。

1. 粉煤灰

粉煤灰又称飞灰，是由燃烧煤粉的锅炉烟气中收集到的细粉末，一部分呈球形，表面光滑，由直径以 μm 计的实心和（或）中空玻璃微珠组成，一部分为玻璃碎屑以及少量的莫来石、石英等结晶物质。从化学成分上，粉煤灰有高钙灰（C 类，一般 $CaO \geq 10\%$）和低钙灰（F 类，$CaO < 10\%$）之分，高钙灰有一定的水硬性，低钙灰具有火山灰活性。我国的高钙粉煤灰较少，低钙粉煤灰来源比较广泛，是用量最大、使用范围最广的混凝土掺合料。

（1）粉煤灰的质量要求。

粉煤灰的化学成分主要为 SiO_2 和 Al_2O_3，总含量在 60% 以上，它们是粉煤灰活性的来源。此外，其还含有少量的 Fe_2O_3、CaO、MgO 和 SO_3 等。

《用于水泥和混凝土中的粉煤灰》（GB/T 1596—2017）中根据粉煤灰的技术指标不同，将用于水泥和混凝土中的粉煤灰分为 3 个等级，见表 3.10。

细度和需水量比是评定粉煤灰品质的重要指标。粉煤灰中实心微珠颗粒最细、表面光滑，是粉煤灰中需水量最小、活性最高的成分。如果粉煤灰中实心微珠含量较多、未燃尽碳及不规则的粗粒含量较少时，粉煤灰就较细，品质较好。未燃尽的碳粒

表 3.10 粉煤灰等级与质量指标 (GB/T 1596—2017)

项 目		粉煤灰等级		
		Ⅰ级	Ⅱ级	Ⅲ级
细度 (45μm 方孔筛筛余)/%	F 类粉煤灰 C 类粉煤灰	≤12.0	≤25.0	≤45.0
烧失量/%		≤5.0	≤8.0	≤10.0
需水量比/%		≤95.0	≤105.0	≤115.0
三氧化硫/%		≤3.0		
强度活性指数/%		≥70.0		
游离氧化钙/%		F 类粉煤灰≤1.0；C 类粉煤灰≤4.0		
安定性 (雷氏夹沸煮后增加距离)/mm		C 类粉煤灰≤5.0		

颗粒较粗，可降低粉煤灰的活性，增大需水性，是有害成分，可用烧失量来评定。多孔玻璃体等非球形颗粒，表面粗糙、粒径较大，将增大需水量，当其含量较多时，会使粉煤灰品质下降。SO_3 是有害成分，应限制其含量。

（2）粉煤灰在混凝土中的作用机理。

1）活性效应。粉煤灰主要成分是二氧化硅、氧化铝、氧化铁，形状为微细硅铝玻璃微珠，这些玻璃体中的硅氧四面体、铝氧四面体和铝氧八面体的聚合度较大，一般呈无规则的长链式和网络式结构，不易解体断裂。水泥的 C_3S、C_2S 在水化时析出 $Ca(OH)_2$，粉煤灰处在这种碱性介质中，其硅铝玻璃球体中的部分 Si—O、Al—O 键与极性较强的 OH^-、Ca^{2+} 及剩余石膏发生火山灰反应，产生水化硅酸钙、水化铝酸钙和钙矾石，从而产生强度。粉煤灰火山灰反应的过程主要是受扩散控制的溶解反应，早期粉煤灰微珠表面溶解，反应生成物沉淀在颗粒的表面上，后期 Ca^{2+} 继续通过表层和沉淀的水化产物层向芯部扩散。但是，由于活性较高的硅铝玻璃球体表面致密且光滑，OH^- 或极性水分子对它的侵蚀过程缓慢，而使上述反应过程非常缓慢，相应生成的水化产物数量较少，当掺量较大、水胶比较高时，早期强度会有所降低。

2）形态效应。粉煤灰颗粒中绝大多数为玻璃微珠，是一种表面光滑的球形颗粒。由于粉煤灰玻璃微珠的滚珠作用，粉煤灰在混凝土中有减水作用，这将有利于减少混凝土的单位用水量，从而减少多余水在混凝土硬化后所形成的直径较大的孔隙。在混凝土中应用粉煤灰，虽然减水量不如表面活性外加剂，但也有一定的效果，还可以改善新拌混凝土的流变性质。

影响混凝土工作性能的因素主要是粉煤灰的细度。粉煤灰颗粒越细、球形颗粒含量越高，则用水量就越少。粉煤灰中细度大于 45μm 的颗粒越少，混凝土的工作性能越好。细度小于 45μm 的球形粉煤灰颗粒可以使新拌混凝土的用水量明显减少。实验采用Ⅰ级粉煤灰替代 50% 水泥时，混凝土的用水量可以降低近 20%。

3）微骨料填充效应。粉煤灰还具有微骨料填充效应，可以减少硬化混凝土的有害孔的比例，有效提高混凝土的密实性。由于粉煤灰在混凝土中活性填充行为的综合效果，粉煤灰通常有致密作用。混凝土中应用优质粉煤灰，在新拌混凝土阶段，粉煤灰分散于水泥颗粒之间，有助于水泥颗粒"解絮"，改善和易性，提高抵抗离析和泌水的能力，从而使混凝土初始结构致密化；在硬化发展阶段，发挥物理充填料的作用；在硬化后，又发挥活性充填料的作用，改善混凝土中水泥石的孔结构。

（3）粉煤灰的作用效果。

在混凝土中掺入粉煤灰，有两方面的效果：

1）节约水泥。一般可节约水泥 $10\%\sim15\%$，有显著的经济效益。

2）改善和提高混凝土的诸多技术性能。如改善混凝土拌合物的和易性、可泵性；降低大体积混凝土水化热；提高混凝土抗渗性、抗硫酸盐侵蚀性能和抑制碱-骨料反应等耐久性。粉煤灰取代部分水泥后，虽然粉煤灰混凝土的早期强度有所下降，但 28d 后的长期强度可赶上，甚至超过不掺粉煤灰的混凝土。

目前，粉煤灰混凝土已被广泛应用于土木、水利建筑工程，以及预制混凝土制品和构件等方面。如大坝、道路、隧道、港湾工程，工业和民用建筑的梁、板、柱、地面、基础、下水道，钢筋混凝土预制桩、管等。

2. 粒化高炉矿渣粉

粒化高炉矿渣是高炉炼铁得到的以硅铝酸钙为主的熔融物，经淬冷成粒的副产品。粒化高炉矿渣粉是将这种粒状高炉水淬渣干燥，再采用专门的粉磨工艺磨至规定细度（一般在 $300\sim500\text{m}^2/\text{kg}$ 之间），它具有较高的潜在活性，而活性的大小与化学成分和水淬生成的玻璃体含量有关。粒化高炉矿渣的成分除了玻璃体以外还含有少量硅酸二钙、钙铝黄长石和莫来石晶体矿物，具有一定的自硬性。

在水泥水化初期，胶凝材料系统中的粒化高炉矿渣粉分布并包裹在水泥颗粒的表面，能起到延缓和减少水泥初期水化产物相互搭接的隔离作用，从而改善了混凝土的工作性能。粒化高炉矿渣粉在碱激发、硫酸盐激发或复合激发下具有反应活性和自硬性，生成低钙型的水化硅酸钙凝胶，改善混凝土的微结构，从而显著地改善并提高混凝土的强度和耐久性能。

粒化高炉矿渣粉是混凝土中非常有效的矿物掺合料，掺入磨细矿渣，可以降低混凝土成本，同时大幅度提高混凝土强度、施工性能、耐久性，抑制碱-骨料反应，已在混凝土工程中得到了大量应用。

3. 硅灰

硅灰是铁合金厂在冶炼硅铁合金或工业硅时，通过烟道收集的以无定形二氧化硅为主要成分的粉体材料。

由于硅灰颗粒细小，比表面积大，具有 SiO_2 纯度高、高火山灰活性等物理化学特点。把硅灰作为矿物掺合料加入混凝土中，必须配以高效减水剂，方可保证混凝土的和易性。硅灰使用时会引起早期收缩过大的问题，一般为胶凝材料总量的 $5\%\sim10\%$，通常与其他矿物掺合料复合使用。在我国，因其产量低，目前价格很高，一般混凝土强度低于 80MPa 时，都不考虑掺加硅灰。硅灰对混凝土的性能会产生多方面的良好效果。无定形和极细的硅灰对高性能混凝土有益的影响表现在物理和化学两个方面：起超细填充料的作用；在早期水化过程中起晶核作用，并有很高的火山灰活性。

当硅灰与高效减水剂配合使用时，硅灰与水化产物 $Ca(OH)_2$ 反应生成水化硅酸钙凝胶，填充水泥颗粒间的空隙，改善界面结构及黏结力，形成密实结构，从而显著提高混凝土强度。一般硅灰掺量为 5%～10%，便可配出抗压强度达 100MPa 的超高强混凝土。近年来，硅灰在高强高性能混凝土和超高性能混凝土中的应用越来越广。

4. 石灰石粉

石灰石粉一般是以生产石灰石碎石和机制砂时产生的细砂和石屑为原料，通过进一步粉磨制成的粒径不大于 $10\mu m$ 的细粉，因为在混凝土中具有良好的减水和分散效应而被关注和应用。

超细石灰石粉具有减水增塑效果，可明显改善混凝土工作性能。对于中低强度等级混凝土，达到同样坍落度时单位体积用水量可减少。对于高强混凝土而言，超细石灰石粉的加入使高强混凝土拌合物的黏度显著降低。对于中低等级混凝土，在相同坍落度的条件下，与使用Ⅱ级粉煤灰相比，由于需水量比较低，可降低水胶比，使混凝土抗压强度变化不大。

5. 偏高岭土

偏高岭土是以高岭土（$Al_2O_3 \cdot 2SiO_2 \cdot 2H_2O$）为原料，在适当温度下（600～900℃）经脱水、分解，形成无定形二氧化硅和氧化铝。无定形二氧化硅和氧化铝，其含量达到 90% 以上，特别是氧化铝含量比较高。其原子排列不规则，呈热力学介稳定状态；存在大量的化学断裂键，表面能很大。在适当激发剂作用下具有较高胶凝性，与硅灰相似，而且需水量小于硅灰。

偏高岭土作为一种活性微细掺合料除了具有火山灰效应，还具有填充效应，使孔隙变小，界面趋于密实，使水泥石与骨料界面的黏结力增强。同时，由于偏高岭土具有较高的比表面积，亲水性好，加入混凝土中，可改善混凝土拌合物的黏聚性和保水性，减少泌水。高性能混凝土要有优异的耐久性，用适量偏高岭土取代水泥可以很好地改善混凝土的抗渗性、抗冻性和耐蚀性等耐久性能，还由于活性偏高岭土对钾、钠和氯离子的吸附作用，能有效地抑制碱-骨料反应。而且掺偏高岭土的混凝土的自干燥收缩和干燥收缩都很小，同时有较好的抗碳化性能，能进一步提高混凝土的耐久性。

6. 沸石粉

沸石粉是天然的沸石岩经磨细而成，颜色为白色。沸石岩是一种火山灰质铝硅酸盐矿物，含有一定量活性二氧化硅和氧化铝，能与水泥水化析出的氢氧化钙反应生成胶凝物质。沸石粉具有很大的内表面积和开放性结构，其细度为 $80\mu m$ 筛筛余小于5%，平均粒径为 $5.0～6.5\mu m$。配制普通混凝土时，沸石粉的掺量为 10%～27%，配制高强混凝土时掺量一般为 10%～15%。

沸石粉用做混凝土掺合料可以提高混凝土强度，用来配制高强混凝土；也可以改善混凝土和易性及可泵性，用来配制流态混凝土及泵送混凝土。

3.2　混凝土的主要技术性质

混凝土拌合物是指由混凝土的各组成材料拌和在一起，尚未凝结硬化的混合物，又称新拌混凝土。新拌混凝土硬化后，则为硬化混凝土。混凝土的性能也相应分为新拌混凝土的性能和硬化混凝土的性能。混凝土的主要技术性质包括混凝土拌合物的和易性、硬化混凝土的强度、变形及耐久性等方面。

3.2.1　混凝土拌合物的和易性

1.和易性的概念

新拌水泥混凝土是不同粒径的矿质集料颗粒的分散相在水泥浆体的分散介质中的一种复杂分散系，具有弹—黏—塑的性质。目前在生产实践中，对新拌混凝土的性质主要用和易性（又称工作性）来表征，是指混凝土拌合物易于施工操作（搅拌、运输、浇注、捣实）并能获得质量均匀、成型密实的混凝土性能。这些性质在很大程度上制约着硬化后混凝土的技术性质，因此研究混凝土拌合物的施工和易性及其影响因素具有十分重要的意义。

混凝土拌合物的和易性是一项综合技术性能，包括流动性、黏聚性和保水性3方面含义。

（1）流动性。

流动性是指混凝土拌合物在本身自重或施工机械振捣的作用下，克服内部阻力和与模板、钢筋之间的阻力，产生流动，并均匀密实地填满模板的能力。流动性的大小直接影响浇捣施工的难易和硬化混凝土的质量，若新拌混凝土太干稠，则难以成型与捣实，且容易造成内部或表面孔洞等缺陷；若新拌混凝土过稀，经振捣后易出现水泥浆和水上浮而石子等大颗粒骨料下沉的分层离析现象，影响混凝土的质量的均匀性、成型的密实性。

（2）黏聚性。

黏聚性是指混凝土拌合物具有一定的黏聚力，在施工、运输及浇筑过程中，不致出现分层离析，使混凝土保持整体均匀性的能力。黏聚性差的新拌混凝土，容易导致石子与砂浆分离，振捣后容易出现蜂窝、空洞等现象。黏聚性过大，又容易导致混凝土流动性变差，泵送、振捣与成型困难。

（3）保水性。

保水性是指混凝土拌合物具有一定的保水能力，在施工中不致产生严重的泌水现象。保水性差的混凝土中一部分水易从内部析出至表面，在水渗流之处留下许多毛细管孔道，成为以后混凝土内部的渗水通路。

2.和易性的测定

各国混凝土工作者对混凝土拌合物的和易性测定方法进行了大量的研究，但至今仍未有一种能够全面反映混凝土拌合物和易性的测定方法。常用的方法是测定混凝土拌合物的流动性，辅以观察黏聚性和保水性并结合经验来综合评定混凝土拌合物和易性。按我国现行国家标准《普通混凝土拌合物性能试验方法标准》（GB/T 50080—2016）规定，可用坍落度试验和维勃稠度试验方法测定。

（1）坍落度试验。

该方法适用于骨料最大粒径不大于40mm、坍落度不小于10mm的混凝土拌合物和易性测定。

我国国家标准《普通混凝土拌合物性能试验方法标准》（GB/T 50080—2016）规定：坍落度试验是用标准坍落度圆锥筒测定。试验时将搅拌好的混凝土分三层装入坍落度筒中（使捣实后每层高度为筒高的 1/3 左右），每层用捣棒由边缘到中心按螺旋形均匀捣插 25 次。多余试样刮去抹平后垂直向上将筒提起，混凝土拌合物由于自重将会产生坍落现象，测量筒高与坍落后混凝土拌合物最高点之间的高度差，即为新拌混凝土拌合物的坍落度，以 mm 为单位，如图 3.5 所示。作为流动性指标，坍落度越大表示流动性越好。

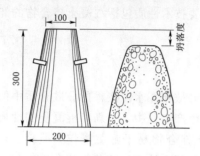

图 3.5　混凝土拌合物坍落度
测定示意图（单位：mm）

在进行坍落度试验的同时，应观察混凝土拌合物的黏聚性、保水性，以便全面地评定混凝土拌合物的和易性。

黏聚性的评定方法是：用捣棒在已坍落的混凝土锥体侧面轻轻敲打，若锥体在敲打后逐渐下沉，则表示黏聚性良好；如果锥体突然倒塌，部分崩裂或出现离析现象，则表示黏聚性不好。

保水性是以混凝土拌合物中的稀浆析出的程度来评定。坍落度筒提起后，如有较多稀浆从底部析出，锥体部分混凝土拌合物因失浆而骨料外露，则表明混凝土拌合物的保水性能不好。如坍落度筒提起后无稀浆或仅有少量稀浆自底部析出，则表示此混凝土拌合物保水性良好。

（2）维勃稠度试验。

对于坍落度小于 10mm 的混凝土拌合物，用坍落度指标不能有效表示其流动性，此时应采用维勃稠度指标。

维勃稠度仪如图 3.6 所示。测定方法是：在坍落度筒中按坍落度试验方法装满拌合物，提起坍落度筒，在拌合物试体顶面放一透明圆盘，开启振动台，同时用秒表计时，当振动到透明圆盘的底面被水泥浆布满的瞬间停止计时，并关闭振动台。由秒表读出时间即为该混凝土拌合物的维勃稠度值，精确至 1s。

（3）扩展度。

混凝土扩展度是指混凝土拌合物坍落后扩展的直径。当混凝土坍落度不小于 160mm 时，可以测量扩展度。坍落度筒的提离过程宜控制在 3～7s，当混凝土拌合物不再扩展或扩展持续时间已达 50s 时，应使用钢尺测量混凝土拌合物展开扩展面的最大直径以及与最大直径呈垂直方向的直径；当两直径之差小于 50mm 时，应取其算术平均值作为扩展度试验结果；当两直径之差不小于 50mm 时，应重新取样另行测定。混凝土拌合物扩展度值测量应精确至 1mm，结果修约至 5mm。

3. 影响混凝土拌合物和易性的因素

影响拌合物和易性的因素很多，主要有水泥浆的数量、水泥浆的稀稠（水灰比）、含砂率的大小、环境条件、原材料的种类　图 3.6　维勃稠度仪以及外加剂等。

（1）水泥浆数量的影响。

在水泥浆稀稠不变，也即混凝土的水用量与水泥用量之比（水灰比）保持不变的条件下，单位体积混凝土内水泥浆数量越多，拌合物的流动性越大。但若水泥浆过多，骨料不能将水泥浆很好地保持在拌合物内，混凝土拌合物将会出现流浆、泌水现象，使拌合物的黏聚性及保水性变差。这不仅增加水泥用量，而且还会对混凝土强度及耐久性产生不利影响。因此，混凝土内水泥浆的含量，以使混凝土拌合物达到要求的流动性为准，不应任意加大。

（2）水胶比的影响。

水泥浆的稠度取决于水胶比，水胶比是指混凝土拌合物中用水量与胶凝材料用量的比。在水泥用量、骨料用量均不变的情况下，水胶比越小，水泥浆越稠，混凝土拌合物的流动性就越小。当水胶比过小时，水泥浆过于干稠，混凝土拌合物的流动性过低，造成施工困难且不能保证混凝土的密实性。水胶比增大会使混凝土拌合物的流动性加大，但水胶比过大，又会造成混凝土拌合物的黏聚性和保水性不良，而产生流浆、离析现象，影响混凝土的强度和耐久性。因此，混凝土拌合物的水胶比不能过大或过小，一般应根据混凝土的强度和耐久性合理选用。

（3）骨料品种与品质的影响。

碎石比卵石粗糙、棱角多，内摩擦阻力大，因而在浆量和水胶比相同条件下，流动性与压实性要差些；石子最大粒径较大时，需要包裹的水泥浆少，流动性要好些，但稳定性较差，即容易离析；细砂的表面积大，拌制同样流动性的混凝土拌合物需要较多浆体。所以采用最大粒径稍小、粒形好（片针状、非常不规则颗粒少）、级配好的粗骨料，细度模数偏大的中粗砂、砂率稍高、浆体量适当的拌合物，其工作度的综合指标较好，这也是现代混凝土技术改变了以往尽量增大粗骨料最大粒径与减小砂率，配制高强混凝土拌合物的原因。需要强调的是，目前我国骨料加工业普遍存在的骨料级配差、粒形差的现状严重影响混凝土和易性，机制砂的广泛使用，由于其粒形、级配、粗细、品种、吸水、石粉等方面存在很大的差异，可能给混凝土拌合物和易性带来有利或不利的影响。

（4）砂率的影响。

砂率是指混凝土中砂的质量占砂和石总质量的百分率。砂率的变动会引起骨料的空隙率和总表面积有很大的变化，从而对混凝土拌合物的和易性产生显著的影响。若砂率过小，砂浆量不足，不能在石子周围形成足够的砂浆润滑层，砂浆层不足以包裹石子表面和填满石子间的空隙，会降低混凝土拌合物的流动性；砂率过大时，石子含量相对过少，骨料的总表面积和空隙率都会增大，混凝土拌合物变得干稠，流动性显著降低；混凝土的砂率不能小，也不能过大，宜用合理砂率。

合理砂率是指在用水量和水泥用量一定的条件下，能使混凝土拌合物获得最大的流动性且能保证良好的黏聚性和保水性的砂率（图 3.7）；也即在水灰比（水胶比）一定的条件下，能使混凝土拌合物获得所要求的流动性及良好的黏聚性和保水性，水泥用量最少的砂率（图 3.8）。

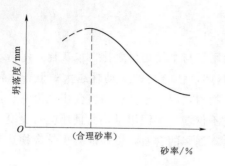

图 3.7　砂率与坍落度的关系（水和水泥用量一定）

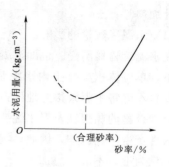

图 3.8　砂率与水泥用量的关系
（水灰比一定，达到相同坍落度）

（5）化学外加剂和矿物掺合料的影响。

在拌制混凝土拌合物时加入适量外加剂，如减水剂、引气剂等，使混凝土在较低水胶比、较小用水量的条件下仍能获得很高的流动性。现在减水剂技术已经取得很大进展，增加外加剂添加量来提高和易性，成为最直接、简便的手段。

矿物掺合料不仅自身水化缓慢，优质矿物掺合料还有一定的减水效果，同时还减缓了水泥的水化速度，使混凝土的和易性提高，并防止泌水及离析的发生。不同品种、不同品质的混凝土掺合料需水行为相差很大。比如品质较好的粉煤灰总体上看需水行为好，需水量比可以在 90% 左右，矿渣次之，硅灰则需水较高；而品质差的粉煤灰需水量比可以在 120% 以上，相差很大，对混凝土拌合物和易性影响是明显的。因此，在配制混凝土的过程中，尽量选择需水量较小的矿物掺合料，达到降低混凝土用水量的目的。

（6）环境条件的影响。

影响混凝土拌合物和易性环境因素主要有温度、湿度、时间等。对于给定组成材料性质和配合比的混凝土拌合物，其和易性的变化主要受水泥的水化率和水分的蒸发率所支配。因此，混凝土拌合物从搅拌至捣实的这段时间里，温度的升高会加速水泥的水化及水分的蒸发损失，导致拌合物坍落度的减小。同样，风速和湿度因素也会影响拌合物水分的蒸发率，从而影响坍落度。混凝土拌合物在搅拌后，其坍落度随时间的增长而逐渐减小的现象，称为坍落度损失，主要是由于拌合物中自由水随时间而蒸发、骨料吸水和水泥早期水化而损失的结果。在不同环境条件下，要保证拌合物具有一定的和易性，必须采取相应的改善措施。

（7）其他因素的影响。

除上述影响因素外，拌合物和易性还受水泥品种、混凝土搅拌工艺和搅拌后拌合物停置时间的长短等条件的影响。

4. 和易性的改善与调整

针对上述影响混凝土拌合物和易性的因素，在实际工程中，可采取以下措施来改善混凝土拌合物的和易性。

（1）当混凝土拌合物的流动性小于设计要求时，应保持水灰比（水胶比）不变，增加水泥浆的用量。切记不能单独加水，否则会降低混凝土的强度和耐久性。

（2）当混凝土拌合物的流动性大于设计要求时，应在保持砂率不变的前提下，增加砂、石用量。实际上是减少水泥浆数量，选择合理的浆骨比。

（3）改善骨料的级配，即可增加混凝土拌合物的流动性，也能改善黏聚性和保水性。

（4）在混凝土中掺加外加剂和矿物掺合料，可改善、调整混凝土拌合物的和易性，以满足施工要求。

（5）尽可能选择合理砂率，当黏聚性不足时可适当增大砂率。

3.2.2 硬化混凝土的强度

强度是硬化混凝土最重要的性质，混凝土的其他性能与强度均有密切关系，混凝土的强度也是配合比设计、施工控制和质量检验评定的主要技术指标。混凝土的强度主要有抗压强度、抗拉强度、抗弯强度、抗折强度和抗剪强度等。其中抗压强度值最大，也是最主要的强度指标，故在结构工程中混凝土主要用于承受压力作用。

1. 混凝土抗压强度

混凝土的抗压强度与其他强度及其他性能之间有一定的相关性，因此混凝土的抗压强度是结构设计的主要参数，也是评定和控制混凝土质量的重要指标。抗压强度用单位面积上所能承受的压力来表示。根据试件形状的不同，混凝土抗压强度分为轴心抗压强度和立方体抗压强度。

（1）混凝土立方体抗压强度、抗压强度标准值和强度等级。

1）立方体抗压强度。《普通混凝土力学性能试验方法标准》（GB/T 50081—2019）规定，制成边长为 150mm 的立方体试件，在标准条件〔温度（20±2）℃，相对湿度 95％以上〕下，养护至 28d 龄期，按照标准试验方法测得的抗压强度值，称为混凝土立方体抗压强度，以 f_{cu} 或 $f_{cu,28}$ 表示，按式（3.3）计算。

$$f_{cu} = \frac{F}{A} \tag{3.3}$$

式中　f_{cu}——立方体抗压强度，MPa；

　　　　F——抗压试验中的极限破坏荷载，N；

　　　　A——试件的承载面积，mm^2。

用非标准尺寸试件测得的立方体抗压强度，应乘以换算系数，折算为标准试件的立方体抗压强度。混凝土强度等级＜C60 时，200mm×200mm×200mm 试件换算系数为 1.05；100mm×100mm×100mm 试件，换算系数为 0.95。当混凝土强度等级≥C60 时，宜采用标准试件，使用非标准试件时，尺寸换算系数应由试验确定。

2）立方体抗压强度标准值及强度等级。按我国现行《混凝土强度检验评定标准》（GB/T 50107—2010）的定义，混凝土立方体抗压强度标准值是按照标准方法制作和养护的边长为 150mm 的立方体试件，在 28d 龄期，用标准试验方法测定的抗压强度总体分布中的一个值，具有不低于 95％保证率的抗压强度值，用 $f_{cu,k}$ 表示。

根据《混凝土结构设计规范》（GB 50010—2010），混凝土强度等级按照混凝土立方体抗压强度标准值划分为 14 个强度等级，即 C15、C20、C25、C30、C35、C40、C45、C50、C55、C60、C65、C70、C75、C80。强度等级用符 C 和"立方体抗压强度标准值"两项内容来表示。例如，C30 即表示混凝土立方体抗压强度标准值 $f_{cu,k}=30\text{MPa}$。

（2）混凝土轴心抗压强度。

混凝土的强度等级是根据立方体抗压强度标准值确定的，但在实际工程中大部分钢筋混凝土结构形式为棱柱体或圆柱体，而不是立方体。为了较真实地反映实际受力状况，在钢筋混凝土结构设计中常采用棱柱体试件测得的轴心抗压强度作为设计依据。

根据《普通混凝土力学性能试验方法标准》（GB/T 50081—2019）规定，轴心抗压强度是测定尺寸为 150mm×150mm×300mm 棱柱体试件的抗压强度，以 f_{cp} 表示。根据大量的试验资料统计，轴心抗压强度比同截面面积的立方体抗压强度要小。当立方体抗压强度在 10～50MPa 范围内时，混凝土轴心抗压强度（f_{cp}）与立方体抗压强度（f_{cu}）的比值为 0.7～0.8。

2. 混凝土劈裂抗拉强度

混凝土的抗拉强度值较低，通常为抗压强度的 1/20～1/10。在普通钢筋混凝土结构设计中虽不考虑混凝土承受的拉力，但抗拉强度对混凝土的抗裂性起着重要作用，有时也用抗拉强度间接衡量混凝土与钢筋的黏结强度，或用于预测混凝土构件由于干缩或温缩受约束而引起的裂缝，是结构设计中确定混凝土抗裂能力的重要指标。

根据《普通混凝土力学性能试验方法标准》（GB/T 50081—2019）规定，目前常采用劈裂抗拉试验法。劈裂抗拉强度试验采用边长为 150mm 的立方体试件，通过垫条对混凝土施加荷载，混凝土劈裂抗拉强度按式（3.4）计算

$$f_{ts}=\frac{2P}{\pi A}=0.637\frac{P}{A} \tag{3.4}$$

式中　　f_{ts}——劈裂抗拉强度，MPa；

　　　　P——破坏荷载，N；

　　　　A——试件劈裂面积，mm^2。

3. 混凝土抗弯拉（折）强度

在道路和机场工程中，混凝土路面结构主要承受荷载的弯拉作用。因此，抗折强度是混凝土路面结构设计和质量控制的主要指标，而将抗压强度作为参考强度指标。

道路水泥混凝土的抗折强度是以标准方法制成 150mm×150mm×550mm 的梁形试件，在标准条件下，经养护 28d 后，按三分点加荷方式，测定其抗折强度，以 f_{cf} 表示，按式（3.5）计算

$$f_{cf}=\frac{FL}{bh^2} \tag{3.5}$$

式中　　f_{cf}——混凝土抗折强度，MPa；

　　　　F——破坏荷载，N；

　　　　L——支座间距，mm（通常 $L=450\text{mm}$）；

　　　　b——试件宽度，mm；

　　　　h——试件高度，mm。

4. 影响混凝土强度的因素

混凝土受力破坏时，破裂面可能出现在 3 个位置上，一是骨料和水泥石黏结界面破坏，二是水泥石的破坏，三是骨料自身破裂。第一种是混凝土最常见的破坏形式。所以普通水泥混凝土强度主要取决于水泥石强度及其与骨料的界面黏结强度，而水泥石强度及其与集料的界面黏结强度同混凝土的组成材料密切相关，并受到施工质量、养护条件及试验条件等因素的影响。其中混凝土材料的组成是混凝土强度形成的内因，主要取决于组成材料的质量及其在混凝土中的用量。

(1) 水泥强度和水灰比。

水泥混凝土的强度主要取决于其内部起胶结作用的水泥石的质量，水泥石的质量则取决于水泥的强度和水灰比的大小。在相同的水灰比下，水泥的强度越高，则水泥石的强度越高，从而使用其配制的混凝土强度也越高。当水泥强度一定时，混凝土强度取决于其水灰比。在水泥强度相同的条件下，混凝土的强度将随水灰比的增加而降低。

试验证明，在原材料一定的条件下，混凝土强度随着水灰比增大而降低的规律呈曲线关系如图 3.9 (a) 所示；混凝土强度与灰水比 (水灰比的倒数) 则呈直线关系，如图 3.9 (b) 所示。需要指出的是，当水灰比过小时，水泥浆过分干稠，在一定振捣条件下，混凝土拌合物不能被振捣密实，反而导致混凝土强度降低。

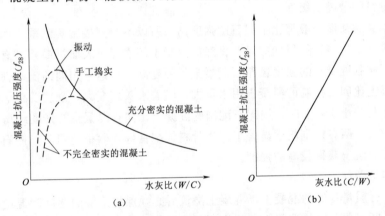

图 3.9 混凝土强度与水灰比及灰水比的关系

根据大量的试验资料统计结果，得出了灰水比、水泥实际强度与混凝土 28d 立方体抗压强度之间的关系式 (鲍罗米公式) 如下：

$$f_{cu} = \alpha_a f_{ce} \left(\frac{C}{W} - \alpha_b \right) \tag{3.6}$$

式中　f_{cu}——混凝土的立方体抗压强度，MPa；

$\dfrac{C}{W}$——混凝土的灰水比；即 1m^3 混凝土中水泥与水用量之比，其倒数即是水灰比；

f_{ce}——水泥的实际强度，MPa；

α_a、α_b——与骨料种类有关的经验系数，依据《普通混凝土配合比设计规程》(JGJ 55—2011) 的规定按表 3.11 选用。

表 3.11　　　　　　　　　　　回　归　系　数

石 子 品 种	回 归 系 数	
	α_a	α_b
碎石	0.53	0.20
卵石	0.49	0.13

水泥的实际强度根据水泥胶砂强度试验方法测定。当无条件时，可根据我国水泥生产标准及各地区实际情况，水泥实际强度以水泥强度等级乘以富余系数确定。

$$f_{ce} = \gamma_c f_{ce,k} \tag{3.7}$$

式中　γ_c——水泥强度等级富余系数（32.5 水泥，$\gamma_c = 1.12$；42.5 水泥，$\gamma_c = 1.16$；52.5 水泥，$\gamma_c = 1.10$）；

　　　$f_{ce,k}$——水泥强度等级。如 42.5 级，取 42.5MPa。

混凝土强度经验公式为配合比设计和质量控制带来极大便利。如利用混凝土强度公式可以进行两个方面的估算：一是当所采用的水泥强度等级已定，欲配制某种强度的混凝土时，可以估算应采用的水灰比值；二是当已知水泥强度等级和水灰比时，可以估算混凝土 28d 的立方体抗压强度。

（2）骨料的种类及级配。

骨料本身的强度一般都比水泥石的强度高，所以不会直接影响混凝土的强度。但骨料中有害杂质过多且品质低劣时，将降低混凝土的强度。表面粗糙并富有棱角的碎石骨料，所配制混凝土的强度较卵石混凝土的强度高。但达到相同的流动性时，碎石拌制的混凝土比卵石拌制的混凝土用水量大，随着水灰比变大，强度变低。依据大量实验，当水灰比小于 0.4 时，用碎石配制的混凝土比卵石混凝土的强度约高 38%，随着水灰比增大，两者差别就不显著了。当骨料级配良好，砂率适当时，砂石骨料填充密实，也使混凝土获得较高的强度。

（3）养护条件。

为了获得质量良好的混凝土，混凝土浇筑后必须保持足够的湿度和温度，才能保证水泥的不断水化，以使混凝土的强度不断发展。混凝土的养护条件一般情况下可分为标准养护和同条件养护，标准养护主要为确定混凝土的强度等级时采用。同条件养护是为检验浇筑混凝土工程或预制构件中混凝土强度时采用。

1）湿度。水是水泥水化反应的必要成分，如果湿度不足，水泥水化反应不能正常进行，甚至停止，将严重降低混凝土强度，而且水泥石结构疏松，形成干缩裂缝，影响混凝土的耐久性。因此，为了使混凝土正常凝结硬化，在混凝土养护期间，应创造条件维持一定的潮湿环境，从而产生更多的水化产物，使混凝土密实度增加。按《混凝土结构工程施工质量验收规范》（GB 50240—2015）规定，浇筑完毕的混凝土应采取一定的保水措施。

2）温度。养护温度对混凝土的强度发展有很大的影响（图 3.10），当养护温度较高时，可以增大水泥初期的水化速度，混凝土的早期强度较高，但早期养护温度越高，混凝土后期强度增进率越小；而在相对较低的养护温度下，水泥的水化反应较为缓慢，使其水化物具有充分的扩散时间均匀地分布在水泥石中，导致混凝土后期强度提高。但如果混凝土的养护温度过低降至冰点以下时，水泥水化反应停止，致使混凝土的强度不再发展，并可能因冰冻作用使混凝土已获得的强度受到损失。

（4）龄期。

龄期是指混凝土在正常养护下所经历的时间。随养护龄期增长，水泥水化程度提高，凝胶体增多，自由水和孔隙率减少，密实度提高，混凝土强度也随之提高。最初的 7d 内强度增

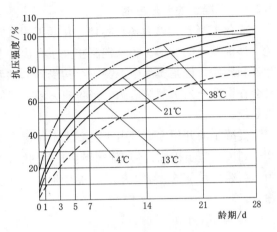

图 3.10　养护温度对混凝土强度的影响

拆模过早造成
特别重大事故

长较快，而后增幅减少，28d 以后，强度增长更趋缓慢，但如果养护条件得当，可延续几年，甚至十年之久。在标准养护条件下，混凝土强度大致与龄期的对数成正比（龄期不少于 3d），可按下式进行计算

$$\frac{f_n}{f_{28}} = \frac{\lg n}{\lg 28} \qquad (3.8)$$

式中　f_n——nd 龄期混凝土的抗压强度，MPa；

　　　f_{28}——28d 龄期混凝土的抗压强度，MPa；

　　　n——养护龄期，d，$n \geqslant 3$。

该公式适用于标准条件养护、龄期大于或等于 3d 且由普通水泥配制的中等强度混凝土。当采用早强型普通硅酸盐水泥时，由 3~7d 强度推算 28d 强度会偏大。

（5）施工条件。

主要指搅拌、运输、振捣等施工操作对混凝土强度的影响。一般而言，采用机械搅拌不仅比人工搅拌工效高，而且能搅拌得更均匀，故能提高混凝土的密实度，其强度也相应提高。尤其是对于掺有减水剂或引气剂的混凝土，机械搅拌的作用更为突出。

采用机械振捣混凝土、高频或多频振捣器来振捣混凝土，采用二次振捣工艺等，都可以使混凝土振捣得更加密实，从而可获得更高的混凝土强度。搅拌不均匀的混凝土，不但硬化后的强度低，且强度波动的幅度也大。当水灰（胶）比较小时，振捣效果的影响尤为显著；但当水胶比逐渐增大、拌合物流动性逐渐增大时，振捣效果的影响就不明显了。

（6）试验条件。

混凝土的试验条件如：试件形状与尺寸、表面状态及含水率、支承条件和加载速度等，将在一定程度上影响混凝土强度测试结果。因此，试验时必须严格执行有关标准规定，熟练掌握试验操作技能。

3.2.3　混凝土的变形性能

硬化混凝土会因为各种物理、化学因素或在荷载作用下引起局部或整体的体积变化,即混凝土的变形。如果混凝土处于自由的非约束状态,那么体积变化一般不会产生不利影响。但是实际中混凝土结构受到基础及周围环境的约束时,混凝土的体积变化会在混凝土内引起拉应力,当拉应力超过混凝土自身抗拉强度时,就会引起混凝土的裂缝。

混凝土的开裂主要是由于混凝土中拉应力超过了抗拉强度,或者说是由于拉伸应变达到或超过了极限拉伸值而引起的。硬化后水泥混凝土的变形,按其产生原因可分为非荷载作用下的化学收缩、温度变形和干湿变形以及荷载作用下的弹-塑性变形和徐变。

1. 非荷载作用下的变形

(1) 化学收缩。

混凝土在硬化过程中,由于水泥水化而引起的体积变化称为自生体积变形。普通水泥混凝土中,水泥水化生成物的体积较反应前物质的总体积小,这种体积收缩是由水泥水化反应所产生的固有收缩,称为化学收缩。混凝土的这一体积收缩变形是不能恢复的,其收缩量随着混凝土的龄期延长而增加,一般在 40d 以后逐渐趋向稳定,单化学收缩的收缩率一般很小。混凝土的化学收缩率虽然较小,在限制应力下不会对结构物产生明显的破坏作用,但其收缩过程中可在混凝土内部产生微细裂纹,会影响混凝土的受载性能和耐久性能。

(2) 温度变形。

混凝土的热胀冷缩变形称为温度变形,混凝土的热膨胀系数一般为 $(0.6\sim1.3)\times10^{-5}/℃$。

温度变形对大体积混凝土、大面积混凝土、纵长的混凝土结构极为不利。混凝土在硬化初期,水泥水化放出较多的热量,而混凝土是热的不良导体,散热很慢,热量聚集在大体积混凝土内部,使混凝土内部温度升高,但外部混凝土温度则随气温下降,致使内外温差达 $40\sim50℃$,造成内部膨胀及外部收缩,使外部混凝土产生很大的拉应力,当混凝土所受拉应力一旦超过混凝土当时的极限抗拉强度,就使混凝土产生裂缝。因此对大体积混凝土工程,应设法降低混凝土的发热量,对纵向较长的混凝土结构及大面积的混凝土工程,应考虑混凝土温度变形所产生的危害,应每隔一段长度设置伸缩缝,同时在结构物内部配置温度钢筋。

(3) 干湿变形。

干湿变形主要表现为湿胀干缩,这是由混凝土内水分变化引起的。当混凝土在水中硬化时,水泥凝胶体中胶体离子表面的吸附水膜增厚,胶体离子间距离增大,使混凝土产生微小膨胀。当混凝土在干燥空气中硬化时,混凝土中水分逐渐蒸发,水泥石毛细孔和水泥凝胶体失去水分,使混凝土产生收缩。干缩后的混凝土再遇水时,大部分的干缩变形可以恢复,但仍有一部分(占 $30\%\sim50\%$)不可恢复。

混凝土的湿胀变形量很小,对结构一般无破坏作用。但干缩变形对混凝土危害较大,干缩能使混凝土表面产生较大的拉应力而导致开裂,降低混凝土的抗渗、抗冻、

大体积混凝土
温度收缩开裂

抗侵蚀等耐久性能。可通过以下措施减少混凝土干缩，以降低干缩变形对混凝土的危害：①尽量减少水泥用量；②尽量使用大粒径的集料；③尽量降低水灰比；④加强养护。

2. 荷载作用下的变形

(1) 短期荷载作用下的变形。

混凝土是一种非均质材料属于弹塑性体。在外力作用下，既产生弹性变形，又产生塑性变形。因此，混凝土的应力-应变关系是非线性的，在较高的荷载下，这种非线性特征更加明显。混凝土在一次短期加载的应力-应变曲线如图 3.11 所示。在图 3.11 中的应力-应变曲线上，若加荷至应力为 σ、应变为 ε 的 A 点，然后将荷载逐渐卸去，则卸载时的应力-应变曲线如图 3.11 中 AC 所示。卸载后能恢复的应变是由混凝土的弹性性质引起的，称为弹性应变 $\varepsilon_{弹}$；不能恢复的应变，则是由混凝土的塑性性质引起的，称为塑性应变 $\varepsilon_{塑}$。混凝土的塑性变形是混凝土内部微裂缝产生、增多、扩展与汇合等的结果。

混凝土的变形模量是反映应力与应变关系的物理量，混凝土应力与应变之间的关系不是直线而是曲线，因此混凝土的变形模量不是定值。混凝土的变形模量有 3 种表示方法，即原点弹性模量（弹性模量）$E_0 = \tan\alpha_0$、割线模量 $E_c = \tan\alpha_1$ 和切线模量 $E_h = \tan\alpha_2$，α_0、α_1、α_2 如图 3.12 所示。

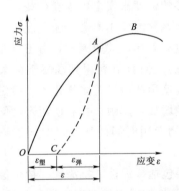

图 3.11 混凝土受压应力-应变曲线图

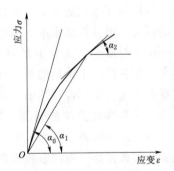

图 3.12 α_0、α_1、α_2 示意图

在计算钢筋混凝土构件的变形、裂缝以及大体积混凝土的温度应力时，都需要知道混凝土的弹性模量。由于在混凝土的应力-应变曲线上做原点的切线难以达到准确，因此常采用一种按标准方法测得的静力受压弹性模量作为混凝土的弹性模量。《普通混凝土力学性能试验方法标准》（GB/T 50081—2019）规定，采用 150mm × 150mm × 300mm 的棱柱体试件，用 1/3 轴心抗压强度值作为荷载控制值，循环 3 次加载、卸载后，所得的应力-应变曲线渐趋于稳定的直线，并与初始切线大致平行，这样测出的应力与应变的比值即为混凝土的弹性模量 E_c。混凝土的弹性模量 E_c 在数值上与原点弹性模量 E_0 接近。

根据试验统计分析，混凝土的强度等级越高，弹性模量也越高，两者存在一定的相关性，但一般不呈线性关系。当混凝土的强度等级由 C15 增高到 C80 时，其弹性

模量大致由 $2.20 \times 10^4 MPa$ 增至 $3.80 \times 10^4 MPa$。

（2）长期荷载作用下的变形——徐变。

混凝土在长期不变荷载作用下，随时间的延长而沿受力方向增加的变形，称为混凝土的徐变。当混凝土开始加荷时产生瞬时应变，随着荷载持续作用时间的增长，就逐渐产生徐变变形。徐变变形在加载初期增长较快，以后逐渐变慢并逐渐稳定下来。卸荷后，一部分变形瞬时恢复，其值小于在加荷瞬间产生的瞬时变形。在卸荷后的一段时间内变形还会继续恢复，称为徐变恢复。最后残存的不能恢复的变形，称为残余变形。

混凝土徐变可以消除钢筋混凝土内部的应力集中，使应力重新较均匀地分布，对大体积混凝土还可以消除一部分由于温度变形所产生的破坏应力。徐变越大，应力松弛越显著，残余拉应力就越小。但在预应力钢筋混凝土结构中，徐变会使钢筋的预加应力受到损失，使结构的承载能力受到影响。

影响混凝土徐变的因素很多，包括荷载大小、持续时间、混凝土的组成特性以及环境温、湿度等，而最根本的是水胶比与水泥用量，即水泥用量越大，水胶比越大，徐变越大。徐变通常与强度相反。强度越高，徐变越小。

3.2.4　混凝土的耐久性

混凝土的耐久性是指混凝土在使用条件下抵抗周围环境各种因素长期作用而不破坏的能力。在工程中不仅要求混凝土要具有足够的强度来安全地承受荷载，还要求混凝土要具有与使用环境相适应的耐久性来延长建筑物的使用寿命。随着混凝土建筑物使用时间的延长，很多钢筋混凝土结构发生了过早破坏，其原因不是由于混凝土强度不足，而是由于混凝土耐久性不足引起的，这使人们日益意识到混凝土耐久性的重要。近年来，随着混凝土结构的更广泛应用，其使用环境日益多样化，环境污染日益加剧，混凝土建筑物受环境侵蚀的危害性也日益增加，其耐久性和使用寿命问题，逐渐成为土木工程界普遍关注的问题。随着建筑物使用时间的增长，旧建筑物日益增多，结构的耐久性问题将更加引人关注。

混凝土的耐久性是一项综合技术指标，主要包括抗渗性、抗冻性、抗侵蚀性、抗碳化性、碱-骨料反应以及混凝土中的钢筋锈蚀等性能。根据混凝土所处的环境不同，耐久性应考虑的因素也不同。如承受压力水作用的混凝土，需要具有一定的抗渗能力；遭受环境水侵蚀作用的混凝土，需要具有与之相适应的抗侵蚀性等。

1. 混凝土材料本身的耐久性问题

（1）抗渗性。

抗渗性是指混凝土抵抗水、油等液体在压力作用下渗透的性能。抗渗性是混凝土耐久性的一项重要指标，它直接影响混凝土的抗冻性、抗侵蚀性等其他耐久性。因为抗渗性控制着水分渗入的速率，这些水可能含有侵蚀性的化合物，同时控制混凝土受热或受冻时水的移动。抗渗性较差的混凝土，水分容易渗入内部，当有冰冻作用或水中含侵蚀性介质时，混凝土就容易受到冰冻或侵蚀作用而破坏。

混凝土的抗渗性用抗渗等级（P）或渗透系数来表示。目前我国标准采用抗渗等级，抗渗等级是以 28d 龄期的标准试件，按标准试验方法进行试验时所能承受的最大水压力来确定。《混凝土质量控制标准》（GB 50164—2011）根据混凝土试件在抗渗试验时所能承受的最大水压力，将混凝土的抗渗等级划分为 P4、P6、P8、P10、P12 5个等级，它们相应表示混凝土抗渗试验时一组 6 个试件中 4 个试件未出现渗水时的最大水压力。抗渗等级大于等于 P6 的混凝土称为抗渗混凝土。

混凝土的抗渗性还可用渗透系数来表示。混凝土渗透系数越小，抗渗性越强。

混凝土内部连通的孔隙、毛细管和混凝土浇筑成型时形成的孔洞、蜂窝等，都会引起混凝土渗水。提高抗渗性的关键是增强混凝土的密实度、改善混凝土的孔隙结构。具体措施有：采用较低的水灰比（水胶比）；掺加外加剂及掺合料；采用致密、干净、级配良好的骨料；采用机械搅拌、机械振捣；加强养护以及采用表面涂层或覆盖层等。

（2）抗冻性。

混凝土的抗冻性是指混凝土在水饱和状态下，能经受多次冻融循环作用而不破坏，同时也不严重降低强度的性能。对于严寒地区的混凝土，混凝土抗冻性不足是造成耐久性破坏的主要原因。混凝土冻融破坏的机理主要是由于毛细孔中水结冰产生膨胀应力及渗透压力，当这种应力超过混凝土局部抗拉强度时，就可能产生裂缝。在反复冻融作用下，混凝土内部的微细裂缝逐渐增多和扩大，导致混凝土产生疏松剥落，直至破坏。

混凝土的抗冻性用抗冻等级表示，混凝土的抗冻等级一般分为 F25、F50、F100、F150、F200、F250、F300 7 个等级。其中数字表示混凝土能承受的最大冻融循环次数，如 F100 表示混凝土能够承受反复冻融循环次数不小于 100 次。

混凝土的抗冻等级，应根据工程所处环境，按有关规范选择。严寒气候条件、冬季冻融交替次数多、处于水位变化区的外部混凝土，以及钢筋混凝土结构或薄壁结构、受动荷载的结构，均应选用较高抗冻等级的混凝土。

提高混凝土抗冻性的主要措施有：严格控制水灰比，提高混凝土密实度；掺用引气剂、减水剂或引气减水剂，改善孔隙结构；加强早期养护或掺入防冻剂，防止混凝土受冻。

（3）抗侵蚀性。

混凝土抗侵蚀性是指混凝土抵抗外界侵蚀性介质破坏的能力，通常有软水侵蚀，酸、碱、盐的侵蚀等，侵蚀机理见 2.2.1.4 节。当混凝土所处的环境水有侵蚀性介质时，会对混凝土提出抗侵蚀性的要求。混凝土的抗侵蚀性取决于水泥品种及混凝土的密实度。水泥品种的选择可参照前面第 2 章；密实度越高、连通孔隙越少，外界的侵蚀性介质越不易侵入，混凝土的抗腐蚀性好。

混凝土的抗渗性、抗冻性和抗侵蚀性之间是相互关联的，且均与混凝土的密实程度，即孔隙总量及孔隙结构特征有关。若混凝土内部的孔隙形成相互联通的渗水通道，混凝土的抗渗性差，相应的抗冻性和抗侵蚀性将随之降低。常用的提高性能方法有：采用减水剂降低水灰比（水胶比），提高混凝土密实度；掺加引气剂，在混凝土中形成均匀分布的不连通的微孔；加强养护，杜绝施工缺陷；防止由于离析、泌水而在混凝土内形成孔隙通道等。还可以采用外部保护措施，以隔离侵蚀介质不与混凝土相接触，提高混凝土的抗侵蚀性，如在混凝土表面涂抹密封材料或加做沥青、塑料等覆盖层。

（4）混凝土的碱-骨料反应。

碱-骨料反应是指水泥、外加剂等混凝土组成物及环境中的碱与骨料中碱活性矿物在潮湿环境下缓慢发生并导致混凝土开裂破坏的膨胀反应。碱-骨料反应包括碱-硅酸反应和碱-碳酸盐反应。如碱与骨料中的活性氧化硅起化学反应，结果在骨料表面生成了复杂的碱-硅酸凝胶。生成的凝胶可不断吸水，体积相应不断膨胀，会把水泥石胀裂。

发生碱-骨料反应的必要条件是：①骨料中含有活性成分，并超过一定数量；②混凝土中含碱量较高；③有水分存在，如果混凝土内没有水分或水分不足，反应就会停止或减小。

防止碱-骨料反应的措施有：使用碱含量小于 0.6% 的水泥，以降低混凝土总的碱含量；混凝土所使用的碎石或卵石应进行碱活性检验；使混凝土致密或包覆混凝土表面，防止水分进入混凝土内部；采用能抑制碱-骨料反应的掺合料，如粉煤灰（高钙高碱粉煤灰除外）、硅灰等。

（5）混凝土的耐磨性。

受磨损、磨耗作用的表层混凝土（如受挟沙高速水流冲刷的混凝土及道路路面混凝土等），要求有较高的抗磨性。混凝土的抗磨性不仅与混凝土强度有关，而且与原材料的特性及配合比有关。选用坚硬耐磨的集料、高强度等级的硅酸盐水泥，配制成水泥浆含量较少的高强度混凝土，经振捣密实，并使表面平整光滑，混凝土将获得较高的抗磨性。对于有抗磨要求的混凝土，其强度等级应不低于 C30，或者采用真空作业，以提高其耐磨性。对于结构物可能受磨损特别严重的部位，应采用抗磨性较强的材料加以防护。

2. 与钢筋锈蚀相关的耐久性问题

（1）抗碳化性能。

在钢筋混凝土结构中，混凝土对钢筋具有一定的保护作用。这是由于在水泥水化过程中生成大量的 $Ca(OH)_2$，使混凝土孔隙中充满饱和的 $Ca(OH)_2$ 溶液，其 pH 值大于 12，而钢筋在强碱性介质中，表面能生成一层稳定致密的氧化物钝化膜，使钢筋难以锈蚀。研究表明，当 pH 值小于 9.88 时，钢筋表面的氧化物保护膜不稳定，对钢筋没有保护作用；当 pH 值为 9.88～11.5 时，钢筋表面的氧化物保护膜不完整，即不能完全保护钢筋免受腐蚀；只有当 pH 值大于 11.5 时，钢筋才能完全处于钝化状态，因此，通常将 pH 值等于 11.5 作为钢筋混凝土结构中防止钢筋锈蚀的临界值。

然而，混凝土在空气中易发生碳化。所谓混凝土碳化，是指混凝土内水泥石中的 $Ca(OH)_2$，与空气中的 CO_2，在一定湿度条件下发生化学反应，生成 $CaCO_3$ 和 H_2O 的过程。混凝土的碳化对钢筋混凝土结构而言弊多利少，其主要的不利影响是碳化过程使混凝土碱度下降，混凝土中钢筋表面的碱性保护膜被破坏而导致钢筋锈蚀速度加快，钢筋锈蚀后体积产生膨胀，引起混凝土产生顺筋开裂现象。在实际工程中，碳化引起的钢筋锈蚀是钢筋混凝土结构耐久性的主要问题之一。碳化引起的体积收缩则可能导致混凝土表面产生微细裂纹，使混凝土强度降低。然而，碳化时生成的碳酸钙填充在水泥石的孔隙中，使混凝土密实度和抗压强度有所提高，对防止有害杂质的侵入有一定的缓冲作用，这是混凝土碳化的有利方面。

混凝土碳化深度的检测通常采用酚酞酒精溶液法，检测时在混凝土表面凿洞，立即滴上浓度为1%的酚酞酒精溶液，已碳化部位呈无色，未碳化部位呈粉红色，根据颜色变化即可测量碳化深度。

（2）抗氯离子渗透性能。

研究表明，当混凝土中存在 Cl^- 且 Cl^-/OH^- 的摩尔比大于 0.6 时，即使 pH 值大于 12，钢筋表面的氧化物钝化膜仍可能被破坏而使钢筋受到锈蚀。这是由于 Cl^- 的存在可造成钢筋表面的局部酸化，使钢筋表面的氧化物钝化膜发生破坏；Cl^- 还可以穿透或活化钢筋表面的氧化物保护膜，使钢筋各部位的电极电位不同而形成局部原电池，促进钢筋的电化学锈蚀反应。因此，混凝土生产时应控制原材料中的 Cl^- 含量，同时需通过合理的原材料选择和配合比设计，使硬化后的混凝土具有良好的抗 Cl^- 渗透性能，防止 Cl^- 渗透至钢筋表面。

所谓混凝土的抗氯离子渗透性能，是指混凝土抵抗 Cl^- 在压力、化学势或者电场作用下，在混凝土中渗透、扩散或迁移的能力，其中渗透是指含 Cl^- 的液体在压力作用下的运动，扩散是指气体或液体中的 Cl^- 在化学势作用下的运动，迁移则指带电 Cl^- 在电场力作用下的运动。

混凝土的抗氯离子渗透性能主要与混凝土的水胶比和胶凝材料种类有关。减小水胶比可提高混凝土密实度；掺引气型外加剂可将开口孔隙转变成闭口孔隙，从而可割断渗水通道，减少 Cl^- 渗透；采用 C_3A 含量较高的水泥可提高对 Cl^- 的化学固定作用。研究表明，在混凝土中掺加大量矿渣、粉煤灰等矿物掺合料可大幅度提高混凝土的抗氯离子渗透性能。

3. 提高混凝土耐久性的主要措施

虽然混凝土遭受各种环境作用的破坏机理不同，但提高混凝土耐久性的措施却有很多共同之处，即选择适当的原材料、提高混凝土密实度和改善混凝土内部的孔结构。一般提高混凝土耐久性的措施如下：

（1）选用质量稳定、低水化热和含碱量偏低的水泥，尽可能避免使用早强水泥和 C_3A 含量偏高的水泥。

（2）使用优质粉煤灰、矿渣粉等矿物掺合料或复合矿物掺合料；一般情况下，矿物掺合料应作为耐久混凝土的必需组分。

（3）采用高效减水剂，尽量降低拌和水用量。

（4）选用坚固耐久、级配合格、粒形良好的洁净骨料，高度重视骨料级配。

（5）限制每立方米混凝土中胶凝材料的最低和最高用量，控制胶凝材料中的水泥用量。

（6）保证混凝土施工质量，即混凝土要搅拌均匀、浇捣密实、加强养护，避免产生次生裂缝。

3.3 混凝土的质量控制

3.3.1 混凝土质量的波动与控制

混凝土广泛应用于各种土木工程中，受力复杂且会受到各种气候环境的侵蚀。因此，对混凝土进行严格的质量控制是保证工程质量的必要手段。混凝土的生产质量由于受各种因素的作用或影响总是有所波动。引起混凝土质量波动的因素主要有原材料质量的波动，组成材料计量的误差，搅拌时间、振捣条件与时间、养护条件的波动与变化以及试验条件等的变化。

对混凝土质量进行检验与控制的目的是：研究混凝土质量（强度等）波动的规律，从而采取措施，使混凝土强度的波动值控制在预期的范围内，以便制作出既满足设计要求，又经济合理的混凝土。

混凝土的质量控制，可以分为 3 个阶段。

（1）初步控制。为混凝土的生产控制提供组成材料的有关参数，包括组成材料的质量检验与控制、混凝土配合比的确定等。

（2）生产控制。使生产和施工全过程的工序能正常运行，以保证生产的混凝土稳定地符合设计要求的质量。它主要包括混凝土组成材料的计量、混凝土拌合物的搅拌、运输、浇注和养护等工序的控制。

（3）合格控制。它包括对混凝土产品的检验与验收、混凝土强度的合格评定等。

混凝土质量控制与评定的具体要求、方法与过程见《混凝土质量控制标准》（GB 50164—2011）、《混凝土结构工程施工质量验收规范》（GB 50204—2015）、《混凝土强度检验评定标准》（GB/T 50107—2010）等标准。

3.3.2 混凝土强度波动规律——正态分布

在混凝土生产中，每一种组成材料性能的变异、工艺过程变动及试件制作和试验操作等误差，都会使混凝土强度产生波动，这说明混凝土的强度数据具有波动性。但这种波动是具有某种规律性的，可以利用这种规律性，对混凝土质量进行控制和判断。多年来的实践结果证明，同一等级的混凝土，在施工条件基本一致的情况下，用以反映工程质量的混凝土试块强度值，可以看作是遵循正态分布曲线分布的。混凝土强度正态分布曲线具有以下特点（图 3.13）。

（1）曲线呈正态分布，在对称轴两侧曲线上各有一个拐点，拐点距对称轴等距离。

（2）曲线高峰为混凝土平均强度 $\overline{f}_{cu}$ 的概率。以平均强度为对称轴，左右两边曲线是对称的。距对称轴愈远，出现的概率愈小，并逐渐趋近于零，亦即强度测定值比强度平均值愈低或愈高者，其出现的概率就愈少，最后逐渐趋近于零。

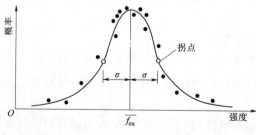

图 3.13 混凝土强度的正态分布曲线

（3）曲线与横坐标之间围成的面积为概率的总和，等于100％。

可见，若概率分布曲线形状窄而高，说明强度测定值比较集中，混凝土均匀性较好、质量波动小，施工控制水平高，这时拐点至对称轴的距离小。若曲线宽而矮，则拐点距对称轴远，说明强度离散程度大，施工控制水平低，如图3.14所示。

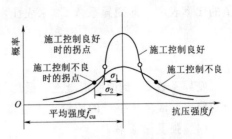

图3.14　混凝土强度离散性不同的正态分布曲线

3.3.3　混凝土质量评定的数理统计方法

用数理统计方法进行混凝土的强度质量评定，是通过求出正常生产控制条件下混凝土强度的平均值、标准差、变异系数和强度保证率等指标，然后进行综合评定。

（1）混凝土强度平均值 $\overline{f_{cu}}$。

对同一批混凝土，在某一统计期内连续取样制作 n 组试件（每组3块），测得各组试件的立方体抗压强度值分别为 $f_{cu,1}$、$f_{cu,2}$、$f_{cu,3}$、…、$f_{cu,n}$，求其算术平均值即得到混凝土强度平均值。混凝土强度平均值 $\overline{f_{cu}}$ 可用下式表示

$$\overline{f_{cu}} = \frac{1}{n}\sum_{i=1}^{n} f_{cu,i} \tag{3.9}$$

式中　$\overline{f_{cu}}$——混凝土立方体抗压强度平均值，MPa；

　　　n——试验组数；

　　$f_{cu,i}$——第 i 组试件立方体抗压强度值，MPa。

强度平均值对应于正态分布曲线中的概率密度峰值处的强度值，即曲线的对称轴所在之处。因此，强度平均值仅表示混凝土总体强度的平均值，但并不反映混凝土强度的波动情况。

（2）强度标准差 σ。

强度标准差又称均方差，是混凝土强度分布曲线上拐点距对称轴之间的距离。强度标准差 σ 按下式计算

$$\sigma = \sqrt{\frac{\sum_{i=1}^{n} f_{cu,i}^2 - n\overline{f_{cu}}^2}{n-1}} \tag{3.10}$$

式中　n——试件组数；

　　$\overline{f_{cu}}$——n 组混凝土立方体抗压强度的平均值，MPa；

　　$f_{cu,i}$——第 i 组试件的立方体抗压强度值，MPa；

　　　σ——混凝土强度的标准差，MPa。

强度标准差 σ 反映了混凝土强度的相对离散程度，即波动情况。σ 越小，强度分布曲线就越窄而高，说明混凝土强度的波动较小，混凝土的均匀性好，施工质量水平高；σ 越大，强度分布曲线就越宽而矮，说明混凝土强度的离散程度越大，混凝土质量越不稳定，施工质量水平低下。

（3）变异系数 C_v

又称离差系数，在相同生产管理水平下，混凝土的强度标准差会随强度平均值的

提高或降低而增大或减小，它反映绝对波动量的大小，有量纲。对平均强度水平不同的混凝土之间质量稳定性的比较，可考虑用相对波动的大小，即以标准差对强度平均值的比率表示，即变异系数 C_v 来表征，可按下式计算

$$C_v = \frac{\sigma}{\overline{f_{cu}}} \tag{3.11}$$

变异系数 C_v 是说明混凝土质量均匀性的指标。C_v 值越小，说明该混凝土强度质量越稳定，混凝土生产的质量水平越高。

（4）强度保证率 P

强度保证率 $P(\%)$ 是指混凝土强度总体分布中，大于设计要求的强度等级标准值（$f_{cu,k}$）的概率 $P(\%)$，以混凝土强度正态分布曲线下的阴影部分来表示（图 3.15）。强度正态分布曲线下的面积为概率的总和，等于 100%。低于设计强度等级 $f_{cu,k}$ 的强度所出现的概率为不合格率。

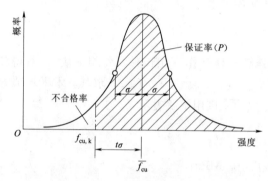

图 3.15 混凝土强度保证率

强度保证率 $P(\%)$ 的计算方法为：首先根据混凝土设计等级（$f_{cu,k}$）、混凝土强度平均值（$\overline{f_{cu}}$）、标准差（σ）或变异系数（C_v），计算出概率度（t），即

$$t = \frac{\overline{f_{cu}} - f_{cu,k}}{\sigma} \tag{3.12}$$

或

$$t = \frac{\overline{f_{cu}} - f_{cu,k}}{C_v \cdot f_{cu}} \tag{3.13}$$

则强度保证率 $P(\%)$ 就可由正态分布曲线方程积分求得，或由数理统计中的表内查到保证率 P 值，如表 3.12 所示。

表 3.12　　　　　　　　　　　　不同 t 值的保证率 P

t	0.00	0.50	0.80	0.84	1.00	1.04	1.20	1.28	1.40	1.50	1.60
$P/\%$	50.0	69.2	78.8	80.0	84.1	85.1	88.5	90.0	91.9	93.5	94.7
t	1.645	1.70	1.75	1.81	1.88	1.96	2.00	2.05	2.33	2.50	3.00
$P/\%$	95	95.5	96.0	96.5	97.0	97.5	97.7	98.0	99.0	99.4	99.87

工程中，$P(\%)$ 值可根据统计周期内，混凝土试件强度不低于要求强度等级标准值的组数 N_0 与试件总组数 N 之比求得，即

$$P = \frac{N_0}{N} \times 100\%$$ (3.14)

式中　N_0——统计周期内，同期混凝土试件强度大于或等于规定强度等级标准值的
　　　　　组数；

　　　N——统计周期内同批混凝土试件总组数，$N \geqslant 25$。

　　根据以上数值，可根据标准差 σ 和强度不低于要求强度等级值的概率度 P，按表
3.13 来评定混凝土生产质量管理水平。

表 3.13　　　　　　　　　　　混凝土生产质量管理水平

生产质量管理水平		优良		一般		差	
混凝土强度等级		<C20	≥C20	<C20	≥C20	<C20	≥C20
评定指标	生产场所						
混凝土强度标准差 σ/MPa	商品混凝土厂和预制混凝土构件厂	≤3.0	≤3.5	≤4.0	≤5.0	>4.0	>5.0
	集中搅拌混凝土的施工现场	≤3.5	≤4.0	≤4.5	≤5.5	>4.5	>5.5
强度等于或大于混凝土强度等级标准值的百分率 P/%	商品混凝土厂、预制混凝土构件厂及集中搅拌混凝土的施工现场	≥95		>85		≤85	

　　(5) 混凝土配制强度。

　　根据上述保证率的概念可知，在施工中配制混凝土时，如果所配制的混凝土的强
度平均值（$\overline{f_{cu}}$）等于设计强度（$f_{cu,k}$），则由图 3.15 可知，概率度 t 为 0，此时混凝
土强度保证率只有 50%，即只有 50% 的混凝土强度大于或等于设计强度等级，难以
保证工程质量。因此，为了保证工程混凝土具有设计所要求的 95% 强度保证率，则
在进行混凝土配合比设计时，必须要使混凝土的配制强度大于设计强度。混凝土的配
制强度（$f_{cu,0}$）可按下列方法进行计算。

　　令混凝土的配制强度等于平均强度，即 $f_{cu,0} = \overline{f_{cu}}$，再以此式代入概率度（$t$）计
算式，则得

$$t = \frac{f_{cu,0} - f_{cu,k}}{\sigma}$$ (3.15)

　　由此得混凝土配制强度的关系式为

$$f_{cu,0} = f_{cu,k} + t\sigma$$ (3.16)

　　根据《普通混凝土配合比设计规程》（JGJ 55—2011）的规定，当混凝土的设计
强度等级小于 C60 时，混凝土的强度保证率必须达到 95% 以上，对应的概率度 $t =$
1.645，所以混凝土配制强度可按下式计算

$$f_{cu,0} = f_{cu,k} + 1.645\sigma$$ (3.17)

式中　$f_{cu,0}$——混凝土配制强度，MPa；

　　　$f_{cu,k}$——混凝土立方体抗压强度标准值（即混凝土的设计强度等级），MPa；

　　　σ——混凝土强度标准差，MPa。

3.4　普通水泥混凝土的配合比设计

3.4.1　概述

混凝土的配合比是指混凝土的各组成材料之间的比例关系。普通混凝土的组成材料主要包括水泥、粗骨料、细骨料和水，随着混凝土技术的发展，外加剂和掺合料的应用日益普遍，其掺量也是混凝土配合比设计时需选定的。因外加剂的型号、掺合料的品种也逐渐增加，故在目前国家标准中，外加剂和掺合料的掺量只作原则规定。

混凝土的配合比一般有两种表示方法。一是用 $1m^3$ 混凝土中水泥、矿物掺合料、水、细骨料、粗骨料、外加剂的实际用量（kg），按顺序表达，如水泥 320kg、粉煤灰 80kg、砂 720kg、石子 1080kg、水 200kg、外加剂 4kg；另一种是以胶凝材料总量为基准，用各组成材料间的比例来表示，如水泥：粉煤灰：砂：石子：水：外加剂＝0.80：0.20：1.80：2.70：0.50：0.01。

（1）混凝土配合比设计的基本要求有以下 4 方面：

1）满足混凝土施工所要求的和易性。

2）达到混凝土结构设计要求的混凝土强度等级。

3）满足与工程所处环境条件相适应的耐久性。

4）符合经济原则，在满足上述技术要求的前提下节约水泥，降低成本。

（2）在进行混凝土的配合比设计前，需确定和了解的基本资料，即设计前提条件，主要有以下几个方面：

1）混凝土设计强度等级和强度的标准差。

2）材料的基本情况：包括水泥品种、强度等级、实际强度、密度；矿的掺合料的品种、等级、密度；砂的种类、表观密度、细度模数、含水率；石子种类、表观密度、含水率；是否掺外加剂，外加剂种类、掺量、减水率。

3）混凝土的和易性要求，如坍落度指标。

4）与耐久性有关的环境条件：如冻融状况、地下水情况等。

5）工程特点及施工工艺：如构件几何尺寸、钢筋的疏密、浇筑振捣的方法等。

3.4.2　混凝土配合比设计基本参数的确定

混凝土的配合比设计，实际上就是单位体积混凝土拌合物中胶凝材料、水、粗骨料（石子）、细骨料（砂）等原材料用量的确定。

（1）胶凝材料和水之间的比例关系，常用水胶比表示。

（2）砂和石子间的比例关系，常用砂率表示。

（3）骨料与水泥浆之间的比例，采用单位用水量表示。

水胶比、单位用水量和砂率是混凝土配合比设计的 3 个重要参数，这 3 个参数与混凝土的各项性能之间有着密切关系。进行混凝土配合比设计就是要正确地确定这 3 个参数，使混凝土满足各项基本要求。

水胶比的确定主要取决于混凝土的强度和耐久性。从强度角度看，水胶比可根据混凝土的强度公式（3.6）来确定。混凝土结构耐久性则需根据其环境类别来确定其最大水胶比，表3.14为《混凝土结构设计规范》(GB 50010—2010) 对设计使用寿命为 50 年的混凝土结构的混凝土材料最大水胶比的规定。

表 3.14　　　　　　　　混凝土材料的结构耐久性基本要求

环境类别	条　件	最大水胶比	最低强度等级
一	室内干燥环境； 无侵蚀性静水浸没环境	0.60	C20
二 a	室内潮湿环境； 非严寒和非寒冷地区的露天环境； 非严寒和非寒冷地区与无侵蚀性的水或土壤直接接触的环境； 严寒和寒冷地区的冰冻线以下与无侵蚀性的水或土壤直接接触的环境	0.55	C25
二 b	干湿交替环境； 水位频繁变动环境； 严寒和寒冷地区的露天环境； 严寒和寒冷地区冰冻线以上与无侵蚀性的水或土壤直接接触的环境	0.50 (0.55)	C30 (C25)
三 a	严寒和寒冷地区冬季水位变动区环境； 受除冰盐影响环境； 海风环境	0.45 (0.50)	C35 (C30)
三 b	盐渍土环境； 受除冰盐作用环境； 海岸环境	0.40	C40

注　1. 室内潮湿环境是指构件表面经常处于结露或湿润状态的环境。
　　2. 素混凝土构件的水胶比及最低强度等级的要求可适当放松。
　　3. 有可靠工程经验时，二类环境中的最低混凝土强度等级可降低一个等级。
　　4. 处于严寒和寒冷地区二 b、三 a 环境中的混凝土应使用引气剂，并可采用括号内有关参数。

　　砂率主要应从满足工作性和节约胶凝材料两个方面考虑。在水胶比和胶凝材料用量不变的前提下，砂率应取坍落度最大，而黏聚性和保水性又好的砂率即合理砂率，这可由表 3.15 初步确定，再经试拌调整而定。在和易性满足的情况下，砂率尽可能取小值以达到节约胶凝材料的目的。

表 3.15　　　　　　　　混凝土的合理砂率　　　　　　　　　　　　　%

水胶比	卵石最大公称粒径/mm			碎石最大公称粒径/mm		
	10	20	40	16	20	40
0.40	26～32	25～31	24～30	30～35	29～34	27～32
0.50	30～35	29～34	28～33	33～38	32～37	30～35
0.60	33～38	32～37	31～36	36～41	35～40	33～38
0.70	36～41	35～40	34～39	39～44	38～43	36～41

注　1. 本表数值系采用中砂时选用的砂率，对细砂或粗砂，可相应地减小或增大砂率。
　　2. 本表适用于坍落度为 10～60mm 的混凝土，对于坍落度大于 60mm 的混凝土，可在查表的基础上，按坍落度每增大 20mm，砂率增大 1% 的幅度予以调整。
　　3. 坍落度小于 10mm 以及掺有外加剂或掺合料的混凝土，其砂率应经试验确定。
　　4. 当采用单粒级粗骨料配制混凝土时，砂率应适当增大。
　　5. 采用人工砂配制混凝土时，砂率可适当增大。

单位用水量在水胶比和胶凝材料用量不变的情况下，实际反映的是水泥浆量与骨料用量之间的比例关系。水泥浆量要满足包裹粗、细骨料表面并保持足够流动性的要求，但用水量过大，会降低混凝土的耐久性。水灰比在 0.40～0.80 范围内时，根据粗骨料的品种、最大粒径，单位用水量可通过表 3.16 和表 3.17 确定。

表 3.16　　　　　　　干硬性混凝土的用水量　　　　　　单位：kg/m³

拌合物稠度		卵石最大公称粒径			碎石最大公称粒径		
项目	指标/s	10mm	20mm	40mm	16mm	20mm	40mm
维勃稠度	16～20	175	160	145	180	170	155
	11～15	180	165	150	185	175	160
	5～10	185	170	155	190	180	165

表 3.17　　　　　　　塑性混凝土的用水量　　　　　　单位：kg/m³

拌合物稠度		卵石最大公称粒径				碎石最大公称粒径			
项目	指标/mm	10mm	20mm	31.5mm	40mm	16mm	20mm	31.5mm	40mm
坍落度	10～30	190	170	160	150	200	185	175	165
	35～50	200	180	170	160	210	195	185	175
	55～70	210	190	180	170	220	205	195	185
	75～90	215	195	185	175	230	215	205	195

注　1. 本表用水量采用中砂时的取值。采用细砂时，每立方米混凝土用水量可增加 5～10kg；采用粗砂时，则可减少 5～10kg。

　　2. 掺用外加剂或掺合料时，用水量应相应调整。

　　3. 水灰比小于 0.4 的混凝土用水量应通过试验确定。

3.4.3　混凝土配合比设计的步骤

混凝土的配合比设计是一个计算、试配、调整的复杂过程，大致可分为初步计算配合比、基准配合比、试验室配合比、施工配合比 4 个设计阶段，如图 3.16 所示。初步计算配合比主要是依据设计的基本条件，参照理论和大量试验提供的参数进行计算，得到基本满足强度和耐久性要求的配合比；基准配合比是在初步计算配合比的基础上，通过实配、检测，进行工作性的调整，对配合比进行修正；试验室配合比是通过对水灰比的微量调整，在满足设计强度的前提下，确定胶凝材料用量最少的方案，从而进一步调整配合比；而施工配合比是考虑实际砂、石的含水对配合比的影响，对配合比最后的修正，是实际应用的配合比。总之，配合比设计的过程是一逐步满足混凝土的强度、工作性、耐久性、节约胶凝材料等设计目标的过程。

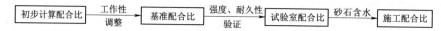

图 3.16　混凝土配合比设计的过程

1. 初步计算配合比

（1）确定混凝土的配制强度。

当混凝土的设计强度等级小于 C60 时，配制强度应按式（3.18）确定

$$f_{cu,0} \geqslant f_{cu,k} + 1.645\sigma \qquad (3.18)$$

式中 $f_{cu,0}$——混凝土配制强度，MPa；

$f_{cu,k}$——混凝土立方体抗压强度标准值，这里取混凝土的设计强度等级值，MPa；

σ——混凝土强度标准差，MPa。

当设计强度等级不小于 C60 时，配制强度应按式（3.19）确定

$$f_{cu,0} \geqslant 1.15 f_{cu,k} \qquad (3.19)$$

混凝土强度标准差应按下列规定确定。

当具有近 1~3 个月的同一品种、同一强度等级混凝土的强度资料，且试件组数不小于 30 时，其混凝土强度标准差 σ 应按式（3.20）计算

$$\sigma = \sqrt{\frac{\sum_{i=1}^{n} f_{cu,i}^2 - n m_{f_{cu}}^2}{n-1}} \qquad (3.20)$$

式中 σ——混凝土强度标准差，MPa；

$f_{cu,i}$——第 i 组的试件强度，MPa；

$m_{f_{cu}}$——n 组试件的强度平均值，MPa；

n——试件组数。

对于强度等级不大于 C30 的混凝土，当混凝土强度标准差计算值不小于 3.0MPa 时，应按式（3.20）计算结果取值；当混凝土强度标准差计算值小于 3.0MPa 时，应取 3.0MPa。对于强度等级大于 C30 且小于 C60 的混凝土，当混凝土强度标准差计算值不小于 4.0MPa 时，应按式（3.20）计算结果取值；当混凝土强度标准差计算值小于 4.0MPa 时，应取 4.0MPa。当没有近期的同一品种、同一强度等级混凝土强度资料时，其强度标准差 σ 可按表 3.18 取值。

表 3.18　　　　　　　　标 准 差 σ 值

混凝土强度等级	$\leqslant$C20	C25~C45	C50~C55
σ 值/MPa	4.0	5.0	6.0

（2）确定水胶比（W/B）。

1）当混凝土强度等级小于 C60 时，混凝土水胶比宜按式（3.21）计算

$$W/B = \frac{\alpha_a f_b}{f_{cu,0} + \alpha_a \alpha_b f_b} \qquad (3.21)$$

式中 W/B——混凝土水胶比；

α_a、α_b——回归系数，按表 3.11 的规定取值；

f_b——胶凝材料 28d 胶砂抗压强度，MPa，可实测，试验方法应按现行国家标准《水泥胶砂强度检方法（ISO 法）》（GB/T 17671）执行。

2）当胶凝材料 28d 胶砂抗压强度值（f_b）无实测值时，可按式（3.22）计算

$$f_b = \gamma_f \gamma_s f_{ce} \qquad (3.22)$$

式中 γ_f、γ_s——粉煤灰影响系数和粒化高炉矿渣粉影响系数，可按表 3.19 选用；

f_{ce}——水泥 28d 胶砂抗压强度，MPa。

表 3.19　　　　粉煤灰影响系数 γ_f 和粒化高炉矿渣粉影响系数 γ_s

掺量/%	粉煤灰影响系数 γ_f	粒化高炉矿渣粉影响系数 γ_s
0	1.00	1.00
10	0.85~0.95	1.00
20	0.75~0.85	0.95~1.00
30	0.65~0.75	0.90~1.00
40	0.55~0.65	0.80~0.90
50	—	0.70~0.85

注　1. 采用Ⅰ级、Ⅱ级粉煤灰宜取上限值。

2. 采用 S75 级粒化高炉矿渣粉宜取下限值，采用 S95 级粒化高炉矿渣粉宜取上限值，采用 S105 级粒化高炉矿渣粉可取上限值加 0.05。

3. 当超出表中的掺量时，粉煤灰和粒化高炉矿渣粉影响系数应经试验确定。

3）当水泥 28d 胶砂抗压强度（f_{ce}）无实测值时，可按式（3.23）计算。

$$f_{ce} = \gamma_c f_{ce,g} \tag{3.23}$$

式中　γ_c——水泥强度等级值的富余系数，可按实际统计资料确定；当缺乏实际统计资料时，可按表 3.20 选用；

　　　$f_{ce,g}$——水泥强度等级值，MPa。

表 3.20　　　　水泥强度等级值的富余系数 γ_c

水泥强度等级值	32.5	42.5	52.5
富余系数	1.12	1.16	1.10

4）计算出水胶比后，按表 3.14 检查是否符合耐久性的要求。若计算所得的水胶比大于表中规定的最大水胶比，则按表 3.14 中最大水胶比取，以满足耐久性要求。

（3）确定用水量（m_{w0}）和外加剂用量（m_{a0}）

1）水灰比在 0.40~0.80 范围内的干硬性和塑性混凝土用水量分别按表 3.16 及表 3.17 确定。

2）水灰比小于 0.40 的混凝土用水量应通过试验确定。

3）掺外加剂时，每立方米流动性或大流动性混凝土的用水量（m_{w0}）可按式（3.24）计算

$$m_{w0} = m'_{w0}(1 - \beta) \tag{3.24}$$

式中　m_{w0}——计算配合比每立方米混凝土的用水量，kg/m^3；

　　　m'_{w0}——未掺外加剂时推定的满足实际坍落度要求的每立方米混凝土用水量（kg/m^3），以表 3.17 中 90mm 坍落度的用水量为基础，按每增大 20mm 坍落度相应增加 $5kg/m^3$ 用水量来计算。当坍落度增大到 180mm 以上时，随坍落度相应增加的用水量可减少；

　　　β——外加剂的减水率，%，应经混凝土试验确定。

4）每立方米混凝土中外加剂用量（m_{a0}）应按式（3.25）计算

$$m_{a0} = m_{b0}\beta_a \tag{3.25}$$

...

式中　m_{a0}——计算配合比每立方米混凝土中外加剂用量，kg/m^3；

$\quad\quad m_{b0}$——计算配合比每立方米混凝土中胶凝材料用量，kg/m^3；

$\quad\quad \beta_a$——外加剂掺量，％，应经混凝土试验确定。

（4）计算每立方米混凝土胶凝材料用量（m_{b0}）、矿物掺合料用量（m_{f0}）和水泥用量（m_{c0}）。

1）每立方米混凝土的胶凝材料用量（m_{b0}）应按式（3.26）计算，并应进行试拌调整，在拌合物性能满足的情况下，取经济合理的胶凝材料用量。

$$m_{b0}=\frac{m_{w0}}{W/B} \quad\quad (3.26)$$

式中　m_{b0}——计算配合比每立方米混凝土中胶凝材料用量，kg/m^3；

$\quad\quad m_{w0}$——计算配合比每立方米混凝土的用水量，kg/m^3；

$\quad\quad W/B$——混凝土水胶比。

2）每立方米混凝土的矿物掺合料用量（m_{f0}）应按式（3.27）计算

$$m_{f0}=m_{b0}\beta_f \quad\quad (3.27)$$

式中　m_{f0}——计算配合比每立方米混凝土中矿物掺合料用量，kg/m^3；

$\quad\quad \beta_f$——矿物掺合料掺量，％。

3）每立方米混凝土的水泥用量（m_{c0}）应按式（3.28）计算

$$m_{c0}=m_{b0}-m_{f0} \quad\quad (3.28)$$

式中　m_{c0}——计算配合比每立方米混凝土中水泥用量，kg/m^3。

（5）确定砂率（β_s）。

1）砂率（β_s）应根据骨料的技术指标、混凝土拌合物性能和施工要求，参考既有历史资料确定。

2）当缺乏砂率的历史资料时，混凝土砂率的确定应符合下列规定：①坍落度小于10mm的混凝土，其砂率应经试验确定；②坍落度为10～60mm的混凝土，其砂率可根据粗骨料品种、最大公称粒径及水胶比按表3.15选取；③坍落度大于60mm的混凝土，其砂率可经试验确定，也可在表3.15的基础上，按坍落度每增大20mm、砂率增大1％的幅度予以调整。

（6）粗骨料（m_{g0}）及细骨料（m_{c0}）用量的计算。

1）当采用质量法计算混凝土配合比时，粗、细骨料用量应按式（3.29）计算，砂率应按式（3.30）计算。

$$m_{c0}+m_{f0}+m_{g0}+m_{s0}+m_{w0}+m_{a0}=m_{cp} \quad\quad (3.29)$$

$$\beta_s=\frac{m_{s0}}{m_{g0}+m_{s0}}\times100\% \quad\quad (3.30)$$

式中　m_{g0}——计算配合比每立方米混凝土的粗骨料用量，kg/m^3；

$\quad\quad m_{s0}$——计算配合比每立方米混凝土的细骨料用量，kg/m^3；

$\quad\quad m_{cp}$——每立方米混凝土拌合物的假定质量，kg/m^3，可取2350～2450kg/m^3；

$\quad\quad \beta_s$——砂率，％。

2）当采用体积法计算混凝土配合比时，砂率应按式（3.30）计算，粗、细骨料用量应按式（3.31）计算。

$$\frac{m_{c0}}{\rho_c}+\frac{m_{f0}}{\rho_f}+\frac{m_{g0}}{\rho_g}+\frac{m_{s0}}{\rho_s}+\frac{m_{w0}}{\rho_w}+\frac{m_{a0}}{\rho_a}+0.01a=1 \tag{3.31}$$

式中　ρ_c——水泥密度，kg/m^3，可按现行国家标准《水泥密度测定方法》（GB/T 208）测定，也可取 $2900\sim3100kg/m^3$；

ρ_f——矿物掺合料密度，kg/m^3，可按现行国家标准《水泥密度测定方法》（GB/T 208）测定；

ρ_g——粗骨料的表观密度，kg/m^3，应按现行行业标准《普通混凝土用砂、石质量及检验方法标准》（JGJ 52）测定；

ρ_s——细骨料的表观密度，kg/m^3，应按现行行业标准《普通混凝土用砂、石质量及检验方法标准》（JGJ 52）测定；

ρ_w——水的密度，kg/m^3，可取 $1000kg/m^3$；

ρ_a——外加剂的密度，kg/m^3；

a——混凝土的含气量百分数，在不使用引气剂或引气型外加剂时，a 可取 1。

通过以上 6 个步骤便可将每立方米混凝土中水泥、矿物掺合料、水、外加剂、粗骨料（石）和细骨料（砂）的用量全部算出，得到混凝土的初步计算配合比（初步满足强度和耐久性要求）。

2. 基准配合比

混凝土计算配合比是借助经验公式算得或利用经验资料查得的，其目的是将试配工作量压缩到一个较小的合理范围。得到计算配合比后，必须通过试配试验，调整确定拌合物性能、力学性能和耐久性能等，使混凝土性能满足设计和施工的要求，同时，在技术和经济方面，将配合比优化到最佳。

（1）试拌。

进行混凝土配合比试配时应采用实际试验的原材料，混凝土的搅拌方法宜与生产时使用的方法相同。混凝土试配一般应采用强制式搅拌机进行搅拌。

（2）校核和易性、调整配合比。

按计算配合比进行试配时，首先应进行试拌，以检查拌合物的和易性。当试拌的混凝土拌合物和易性不好时，应根据拌合物的坍落度、黏聚性和保水性情况，宜在计算水胶比不变的情况下，对混凝土配合比进行调整。

1）坍落度调整。实测坍落度小于设计要求时，宜保持水胶比不变，增加水泥浆用量，每增大 10mm 坍落度，需增加水泥浆 5%～8%；实测坍落度大于设计要求，保持砂率不变，增加骨料，每减少 10mm 坍落度，增加骨料 5%～10%。

2）黏聚性调整。黏聚性不好有两个原因，一是粗骨料过多，水泥砂浆不足；二是水泥砂浆过多。宜在水胶比不变的条件下，通过调整砂率的方法来调整。

3）保水性调整。保水性差，特别是出现严重离析泌水时，通常可以在保证水胶比不变的情况下，降低用水量，或用调整砂率的办法来解决。

上述性能不足也可以通过调整外加剂种类、掺量和配方来改善。

进行调整时，一次未能解决，则多次逐步进行，直至符合要求。调整时，应按前述流程重新计算用量。注意，调整液体外加剂的掺量时，应同时调整实际加入水量。

通过上述和易性校核，得到的配合比为基准配合比。

3. 试验室配合比

用基准配合比配制的混凝土虽满足和易性的要求，但其强度和耐久性等是否符合设计要求，还须按下列方法来进行确定。

（1）调整水胶比，进行强度检验。

进行强度检验时，应采用 3 个不同的配合比；其中一个为基准配合比，另外两个配合比的水胶比宜较基准配合比分别增加和减少 0.05，用水量应与基准配合比相同，砂率可分别增加和减小 1%。混凝土拌合物性能应符合设计和施工要求。

每个配合比至少按标准方法制作一组（3 块）试件，并应标准养护到 28d 或设计规定龄期测试抗压强度。在制作混凝土强度试件时，应检验混凝土拌合物的表观密度。

（2）确定达到配制强度时的材料用量。

根据上述混凝土抗压强度试验结果，宜绘制强度和胶水比的线性关系图，用插值法确定配制强度对应的水胶比。

在基准配合比的基础上，用水量和外加剂用量应根据确定的水胶比作调整。胶凝材料用量应以用水量乘以确定的水胶比计算得出。粗、细骨料用量应根据用水量和胶凝材料用量进行调整。

（3）确定试验室配合比。

按下式计算混凝土拌合物的计算表观密度

$$\rho_{c,c} = m_c + m_f + m_g + m_s + m_w + m_a \tag{3.32}$$

式中　　　　　　　　　$\rho_{c,c}$——混凝土拌合物计算表观密度值，kg/m^3；

m_c、m_f、m_g、m_s、m_w、m_a——达到配制强度时每立方米混凝土中，水泥、矿物掺合料、粗骨料、细骨料、水和外加剂的用量，kg/m^3。

根据确定达到配制强度时的材料用量，进行混凝土的试拌，测定混凝土拌合物的实际表观密度，并按下式计算混凝土配合比校正系数

$$\delta = \frac{\rho_{c,t}}{\rho_{c,c}} \tag{3.33}$$

式中　$\rho_{c,t}$——混凝土拌合物实测表观密度值，kg/m^3；

　　　$\rho_{c,c}$——混凝土拌合物计算表观密度值，kg/m^3。

当混凝土拌合物表观密度实测值与计算值之差的绝对值不超过计算值的 2% 时，配合比无须校正；当二者之差超过 2% 时，应将配合比中每项材料用量均乘以校正系数。

4. 施工配合比

实验室得出的试验室配合比，是以干燥骨料为基准计算的，而搅拌现场存放的砂、石材料都含有一定的水分。所以现场材料的实际称量应按砂、石的含水情况进行换算，换算后得到的配合比称作施工配合比。

施工配合比中水泥、矿物掺合料、石、砂、水和外加剂的用量分别 m_c'、m_f'、m_g'、m_s'、m_w' 和 m_a'，现场测出砂的含水率为 $a\%$、石子的含水率为 $b\%$，则施工配合比的计算公式如下：

$$m_c'=m_c \tag{3.34}$$

$$m_f'=m_f \tag{3.35}$$

$$m_a'=m_a \tag{3.36}$$

$$m_s'=m_s(1+a\%) \tag{3.37}$$

$$m_g'=m_g(1+b\%) \tag{3.38}$$

$$m_w'=m_w-m_s a\%-m_g b\% \tag{3.39}$$

3.4.4　混凝土配合比设计实例

【例 3.1】　某工程欲施工一室内使用的现浇钢筋混凝土梁，要求混凝土设计强度等级为 C25，施工坍落度为 35～50mm。施工单位为新组建，没有历史混凝土强度统计资料。试进行该混凝土配合比设计。原材料条件如下：

（1）水泥：42.5 级普通硅酸盐水泥（水泥强度等级富余系数 γ_c 按统计资料选取为 1.1），密度为 3100kg/m³；

（2）粉煤灰：Ⅱ级 F 类粉煤灰，密度为 2600kg/m³。

（3）砂：中砂，级配合格，表观密度 $\rho_s=2650$kg/m³；含水率为 3%。

（4）碎石：最大粒径为 31.5mm，级配合格，表观密度 $\rho_g=2700$kg/m³；含水率为 1%。

（5）水：自来水。

【解】

1. 初步计算配合比

（1）确定混凝土的配制强度。

混凝土的设计强度等级为 C25，配制强度应按式（3.18）确定。由题知，施工单位为新组建，不具有近期的同一品种混凝土强度资料，其混凝土强度标准差 σ 按表 3.18 选取，$\sigma=5.0$MPa。则

$$f_{cu,0}=f_{cu,k}+1.645\sigma=25+1.645\times5.0=33.2(\text{MPa})$$

（2）确定水胶比（W/B）。

由题知，采用 42.5 级普通硅酸盐水泥，无实测强度，水泥强度等级富余系数 γ_c 为 1.1，则

$$f_{ce}=\gamma_c f_{ce,g}=1.1\times42.5=46.75(\text{MPa})$$

采用Ⅱ级 F 类粉煤灰，假设掺量取 20%，根据表 3.19 取 $\gamma_f=0.85$，不使用粒化高炉矿渣粉，取 $\gamma_s=1.0$，则

$$f_b=\gamma_f\gamma_s f_{ce}=0.85\times1.0\times46.75=39.74(\text{MPa})$$

根据表 3.11，当使用碎石时，$a_a=0.53$，$a_b=0.20$，则水胶比

$$W/B=\frac{\alpha_a f_b}{f_{cu,0}+\alpha_a\alpha_b f_b}=\frac{0.53\times39.74}{33.2+0.53\times0.20\times39.74}=0.56$$

查表 3.14，对于室内干燥环境下使用的混凝土，最大水胶比为 0.60，计算的水

胶比小于 0.60，故可初步确定水胶比为 0.56。

（3）确定用水量（m_{w0}）。

由题知，要求的施工坍落度为 35～50mm。对于中砂，最大粒径为 31.5mm 的碎石，参照表 3.17，混凝土用水量可初步确定为 $m_{w0} = 185\text{kg/m}^3$。

（4）计算每立方米混凝土胶凝材料用量（m_{b0}）、矿物掺合料用量（m_{f0}）和水泥用量（m_{c0}）

根据用水量和水胶比，计算混凝土胶凝材料用量

$$m_{b0} = \frac{m_{w0}}{W/B} = \frac{185}{0.56} = 330.4(\text{kg/m}^3)$$

当粉煤灰掺量 β_f 为 20% 时，则每立方米混凝土的粉煤灰用量为

$$m_{f0} = m_{b0}\beta_f = 330.4 \times 0.20 = 66.1(\text{kg/m}^3)$$

则每立方米混凝土的水泥用量为

$$m_{c0} = m_{b0} - m_{f0} = 330.4 - 66.1 = 264.3(\text{kg/m}^3)$$

（5）确定砂率（β_s）。

参照表 3.15，当计算水胶比为 0.56，碎石最大粒径为 31.5mm 时，砂率 β_s 取为 35%。

（6）计算粗骨料（m_{g0}）及细骨料（m_{c0}）用量。

选用体积法计算，由式（3.30）和式（3.31）得

$$35\% = \frac{m_{s0}}{m_{g0} + m_{s0}} \times 100\%$$

$$\frac{264.3}{3100} + \frac{66.1}{2600} + \frac{m_{g0}}{2700} + \frac{m_{s0}}{2650} + \frac{185}{1000} + 0.01 = 1$$

联立上述两式求得 $m_{s0} = 651.9\text{kg/m}^3$，$m_{g0} = 1210.5\text{kg/m}^3$。

根据以上计算，得出初步配合比为：$m_{c0} = 264.3\text{kg/m}^3$，$m_{f0} = 66.1\text{kg/m}^3$，$m_{w0} = 185\text{kg/m}^3$，$m_{s0} = 651.9\text{kg/m}^3$，$m_{g0} = 1210.5\text{kg/m}^3$。

2. 试拌调整，得出基准配合比

称取 15L 混凝土拌合物所需材料：水泥 3.96kg，粉煤灰 0.99kg，水 2.78kg，砂 9.78kg，石子 18.16kg。拌制混凝土拌合物，做和易性试验。

观察黏聚性与保水性均较好，但坍落度只有 25mm 左右，比要求的坍落度小，应适当增加胶浆的数量（保持水胶比不变）。当增加 5% 的用水量及胶凝材料用量后，试拌原材料用量分别为

水泥：$m_c = 3.96 \times (1 + 5\%) = 4.16(\text{kg})$

粉煤灰：$m_f = 0.99 \times (1 + 5\%) = 1.04(\text{kg})$

水：$m_w = 2.78 \times (1 + 5\%) = 2.92(\text{kg})$

砂：$m_s = 9.78\text{kg}$

碎石：$m_g = 18.16\text{kg}$

经检验、调整和易性后，测得坍落度约为 40mm，符合要求。实测混凝土的表观密度为 2397kg/m³。则经过调整和易性合格的配合比（基准配合比）可表示为

水泥：$m_c = \dfrac{4.16}{4.16+1.04+2.92+9.78+18.16} \times 2397 = 277 (\text{kg/m}^3)$

粉煤灰：$m_f = \dfrac{1.04}{4.16+1.04+2.92+9.78+18.16} \times 2397 = 69 (\text{kg/m}^3)$

水：$m_w = \dfrac{2.92}{4.16+1.04+2.92+9.78+18.16} \times 2397 = 194 (\text{kg/m}^3)$

砂：$m_s = \dfrac{9.78}{4.16+1.04+2.92+9.78+18.16} \times 2397 = 650 (\text{kg/m}^3)$

碎石：$m_g = \dfrac{18.16}{4.16+1.04+2.92+9.78+18.16} \times 2397 = 1207 (\text{kg/m}^3)$

3. 检验强度，确定试验室配合比

配制 3 种不同水胶比的混凝土，并制作 3 组试件。一组水胶比为基准配合比的水胶比，另外两组的水胶比分别变化±0.05，砂率也分别变化±1%，配制 15L 混凝土拌合物所需材料用量见表 3.21。试件经标准养护 28d，进行强度试验，得出各配合比混凝土试件的强度见表 3.21。

表 3.21　　　　　　　　　混凝土原材料用量及强度试验结果

组别	水胶比	水泥用量/kg	粉煤灰用量/kg	用水量/kg	砂率/%	砂用量/kg	碎石用量/kg	28d 抗压强度/MPa
1	0.51	4.53	1.20		34	9.50	18.44	36.6
2	0.56	4.16	1.05	2.92	35	9.78	18.16	34.8
3	0.61	3.78	1.00		36	10.05	17.89	30.5

利用表 3.21 中的 3 组数据，绘制强度与水胶比关系曲线，如图 3.17 所示。

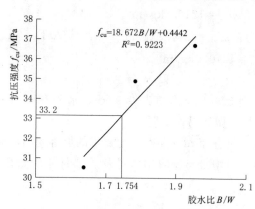

图 3.17　实测强度 f_{cu} 与 B/W 关系

由图 3.17 可求出与配制强度（33.2MPa）相对应的水胶比为 0.57，则以基准配合比的用水量 194.10kg/m³ 为依据，确定各材料用量为

胶凝材料用量：$194.10 \div 0.54 = 340.53 (\text{kg/m}^3)$；

粉煤灰用量：$340.53 \times 20\% = 68.10 (\text{kg/m}^3)$；

水泥用量：$340.53 - 68.10 = 272.43 (\text{kg/m}^3)$；

砂用量：$650.10 (\text{kg/m}^3)$；

碎石用量：$1207.14 (\text{kg/m}^3)$。

进行拌和混凝土，拌合物表观密度实测值为 2425kg/m³，该拌合物的计算表观密度为

$$(194.10 + 340.53 + 650.10 + 1207.14) \text{kg/m}^3 = 2391.87 (\text{kg/m}^3)$$

确定两者的误差率：

$$\left|\frac{2425-2391.87}{2391.87}\right|\times100\%=1.39\%<2\%$$

故不需做表观密度校正，试验室配合比为：水泥用量 272.43kg/m³，粉煤灰用量 68.10kg/m³，用水量 194.10kg/m³，砂用量 650.10kg/m³，碎石用量 1207.14kg/m³。

4. 确定施工配合比

水泥：$m'_c=m_c=272.43(\mathrm{kg/m^3})$

粉煤灰：$m'_f=m_f=68.10(\mathrm{kg/m^3})$

砂：$m'_s=m_s(1+a\%)=650.10\times(1+3\%)=669.60(\mathrm{kg/m^3})$

碎石：$m'_g=m_g(1+b\%)=1207.14\times(1+1\%)=1219.21(\mathrm{kg/m^3})$

水：$m'_w=m_w-m_sa\%-m_gb\%=194.10-650.10\times3\%-1207.14\times1\%=162.53(\mathrm{kg/m^3})$

3.5 其他品种混凝土

3.5.1 预拌混凝土

预拌混凝土是指在搅拌楼（图 3.18）生产的、通过运输设备送至使用地点的、交货时为拌合物的混凝土。

混凝土集中拌制有利于采用新技术，提高机械化、自动化程度，严格控制拌制工艺，提高计量精度，确保混凝土工程质量，降低消耗，提高劳动生产率；同时还可以加快工程进度，提高建筑工业化水平和行业的整体素质，促进混凝土及相关产业的技术进步与发展；大量利用工业固体废弃物改善城市环境，促进城市文明建设，具有良好的经济效益和社会效益。推广预拌混凝土是经济发展和社会化大生产的必然，也是提高建

图 3.18 混凝土搅拌楼

筑工程机械化水平、保证工程质量、满足规模施工以及减少城市环境污染的需要。

预拌混凝土具有区别于一般产品的显著特点，其质量特性具有显著的时效性、滞后性和复杂性。预拌混凝土从生产到使用过程具有较强的时效性；混凝土强度及结构验收具有较长时间的滞后性；混凝土质量问题成因具有较高的复杂性。

（1）时效性。时效性指预拌混凝土必须在有效的时间段内完成生产、运输、交付、泵送与浇筑等环节，否则预拌混凝土性能会受很大影响。

（2）滞后性。滞后性是指预拌混凝土在现场交付时只能检验拌合物的性能，其硬化后的重要性能指标（力学性能和耐久性能）均要在交付后的不同龄期进行检验与评定，在时间上会有长达 28d 甚至 60～90d 的滞后。同时由于交付后由使用方（施工

方）负责的泵送、浇筑与养护等环节对混凝土硬化后的性能指标会产生很大影响，其结构中混凝土性能的评价周期更长，这是预拌混凝土区别于一般产品的显著特点。

（3）复杂性。复杂性是指影响预拌混凝土质量的因素复杂多变。

1）混凝土原材料质量波动大，而每种材料的质量波动都会对预拌混凝土质量产生一定影响。

2）混凝土生产，自动化和信息化程度低，人为因素多，导致预拌混凝土质量受生产过程的影响大。

3）施工过程中，浇筑、振捣和养护等过程对结构混凝土质量影响也很大。

4）温度、湿度及风速等环境因素对混凝土质量也有一定影响。

3.5.2　泵送混凝土

碎石含泥量影响预拌混凝土性能

将搅拌好的混凝土，采用混凝土泵车（图 3.19）沿管道输送和浇注，称为泵送混凝土。由于施工工艺上的要求，所采用的施工设备和混凝土配合比都与普通施工方法不同。

（a）拖式　　　　　　　　　　　　　　　　　（b）车载式

图 3.19　混凝土泵车

采用混凝土泵输送混凝土拌合物，可一次连续完成垂直和水平输送，而且可以进行浇注，因而生产率高，节约劳动力，特别适用于工地狭窄和有障碍的施工现场，以及大体积混凝土结构物和高层建筑。

泵送混凝土是和混凝土拌合物在压力下沿管道内进行垂直和水平的输送，它的输送条件与传统的输送有很大的不同。因此，拌合物性能的要求与传统的要求相比，既有相同点也有不同点。按传统方法设计的有良好工作性（流动性和黏聚性、保水性）的新拌混凝土，在泵送时却不一定有良好的可泵性，有时发生泵压陡升和阻泵现象。阻泵和堵泵会造成施工困难。在泵送过程中，拌合物与管壁产生摩擦，在拌合物经过管道弯头处遇到阻力，拌合物必须克服摩擦阻力和弯头阻力方能顺利地流动。

拌合物在泵压下在管道中移动摩擦阻力和弯头阻力之和的倒数，称为可泵性。阻力越小，则混凝土可泵性越好。

混凝土拌合物从加水搅拌到浇筑要经历一段时间，在这段时间内拌合物逐渐变稠，流动性（坍落度）逐渐降低，这就是所谓"坍落度损失"。如果这段时间过长，环境气温又过高，坍落度损失可能很大，则将会给泵送、振捣等施工过程带来很大困难，或者造成振捣不密实，甚至出现蜂窝状缺陷。如果从搅拌到浇筑的时间间隔过长，气温又过高，或者出现混凝土早期不正常的稠化凝结，则必须采取措施解决过快的坍落度损失问题。

3.5.3 高性能混凝土与超高性能混凝土

1. 高性能混凝土

高性能混凝土（high performance concrete，HPC）是 20 世纪 80 年代末 90 年代初，一些发达国家基于混凝土结构耐久性设计提出的一种全新概念的混凝土，它以耐久性为首要设计指标。针对混凝土的过早劣化，发达国家掀起了高性能混凝土开发研究的高潮，并得到了各国政府的重视。1994 年，美国联邦政府 16 个机构联合提出了一个在基础设施工程建设中应用高性能混凝土的建议，计划在 10 年内投资 2 亿美元进行研究和开发。美国国家自然科学基金（NSF）、美国国家标准与技术研究所（NIST）、美国联邦公路管理局（FHWA）以及一些州政府的运输部等机构，都投入大量经费，资助高强、高性能混凝土的研究，NSF 以每年 200 万美元的经费，定期资助以西北大学为首的水泥基复合材料联合研究中心对高性能混凝土的研究。与此同时，德国、瑞典、挪威、日本等国家也在推进实施高性能混凝土研究的国家计划。

在我国，自从 1995 年清华大学向国内介绍高性能混凝土以来，高性能混凝土的研究与应用在我国得到了空前的重视和发展。中国工程院土木水利与建筑学部于2000 年提出了一个名为"工程结构安全性与耐久性研究"的咨询项目，由陈肇元院士负责，并编写了中国土木工程学会第一个标准《混凝土结构耐久性设计与施工指南》（CCES 01—2004）。此后，高性能混凝土理论、技术和实践在我国得到了很大的发展。

（1）高性能混凝土定义。

高性能混凝土的定义最早出现于 1990 年 5 月，在美国国家标准与技术研究所（NIST）和美国混凝土协会（ACI）主办的讨论会上，HPC 被定义为具有某些性能要求的匀质混凝土，必须采用严格的施工工艺，采用优质材料配制的，便于浇捣，不离析，力学性能稳定，早期强度高，具有韧性和体积稳定性等性能的耐久混凝土，特别适用于高层建筑、桥梁以及暴露在严酷环境中的建筑结构。然而，不同国家、不同学者依照各自的认识、实践、应用范围和目的要求的差异，对高性能混凝土有不同的解释。

1）1990 年，美国 P. K. Mehta 认为：高性能混凝土不仅要求高强度，还应具有高耐久性（抵抗化学腐蚀）等其他重要性能，例如，高体积稳定性（高弹性模量、低干缩率、低徐变和低的温度应变）、高抗渗性和高工作性。

2）1992 年，法国 Y. A. Maller 认为：高性能混凝土的特点在于有良好的工作性、高的强度和早期强度、工程经济性高和高耐久性，特别适用于桥梁、港工、核反应堆以及高速公路等重要的混凝土建筑结构。

3）1992 年，日本的小泽一雅和冈村甫认为：高性能混凝土应具有高工作性（高的流动性、黏聚性与可浇筑性）、低温升、低干缩率、高抗渗性和足够的强度。

综合以上论点，中国工程院院士吴中伟对高性能混凝土提出以下定义：高性能混凝土是一种新型高技术混凝土，是在大幅度提高普通混凝土性能的基础上采用现代混凝土技术制作的混凝土，它以耐久性作为设计的主要指标。针对不同用途要求，高性能混凝土对下列性能有重点地予以保证：耐久性、工作性、适用性、强度、体积稳定性和经济性。为此，高性能混凝土在配制上的特点是低水胶比，选用优质原材料，并除水泥、水、骨料外，必须掺加足够数量的矿物细掺料和高效外加剂。

（2）高性能混凝土性能。

2015 年住房和城乡建设部发布了《高性能混凝土评价标准》（JGJ/T 385—2015）。该标准规定如下。

1）高性能混凝土的力学性能和耐久性能应符合设计要求。

2）高性能混凝土拌合物性能应满足生产和施工的要求，具有良好的工作性和匀质性，无分层、离析和泌水现象；拌合物中水溶性氯离子最大含量应符合表 3.22 的要求。

表 3.22 **高性能混凝土拌合物中水溶性氯离子最大含量**

环 境 条 件	水溶性氯离子最大含量（水泥用量的质量百分比）/%	
	钢筋混凝土	预应力混凝土
干燥环境	0.30	0.06
潮湿但不含氯离子的环境	0.20	
潮湿而含有氯离子的环境、盐渍土环境	0.10	
除冰盐等侵蚀性物质的腐蚀环境	0.06	

3）常规高性能混凝土强度等级不低于 C30；高强高性能混凝土不低于 C60。

4）抗渗等级不低于 P12；28d 碳化深度不大于 15mm；抗冻等级不小于 F250；84d 氯离子迁移系数不大于 $3.0 \times 10^{-12} \text{ m}^2/\text{s}$，或 28d 电通量不大于 1500C，当高性能混凝土中水泥混合材和矿物掺合料之和超过 50% 时，电通量测试龄期为 56d；抗硫酸盐等级不小于 KS120。

2. 超高性能混凝土

超高性能混凝土（Ultra-High Performance Concrete，UHPC）是指抗压强度在 150MPa 以上，具有超高韧性、超长耐久性的纤维增强水泥基复合材料的统称。其中，最具代表性的超高性能混凝土材料为活性粉末混凝土（Reactive Powder Concrete，RPC），最早由法国学者于 1993 年提出。其主要由硅灰、水泥、细骨料及钢纤维等材料组成，依照最大密实度原理构建，从而使材料内部的缺陷（孔隙与微裂缝）减至最少。UHPC 材料组分内不包含粗骨料，颗粒粒径一般小于 1mm，UHPC 中分散的钢纤维可大大减缓材料内部微裂缝的扩展，从而使材料表现出超高的韧性和延性。

UHPC 具有致密的微观结构，具有很强的抗渗透、抗碳化、抗腐蚀和抗冻融循环能力，研究表明，UHPC 材料的耐久性可大幅度提高混凝土结构的使用寿命，可达 200 年以上。表 3.23 给出了 UHPC 与普通混凝土的主要力学和耐久性能指标对比。由表 3.23 可以看出，UHPC 的抗压强度约是普通混凝土的 3～5 倍，表征弯拉韧性的抗折强度约是普通混凝土的 10 倍，徐变系数仅是普通混凝土的 15% 左右，表征

港珠澳大桥高性能混凝土

耐久性的氯离子扩散系数和电阻率也远远优于普通混凝土。

表 3.23   **UHPC 与普通混凝土的主要力学和耐久性能指标对比**

混凝土类型	UHPC	普通混凝土	UHPC/普通混凝土
抗压强度/MPa	150~230	30~60	3~5 倍
抗折强度/MPa	25~60	2~5	约 10 倍
弹性模量/GPa	40~60	30~40	约 1.2 倍
徐变系数	0.2~0.3 (高温蒸养后)	1.4~2.5	约 15%
氯离子扩散系数/(m²/s)	$<0.01\times10^{-11}$	$>1\times10^{-11}$	1/100
电阻率/(kΩ·cm)	1133	96 (C80)	约 12 倍

由于 UHPC 具有优异的力学和耐久性能,在桥梁工程需求轻质高强、快速架设、经久耐用的背景下,其引起了桥梁界的极大兴趣和高度重视,在桥梁领域具有广阔的应用前景。目前 UHPC 已逐渐开始用于桥梁工程中,包括主梁、拱圈、华夫板、桥梁接缝、旧桥加固等多方面。据不完全统计,到 2016 年年底,世界各国应用 UHPC 材料的桥梁已超过 400 座(其中超过 150 座桥梁采用 UHPC 作为主体结构材料)。

3.5.4 高强混凝土

高强混凝土是使用水泥、砂、石等传统原材料,通过添加一定数量的高效减水剂(或同时添加一定数量的活性矿物材料),采用普通成型工艺制成的具有高强性能的一类水泥混凝土。

高强混凝土的概念,并没有一个确切的定义,在不同的历史发展阶段,高强混凝土的含义是不同的。由于各国之间的混凝土技术发展不平衡,其高强混凝土的定义也不尽相同。即使在同一个国家,因各个地区的高强混凝土发展程度不同,其定义也随之改变。正如美国的 S·Shah 教授所指出的那样:"高强混凝土的定义是个相对的概念,在休斯敦认为是高强混凝土,而在芝加哥却认为是普通混凝土。"

日本京都大学教授六车熙指出:20 世纪 50 年代,强度在 30MPa 以上的混凝土称为高强混凝土;60 年代,强度在 30~50MPa 之间的混凝土称为高强混凝土;70 年代,强度在 50~80MPa 之间的混凝土称为高强混凝土;至 90 年代,一些工业发达国家将强度在 80MPa 以上混凝土称为高强混凝土;实际上,在 60 年代,美国在工程中大量应用的混凝土强度已达 30~50MPa,并且已有强度为 50~90MPa 的高强混凝土;到 80 年代末期,美国在西雅图商业大楼的框架柱上,采用了设计强度为 100MPa 的现浇高强混凝土。

在我国,通常将强度等于或超过 C60 的混凝土称为高强混凝土。

3.5.5 自密实混凝土

自密实混凝土(Self-compacting Concrete,SCC)又称自流平混凝土、免振捣混凝土(图 3.20),是一种在浇筑时不需要振捣,仅通过自重即能充满配筋密集的模板并且保持良好匀质性的混凝土。

SCC 被认为是几十年来结构工程最具革命性的进步,其工作性较同水灰比的振动密实混凝土明显提高。自密实混凝土技术可以达到如下技术效果:

图 3.20　自密实混凝土

自密实混凝土
的发展历史

（1）易于浇筑，施工快速，减少现场人力，提高劳动生产率，降低工程费用。

（2）可以改善混凝土工程的施工环境，减少噪声对环境的污染。

（3）设计灵活，减小混凝土断面，达到更好的表面装饰效果，满足特殊施工需要，如钢筋密集、截面复杂而间隙过于狭窄等情况。

自密实混凝土所用原材料与普通混凝土基本相同，而有所区别的是必须选择合适的骨料粒径（一般不超过20mm）、砂率，并掺入大量的超细物料与适当的高效减水剂及其他外加剂，如提高稳定性的黏度调节剂、提高抗冻融能力的引气剂、控制凝结时间的缓凝剂等，有时其中还会使用钢纤维来提高混凝土的机械性能（如抗弯强度、韧度），使用聚合物纤维来减小离析和塑性收缩并提高耐久性。

自密实高性能混凝土配制成本比普通高性能混凝土要高，配比设计要考虑的因素也较为复杂，一般应用于较为复杂的构件或工程环境。SCC 技术最初从 20 世纪 80 年代起在日本获得发展，现在已经引起了整个世界的关注，无论是预制还是现浇混凝土工程中都有应用。我国近些年在自密实混凝土方面也开展了较多的研究与应用。

3.5.6　纤维混凝土

水泥混凝土虽然是当今主要的一种优良建筑材料，有较高的抗压强度，但其抗拉、抗弯、抗冲击以及韧性等性能却比较差，而且随着龄期发展，后面这些强度与抗压强度的比值越来越小，因而潜伏着安全的隐患。纤维混凝土就是人们为了改善混凝土的这些缺陷而发展起来的。

纤维混凝土是以水泥净浆、砂浆或混凝土作基材，以非连续的短纤维或连续的长纤维作增强材料所组成的水泥基复合材料的总称，通常简称"纤维混凝土"。

目前研究和应用较多的纤维主要是钢纤维、耐碱玻璃纤维、有机合成纤维等。常用纤维的物化性能见表 3.24。

表 3.24　　　　常用纤维的物化性能

纤　维	抗拉强度/MPa	弹性模量/GPa	极限伸长率/%	吸湿率/%	密度/(g/cm³)	耐碱性
聚丙烯纤维	350~700	3~10	15~25	0	0.91	好
聚丙烯腈纤维	250~450	3~8	12~20	2.0	1.17	尚好
高强高模聚乙烯纤维	1600~2500	60~80	3~4	0	0.94	好
钢纤维	≥380	200	0.5~3.5	0	7.8	好
耐碱玻璃纤维	1400~2500	70~80	2.0~3.5		2.7	
碳纤维	1750~2900	275~500	0.1~0.2	0	1.7~2.0	好

纤维在纤维混凝土中的主要作用，在于限制在外力作用下水泥基料中裂缝的扩展。在受荷（拉、弯）初期，水泥基料与纤维共同承受外力，而前者是外力的主要承受者；当基料发生开裂后，横跨裂缝的纤维成为外力的主要承受者。

若纤维的体积掺量大于某一临界值，整个复合材料可继续承受较高的荷载并产生较大的变形，直到纤维被拉断或纤维从基料中被拔出，以致复合材料破坏。与普通混凝土相比，纤维混凝土具有较高的抗拉与抗弯极限强度，尤以韧性提高的幅度为大。

目前纤维混凝土在结构工程、支护工程、管道工程、地下结构及其他特种结构工程等领域得到了比较广泛的应用。

3.5.7 轻集（骨）料混凝土

轻集（骨）料混凝土是由轻粗集（骨）料、轻砂（或普通砂）、水泥和水配制而成的干表观密度不大于 1950kg/m³ 的混凝土。其中，轻集（骨）料是指堆积密度小于 1200kg/m³ 的多孔轻质集（骨）料，用其可配制的密度等级为 200～1950kg/m³，强度等级为 LC5.0～LC60 的各种轻集（骨）料混凝土。轻集（骨）料在混凝土中的应用，使得混凝土具有独特的性质，可用来制备内养护混凝土、次轻集（骨）料混凝土等多种具有优异性能的特种混凝土。根据不同工程的实际需要，轻集（骨）料混凝土依据不同分类标准进行分类，按照用途主要可分为保温轻集（骨）料混凝土、结构保温轻集（骨）料混凝土和结构轻集（骨）料混凝土，见表 3.25。

表 3.25 轻集（骨）料混凝土按用途分类

类　别	混凝土强度等级适合范围	混凝土密度等级范围 /(kg/m³)	用　途
保温轻集（骨）料混凝土	LC5.0	≤800	主要用于保温维护结构或热工构筑物等
结构保温轻集（骨）料混凝土	LC5.0、LC7.5、LC10、LC15	800～1400	主要用于承重又保温的维护结构
结构轻集（骨）料混凝土	LC15、LC20、LC25、LC30、LC35、LC40、LC45、LC50、LC55、LC60	1400～1900	主要用于承重构件或构筑物

3.5.8 大孔混凝土

大孔混凝土是以粗骨料、水泥和水配制而成的一种混凝土。它可分为无砂大孔混凝土和少砂大孔混凝土，市政工程中称为透水混凝土（图 3.21）。所使用的粗骨料可采用天然碎石或卵石，也可以是人造轻骨料。

大孔混凝土中没有或仅有极少的细骨料，所以其中存在大量的孔洞，孔洞的大小与粗骨料的粒径大致相等。由于这些孔洞的存在，大孔混凝土显示出与

图 3.21 透水混凝土

普通混凝土不同的特点。

（1）表观密度小。

（2）导热系数小，保温性能好。

（3）水的毛细现象不显著，吸湿性小，提高了混凝土的透水性和抗冻性。

（4）水泥用量少（150～200kg/m³），约为同强度普通混凝土的1/2左右，因此成本低，收缩也小。

（5）混凝土侧压力小，可使用各种轻型模板。

根据大孔混凝土独特的性能特点，可将其用于制作小型空心砌块和各种板材以及现浇墙体，还可以制成滤水管、滤水板或作为地坪材料广泛应用于市政工程中。

3.5.9　泡沫混凝土

近些年来，建筑节能与墙体改革是我国的一项基本国策，随着我国提出的建设资源节约型社会的要求和国家节能降耗政策的相继出台，节能型建筑材料势必将成为今后新型建材的发展方向。并且，随着近几年发生的由建筑保温材料引起的火灾，相关主管部门越来越重视建筑保温材料的防火问题，也陆续出台了一些政策法规，对建筑保温材料的防火等级进行了规定。而泡沫混凝土的性能是非常符合以上要求的，这也是泡沫混凝土近些年应用逐渐增多的原因。

凡在配制好的含有胶凝物质的料浆中加入泡沫而形成多孔的坯体，并经养护形成的多孔混凝土，称为泡沫混凝土。泡沫的形成可以通过化学泡沫剂发泡、压缩空气弥散及天然沸石粉吸附空气（载气）等方法来完成。

泡沫混凝土具有施工速度快、质轻、隔声降噪、保温隔热及防火性能优越等特点，不但可以应用于建筑节能，也可以用于市政工程填充、建筑内墙以及地面找平等其他领域。并且在建筑工程中，仍然有很多泡沫混凝土可以应用的领域有待开发。

3.5.10　大体积混凝土

大体积混凝土工程在现代工程建设中，如各种型式的混凝土大坝（图3.22）、港口建筑物、建筑物地下室底板以及大型设备的基础等有着广泛的应用。但是对于大体积混凝土的概念，一直存在着多种说法。我国《混凝土结构工程施工及验收规范》认为，建筑物的基础最小边尺寸在1～3m范围内就属于大体积混凝土。

日本建筑物学会JASSS标准的定义为：结构断面最小尺寸在80cm以上，同时水化热引起的混凝土内最高温度与外界气温之差预计超过25℃的混凝土，称之为大体积混凝土。国际预应力混凝土协会（FIP）规定，凡是混凝土一次浇筑的最小尺寸大于0.6m，特别是水泥用量大于400kg/m³时，应考虑采用水泥水化热低的水泥或采取其他降温措施。

图3.22　三峡混凝土大坝

其实大体积混凝土的特点除体积较大外，更主要的是由于混凝土的水泥水化热不易散发，在外界环境或混凝土内力的约束下，极易产生温度收缩裂缝。因此仅用混凝土的几何尺寸大小来定义大体积混凝土，就容易忽视温度收缩裂缝及为防止裂缝而应采取的施工要求。至于用混凝土结构可能出现的最高温度与外界气温之差达到某规定值来定义大体积混凝土，也是不够严密的，因为各种温差只有在"约束"条件下才能产生温度应力及随之而来的温度裂缝，要避免出现裂缝的允许温差还需由约束力的大小来决定，当内外约束较小时，混凝土的允许温差就大；反之则小。

自 20 世纪 80 年代以后，大体积混凝土有了新的定义："任意体量的混凝土，其尺寸大到足以必须采取措施减小由于体积变形而引起的裂缝，统称为大体积混凝土"，这是美国混凝土协会的定义。由此可见，在近代泵送商品混凝土获得广泛应用的条件下，即便是很薄的结构，虽然水化热很低，但是其收缩很大，控制收缩裂缝的要求比过去任何时候都显得非常重要。

3.5.11 补偿收缩混凝土

补偿收缩混凝土是一种微膨胀混凝土，当膨胀剂加入普通水泥和水拌合后，水化反应形成膨胀性水化物钙矾石或 $Ca(OH)_2$，这是它的膨胀源。

当混凝土膨胀时对钢筋产生拉应力，与此同时钢筋也对混凝土产生了相应的压应力。一般来说，在钢筋混凝土结构中建立 $0.2 \sim 0.7$ MPa 预压应力，这就相当于提高了混凝土的早期抗拉强度，同时推迟了混凝土收缩的产生过程，抗拉强度在此期间得到较大的增长，当混凝土开始收缩时，其抗拉强度已增长到足以抵抗收缩产生的拉应力，从而防止和大大减轻混凝土的收缩开裂，达到抗裂防渗的目的。

由于钙矾石等膨胀结晶等具有堵塞、切断和毛细孔缝的作用，改善了混凝土的孔结构，降低总孔隙率，从而提高了它的抗渗性能。

由于补偿收缩混凝土不仅能够防止或大大减少混凝土的开裂，并且具有优越的抗渗性和较高的强度，所以，它是一种比较理想的抗裂防渗结构材料。

对于超长钢筋混凝土结构，采用补偿收缩混凝土无缝设计和施工新方法，以膨胀加强带取代后浇带或双梁双柱，不但大大缩短工期，而且整体防水和抗震好。

3.5.12 喷射混凝土

喷射混凝土是借助于喷射机械将混凝土高速喷射到受喷面上凝结硬化而成的一种混凝土（图 3.23）。与普通混凝土相比较，它具有快速、早强，施工工艺简单，不需要模板和振捣，很多情况下可以不影响其他生产的特点。喷射混凝土从诞生开始被大量运用于地下工程。由于其材料和工艺的特点，很快就突破了地下工程支护的范围，被运用于在建筑物的加固补强上，并取得了良好加固效果和经济效益。

图 3.23 喷射混凝土

喷射混凝土按混凝土在喷嘴处的状态，可分为干式喷射混凝土和湿式喷射混凝土两种。干式喷射混凝土和湿式喷射混凝土的施工工艺有所不同，优缺点也不同。

1. 干式喷射混凝土

干式喷射混凝土是将水泥、砂、石和粉状速凝剂按一定配合比例拌合而成的混合料装入喷射机中，混凝土在微湿状态下（水胶比在 0.1～0.2）输送至喷嘴处加水加压喷出。干喷施工时灰尘大，施工人员工作条件恶劣，喷射回弹量较大。

2. 湿式喷射混凝土

湿式喷射混凝土是将水胶比为 0.45～0.50 的混凝土拌合物输送至喷嘴处，在喷嘴处加入液体速凝剂，再加压喷出。湿喷施工时，工作面附近空气中的粉尘含量大幅度降低，混凝土的回弹量低，既可改善施工条件，又可降低原材料浪费。其缺点是湿喷设备操作复杂、价格昂贵。

随着经济和社会的发展，喷射混凝土的应用越来越广泛，对喷射混凝土的性能也提出了更高的要求，如喷射时应避免喷层滑落，尽量增加一次喷射混凝土的厚度，减少混凝土回弹，降低粉尘污染等。为了满足上述要求，混凝土的喷射施工正在向湿喷工艺方向发展。

3.5.13 生态混凝土

进入 21 世纪，人类社会面临前所未有的三大严重问题，即人口急剧增长、资源和能源过度消耗、环境日益恶化，严重威胁着社会经济的可持续发展和人类自身的生存。走可持续发展道路已成为全世界的共识。可持续发展的主要方面在于：在减少对环境污染的同时，通过保护和减少浪费来更有效地利用能源和材料。作为 21 世纪用量最大的土木工程材料——混凝土，与下述的资源、环境问题密切相关。

（1）混凝土的生产要消耗大量能源和资源。据统计我国每年要开采 50 亿 t 以上的矿物质材料来生产水泥和混凝土，为此将破坏自然景观，改变河床位置及形状，造成水土流失或河流改道等严重后果。另外，生产水泥和砂石的开采、破碎及运输过程也都需要耗费大量能量。

（2）生产水泥时，会排放出 CO_2 等有害物质。目前全世界每年 CO_2 的排放量大约为 100 亿 t，其中由于生产水泥而产生的 CO_2 气体约占 10%，CO_2 是产生温室效应的主要原因之一。

（3）废旧混凝土的循环利用难度大。与金属材料、高分子材料相比，混凝土解体再循环利用难度大，循环利用成本较高。

（4）传统混凝土材料的密实性使各类混凝土结构缺乏透气性和透水性，调节空气温度和湿度的能力差，产生"热岛现象"，地温升高等，使气候恶化。降雨时不透水的混凝土道路表面容易积水，雨水长期不能下渗，使地下水位下降，土壤中水分不足、缺氧，影响植物生长，造成生态系统失调。

由上可见，混凝土工业要实现健康可持续发展必须节约资源、能源、减少对环境的污染，发展生态混凝土；也就是说，不仅要提高混凝土的使用寿命，使其具有优良的环境协调性，降低对环境的负荷，还要考虑自然循环、生物保护和景观保护等生态问题。

1. 生态混凝土的概念

生态混凝土与绿色混凝土概念类似，但是"绿色"的涵义可理解为：节约资源、能源；不破坏环境，更有利于环境；可持续发展，既满足当代人的需求，又不危害子孙后代，且能满足需要。而"生态"更强调的是直接"有益"于生态环境。

生态混凝土是一类特殊的混凝土，是通过材料研选、采用特殊工艺、制造出来的具有特殊结构与表面特性的混凝土，能减少环境负荷，并能与生态环境相协调，从而为环保做出贡献。

2. 生态混凝土的分类

生态混凝土可分为环境友好型（减轻环境负荷型）生态混凝土和生物相容型（环境协调型）生态混凝土两大类。

（1）环境友好型生态混凝土。

所谓环境友好型生态混凝土，是指在混凝土的生产、使用直至解体全过程中，能够降低环境负荷的混凝土。目前，相关的技术途径主要有以下 3 种。

1）降低混凝土生产过程中的环境负担。这种技术途径主要通过固体废弃物的再生利用来实现。

2）降低混凝土在使用过程中的环境负荷。这种途径主要通过提高混凝土的耐久性来提高建筑物的寿命。

3）通过提高性能来改善混凝土的环境影响。这种技术途径是通过改善混凝土的性能来降低其环境负担。

（2）生物相容型生态混凝土。

生物相容型生态混凝土是指能与动植物等生物和谐共存、对调节生态平衡、美化环境景观、实现人类与自然协调具有积极作用的混凝土。根据用途，这类混凝土可分为植物相容型生态混凝土、海洋生物相容型生态混凝土、淡水生物相容型生态混凝土以及净化水质型生态混凝土等。

1）植物相容型生态混凝土利用多孔混凝土空隙部位的透气透水等性能，渗透植物所需营养，生长植物根系这一特点来种植小草、低灌木等植物，用于河川护堤的绿化，美化环境。

2）海洋生物、淡水生物相容型生态混凝土是将多孔混凝土设置在河、湖和海滨等水域，让陆生和水生小动物附着栖息在其凹凸不平的表面或连续空隙内，通过相互作用或共生作用，形成食物链，为海洋生物和淡水生物生长提供良好条件（图 3.24），保护生态环境。

3）净化水质型生态混凝土是利用多孔混凝土外表面对各种微生物的吸附，通过生物层的作用产生间接净化功能，将其制成浮体结构或浮岛设置在富营养化的湖河内净化水质，使草类、藻类生

图 3.24　人工鱼礁

长更加繁茂，通过定期采割，利用生物循环过程消耗污水的富营养成分，从而保护生态环境。

3.5.14　其他混凝土

1. 智能混凝土

智能化是现代社会发展的方向，交通系统要智能化，办公场所要智能化，甚至居住社区也要智能化，所有这些都要求作为各项建筑基础的混凝土也要智能化。实现混凝土智能化的基本思路，是在混凝土内加入智能成分，使之具有屏蔽电磁场、调温调湿、自动变色、损伤报警等功能。目前国内智能混凝土的研制开发主要集中在以下几个方面。

（1）电磁场屏蔽混凝土。

通过掺加导电粉末和导电纤维（如碳、石墨、铝、铜等），使混凝土具有吸收和屏蔽电磁波的功能，消除或减轻各种电器、电子设备、电子设施等的电磁泄漏对人体健康的危害。

（2）交通导航混凝土。

通过掺加某些材料，使混凝土具有反射电磁波的功能，用这种混凝土作为车道两侧的导航标记，将来电脑控制的汽车可自行确定行车路线和速度，实现高速公路的自动导航。

（3）损伤自诊断混凝土。

将某些物质掺加到混凝土中，使其具有自动感知内部应力、应变和损伤程度的功能，混凝土本身成为传感器，实现对构件或结构变形、断裂的自动监测。

（4）调湿混凝土。

通过掺加某些材料，使混凝土具有自动调湿功能。用这种混凝土修建对室内湿度有严格要求的展览馆、博物馆和美术馆等建筑物。

（5）自愈合混凝土。

将某些特殊材料掺入到混凝土中，当混凝土结构在某些外力作用下出现开裂时，这些特殊材料会自动释放出类似黏结剂的物质，起到愈合损伤的功能。

2. 水工混凝土

凡经常或周期性地受环境水作用的水工建筑物（或其一部分）所用的混凝土，称为水工混凝土，适用于围堰、大坝、墩台基础等工程。

水位变化区的外部混凝土、建筑物的溢流面和经常经受水流冲刷部分的混凝土、有抗冻要求的混凝土，应优先选用中、低热硅酸盐水泥，或普通硅酸盐水泥。当环境水对混凝土有硫酸盐侵蚀时，应选用抗硫酸盐水泥。大体积建筑物的内部混凝土、位于水下的混凝土和基础混凝土，宜选用矿渣水泥、粉煤灰水泥或火山灰水泥。配制水工混凝土时，为了改善混凝土的性能，宜掺加适量的混合材或掺合料，同时应遵循最小单位用水量、最大石子粒径和最多石子用量原则，从而减少胶凝材料用量，降低水化热，提高混凝土抵抗变形的能力。

3. 碾压混凝土

以干硬性混凝土拌合物，薄层摊铺，通过振动碾碾压密实的混凝土，称为碾压混凝土。与普通混凝土相比，它具有水泥用量少、施工速度快、工程造价低、温度控制简单、施工设备通用性强等优点。适用于道路机场、地坪及筑坝工程。如用于混凝土坝工程可通仓薄层浇筑，碾压后切割分缝，使温度控制大为简化，这种方法称为碾压混凝土筑坝技术。

碾压混凝土拌合物的和易性用 V_C 值来表示。根据振动碾的功率选择合适的 V_C 值。对于目前使用的振动碾，取 V_C 值为 $8\sim12s$ 较为适宜。碾压混凝土的水泥用量少，并掺有一定量的粉煤灰。

4. 3D 打印混凝土

3D 打印混凝土指无需任何模板支撑及振动过程，就能通过 3D 打印机逐层堆叠成型的一种特殊的混凝土。

随着城市化和工业化进程的快速推进，建筑行业工序烦琐、劳动力短缺、安全事故多发等问题严重制约了其发展。数字化、智能化的 3D 打印技术为建筑行业提供了新的思路，将混凝土作为 3D 打印的特殊"油墨"，建筑 3D 打印技术便应运而生。

混凝土的 3D 打印过程由计算机控制，构件的设计通过三维建模软件完成，通过切片软件将构件的三维模型逐层分割，以生成每层的打印路径以及控制打印头行进的代码文件。混凝土 3D 打印的过程如图 3.25 所示，打印阶段先将配制好的混凝土泵送至打印机料斗中，再通过机械挤压设备使混凝土随打印头的行进挤出，打印头可按照预先设定好的程序在三维空间内移动，通过层层堆叠的方式得到预先设计好的混凝土构件。

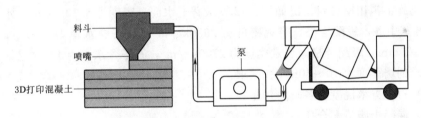

料斗
喷嘴
泵
3D打印混凝土

图 3.25 混凝土 3D 打印过程

建筑 3D 打印技术在成本、效率、环境友好性和设计自由度等方面均具有明显优势，近年来在 3D 打印材料及其基本性能方面开展了大量的研究，但 3D 打印的配筋问题，以及由于打印工艺造成的构件的各向异性等问题均有待深入研究。

建筑 3D 打印技术在世界各地有很多成功应用。Domenico 等打印了具有不同截面的异形混凝土梁。在西班牙马德里附近的 Castilla - La Mancha 城市公园 3D 打印了一座跨度 12m、宽 1.75m 的混凝土人行天桥。荷兰埃因霍温理工大学利用 3D 打印混凝土技术成功打印了世界上第一座 3D 打印预应力混凝土自行车桥，桥总长 8m，宽3.5m，设计使用年限为 30 年，该工程使用了钢丝与 3D 打印同步布置的增强技术。在我国，目前已经成功应用的 3D 打印项目包括 3D 打印智能公交站台、3D 打印装配式桥梁、3D 打印装配式房屋、现场 3D 打印 2 层建筑等。

思 考 题

3.1　什么是水泥混凝土？水泥混凝土有什么特点？

3.2　普通水泥混凝土应具备哪些技术性质？

3.3　试述新拌和混凝土工作性的含义？影响工作性的主要因素和改善措施有哪些？

3.4　试述混凝土立方体抗压强度、立方体抗压强度标准值与强度等级有什么关系？

3.5　土木工程用水泥混凝土的耐久性有哪些要求？碱-骨料反应对土木工程混凝土有何危害？应如何控制？

3.6　影响混凝土强度的因素有哪些？采用哪些措施可以提高混凝土强度？

3.7　什么是减水剂？简述减水剂的作用机理和掺入减水剂的技术经济效果？

3.8　采用普通硅酸盐水泥、卵石和天然砂配制混凝土，水灰比为 0.5，制作 10cm×10cm×10cm 试件 3 块，在标准养护条件下养护 7d 后，测得破坏荷载分别为 140kN、135kN、142kN。试估算该混凝土 28d 的标准立方体抗压强度。

3.9　混凝土配合比设计中有哪些关键参数？各参数对性能有何影响？

3.10　试采用 P·O42.5 水泥，Ⅰ级粉煤灰，S95 级矿粉，中砂，5～25.0mm 级配碎石，减水率为 22%（或 28%）的液体外加剂（选择合适减水率），配制 C30 和 C50 的混凝土，其坍落度要求为 180～200mm，黏聚性和保水性良好。

3.11　某混凝土预制构件厂，生产钢筋混凝土大梁需用设计强度为 C30 的混凝土，现场施工拟用原材料情况如下：42.5 级普通水泥，密度为 3.10g/cm³，水泥强度富余 6%；中砂，级配合格，表观密度为 2650kg/m³，砂子含水率为 3%；碎石：规格为 5～20mm，级配合格，表观密度为 2700kg/m³，石子含水率为 1%。已知混凝土施工要求的坍落度为 10～30mm。试求：

（1）每立方米混凝土各材料用量；

（2）混凝土施工配合比；

（3）每拌 2 包水泥的混凝土时各材料用量。

思考题讲解

3.12　已知某水泥混凝土施工配合比 1:2.30:4.30:0.54，工地上每拌和一盘混凝土需水泥三包，试计算每拌一盘应备各材料数量多少？

3.13　已确定水灰比为 0.5，每立方米水泥混凝土用水量为 180kg，砂率为 33%，水泥混凝土密度假定为 2400kg/m³，试求该水泥混凝土的初步配合比。

3.14　在混凝土配合比保持不变的前提下，将强度等相同的卵石更换为碎石后，混凝土的性能发生哪些变化？

3.15　现场浇筑混凝土时，严禁施工人员随意向混凝土拌合物中加水，试从理论上分析加水对混凝土质量的危害？

3.16　现有一大体积混凝土工程要选用水泥，有 4 种水泥可用于选择，分别为：硅酸盐水泥、普通硅酸盐水泥、铝酸盐水泥和粉煤灰水泥，试问哪种水泥更合适，哪种水泥绝对不行，为什么？

第4章　建　筑　砂　浆

本章导读

　　内容及要求：本章主要介绍各种砌筑砂浆、抹灰砂浆、预拌砂浆和其他砂浆的种类、技术要求及适用范围。通过本章学习，熟悉砂浆的分类，砂浆和易性要求以及砂浆强度的影响因素，砂浆配合比设计方法，各种砂浆特性及其应用范围；学会根据工程设计与施工选择合适的砂浆种类。

　　重点：熟悉砂浆的分类，砂浆和易性要求。

　　难点：砂浆配合比设计方法。

　　建筑砂浆由胶凝材料、细骨料、水、适量的掺合料和外加剂按适当比例配合、拌制并经硬化而成的材料。由于没有粗骨料的掺入，也可称其为细骨料混凝土。建筑砂浆在工业和民用建筑中被广泛应用。在结构工程和装饰工程中，起到黏结、铺垫和传递应力的作用，主要用作砌筑、抹灰、灌浆和粘贴饰面的材料；在道路与桥梁工程中，建筑砂浆主要用于砌筑圬工桥涵、隧道衬砌和沿线挡土墙等砌体；以及修饰构筑物的表面，用于天然石材、人造石材、瓷砖、锦砖等的镶贴。

　　按所用的胶凝材料可将建筑砂浆分为水泥砂浆、水泥混合砂浆、石灰砂浆、石膏砂浆和聚合物砂浆等；按砂浆的制备方法可分为现场拌制砂浆、预拌砂浆和干粉砂浆；按砂浆用途分为砌筑砂浆、抹灰砂浆、特种砂浆等。

4.1　砌　筑　砂　浆

　　砌筑砂浆指的是将砖、石、砌块等块材经砌筑成为砌体的砂浆。它起黏结、衬垫和传力作用，是砌体的重要组成部分，如图 4.1 所示。

4.1.1　砌筑砂浆的组成材料

　　行业标准《砌筑砂浆配合比设计规程》（JGJ/T 98—2010）中，明确提出了砌筑砂浆的主要组成材料，主要包括：胶凝材料、细骨料、拌和水、掺合料和外加剂。

　　1. 胶凝材料

　　砌筑砂浆使用的胶凝材料主要包括水硬性胶凝材料、气硬性胶凝材料和有机胶凝材料。常用的有各种水泥、石灰、石膏和有机胶凝材料等，

图 4.1　砌筑砂浆

其中最常用的是通用硅酸盐水泥和石灰。

（1）水泥。

砂浆可采用普通硅酸盐水泥、矿渣硅酸盐水泥、复合硅酸盐水泥、火山灰质硅酸盐水泥等常用品种的水泥作为砌筑水泥。由于砂浆强度等级要求不高，所以水泥的强度等级一般选择强度等级不大于 32.5 的水泥即可，对于高强砂浆也可以选择强度等级为 42.5 的水泥。水泥的品种应根据砂浆的使用环境和用途选择，在配制某些专门用途的砂浆时，还可以采用某些专用水泥和特性水泥，如用于装饰砂浆的白水泥、彩色水泥等。

目前，作为节能环保等要求开发的预拌砂浆和干粉砂浆中使用的胶结料已开始向节能利废方向发展，主要开发的是以矿渣和粉煤灰等为主要原料的无熟料水泥，以及少熟料水泥进行碱激发使用的干粉料。但需要满足工程所需的技术性质。

（2）石灰。

为节约水泥、改善砂浆的和易性，砂浆中常掺入石灰膏配制成混合砂浆，当对砂浆的要求不高时，有时也单独用石灰配制成石灰砂浆。砂浆中使用的石灰应符合技术要求。为保证砂浆的质量，应将石灰预先消化，并经"陈伏"，消除过火石灰的危害。在满足工程要求的前提下，也可以使用工业废料，如电石灰膏等。

预拌砂浆和干粉砂浆改善砂浆和易性的方法与传统现场拌制砂浆有所区别，主要使用消石灰粉和粉煤灰配制而成的掺合料以及掺入一定数量的有机化学物质进行改善砂浆的可施工操作性，效果好于单纯使用石灰改善砂浆的和易性。但这些产品需要专业生产企业进行系统的试验后方能用于实际工程。

2. 细骨料

砂是建筑砂浆中最为常用的细骨料，主要起骨架和填充作用，对砂浆的流动性、黏聚性和强度等技术性能影响较大。性能良好的细骨料可以提高砂浆的工作性和强度，尤其对砂浆的收缩开裂，有较好的抑制作用。

由于砂浆层一般较薄，因此，对砂子粒径和含泥量均有一定的要求。用于砌筑毛石砌体的砂浆，砂子的最大粒径应小于砂浆层厚度的 1/5～1/4；用于砖砌体的砂浆，砂子的最大粒径应不大于 2.5mm；用于光滑抹面及勾缝的砂浆，应采用细砂，且最大粒径应小于 1.2mm。砂子中的含泥量对砂浆的和易性、强度、变形性和耐久性均有影响。由于砂子中含有少量泥，可改善砂浆的黏聚性和保水性，故砂浆用砂的含泥量可比混凝土略高。对强度等级为 M2.5 以上的砌筑砂浆，含泥量应小于 5%，对强度等级为 M2.5 砂浆，含泥量应小于 10%。

砂浆用砂以河砂为主，还可根据原材料情况，采用人工砂、山砂、特细砂等，但应根据经验并经试验后，确定其技术要求。在保温砂浆、吸声砂浆和装饰砂浆中，还可采用轻砂（如膨胀珍珠岩）、白色或彩色砂等。

对于砌筑砂浆，宜选用中砂，并应符合《普通混凝土用砂石质量及检验方法标准》（JGJ 52—2006）的规定，并且全部通过 4.75mm 的筛孔。

3. 拌和水

砂浆拌和用水的技术要求与混凝土拌和用水相同，应采用洁净、无油污和硫酸盐等杂质的可饮用水，为节约用水，经化验分析或试拌验证合格的工业废水也可以用于拌制砂浆。且拌制砂浆用水应符合《混凝土用水标准》（JGJ 63—2006）。

4. 掺合料

为了改善砂浆的和易性和用水量，可在配制砂浆时加入一定量的无机细颗粒掺合料，如：石灰膏、电石膏、黏土膏、粉煤灰、钢渣粉、沸石粉等。

当采用生石灰熟化的石灰膏时，陈伏的时间不能少于 7d。磨细生石灰熟化的时间不能少于 2d。沉淀池中储存的石灰膏，应采取防干燥、冻结和污染的措施。严禁使用脱水硬化的石灰膏。

5. 外加剂

为改善砂浆的和易性及其他性能，可以在砂浆中掺入适量的外加剂，如引气剂、增塑剂、减水剂、早强剂、防冻剂等。砂浆中掺用外加剂时，不但要考虑外加剂对砂浆本身性能的影响，还要根据砂浆的用途，考虑外加剂对砂浆的使用功能有哪些影响，并通过试验确定外加剂的品种和掺量。外加剂应符合国家现行标准的规定，并在进厂时有质量证明文件。

4.1.2 砌筑砂浆的技术性质

砌筑砂浆的技术性质，主要包括新拌砂浆的和易性、砂浆的强度与强度等级、砂浆的黏结强度，以及砂浆的变形性和硬化砂浆的耐久性等指标。

1. 新拌砂浆的和易性

新拌砂浆的和易性是指砂浆易于施工并能保证其质量的综合性能。即砂浆在搅拌、运输、摊铺时易于流动并不易失水的性质，和易性包括流动性和保水性两个方面。

（1）流动性。

砂浆的流动性是指砂浆在自重或外力的作用下产生流动的性能，也称稠度。砂浆稠度的大小用沉入度（单位为 mm）表示，沉入度是指标准试锥在砂浆内自由沉入 10s 时沉入的深度。沉入度越大的砂浆流动性越好。砂浆的流动性受水泥用量、胶凝材料品种与用量、混合材及外加剂掺量、砂子粗细、砂粒形状和级配以及拌合时间的影响。

选用流动性适宜的砂浆，不但能够提高施工效率，而且还有利于保证施工质量。砂浆稠度的选择，应根据砌体种类、施工条件和气候环境等因素进行确定。根据《砌体工程施工及验收规范》（GB 50203—2011）规定，施工中可参考表 4.1 进行选择。

通常，对于密实性好不吸水的砌体材料及湿冷天气，砂浆稠度值可以选择小一些；对于吸水性大的砌体材料和高温干燥的天气，砂浆的稠度值应该选择大些。

表 4.1　　　　　　　　　　　　　　　　砌筑砂浆稠度的选择

砌 体 种 类	砂浆稠度/mm	砌 体 种 类	砂浆稠度/mm
烧结普通砖	70～90	空斗墙、筒拱	50～70
轻骨料混凝土小型空心砌块	60～90	普通混凝土小型空心砌块	
烧结多孔砖、空心砖	60～80	加气混凝土砌块	
烧结普通砖平拱式过梁	50～70	石砌体	30～50

（2）保水性。

砂浆的保水性是指新拌砂浆保持水分的能力。它反映了砂浆中各组分材料不易分离的性质，保水性好的砂浆在运输、存放和施工过程中，水分不易从砂浆中析出，砂浆能保持一定的稠度，使砂浆在施工中能均匀地摊铺在砌体中间，形成均匀密实的连接层。保水性不好的砂浆在砌筑时，水分容易被吸收，从而影响砂浆的正常硬化，最终降低砌体的质量。

影响砂浆保水性的主要因素有胶凝材料的种类及用量、掺合料的种类及用量、砂的质量及外加剂的品种和掺量等。在拌制砂浆时，有时为了提高砂浆的流动性、保水性，常加入一定的掺合料（石灰膏、粉煤灰、石膏等）和外加剂。外加剂不仅可以改善砂浆的流动性、保水性，而且有些外加剂能提高硬化后砂浆的黏结力和强度，改善砂浆的抗渗性和干缩等。

现行规范规定砂浆的保水性是保水率来衡量。保水率指的是在规定被吸水情况下砂浆的拌合水的保持率。用规定流动度范围的新拌砂浆，按规定的方法进行吸水处理，测量吸水 2min 时 15 片规定的滤纸从砂浆中吸取的水分，保水率就等于在吸水处理后砂浆中保留的水的质量除以砂浆中原始用水量的质量，以百分数表示。常用砂浆的保水率要求见表 4.2。

表 4.2   砌筑砂浆拌合物的保水率和表观密度

砂 浆 种 类	保 水 率/%	表观密度/(kg/m^3)
水泥砂浆	≥80	≥1900
水泥混合砂浆	≥84	≥1800
预拌砂浆	≥88	≥1800

砂浆的保水性还可以用分层度来表示（单位为 mm）。分层度的测定方法是在砂浆拌合物测定其稠度后，再装入分层度测定仪中，静置 30min 后取底部 1/3 的砂浆再测定其稠度，两次稠度之差即为分层度。《砌筑砂浆配合比设计规程》（JGJ/T 98—2010）中规定：水泥砂浆的分层度不宜大于 30mm，否则，砂浆易产生离析、分层，不便于施工；但分层度过小，接近于零时，水泥浆量多，砂浆易产生干缩裂缝。因此，砂浆的分层度一般控制在 10～30mm。

2. 砂浆的强度与强度等级

砂浆抗压强度是以标准立方体试件（70.7mm×70.7mm×70.7mm）成型，一组 3 块，在标准养护条件［水泥混合砂浆（20±3）℃，相对湿度 60%～80%；水泥砂浆（20±2）℃，相对湿度 90% 以上］，测定其 28d 的抗压强度值而定的。根据砂浆的平均抗压强度，将砂浆分为 M30、M25、M20、M15、M10、M7.5、M5.0 等 7 个强度等级。

影响砂浆抗压强度的因素很多，很难用简单的公式表达砂浆的抗压强度与其组成材料之间的关系。因此，在实际工程中，对于具体的组成材料，大多根据经验和通过试配，经试验确定砂浆的配合比。

（1）不吸水基层材料。

用于不吸水底面（如密实的石材、瓷砖等）砂浆的抗压强度，与混凝土相似，主要取决于水泥强度和水灰比。关系见式（4.1）。

$$f_{m,o} = A \times f_{ce} \times \left(\frac{C}{W} - B \right) \tag{4.1}$$

式中　$f_{m,o}$——砂浆 28d 抗压强度，MPa；

f_{ce}——水泥 28d 实测抗压强度，MPa；

A、B——与骨料种类有关的系数（可根据试验资料统计确定，若无统计资料，则 $A=0.29$，$B=0.40$）；

$\dfrac{C}{W}$——灰水比。

（2）吸水基体材料。

用于吸水底面（如砖或其他多孔材料）的砂浆，即使用水量不同，但因底面吸水且砂浆具有一定的保水性，经底面吸水后，所保留在砂浆中的水分几乎是相同的，因此砂浆的抗压强度主要取决于水泥强度及水泥用量，而与砌筑前砂浆中的水灰比基本无关，其关系见式（4.2）。

$$f_{m,o} = \frac{\alpha \times f_{ce} \times Q_C}{1000} + \beta \tag{4.2}$$

式中　Q_C——每立方米中水泥用量，kg；

α、β——砂浆特征系数，$\alpha=3.03$，$\beta=-15.09$。

砌筑砂浆的配合比可以根据上述两式并结合经验估算，并经试拌后检测各项性能后确定。

3. 砂浆的黏结强度

砂浆的黏结力是影响砌体结构抗剪强度、抗震性、抗裂性等的重要因素。为了提高砌体的整体性，保证砌体的强度，要求砂浆要和基体材料有足够的黏结力，随着砂浆抗压强度的提高，砂浆与基层的黏结力提高。在充分润湿、干净、粗糙的基面上的砂浆黏结力较好。

4. 砂浆的变形性

砂浆在硬化过程中、承受荷载或在温度条件变化时均容易变形，变形过大会降低砌体的整体性，引起沉降和裂缝。在拌制砂浆时，如果砂过细、胶凝材料过多及用轻骨料拌制砂浆，会引起砂浆的较大收缩变形而开裂。有时，为了减少收缩，可以在砂浆中加入适量的膨胀剂。

砂浆质量问题

5. 凝结时间

砂浆凝结时间指的是在规定条件下，自加水拌和起，直至砂浆凝结时间测定仪的贯入阻力达到 0.5MPa 时所需的时间为评定依据。水泥砂浆不宜超过 8h，水泥混合砂浆不宜超过 10h，掺入外加剂后应满足工程设计和施工的要求。

6. 砂浆的耐久性

砂浆应具有良好的耐久性，为此，砂浆应与基底材料有良好的黏结力、较小的收缩变形。受冻融影响的砌体结构，对砂浆还有抗冻性的要求。对冻融循环次数有要求的砂浆，经冻融试验后，质量损失率不得大于 5%，抗压强度损失率不得大于 25%。

4.1.3 砌筑砂浆的配合比设计

1. 配合比设计步骤

砌筑砂浆配合比设计应按下列步骤进行计算：

（1）计算砂浆试配强度（$f_{m,o}$）；

（2）计算每立方米砂浆中的水泥用量（Q_C）；

（3）计算每立方米砂浆中石灰膏用量（Q_D）；

（4）确定每立方米砂浆中的砂用量（Q_S）；

（5）按砂浆稠度选每立方米砂浆用水量（Q_W）。

2. 水泥混合砂浆的配合比计算

（1）砂浆配制强度的确定。

砌筑砂浆配制强度按式（4.3）计算。

$$f_{m,o} = kf_2 \tag{4.3}$$

式中　$f_{m,o}$——砂浆的试配强度，MPa，精确至 0.1MPa；

　　　f_2——砂浆的抗压强度平均值（即砂浆设计强度等级）（MPa），精确至 0.1MPa；

　　　k——系数，精确至 0.01，按表 4.3 选取。

砂浆现场强度的标准差应通过有关资料统计得出，如无统计资料，可按表 4.3 取用。

表 4.3　　　　　砂浆强度标准差 σ 和 k 值

施工水平	强度标准差 σ/MPa（$\leqslant$）							系数 k
	M5	M7.5	M10	M15	M20	M25	M30	
优良	1.00	1.50	2.00	3.00	4.00	5.00	6.00	1.15
一般	1.25	1.88	2.50	3.75	5.00	6.25	7.50	1.20
较差	1.50	2.25	3.00	4.50	6.00	7.50	9.00	1.25

（2）计算水泥用量。

砂浆中的水泥用量按式（4.4）计算确定，式中符号意义同式（4.2）。

$$Q_C = \frac{1000(f_{m,o} - \beta)}{\alpha \times f_{ce}} \tag{4.4}$$

在无水泥的实测强度时，可按式（4.5）计算 f_{ce}。

$$f_{ce} = \gamma f_{ce,k} \tag{4.5}$$

式中　f_{ce}——水泥实测强度，MPa，精确至 0.1MPa；

　　　$f_{ce,k}$——水泥强度等级对应的强度值，MPa，精确至 0.1MPa；

　　　γ——水泥强度等级值的富裕系数，无统计资料时可取 1.0。

（3）掺合料的确定

为了保证砂浆有良好的和易性、黏结力和较小的变形，在配制砌筑砂浆时，一般要求水泥和掺合料总量为 350kg。

$$Q_D = Q_A - Q_C \tag{4.6}$$

式中　Q_D——每立方米砂浆的掺合料用量，kg，精确至 1kg；石灰膏、黏土膏使用时的稠度宜为（120±5）mm；

Q_A——每立方米砂浆中水泥和掺合料总量，kg，精确至1kg；

Q_C——每立方米水泥用量，kg，精确至1kg。

当石灰膏的稠度不是120mm时，其用量应乘以换算系数，换算系数见表4.4。

表 4.4 石灰膏稠度的换算系数

石灰膏的稠度/mm	120	110	100	90	80
换算系数	1.00	0.99	0.97	0.95	0.93
石灰膏的稠度/mm	70	60	50	40	30
换算系数	0.92	0.90	0.88	0.86	0.85

（4）确定砂用量和水用量。

砂浆中砂的用量取干燥状态（含水率小于0.5%）下砂的堆积密度值（单位为kg）。

用水量根据砂浆稠度的要求，在210～310kg选用。混合砂浆中的水用量不包括石灰膏或黏土膏中的水；当采用细砂或粗砂时，用水量分别取上限或下限；稠度小于70mm时用水量可小于下限；炎热或干燥季节可酌量增加用水量。

（5）配合比试配、调整与确定。

计算得到的砂浆配合比在实验室应达到和易性的要求，若没有达到要求，可以通过改变用水量或掺合料的用量达到要求。而调整强度则在和易性已达到要求的基准配合比基础上，使水泥用量增加或减少10%，同时相应调整掺合料和水的用量，在保证和易性前提下，按现行的行业标准《建筑砂浆基本性能试验方法》（JGJ 70）成型试块，测定砂浆强度。确定既满足和易性又满足试配强度要求且水泥用量最低的配合比。

3. 水泥砂浆的配合比选用

水泥砂浆材料用量可按表4.5选用。

表 4.5 每立方米水泥砂浆材料用量

强度等级	每立方米砂浆水泥用量/kg	每立方米砂浆砂子用量/kg	每立方米砂浆材料用水量/kg
M5	200～230		
M7.5	230～260		
M10	260～290		
M15	290～330	1m³ 砂子的堆积密度值	270～330
M20	340～400		
M25	360～410		
M30	430～480		

注 1. M15 及 M15 以下强度等级水泥砂浆，水泥强度等级为 32.5 级；M15 以上强度等级水泥砂浆，水泥强度等级为 42.5 级。

2. 当采用细砂或粗砂时，用水量分别取上限或下限。

3. 稠度小于 70mm 时，用水量可小于下限。

4. 施工现场气候炎热或干燥季节，可酌量增加用水量。

5. 试配强度应按式 $f_{m,o}=kf_2$ 计算。

选定水泥砂浆配合比后，也需进行试验室试配、调整后来确定。

4. 砂浆配合比表示方法

砂浆配合比表示有质量配合比和体积配合比两种。

质量配合比表示为

$$水泥：石灰膏：砂 = 1：\frac{Q_D}{Q_C}：\frac{Q_S}{Q_C}$$

体积配合比表示为

$$水泥：石灰膏：砂 = 1：\frac{V_D}{V_C}：\frac{V_S}{V_C}$$

4.1.4 砌筑砂浆的配合比设计实例

【例 4.1】 某砖墙用砌筑砂浆要求使用水泥石灰混合砂浆。砂浆强度等级为 M10，稠度 70～80mm。原材料性能如下：水泥为 32.5 级粉煤灰硅酸盐水泥，砂子为中砂，干砂的堆积密度为 1480kg/m³，砂的实际含水率为 2%；石灰膏稠度为 100mm；施工水平一般。

（1）计算配制强度。

由表 4.3 可知，当施工水平一般时，系数 $k = 1.20$。则

$$f_{m,o} = kf_2 = 1.20 \times 10 = 12.0(\text{MPa})$$

（2）计算水泥用量。

因无统计资料，水泥强度等级值的富裕系数 γ 取 1.0。则

$$f_{ce} = \gamma f_{ce,k} = 1.0 \times 32.5 = 32.5\text{MPa}$$

$$Q_C = \frac{1000(f_{m,o} - \beta)}{\alpha \times f_{ce}} = \frac{1000 \times (12.0 + 15.09)}{3.03 \times 1.0 \times 32.5} = 275(\text{kg})$$

（3）计算石灰膏用量。

水泥和掺合料总量取为 350kg，则

$$Q_D = Q_A - Q_C = 350 - 275 = 75(\text{kg})$$

石灰膏稠度 100mm 换算成 120mm，查表 4.4 可知石灰膏稠度的换算系数为 0.97，则石灰膏用量：$75 \times 0.97 = 73(\text{kg})$。

（4）根据砂的堆积密度和含水率，计算用砂量。

$$Q_S = 1480 \times (1 + 0.02) = 1510(\text{kg})$$

砂浆试配时的配合比（质量比）为

$$水泥：石灰膏：砂 = 275：73：1510 = 1：0.27：5.49$$

4.2 抹 灰 砂 浆

抹灰砂浆也称为抹面砂浆。凡粉刷于土木工程建筑物或构件表面的砂浆，统称为抹灰砂浆，如图 4.2 所示。抹灰砂浆具有保护基层、增加建筑物耐久性和美观度的功能。抹灰砂浆的强度要求不高，但要求保水性好，与基底的黏结力好，容易抹成均匀平整的薄层，长期使用不会开裂或脱落。

抹灰砂浆按其功能不同可分为普通抹灰砂浆、防水砂浆和装饰砂浆等。

4.2.1 普通抹灰砂浆

一般抹灰工程用砂浆是大面积涂抹于建筑物墙、顶棚、柱等表面的砂浆，包括水泥抹灰砂浆、水泥粉煤灰抹灰砂浆、水泥石灰抹灰砂浆、掺塑化剂水泥抹灰砂浆、聚合物水泥抹灰砂浆及石膏抹灰砂浆等。

普通抹灰砂浆主要功能是保护结构主体，改善结构的外观，使其平整、光洁、美观。为了便

图 4.2 抹灰砂浆

于涂抹，抹灰砂浆要求比砌筑砂浆具有更好的和易性，故一般胶凝材料（包括掺合料）的用量比砌筑砂浆的要多一些，其常用配合比为水泥：砂＝1：（2～3）。

普通抹灰砂浆与空气、底面的接触比砌筑砂浆的要多，水分容易失去，因此对其保水性的要求较高，否则影响其与底面的黏结力。抹灰砂浆易于碳化，水分也易于蒸发，这对于气硬性胶凝材料更有利。但湿度较大的地方，则更适合选择水泥石灰混合砂浆。石灰砂浆硬化较慢，加入建筑石膏可以加速它的硬化，加入量越大，硬化越快。

抹灰砂浆通常分两层或三层进行施工，各层抹灰作用要求不同，所以每层砂浆的稠度和品种也不相同。底层是为了增加抹灰层与基层的黏结力，砂浆的保水性要好，以防水分被基层吸收，影响砂浆的硬化强度。中层主要起找平作用，又称找平层，找平层的稠度要合适，应能很容易地抹平，有时可省去不做；面层起装饰作用，加强表面的光滑程度及质感。

水泥砂浆宜用于潮湿或强度要求较高的部位；混合砂浆多用于室内底层或中层或面层抹灰；石灰砂浆、麻刀灰、纸筋灰多用于室内中层或面层抹灰；对混凝土基面多用水泥石灰混合砂浆；对于木板条基底及面层，多用纤维材料增加其抗拉强度，以防止开裂。水泥砂浆不得涂抹在石灰砂浆面层上。

砖体吸收砂浆水分导致空鼓剥离问题

通常砖墙的底层抹灰，多用混合砂浆；有防水防潮要求时应采用水泥砂浆；对于板条隔断或板条顶棚多采用石灰砂浆或混合砂浆等；而混凝土墙、梁、柱、顶板等的底层抹灰多采用混合砂浆。在加气混凝土砌块墙体表面上作抹灰时，应采用特殊的施工方法，如在墙面上刮胶、喷水润湿或在砂浆层中夹一层钢丝网片以防开裂脱落。

普通抹灰砂浆的流动性和砂子的最大粒径可以参考表 4.6。常用的抹灰砂浆的配合比和应用范围可参考表 4.7。

表 4.6　　　　　　　　普通抹灰砂浆的流动性和砂子的最大粒径

抹 面 层	沉入度（人工抹面）/mm	砂的最大粒径/mm
底层	100～120	2.5
中层	70～90	2.5
面层	70～80	1.2

表 4.7　　　　　　　　　常用抹灰砂浆的配合比和应用范围

材　料	体积配合比	应　用　范　围
石灰：砂	1：3	用于干燥环境中的砖石墙面打底或找平
石灰：黏土：砂	1：1：6	干燥环境墙面
石灰：石膏：砂	1：0.6：3	不潮湿的墙及天花板
石灰：石膏：砂	1：2：3	不潮湿的线脚及装饰
石灰：水泥：砂	1：0.5：4.5	勒角、女儿墙及较潮湿的部位
水泥：砂	1：2.5	用于潮湿的房间墙裙、地面基层
水泥：砂	1：1.5	地面、墙面、天棚
水泥：砂	1：1	混凝土地面压光

4.2.2　防水砂浆

防水砂浆是指具有显著的防水、防潮性能的砂浆。砂浆防水层属于刚性防水层，仅适用于不受振动和具有一定刚度的混凝土和砖石砌体工程。

防水砂浆主要有普通水泥防水砂浆、掺防水剂的防水砂浆、膨胀水泥与无收缩水泥防水砂浆、聚合物防水砂浆等几种。

普通水泥防水砂浆是由水泥、细骨料、掺合料和水拌制成的砂浆；掺加防水剂的防水砂浆是在普通水泥砂浆中掺入一定量的防水剂而制得的防水砂浆，是目前应用广泛的一种防水砂浆。常用的防水剂有硅酸钠类、金属皂类、氯化物金属盐及有机硅类等；膨胀水泥和无收缩水泥防水砂浆是采用膨胀水泥和无收缩水泥制作的砂浆，利用这两种水泥制作的砂浆有微膨胀或补偿收缩性能，从而提高砂浆的密实性和抗渗性。聚合物水泥防水砂浆系以水泥、细骨料为主要组分，以聚合物乳液或可再分散乳胶粉为改性剂，添加适量助剂混合制成的防水砂浆。

防水砂浆的配合比一般采用水泥：砂＝1：（2.5～3），水灰比为 0.5～0.55。水泥应采用 42.5 强度等级的普通硅酸盐水泥，砂子应采用级配良好的中砂。

常用的防水剂有氯化物金属盐类防水剂、水玻璃类防水剂和金属皂类防水剂。

防水砂浆的防渗防水效果主要取决于施工质量。常用的施工方法有：①人工多层抹压法：将砂浆分 4～5 层抹压，每层厚度约为 5mm 左右，一、三层可用防水水泥净浆，二、四、五层用防水水泥砂浆，每层在初凝前都要用木抹子压实一遍，最后一层要压光，抹完后应加强养护；②喷射法：利用高压喷枪将砂浆以每秒约 100m 的高速喷至建筑物表面，砂浆被高压空气强烈压实。各种方法都是以防水抗渗为目的，减少内部连通毛细孔，提高密实度。

4.2.3　装饰砂浆

装饰砂浆是指粉刷在建筑物内外墙表面，具有美化装饰、改善功能、保护建筑物的抹灰砂浆。装饰砂浆的胶凝材料主要采用石膏、石灰、白水泥、彩色水泥，或在水泥中掺加白色大理石粉，使砂浆表面色彩光鲜。装饰砂浆采用的骨料除普通河砂外，还可以使用色彩鲜艳的花岗岩、大理石等色石及细石渣，有时也采用玻璃或陶瓷碎粒。有时也可以加入少量云母碎片、玻璃碎料、长石、贝壳等使表面获得发光效果。

掺颜料的砂浆在室外抹灰工程中使用，总会受到风吹、日晒、雨淋及大气中有害气体的腐蚀。因此，装饰砂浆中的颜料，应采用耐碱和耐光晒的矿物颜料。

常用装饰砂浆的工艺做法如下。

（1）拉毛。

拉毛是用铁抹子或木抹子将罩面灰轻压后顺势拉起，形成一种凸凹质感较强的饰面层（图4.3）。拉毛是一种传统饰面做法，所采用的灰浆是水泥石灰砂浆或水泥纸筋灰浆。

（2）水磨石。

水磨石是用普通硅酸水泥、白水泥或彩色水泥加耐碱颜料拌和各种色彩的大理石石渣（约5mm）做面层，硬化后经机械反复磨平抛光表面而成。水磨石有现浇和预制两种。多用于地面、柱面、台阶、墙裙、楼梯和水池等工程部位。水磨石地面如图4.4所示。

图4.3 砂浆拉毛

图4.4 水磨石地面

（3）斩假石。

斩假石又称为剁假石、斧剁石，原料与水磨石相同，但石渣粒径稍小，约为2～6mm。砂浆抹面硬化后，用斧刃将表面剁毛并露出石渣（图4.5）。斩假石的装饰效果与粗面花岗岩相似，主要用于室外栏杆、柱面、踏步等工程部位。

（4）假面砖。

将硬化的普通砂浆表面用刀斧锤凿刻划出线条；或者在初凝后的普通砂浆表面用木条、钢片压划出线条；也可用涂料画出线条，将墙面装饰成仿砖砌体、仿瓷砖贴面、仿石材贴面等艺术效果（图4.6）。

图4.5 斩假石

图4.6 假面砖

（5）水刷石。

水刷石是用颗粒细小（约 5mm）的石渣拌成的砂浆做面层，在水泥终凝前，喷水冲刷表面，冲洗掉石渣表面的水泥浆，使石渣表面外露（图 4.7）。水刷石用于建筑物的外墙面，具有一定的质感，且经久耐用，不需要维护。

（6）干黏石。

干黏石是在水泥砂浆面层的表面，黏结粒径 5mm 以下的白色或彩色石渣、小石子、彩色玻璃、陶瓷碎粒等（图 4.8）。要求石渣黏结均匀、牢固。干黏石的装饰效果与水刷石相近，且石子表面更洁净、艳丽；避免了喷水冲洗的湿作业，施工效率高，而且节约材料和水。干黏石在预制外墙板的生产中，有较多的应用。

图 4.7　水刷石墙面

图 4.8　干黏石墙面

装饰砂浆还可以采用喷涂、弹涂、辊压等工艺方法，做成丰富多彩、形式多样的装饰面层。装饰砂浆操作方便，施工效率高。与其他墙面、地面装饰相比，成本低，耐久性好。

4.3　预　拌　砂　浆

预拌砂浆是工厂生产砂浆的新形式，它改变了传统分散的现场拌制方式，具有质量稳定、施工便捷、节约材料、保护环境、降低劳动强度、提高工效等诸多优点，故近年来在国内外得到了大力推广应用。

1. 预拌砂浆的分类及其组成材料

预拌砂浆系指由专业厂家生产的、用于一般工业与民用建筑工程的砂浆，它分为干拌砂浆和湿拌砂浆两类，各类又有砌筑砂浆、抹灰砂浆和地面砂浆 3 种。

干拌砂浆即砂浆干混料，故又称干混砂浆，它是指由专业生产厂家生产，由经干燥筛分处理的细骨料、无机胶凝材料、矿物掺合料、外加剂等组分，按一定比例混合而成的一种颗粒状或粉状混合物，在施工现场只需按使用说明加水搅拌即成砂浆拌合物。干混砂浆是目前工程使用量最多的商品砂浆。

湿拌砂浆系指由水泥、砂、保水增稠材料、水、粉煤灰或其他矿物掺合料及外加剂等组分，按一定比例，经计量、混拌后，用搅拌运输车送至施工现场，并需在指定时间内使用完毕的砂浆拌合物。

2. 预拌砂浆的特点

预拌砂浆具有以下特点：

(1) 产品质量有保证。预拌砂浆采用大规模工业化生产，从原料选配、计量到生产全过程都有严格控制和管理，因此保证了砂浆的各项性能指标要求，产品质量稳定，有利于保证施工工程的质量。

(2) 品种多样，配制方便。不仅能生产砌筑与抹面等工程所需面广量大的常用砂浆，还可按不同工程需要配制生产特种用途的预拌砂浆，如预拌防水砂浆、预拌耐磨砂浆、预拌自流平砂浆、预拌保温砂浆、预拌装饰砂浆等。

(3) 改善现场施工条件，实现文明施工。干混砂浆多为袋装出厂，便于运输、储存管理及使用，由此，既减少了原料的损耗，又改变了施工现场的面貌，保证了文明施工。

3. 预拌砂浆的技术要求

预拌砂浆现行标准主要有《预拌砂浆应用技术规程》(JGJ/T 223—2010) 和《预拌砂浆》(GB/T 25181—2019)。按照 GB/T 25181—2019 的规定，预拌砂浆的分类及性能指标见表 4.8～表 4.11。

表 4.8　　　　　　　　　湿 拌 砂 浆 分 类

项　　目	湿拌砌筑砂浆	湿拌抹灰砂浆		湿拌地面砂浆	湿拌防水砂浆
		普通抹灰砂浆 (G)	机喷抹灰砂浆 (S)		
强度等级	M5、M7.5、M10、M15、M20、M25、M30	M5、M7.5、M10、M15、M20		M15、M20、M25	M15、M20
抗渗等级	—	—		—	P6、P8、P10
稠度/mm	50、70、90	70、90、100	90、100	50	50、70、90
保塑时间/h	6、8、12、24	6、8、12、24		4、6、8	6、8、12、24

表 4.9　　　　　　　　　湿拌砂浆的性能指标

项　　目		湿拌砌筑砂浆	湿拌抹灰砂浆		湿拌地面砂浆	湿拌防水砂浆
			普通抹灰砂浆	机喷抹灰砂浆		
保水率/%		≥88.0	≥88.0	≥92.0	≥88.0	≥88.0
压力泌水率/%		—	—	<40	—	—
14d 拉伸黏结强度/MPa		—	M5：≥0.15 >M5：≥0.20	≥0.20	—	≥0.20
28d 收缩率/%		—	≤0.20		—	≤0.15
抗冻性*	强度损失率/%	≤25				
	质量损失率/%	≤5				

* 有抗冻性要求时，应进行抗冻性试验。

干混砂浆在现场储存地点的气温，最高不宜超过 37℃，最低不宜低于 0℃。拌和用水量应按产品说明书要求掺加。超过规定使用时间的砂浆拌合物，严禁二次加水搅拌使用。

表 4.10　　部分干混砂浆分类

项　目	干混砌筑砂浆		干混抹灰砂浆			干混地面砂浆	干混普通防水砂浆
	普通砌筑砂浆（G）	薄层砌筑砂浆（T）	普通抹灰砂浆（G）	薄层抹灰砂浆（T）	机喷抹灰砂浆（S）		
强度等级	M5、M7.5、M10、M15、M20、M25、M30	M5、M10	M5、M7.5、M10、M15、M20	M5、M7.5、M10	M5、M7.5、M10、M15、M20	M15、M20、M25	M15、M20
抗渗等级	—	—	—	—	—	—	P6、P8、P10

表 4.11　　干混砂浆的性能指标

项　目		干混砌筑砂浆		干混抹灰砂浆			干混地面砂浆	干混普通防水砂浆
		普通砌筑砂浆	薄层砌筑砂浆	普通抹灰砂浆	薄层抹灰砂浆	机喷抹灰砂浆		
保水率/%		≥88.0	≥99.0	≥88.0	≥99.0	≥92.0	≥88.0	≥88.0
凝结时间/h		3～12	—	3～12	—	—	3～9	3～12
2h 稠度损失率/%		≤30	—	≤30	—	≤30	≤30	≤30
压力泌水率/%		—	—	—	—	<40	—	—
14d 拉伸黏结强度/MPa		—	—	M5：≥0.15 >M5：≥0.20	≥0.30	≥0.20	—	≥0.20
28d 收缩率/%		—	—	≤0.20			—	≤0.15
抗冻性 *	强度损失率/%	≤25						
	质量损失率/%	≤5						

＊　有抗冻性要求时，应进行抗冻性试验。

4.4　其他种类砂浆

4.4.1　聚合物砂浆

聚合物砂浆是在水泥砂浆中加入有机聚合物黏结剂配制而成的砂浆。是具有黏结力强、干缩率小、脆性低、耐腐蚀性好的一种新型建筑材料，主要用于修补和防护工程。其中，聚合物黏结剂作为有机黏结材料与砂浆中的水泥或石膏等无机黏结材料完美地组合在一起，大大提高了砂浆与基层的黏结强度、砂浆的可变形性。聚合物的种类和掺量则在很大程度上决定了聚合物砂浆的性能。常用的聚合物黏结剂有氯丁胶乳液、丁苯橡胶乳液、丙烯酸树脂乳液等。

聚合物砂浆已经广泛应用于混凝土结构加固。选用聚合物砂浆作为混凝土结构的修补材料主要有以下理由：

（1）聚合物水泥砂浆具有良好的黏结性和耐水性。

（2）聚合物水泥砂浆不需要潮湿养护。

（3）聚合物水泥砂浆的收缩性能与普通混凝土相同或略低一些。

（4）聚合物水泥砂浆的抗折强度、抗拉强度、耐磨性、抗冲击能力比普通混凝土高，而弹性模量更低。

（5）聚合物水泥砂浆的抗冻性比较好。

聚合物水泥砂浆在防腐领域的应用也很广。应用场合主要有防腐蚀地面、钢筋混凝土结构的防腐涂层、温泉浴池和污水管等。

4.4.2 自流平砂浆

自流平砂浆是指在重力作用下能流平的砂浆。自流平砂浆的关键技术是掺加合适的外加剂，严格控制砂子的级配和颗粒形态，选择级配合适的水泥和其他胶凝材料。良好的自流平砂浆可使地坪平整光洁、强度高、耐磨性好、不易开裂、施工方便。地坪和地面常采用自流平砂浆。

4.4.3 保温砂浆

保温砂浆又称绝热砂浆，是采用水泥、石灰、石膏等胶凝材料与膨胀珍珠岩、膨胀蛭石、陶粒、陶砂或聚苯乙烯泡沫颗粒等轻质骨料，按一定比例配制的砂浆。保温砂浆质轻，且具有良好的绝热保温性能。其导热系数为 $0.07\sim0.10W/(m \cdot K)$，一般用于屋面隔热层、隔热墙壁、冷库以及工业窑炉、供热管道隔热层等处。如在保温砂浆中掺入憎水剂，则这种砂浆的保温隔热效果会更好。

常用的保温砂浆有水泥膨胀珍珠岩砂浆、水泥膨胀蛭石砂浆、水泥石灰膨胀蛭石砂浆等。水泥膨胀珍珠岩砂浆用强度等级 42.5 的普通水泥配制，其体积比为水泥：膨胀珍珠岩砂＝1：（12～15），导热系数为 $0.067\sim0.074W/(m \cdot K)$，可用于砖及混凝土内墙表面抹灰或喷涂。

4.4.4 膨胀砂浆

在水泥砂浆中加入膨胀剂或使用膨胀水泥，可配制膨胀砂浆。膨胀砂浆具有一定的膨胀特性，可补偿水泥砂浆的收缩，防止干缩开裂，用于嵌缝和堵漏等工程。膨胀砂浆还可以在修补工程和装配式大板工程中应用，依靠其膨胀作用填充缝隙，从而达到黏结密封的目的。

4.4.5 吸声砂浆

吸声砂浆是指具有吸音功能的砂浆。一般由轻质多孔细骨料制成的保温砂浆都具有吸声性能。另外，也可用水泥、石膏、砂、锯末等材料配制成吸声砂浆。如果在吸声砂浆内掺入玻璃纤维、矿物棉等松软的材料则能获得更好的吸声效果。吸声砂浆主要用于室内墙面和顶面的吸声。

4.4.6 耐腐蚀砂浆

耐腐蚀砂浆主要有水玻璃类耐酸砂浆、耐碱砂浆和耐硫磺酸砂浆等。

1. 水玻璃类耐酸砂浆

一般采用水玻璃作为胶凝材料拌制而成，常常掺入氟硅酸钠作为促凝剂，有时也可掺入花岗岩、铸石和石英岩等粉状细骨料。耐酸砂浆主要用于耐酸地面和耐酸容器的内壁防护层。

2. 耐碱砂浆

一般以普通硅酸盐水泥、砂和粉料加水拌和，再加复合酚醛树脂充分搅拌制成，有时掺加石棉绒。砂及粉料应选用耐碱性能好的石灰石、白云石等集料，常温下能抵抗 330g/L 以下的氢氧化钠浓度的碱类侵蚀。

3. 硫磺耐酸砂浆

以硫磺为胶结料，聚硫橡胶为增塑剂，掺加耐酸粉料和集料，经加热熬制而成。具有密实、强度高、硬化快、能耐大多数无机酸、中性盐和酸性盐的腐蚀，但不耐浓度在 5% 以上的硝酸、强碱和有机溶液，耐磨和耐火性均差，脆性和收缩性较大。一般多用于黏结块材，灌筑管道接口及地面、设备基础、储罐等处。

4.4.7 防辐射砂浆

防辐射砂浆是在水泥砂浆中加入重晶石粉和重晶石砂，配制具有降低和防止 X 射线和 γ 射线辐射的砂浆。其配合比约为水泥：重晶石粉：重晶石砂＝1：0.25：(4～5)。配制砂浆时加入硼砂、硼酸可制成具有防中子辐射能力的砂浆。此类砂浆用于射线防护工程。

思 考 题

4.1 砂浆与混凝土相比在组成和用途上有何异同点？

4.2 按用途不同，建筑砂浆可分为哪几类？

4.3 什么是砌筑砂浆？砌筑砂浆的技术性质包含哪些？

4.4 砂浆的强度和哪些因素有关？砌筑砂浆的强度公式？

4.5 何为抹灰砂浆？抹灰砂浆有哪些种类？分别有什么用途？

4.6 抹灰砂浆一般分几层涂抹？各层起什么作用？

4.7 商品砂浆的种类有哪些？应用时需要注意哪些事项？

4.8 要求配制 M10 的水泥砂浆，水泥为 42.5 级普通硅酸盐水泥，其堆积密度为 1350kg/m³，现场使用含水率为 3%，堆积密度为 1450kg/m³ 的中砂，问初步计算配合比与施工配合比是否一致？请说明理由？（施工水平一般，$\sigma=2.5$MPa，用水量为 300kg/m³）

4.9 现场预拌砂浆拌合物存放 2h 后，发现稠度明显下降，有人提出加适量水拌和以后再用，你认为这是否可行？为什么？

思考题讲解

第 5 章　墙　体　材　料

本章导读

　　内容及要求: 本章主要介绍各种砌墙砖、砌块、墙板和砌筑石材的种类、规格、技术要求及其适用范围。通过本章学习,掌握常用的几种砌墙砖(烧结砖和蒸养蒸压砖)的性能及应用特点,并理解为何要限制烧结黏土砖,常用砌块、墙板、砌筑石材的性能及应用特点;了解建筑墙板,岩石分类;学会根据工程需要选择合适的墙体材料。

　　重点: 砌墙砖、砌块和石材的种类和应用。

　　难点: 各墙体材料的适用范围。

　　墙体材料在建筑材料中所占的比重较大,约占房屋建筑总量的50%。21世纪之前,我国传统的墙体材料以黏土砖和石材为主,这消耗了大量的土地资源和矿山资源,严重影响了农业生产和生态环境,不利于资源节约和保护。同时黏土砖和石材存在自重大、体积小、生产效率低、单位能耗高的缺陷。因此,国家对于黏土砖等类型的传统墙体材料进行了限制,鼓励研究和开发那些具有轻质化、节能化、复合化、装饰化的新型墙体材料。

　　目前用于墙体的材料主要有砌墙砖、砌块、建筑墙板、砌筑石材。

中国古代的
砖瓦发展

5.1　砌　墙　砖

　　砌墙砖是指以黏土、工业废料及其他地方资源为主要原料,按不同工艺制成的,在建筑上用来砌筑墙体的块状材料。砌墙砖一般指长度不超过365mm、宽度不超过240mm、高度不超过115mm的砌筑用小型块材。外形多为直角六面体,也有各种不规则的异型砖。砌墙砖按制作工艺分为烧结砖和非烧结砖(也称免烧砖);按外观和孔洞率的大小分为实心砖和空心砖;按所用原料不同可分为黏土砖、煤矸石砖、页岩砖、粉煤灰砖和炉渣砖等。

5.1.1　烧结砖

　　烧结砖是以砂质黏土、页岩、煤矸石、粉煤灰等为主要原料,经焙烧等工艺制成的矩形直角六面体块材。分有普通砖(实心砖)、多孔砖和空心砖3种。

　　1. 烧结砖的生产工艺

　　烧结砖生产的工艺流程为:原料开采和处理→成型→干燥→焙烧→成品。

　　黏土砖的主要原料为粉质或砂质黏土,其主要化学成分为 SiO_2、Al_2O_3、Fe_2O_3

和结晶水。由于地质生成条件的不同，可能还含有少量的碱金属和碱土金属氧化物等。除黏土外，还可利用页岩、煤矸石、粉煤灰等为原料来制造烧结砖，这是因为它们的化学成分与黏土相似。但由于它们的可塑性不及黏土，所以制砖时常常需要加入一定量的黏土，以满足制坯时对可塑性的需要。

砖坯成型后，含水量较高，如若直接焙烧，会因坯体内产生的较大蒸汽压使砖坯爆裂，甚至造成砖垛倒塌等严重后果。因此，砖坯成型后需要进行干燥处理，干燥后的砖坯含水要降至 6% 以下。干燥有自然干燥和人工干燥两种。前者是将砖坯在阴凉处阴干后再经太阳晒干，这种方法受季节限制；后者是利用焙烧窑中的余热对砖坯进行干燥，不受季节限制。干燥中常出现的问题是干燥裂纹，在生产中应严格控制。

焙烧是烧结砖最重要的环节。焙烧时，坯体内发生了一系列的物理化学变化。当温度达 110℃ 时，坯体内的水全部被排出，温度升至 500～700℃，有机物燃尽，黏土矿物和其他化合物中的结晶水脱出。温度继续升高，黏土矿物发生分解，并在焙烧温度下重新化合生成合成矿物和易熔硅酸类新生物。原料不同，焙烧温度（最高烧结温度）有所不同，通常黏土砖为 950℃ 左右；页岩砖、粉煤灰砖为 1050℃ 左右；煤矸石砖为 1100℃ 左右。当温度升高达到某些矿物的最低共熔点时，便出现液相，该液相包裹一些不熔固体颗粒，并填充于颗粒的间隙中，在制品冷却时，这些液相凝固成玻璃相。从微观上观察烧结砖的内部结构是结晶的固体颗粒被玻璃相牢固地黏结在一起的，所以烧结砖的性质与生坯完全不同，既有耐水性，又有较高的强度和化学稳定性。

焙烧温度若控制不当，就会出现过火砖和欠火砖。过火砖的特点为色深、敲击声脆、变形大等。欠火砖的特点为色浅、敲击声哑、强度低、吸水率大、耐久性差等。因此，焙烧时要严格控制焙烧温度。为减少能耗，在坯体制作过程中，加入部分含可燃物的废料，如粉煤灰、煤矸石、煤粉等，在焙烧过程中这些可燃物可以在砖中燃烧，经此种方法烧结制成的砖叫"内燃砖"。内燃砖不仅可以节约黏土资源，而且环保利废，且燃烧均匀，表观密度小，导热系数低，强度可提高约 20% 左右。因此，内燃砖是烧结砖的发展方向之一。

焙烧砖坯的窑主要有轮窑、隧道窑和土窑，用轮窑或隧道窑烧砖的特点是生产量大、可以利用余热、可节省能源，烧出砖的色彩为红色，也叫红砖。土窑的特点是窑中的焙烧"气氛"可以调节，到达焙烧温度后，可以采取措施使窑内形成还原气氛，使砖中呈红色的高价 Fe_2O_3 还原成呈青色的 FeO，从而得到青砖。青砖一般较红砖致密、耐碱、耐久性好，但由于价格高，青砖多用于仿古建筑的修复。

2. 烧结普通砖

以黏土、页岩、煤矸石或粉煤灰为原料，制得的没有孔洞或孔洞率小于 25% 的烧结砖，称为烧结普通砖。

烧结普通砖外形为直角六面体，公称尺寸为：240mm×115mm×53mm。配砖规格为：175mm×115mm×53mm。

烧结普通砖按所采用的主要原料又分为烧结黏土砖（N）、烧结页岩砖（Y）、烧结粉煤灰砖（F）和烧结煤矸石砖（M）。其中烧结页岩砖（Y）、烧结粉煤灰砖（F）

和烧结煤矸石砖（M）属于烧结非黏土砖。

（1）烧结普通砖的技术性质。

1）尺寸偏差。为了保证砌筑质量，要求砖的尺寸偏差必须符合《烧结普通砖》（GB/T 5101—2017）的规定。

2）外观质量。砖的外观质量包括：两条面高度差、弯曲、杂质突出高度、缺棱掉角、裂纹长度、完整面和颜色等内容，要求符合《烧结普通砖》（GB/T 5101—2017）的规定。

3）强度等级。烧结普通砖根据抗压强度分为 5 个等级：MU30、MU25、MU20、MU15 和 MU10，抽取 10 块砖试样进行抗压强度试验。强度应符合表 5.1 规定。

表 5.1   烧结普通砖、烧结多孔砖强度等级

强 度 等 级	抗压强度平均值 $\overline{f}$/MPa	强度标准值 f_k/MPa
MU30	≥30.0	≥22.2
MU25	≥25.0	≥18.0
MU20	≥20.0	≥14.0
MU15	≥15.0	≥10.0
MU10	≥10.0	≥6.5

4）泛霜。泛霜是指原料中的可溶性盐类（如硫酸钠等），随着砖内水分蒸发而在砖表面产生的盐析现象，一般为絮团状斑点的白色粉末，影响建筑的美观。轻微泛霜就对清水砖墙建筑外观产生较大影响，中等程度泛霜的砖用于建筑中潮湿部位时，约7～8 年后因盐析结晶膨胀将使砖砌体表面产生粉化剥落，在干燥环境使用约 10 年以后也将开始剥落。严重泛霜对建筑结构的破坏性更大。

《烧结普通砖》（GB/T 5101—2017）规定，每块砖不准许出现严重泛霜。

5）石灰爆裂。当生产砖的原料中含有石灰石时，则焙烧时石灰石会煅烧成生石灰留在砖内，这时的生石灰为过火生石灰，砖吸水后生石灰消化产生体积膨胀，导致砖发生胀裂破坏，这种现象称为石灰爆裂。砖的石灰爆裂应符合下列规定：①破坏尺寸大于 2mm 且小于或等于 15mm 的爆裂区域，每组砖不得多于 15 处。其中大于 10mm 的不得多于 7 处；②不准许出现最大破坏尺寸大于 15mm 的爆裂区域；③试验后抗压强度损失不得大于 5MPa。

6）抗风化性能。烧结普通砖的抗风化性是指能抵抗干湿变形、冻融变化等气候作用的性能。它是烧结普通砖的重要耐久性之一。烧结普通砖的抗风化性通常以其抗冻性、5h 煮沸吸水率及饱和系数等指标判别。饱和系数是指砖在常温下浸水 24h 后的吸水率与 5h 的煮沸吸水率之比。

对砖的抗风化性要求应根据各地区风化程度不同而定。严重风化区中的 1～5区（包括黑龙江省、吉林省、辽宁省、内蒙古自治区和新疆维吾尔自治区）的烧结普通砖必须进行冻融试验，其他地区烧结普通砖的抗风化性能若能符合表 5.2 所规定要求时可以不做冻融试验，否则必须进行冻融试验。

表 5.2   烧结普通砖的抗风化性能指标

砖种类	严重风化区				非严重风化区			
	5h沸煮吸水率/%		饱和系数		5h沸煮吸水率/%		饱和系数	
	平均值	单块最大值	平均值	单块最大值	平均值	单块最大值	平均值	单块最大值
黏土砖、建筑渣土砖	≤18	≤20	≤0.85	≤0.87	≤19	≤20	≤0.88	≤0.90
粉煤灰砖	≤21	≤23			≤23	≤25		
页岩砖	≤16	≤18	≤0.74	≤0.77	≤18	≤20	≤0.78	≤0.80
煤矸石砖								

砖的冻融试验是将砖吸水饱和后置于 −20～−15℃ 以下的环境中冻结 3h,再在 10～20℃ 水中融化,按规定的方法反复 15 次冻融循环后,每块砖样不准许出现分层、掉皮、缺棱、掉角等冻坏现象。冻后裂缝长度不得大于相关规定。

7) 欠火砖、酥砖和螺旋纹砖。产品中不准许有欠火砖、酥砖和螺旋纹砖。

欠火砖指未达到烧结温度或保持烧结时间不够的砖,其特征是声音哑、土心、抗风化性能差。

酥砖指干砖坯受湿(潮)气或雨淋后成反潮、雨淋坏,或湿坯受冻后的冻坯,这类砖坯焙烧后为酥砖;或砖坯入窑焙烧时预热过急,导致烧成的砖易成为酥砖。酥砖从外观就能辨别出来,这类砖特征是声音哑,强度低,抗风化性能和耐久性性能差。

螺旋纹砖指以螺旋挤出机成型砖坯时,坯体内部形成螺旋状分层的砖,其特征是强度低,声音哑,抗风化性能差,受冻后会层层脱皮,耐久性性能差。

8) 放射性核素限量。放射性核素限量应符合《建筑材料放射性核素限量》(GB 6566—2010)的规定。

(2) 烧结普通砖的产品标记。

砖的产品标记按产品名称的英文缩写、类别、强度等级和标准编号顺序编写。示例:烧结普通砖,强度等级 MU15 的黏土砖,其标记为:FCB N MU15 GB/T 5101。

(3) 烧结普通砖的应用。

烧结普通砖的表观密度在 1600～1800kg/m³,吸水率在 8%～16%,有一定的强度,并具有良好的绝热性、透气性、耐久性和热稳定性等特点,是传统的墙体材料,主要用于砌筑建筑的内外墙、柱、拱、烟囱和窑炉。中等泛霜的砖不能用于处于潮湿环境中的工程部位。

3. 烧结多孔砖

烧结多孔砖是以煤矸石、粉煤灰、页岩或黏土为主要原料,经焙烧而成的孔洞率大于 25%,孔的尺寸小而数量多的烧结砖。

烧结多孔砖的外形尺寸,按《烧结多孔砖和多孔砌块》(GB 13544—2011)规定,砖的长度(L)(单位:mm,下同)可分为 290、240、190,宽度(B)为 240、190、180、140、115,高度(H)为 90。产品还可以有 L/2 或 B/2 的配砖,配套使用。图 5.1 为部分地区生产的多孔砖规格和孔洞形式。

烧结多孔砖按主要原料砖分为黏土砖(N)、页岩砖(Y)、煤矸石砖(M)和粉

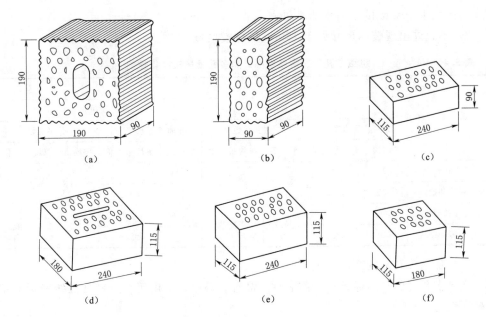

图 5.1 烧结多孔砖规格和孔洞形式（单位：mm）

煤灰砖（F）。

（1）技术要求。

根据国家标准《烧结多孔砖和多孔砌块》（GB 13544—2011）的规定，烧结多孔砖按 10 块砖样的抗压强度平均值和抗压强度标准值或单块抗压强度最小值可划分为 MU30、MU25、MU20、MU15、MU10 等 5 个强度等级，各强度等级的强度值与烧结普通砖相同，见表 5.1。

烧结多孔砖的密度等级分为 1000、1100、1200、1300 等 4 个等级，见表 5.3。

表 5.3   烧结多孔砖、多孔砌块密度等级   单位：kg/m³

密度 等级		3块砖或砌块干燥表观密度平均值
砖	砌块	
—	900	≤900
1000	1000	900～1000
1100	1100	1000～1100
1200	1200	1100～1200
1300	—	1200～1300

《烧结多孔砖和多孔砌块》（GB 13544—2011）关于烧结多孔砖技术要求还包括尺寸允许偏差、外观质量、孔洞结构及孔洞率、泛霜、石灰爆裂、抗风化性能、放射性核素限量和欠火砖、酥砖。

每块砖不允许出现严重泛霜。产品中不允许有欠火砖、酥砖。抗风化性能要满足表 5.4。石灰爆裂性能要满足如下要求：

1）破坏尺寸大于 2mm 且小于或等于 15mm 的爆裂区域，每组砖不得多于 15

处。其中大于 10mm 的不得多于 7 处。

2）不允许出现破坏尺寸大于 15mm 的爆裂区域。

表 5.4　　　　烧结多孔砖、烧结空心砖和多孔砌块抗风化性能

种 类	项　目							
	严重风化区				非严重风化区			
	5h沸煮吸水率/%		饱和系数		5h沸煮吸水率/%		饱和系数	
	平均值	单块最大值	平均值	单块最大值	平均值	单块最大值	平均值	单块最大值
黏土砖和砌块	≤21	≤23	≤0.85	≤0.87	≤23	≤25	≤0.88	≤0.90
粉煤灰砖和砌块	≤23	≤25			≤30	≤32		
页岩砖和砌块	≤16	≤18	≤0.74	≤0.77	≤18	≤20	≤0.78	≤0.80
煤矸石砖和砌块	≤19	≤21			≤21	≤23		

（2）烧结多孔砖的产品标记。

烧结多孔砖的产品标记按产品名称、品种、规格、强度等级、密度等级和标准编号顺序编写。

标记示例：规格尺寸 290mm×140mm×90mm、强度等级 MU25、密度 1200 级的黏土烧结多孔砖，其标记为：烧结多孔砖 N 290×140×90 MU25 1200 （GB 13544—2011）。

（3）烧结多孔砖的应用。

烧结多孔砖的孔洞率在 25% 以上，体积密度约为 $1000\sim1300\text{kg/m}^3$。主要用于六层以下建筑物的承重墙体或多、高层框架结构的填充墙。由于该种砖具有一定的隔热保温性能，故又可用于部分地区建筑物的外墙砌筑。由于为多孔构造，故不宜用于基础墙、地面以下或室内防潮层以下的砌筑。

4. 烧结空心砖

烧结空心砖是以黏土、页岩、煤矸石、粉煤灰及其他废料为主原料，经过焙烧而成的一般孔洞率大于或等于 40% 的砖。

烧结空心砖的外形为直角六面体（图 5.2），混水墙用空心砖应在大面和条面上设有均匀分布的粉刷槽或类似结构，深度不小于 2mm。

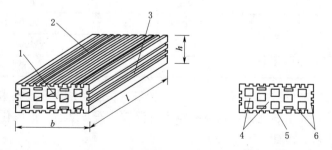

图 5.2　烧结空心砖的外形图

1—顶面；2—大面；3—条面；4—肋；5—凹线槽；6—外壁；l—长度；b—宽度；h—高度

空心砖的长度、宽度、高度有两个系列：290mm、190mm、90mm；240mm、180mm、115mm。若长度、宽度、高度有一项或一项以上分别大于365mm、240mm或者115mm，则称为烧结空心砌块。砖或砌块的壁厚应大于10mm，肋厚应大于7mm。

烧结空心砖按主要原料分为黏土空心砖（N）、页岩空心砖（Y）、煤矸石空心砖（M）、粉煤灰空心砖（F）、淤泥空心砖（U）、建筑渣土空心砖（Z）、其他固体废弃物空心砖和空心砌块（G）。

（1）技术要求。

根据国家标准《烧结空心砖和空心砌块》（GB/T 13545—2014）的规定，烧结空心砖可划分为MU3.5、MU5.0、MU7.5、MU10.0等4个不同的强度等级和800、900、1000、1100等4个密度级别，分别见表5.5和表5.6。强度等级是根据10块试样砖的抗压强度的平均值与变异系数、标准值或单块最小抗压强度确定的。密度级别是依据抽取5块样品所测得的表观密度平均值来确定的。

表 5.5　　　　　　　　烧结空心砖和空心砌强度等级

强度等级	抗压强度平均值 $\bar{f}$/MPa	变异系数 $\delta \leqslant 0.21$	变异系数 $\delta > 0.21$
		强度标准值 f_k/MPa	单块最小抗压强度 f_{min}/MPa
MU10.0	$\geqslant 10.0$	$\geqslant 7.0$	$\geqslant 8.0$
MU7.5	$\geqslant 7.5$	$\geqslant 5.0$	$\geqslant 5.8$
MU5.0	$\geqslant 5.0$	$\geqslant 3.5$	$\geqslant 4.0$
MU3.5	$\geqslant 3.5$	$\geqslant 2.5$	$\geqslant 2.8$

表 5.6　　　　　　　　烧结空心砖密度级别的划分

密 度 级 别	五块砖的体积密度平均值/(kg/m^3)
800	$\leqslant 800$
900	$801 \sim 900$
1000	$901 \sim 1000$
1100	$1001 \sim 1100$

《烧结空心砖和空心砌块》（GB/T 13545—2014）对孔洞排列及其结构、尺寸运行偏差、外观质量、泛霜、抗风化性能、放射性核素限量和欠火砖、酥砖都有规定。

每块烧结空心砖不允许出现严重泛霜。产品中不允许有欠火砖、酥砖。抗风化性能与烧结多孔砖相同，要满足表5.4。石灰爆裂性能要满足如下要求：

1）破坏尺寸大于2mm且小于或等于15mm的爆裂区域，每组砖不得多于10处。其中大于10mm的不得多于5处。

2）不允许出现破坏尺寸大于15mm的爆裂区域。

（2）烧结空心砖的产品标记。

烧结空心砖和空心砌块的产品标记按产品名称、类别、规格、密度等级、强度等级和标准编号的顺序编写。如：规格尺寸290mm×190mm×90mm、密度等级900、强度等级 MU10.0 的粉煤灰空心砖，其标记为：烧结空心砖 F(290×190×90) 900 MU10.0 GB13545—2014。

（3）烧结空心砖的应用。

烧结空心砖的孔洞率一般在 40% 以上，体积密度小、强度不高，因而不能在承重墙体结构中使用，多用于砌筑非承重墙。

5.1.2 蒸养（压）砖

蒸养（压）砖也称非烧结砖，是以石灰和含硅材料（砂子、粉煤灰、煤矸石、炉渣和页岩等）加水拌和，经压制成型、蒸汽养护或蒸压养护而成。生产这类砖可以大量利用工业废弃物，减少环境污染，不需占用农田，且可常年稳定生产。因此，这类砖将是我国墙体材料的主要发展方向之一。

根据原料的来源可以将非烧结砖分为灰砂砖、粉煤灰砖和炉渣砖等，它们均是水硬性材料，在潮湿环境中使用时，强度不会降低。

1. 蒸压灰砂砖

蒸压灰砂砖是以石灰和天然砂为主要原料，经磨细、计量配料、搅拌混合、消

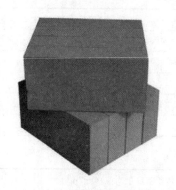

图 5.3　蒸压灰砂砖

化、压制成型（一般温度为 175～203℃，压力为 0.8～1.6MPa 的饱和蒸汽）养护、成品包装等工序而制成的空心砖或实心砖，如图 5.3 所示。

（1）蒸压灰砂砖的技术要求。

蒸压灰砂砖的规格尺寸同烧结普通砖 240mm×115mm×53mm，表观密度为 1800～1900kg/m³，导热系数为 0.61W/(m·K)。根据产品的外观与尺寸偏差、强度和抗冻性分为优等品、一等品和合格品 3 个质量等级，按抗压强度和抗折强度分为 MU25、MU20、

MU15、MU10 等 4 个强度等级。蒸压灰砂砖的强度等级和抗冻性指标见表 5.7。尺寸偏差与外观质量应符合《蒸压灰砂砖》（GB 11945—1999）的规定。

表 5.7　　　蒸压灰砂砖的强度等级和抗冻性指标（GB 11945—1999）

强度等级	强 度 指 标				抗 冻 性 指 标	
	抗压强度/MPa		抗折强度/MPa		5 块冻后抗压强度平均值（≥）/MPa	单块砖干质量损失小于/%
	平均值≥	单块值≥	平均值≥	单块值≥		
MU25	25.0	20.0	5.0	4.0	20.0	2.0
MU20	20.0	16.0	4.0	3.2	16.0	2.0
MU15	15.0	12.0	3.3	2.6	12.0	2.0
MU10	10.0	8.0	2.5	2.0	8.0	2.0

（2）蒸压灰砂砖的性能与应用。

蒸压灰砂砖耐热性、耐酸性差，不宜用于长期受热高于 200℃、受急冷急热交替

作用或有酸性介质的建筑部位。蒸压灰砂砖耐水性良好，但抗流水冲刷能力差，不能用于有流水冲刷的建筑部位，如落水管出水处和水龙头下面等；与砂浆黏结力差，当用于高层建筑、地震区或筒仓构筑物等，除应有相应结构措施外，还应有提高砖和砂浆黏结力的措施，如采用高黏度的专用砂浆，以防止渗雨、漏水和墙体开裂；砌筑灰砂砖砌体时，砖的含水率宜为 8％～12％，严禁使用干砖或饱水砖，灰砂砖不宜与烧结砖或其他品种砖同层混砌。MU15、MU20、MU25 的蒸压灰砂砖可用于基础及其他建筑；MU10 的砖仅可用于防潮层以上的建筑。

2. 蒸压（养）粉煤灰砖

蒸压（养）粉煤灰砖以粉煤灰、生石灰为主要原料，可掺加适量石膏等外加剂和其他集料，经坯料制备、压制成型、蒸汽（高压）养护而制成的砖。常压蒸汽养护的称蒸养粉煤灰砖；高压蒸汽（温度在 176℃，工作压力在 0.8MPa 以上）养护制成的称蒸压粉煤灰砖。

灰砂砖墙体
裂缝问题

粉煤灰具有火山灰活性，在水热环境中、在石灰碱性激发剂和石膏的硫酸盐激发剂共同作用下，可形成水化硅酸钙、水化铝酸钙等多种水化产物。蒸压养护可使砖中的活性组分水化反应充分，砖的强度高，性能趋于稳定。而蒸养粉煤灰砖的性能较差，墙体更易出现开裂等弊端。

根据《蒸压粉煤灰砖》（JC/T 239—2014）规定，粉煤灰砖按抗压强度和抗折强度划分为 MU30、MU25、MU20、MU15、MU10 等 5 个强度等级。抗冻等级分为 D15、D25、D35、D50。线性干燥收缩值应不大于 0.50mm/m。碳化系数应不小于 0.85。吸水率应不大于 20％。

蒸压（养）粉煤灰砖呈深灰色，表观密度为 1400～1500kg/m³，热导系数约为 0.65W/(m·K)，干燥收缩大，外观尺寸同烧结普通砖，性能上与蒸压灰砂砖相近，不得用于长期受热高于 200℃、受急冷急热交替作用或有酸性介质的建筑部位；与砂浆黏结力低，使用时，应尽可能采用专用砌筑砂浆；粉煤灰砖的初始吸水能力差，后期吸水较大，施工时应提前湿水，保持砖的含水率在 10％左右，以保证砌筑质量。由于粉煤灰砖出釜后收缩较大，因此，出釜 1 周后才能用于砌筑。

3. 炉渣砖

炉渣砖是指以煤燃烧后的炉渣（煤渣）为主要原料，掺入适量石灰、石膏，经混合、压制成型或蒸压而成的实心炉渣砖。按照不同的养护工艺，可分为：蒸养炉渣砖，系经常压蒸汽养护制成的炉渣砖；蒸压炉渣砖，系经高压蒸汽养护制成的炉渣砖；以及自养炉渣砖，系经自然养护制成的炉渣砖。

同粉煤灰一样，煤渣也是一类具有化学活性的硅铝质材料。我国是一个以煤为主要能源的国家，大量的民用采暖及供热燃煤锅炉，每年有大量的煤渣废弃物生成。炉渣砖系以煤渣为主要原料的保温节能型轻质墙体材料，因此符合国家的新型建筑材料产业政策，属被鼓励推广之列。但随着国家环保政策力度的加大，城市区域内燃煤锅炉的使用受到限制，集中的煤渣供应来源减少。在众多新型轻质墙体材料进入建筑市场的情况下，自 20 世纪 80 年代后期，其生产应用逐渐减少，竞争力下降（图 5.4）。

炉渣砖使用的注意事项：

图 5.4　炉渣砖

（1）由于蒸养炉渣砖的初期吸水速度较慢，故与砂浆的黏结性能差，在施工时应根据气候条件和砖的不同湿度及时调整砂浆的稠度。

（2）对经常受干湿交替及冻融作用的工程部位，最好使用高强度等级的炉渣砖，或采取水泥砂浆抹面等措施。

（3）炉渣砖不得用于长期受热 200℃以上、受极冷极热和有酸性介质侵蚀的建筑部位。

灰砂砖、粉煤灰砖及炉渣砖的规格尺寸均与普通黏土砖相同，可代替黏土砖用于一般工业与民用建筑的墙体和基础，其原材料主要是工业废渣，可节省土地资源，减少环境污染，是很有发展前途的砌体结构材料。但是这些砌墙砖收缩性很大且易开裂，由于应用历史较短，还需要进一步研究适用于这类砖的墙体结构和砌筑方法。

5.2　砌　　块

砌块是工程中用于砌筑墙体的尺寸较大、用以代替砖的人造块状材料，外形多为直角六面体，也有其他各种形状。砌块使用灵活，适应性强，无论在严寒地区或温带地区、地震区或非地震区、各种类型的多层或低层建筑中都能适用并满足高质量的要求，因此，砌块在世界上发展很快。目前，混凝土空心砌块已成为世界各国的主导墙体材料，在发达国家其应用比例已占墙体材料的 70％。

砌块的造型、尺寸、颜色、纹理和断面可以多样化，能满足砌体建筑的需要，既可以用来作结构承重材料、特种结构材料，也可以用于墙面的装饰和功能材料。特别是高强砌块和配筋混凝土砌体已发展并用以建造高层建筑的承重结构。

5.2.1　砌块的分类

（1）砌块按砌块空心率，可分为空心砌块（H）和实心砌块（S）两类。空心率小于 25％或无孔洞的砌块为实心砌块；空心率等于或大于 25％的砌块为空心砌块。

（2）砌块按规格大小，砌块外形尺寸一般比烧结普通砖大，砌块中主规格的长度、宽度或高度有一项或一项以上应分别大于 365mm、240mm 或 115mm，但高度不大于长度或宽度的 6 倍，长度不超过高度的 3 倍。在砌块系列中主规格的高度大于 115mm 而又小于 380mm 的砌块，简称为小砌块；主规格的高度为 380～980mm 的砌块，称为中砌块；主规格的高度大于 980mm 的砌块，称为大砌块。目前，中小型砌块在建筑工程中使用较多，是我国品种和产量增长都较快的新型墙体材料。

（3）砌块按骨料的品种，可分为普通砌块（骨料采用的是普通砂、石）和轻骨料砌块（骨料采用的是天然轻骨料、人造的轻骨料或工业废渣）。

（4）砌块按用途，可分为承重砌块（L）和非承重砌块（N）。

（5）砌块按胶凝材料的种类，可分为硅酸盐砌块、水泥混凝土砌块。前者用煤渣、粉煤灰、煤矸石等硅质材料加石灰、石膏配制成胶凝材料，如煤矸石空心砌块；后者是用水泥作胶结材料制作而成，如混凝土小型空心砌块和轻骨料混凝土小型空心砌块。

5.2.2 常用的建筑砌块

1. 普通混凝土小型空心砌块

普通混凝土小型空心砌块是以水泥、矿物掺合料、砂、石、水等为原材料，经搅拌、振动成型、养护等工艺制成的小型砌块。

（1）品种。

普通混凝土小型空心砌块按原材料可分为普通混凝土砌块、工业废渣骨料混凝土砌块、天然轻骨料混凝土和人造轻骨料混凝土砌块；按性能可分为承重砌块和非承重砌块。

（2）规格形状。

普通混凝土小型空心砌块的主规格尺寸为390mm×190mm×190mm，承重砌块最小外壁厚应不小于30mm，最小肋厚应不小于25mm。非承重砌块最小外壁厚和最小肋厚应不小于20mm。小型砌块的空心率应不小于25%。其他规格尺寸也可以根据供需双方协商。图5.5是砌块各部位名称。

（3）技术性能。

1）强度等级。根据《普通混凝土小型空心砌块》（GB/T 8239—2014）的规定，按强度等级分为MU5.0、MU7.5、MU10、MU15、MU20、MU25、MU30、MU35、MU40等9个强度等级，见表5.8。

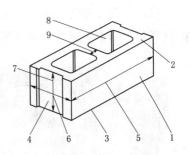

图5.5 砌块各部位名称
1—条面；2—坐浆面（肋厚较小的面）；3—铺浆面；4—顶面；5—长度；6—宽度；7—高度；8—壁；9—肋

表5.8 普通混凝土小型空心砌块强度等级

强度等级	砌块抗压强度/MPa	
	平均值≥	单块最小值≥
MU5.0	5.0	4.0
MU7.5	7.5	6.0
MU10	10.0	8.0
MU15	15.0	12.0
MU20	20.0	16.0
MU25	25.0	20.0
MU30	30.0	24.0
MU35	35.0	28.0
MU40	40.0	32.0

2）体积密度、吸水率和软化系数。

混凝土小型空心砌块的体积密度与密度、空心率、半封底与通孔以及砌块的壁、肋厚度有关，一般砌块的体积密度为1300～1400kg/m³。

L类砌块的吸水率应不大于10%；N类砌块的吸水率应不大于14%。当采用卵石骨料时，吸水率为5%～7%，当骨料为碎石时，吸水率为6%～8%。小型砌块的软化系数一般为0.9左右，属于耐水性材料。

根据《普通混凝土小型空心砌块》（GB/T 8239—2014）规定，抗冻等级分为D15、D25、D35、D50。碳化系数应不小于0.85，软化系数不小于0.85。L类砌块的线性干燥收缩值应不大于0.45mm/m；N类砌块的线性干燥收缩值应不大于0.65mm/m。

小型空心砌块干缩问题

2. 轻骨料混凝土小型空心砌块

轻骨料混凝土小型空心砌块是以轻粗骨料、轻砂（或普通砂）、水泥和水等原料配制的轻骨料混凝土小型空心砌块。

（1）轻骨料混凝土小型空心砌块的优势。

目前，国内外使用轻骨料混凝土小型空心砌块非常广泛，如图5.6所示。这是因为轻骨料混凝土小型空心砌块与普通混凝土小型空心砌块相比具有许多优势。

图5.6 轻骨料混凝土小型空心砌块

1）轻质。表观密度最大不超过1400kg/m³。

2）保温性好。轻骨料混凝土的导热系数较小，做成空心砌块因空洞使整块砌块的导热系数进一步减小，从而更有利于保温。

3）有利于综合治理与应用。轻骨料的种类可以是人造轻骨料如页岩陶粒、黏土陶粒、粉煤灰陶粒，也可以有如煤矸石、煤渣、钢渣等工业废料，将其利用起来，可净化环境，造福于人类。

4）强度较高。砌块的强度可达到10MPa，因此可作为承重材料，建造5～7层的砌块建筑。

（2）轻骨料混凝土小型空心砌块的分类及等级。

1）分类。轻骨料混凝土小型空心砌块按其孔的排数分为单排孔、双排孔、三排孔和四排孔等4类。

2）规格尺寸。砌块的主规格尺寸为390mm×190mm×190mm，其他尺寸可由供需双方商定。

3）等级。①按密度等级分为：700、800、900、1000、1100、1200、1300、1400等8个等级；②按其强度等级分为：MU2.5、MU3.5、MU5.0、MU7.0、MU10.0等5个等级。

（3）技术要求。

按照《轻集料混凝土小型空心砌块》（GB/T 15229—2011）规定，轻骨料混凝土小型空心砌块的吸水率应不大于18%；干燥收缩率应不大于0.065%；碳化系数应不小于0.8；软化系数不小于0.8；抗冻性有D15、D25、D35、D50等4个抗冻等级；

相对含水率应该满足表 5.9。

表 5.9　　　　　　　　　　轻骨料混凝土小型空心砌块的相对含水率

干燥收缩率/%	相对含水率/%		
	潮湿地区	中等湿度地区	干燥地区
<0.03	≤45	≤40	≤35
≥0.03，≤0.045	≤40	≤35	≤30
>0.045，≤0.065	≤35	≤30	≤25

（4）轻集（骨）料混凝土小型空心砌块的应用。

与普通混凝土小型空心砌块相比，轻集（骨）料混凝土小型空心砌块的表观密度（$700\sim1400kg/m^3$）较小、抗震性等综合性能更好，因此，轻集（骨）料混凝土小型空心砌块在各种砌体工程尤其在房屋建筑工程中被广泛应用。

1）用作保温型墙体材料。强度等级小于 MU5.0 的用在框架结构中的非承重隔墙和非承重墙。

2）用作结构承重型墙体材料。强度等级为 MU7.5、MU10.0 的主要用于砌筑多层建筑的承重墙体。

3）应用要点：设置钢筋混凝土带，墙体与柱、墙、框架采用柔性连接；隔墙门口处理采取相应措施；砌筑前一天，注意在与其接触的部位洒水湿润。

3. 蒸压加气混凝土砌块

蒸压加气混凝土砌块是蒸压加气混凝土的制品之一。它是以硅质材料（砂、粉煤灰、工业废渣等）和钙质材料（水泥、石灰等）为主要原材料，掺加发气剂（铝粉）及其他调节材料（气泡稳定剂、铝粉脱脂剂、调节剂等），通过配料浇注、发气静停、切割、蒸压养护等工艺制成的多孔轻质硅酸盐建筑制品，用于墙体砌筑的矩形块材。

（1）蒸压加气混凝土砌块的技术性能。

1）规格尺寸（mm）。按照《蒸压加气混凝土砌块》（GB/T 11968—2020）规定，蒸压加气混凝土砌块的规格（公称尺寸，单位 mm）长度（L）一般为 600；宽度（B）有 100、120、125、150、180、200、240、250、300 等 9 种规格；高度（H）有 200、240、250、300 等 4 种规格。

2）等级。根据《蒸压加气混凝土砌块》（GB/T 11968—2020）规定，砌块按抗压强度分为 A1.0、A2.0、A2.5、A3.5、A5.0、A7.5、A10.0 等 7 个等级，标记中 A 代表砌块强度等级，数字表示强度值（MPa），强度级别 A1.0、A2.0 适用于建筑保温。按干密度分为 B03、B04，B05、B06、B07 等 5 个级别；干密度级别 B03、B04 适用于建筑保温。抗压强度和干密度符合见表 5.10。

3）干缩值、抗冻性、导热系数。砌块孔隙率较高，抗冻性较差、保温性较好；出釜时含水率较高，干缩值较大，《蒸压加气混凝土砌块》（GB 11968—2020）规定干燥收缩值应不大于 0.50mm/m。抗冻性和导热系数应满足表 5.11 和表 5.12。

表 5.10　　　　　　　　　　抗压强度和干密度

强度级别	抗压强度/MPa		干密度级别	平均干密度 /(kg/m³)
	平均值	最小值		
A1.0	≥1.0	≥1.2	B03	≤350
A2.0	≥2.0	≥1.7	B04	≤450
A2.5	≥2.5	≥2.1	B04	≤450
			B05	≤550
A3.5	≥3.5	≥3.0	B04	≤450
			B05	≤550
			B06	≤650
A5.0	≥5.0	≥4.2	B05	≤550
			B06	≤650
			B07	≤750

蒸压加气混凝土砌块墙体裂缝

表 5.11 蒸压加气混凝土砌块抗冻性

强 度 级 别		A2.5	A3.5	A5.0
抗冻性	冻后质量平均值损失/%	≤5.0		
	冻后强度平均值损失/%	≤20		

表 5.12 蒸压加气混凝土砌块导热系数

干 密 度 级 别	B03	B04	B05	B06	B07
导热系数（干态）/[W/(m·K)]，≤	0.10	0.12	0.14	0.16	0.18

（2）蒸压加气混凝土砌块的特性及应用。

蒸压加气混凝土砌块表观密度小、质量轻（仅为烧结普通砖的 1/3），工程应用可使建筑物自重减轻 2/5～1/2，有利于提高建筑物的抗震性能，并降低建筑成本。蒸压加气混凝土砌块使导热系数小，保温性能好。砌块加工性能好（可钉、可锯、可刨、可黏结），使施工便捷。制作砌块可利用工业废料，有利于保护环境。

蒸压加气混凝土砌块可用于一般建筑物墙体，可作为低层建筑的承重墙和框架结构、现浇混凝土结构建筑的外墙填充、内墙隔断，也可用于抗震圈梁构造柱多层建筑的外墙或保温隔热复合墙体。加气混凝土砌块不得用于建筑基础和处于浸水、高湿和有化学侵蚀的环境中，也不能用于承重制品表面温度高于 80℃ 的建筑部位。

4. 蒸养粉煤灰空心砌块

蒸压粉煤灰空心砌块是以粉煤灰、生石灰或电石渣为主要原料，掺加适量石膏、外加剂等，经坯料制备、压制成型、高压蒸汽养护而制成的空心率不小于 45% 的空心砌块。蒸压粉煤灰空心砌块外形为直角六面体。

根据《蒸压粉煤灰空心砖和空心砌块》（GB/T 36535—2018）规定，蒸压粉煤灰空心砌块主规格尺寸为：长×宽×高＝390mm×190mm×190mm，其他尺寸规格由供需双方协商确定，外形公称尺寸应在考虑砌筑灰缝宽度后符合建筑模数要求。蒸压粉煤灰空心砌块最小外壁厚应不小于 25mm，最小肋厚应不小于 15mm；强度等级分为 MU3.5、MU5.0 和 MU7.5；密度等级分为 600 级、700 级、800 级、900 级、1000 级和 1100 级。

粉煤灰空心砌块适用于工业和民用建筑的墙体和基础，但不宜用于酸性侵蚀的、密闭性要求高的及受较大振动影响的建筑物，也不宜用于经常处于高温承重墙和经常处于潮湿环境中的承重墙。

5. 泡沫混凝土砌块

泡沫混凝土砌块是用物理方法将泡沫剂水溶液制备成泡沫，再将泡沫加入由水泥基胶凝材料、骨料、掺合料、外加剂和水等制成的料浆中，经混合搅拌、浇筑成型、自然或蒸汽养护而成的轻质多孔混凝土砌块，也称发泡混凝土砌块。

根据《泡沫混凝土砌块》（JC/T 1062—2007）的规定，泡沫混凝土砌块的规格（公称尺寸，单位 mm）长度（L）一般为 400、600；宽度（B）有 100、150、200、250 等 4 种规格；高度（H）有 200、300 两种规格。

按砌块立方体抗压强度分为 A0.5、A1.0、A1.5、A2.5、A3.5、A5.0、A7.5 等 7 个等级。按砌块干表观密度分为 B03、B04、B05、B06、B07、B08、B09、B10 等 8 个等级。按砌块尺寸偏差和外观质量分为一等品（B）和合格品（C）两个等级。

6. 石膏砌块

石膏砌块是以建筑石膏为主要原料，经加水搅拌、浇筑成型和干燥制成的建筑石膏制品，其外形为长方体，纵横边缘分别设有榫头和榫槽。生产中允许加入纤维增强材料或其他骨料，也可加入发泡剂、憎水剂。

根据《石膏砌块》（JC/T 698—2010）的规定，石膏砌块的规格（公称尺寸，单位 mm）长度（L）一般为 600、666；宽度（B）为 500；高度（H）有 80、100、120、150 等 4 种规格。

按石膏砌块的结构分类为空心石膏砌块和实心石膏砌块，按石膏砌块的防潮性能分类有普通石膏砌块和防潮石膏砌块。

石膏砌块在装卸时应轻搬轻放，不应碰撞，防止损伤。在运输中应相互贴紧，并采取防雨措施。堆放场地应平整、干燥，露天堆放时，产品应遮盖，防止雨淋、曝晒。

5.3 建 筑 墙 板

"十三五"期间，以装配式建筑为代表的新型建筑工业化快速推进，我国大力推广装配式混凝土建筑结构体系。随着装配式建筑结构体系和大开间多功能框架结构的发展，各种预制轻质和复合墙用板材也蓬勃兴起。以板材为基础的建筑体系，具有质轻、节能、施工方便快捷、使用面积大、开间布置灵活等特点，根据我国建筑节能和装配式建筑结构体系发展的实际情况，各类建筑墙板将具有良好的发展前景。由于各类建筑结构体系中的墙体板材品种很多，本节仅介绍几种有代表性的板材。

1. 水泥类墙用板材

水泥类墙用板材具有较好的力学性能和耐久性，生产技术成熟，产品质量可靠，可用于承重墙、外墙和复合墙板的外层面。其主要缺点是体积密度大、抗拉强度低（大板在起吊过程中易受损）。生产中可制作预应力空心板材，以减轻自重和改善隔音隔热性能，也可在水泥类板材上制作成具有装饰效果的表面层（如花纹线条装饰、露集料装饰、着色装饰等）。

（1）玻璃纤维增强水泥（GRC）空心轻质墙板。

玻璃纤维增强空心板是以低碱水泥为胶结料，抗碱玻璃纤维或其网格布为增强材料，膨胀珍珠岩为骨料（也可用炉渣、粉煤灰等），并配以发泡剂和防水剂等，经配料、搅拌、浇筑、振动成型、脱水、养护而成。

可用于工业和民用建筑的内隔墙及复合墙体的外墙面。

（2）维纶纤维增强水泥平板。

维纶纤维增强水泥平板是以改性维纶纤维和（或）高弹模维纶纤维为主要增强材料，以水泥或水泥和轻骨料为基材并允许掺入少量辅助材料制成的不含石棉的纤维水泥平板。

维纶纤维增强水泥平板（VFRC）按密度分为维纶纤维增强水泥板（A 型板）和维纶纤维增强水泥轻板（B 型板），A 型板主要用于非承重墙体、吊顶、通风道等，B 型板主要用于非承重内隔墙、吊顶等。适用于各类建筑物的复合外墙和内隔墙，特别是高层建筑有防火、防潮要求的隔墙。

（3）木丝水泥板。

木丝水泥板以普通硅酸盐水泥、白色硅酸盐水泥或矿渣硅酸盐水泥为胶凝材料，木丝为加筋材料，加水搅拌后经铺装成型、保压养护、调湿处理等工艺制成的板材。木丝水泥板按密度分为中密度木丝水泥板和高密度木丝水泥板；中密度木丝水泥板密度在 $300\sim550kg/m^3$ 之间；高密度木丝水泥板的密度在 $550\sim1200kg/m^3$ 之间。木丝水泥板具有自重轻、强度高、防火、防水、防蛀、保温、隔音等性能，可进行锯、钻、钉、装饰等加工，主要用于建筑物的内外墙板、天花板、壁橱板等。

（4）钢筋陶粒混凝土轻质墙板。

钢筋陶粒混凝土轻质墙板是以通用硅酸盐水泥、砂、硅砂粉、陶粒、陶砂、外加剂和水等配制的轻骨料混凝土为基料，内置钢网架，经浇筑成型、养护（蒸养、蒸压）而制成的轻质条型墙板。按断面构造分为空心板和实心板。按使用功能可以分为普通板、门（窗）洞边板、线（管）盒板、加强板、异形板。

普通板用于一般非承重内隔墙；门（窗）洞边板是指用于门（窗）洞旁的墙板；线（管）盒板是指用于安装走线的墙板，预先埋设好线管、盒；加强板是指用于增加墙体刚度、稳定性以及有特种功能要求等场合的墙板，比普通板有更高的物理力学性能和配筋率；异型板是指用于墙体交接转角等的墙板，其外形、规格尺寸与普通板不同。

2. 石膏类墙用板材

石膏类板材在轻质墙体材料中占有很大比例，有纸面石膏板、石膏纤维板、石膏空心条板等。

（1）纸面石膏板。

纸面石膏板材是以石膏芯材及与其牢固结合在一起的护面纸组成，按其功能分为：普通纸面石膏板、耐水纸面石膏板、耐火纸面石膏板以及耐水耐火纸面石膏板4种。

普通纸面石膏板可作为室内隔墙板、复合外墙板的内壁板、天花板等。耐水型板可用于相对湿度较大（不小于75%）的环境，如厕所、盥洗室等。耐火型纸面石膏板、耐水耐火纸面石膏板主要用于对防水、防火要求较高的房屋建筑中。

（2）石膏纤维板。

石膏纤维板材是以纤维增强石膏为基材的无面纸石膏板。以石膏为主要原料，采用植物纤维作为增强材料，经过搅拌、压制、干燥而成的高密度板材。可节省护面纸，具有质轻、高强、耐火、隔声、韧性高的性能，可加工性好。

（3）石膏空心条板。

石膏空心条板以建筑石膏为主要原料，掺以无机轻骨料、无机纤维增强材料，加入适量添加剂而制成的空心条板。该板生产时不用纸，不用胶，安装墙体时不用龙骨，设备简单，较易投产。

石膏空心条板具有重量轻、可加工性好、颜色洁白、表面平整光滑等优点，且安装方便。适用于各类建筑的非承重内隔墙，但若用于相对湿度大于75%的环境中，则板材表面应作防水等相应处理。

3. 复合墙板

以单一材料制成的板材，常因材料本身的局限性而使其应用受到限制。如质量较轻和隔热隔声效果较好的石膏板、加气混凝土板、稻草板等，因其耐水性差或强度较低，通常只能用于非承重的内隔墙。而水泥混凝土类墙板虽有足够的强度和耐久性，但其自重大，隔声保温性能较差。为克服上述缺点，常用不同材料组合成多功能的复合墙板以满足建筑中墙体的功能要求。

常用的复合墙板主要由承受（或传递）外力的结构层和保温层（矿棉、泡沫塑料、加气混凝土等）及面层（各类具有可装饰性的轻质薄板）组成，如图5.7所示。其优点是承重材料和轻质保温材料的功能都得到合理利用，实现物尽其用，开拓材料来源。

（1）装配式建筑用夹心保温墙板。

装配式建筑中常采用预制混凝土夹心保温墙板（简称夹心保温墙板）。该种复合墙板是由内叶混凝土墙板（简称内叶墙板）、夹心保温层、外叶混凝土墙板（简称外叶墙板）和拉结件组成的复合类预制混凝土墙板（简称夹心保温墙板）。

内叶墙板是指夹心保温墙板中毗邻室内的混凝土墙板。外叶墙板是指夹心保温墙板中毗邻室外的混凝土墙板。夹心保温层是指位于内叶墙板与外叶墙板之间的保温材料。拉结件是

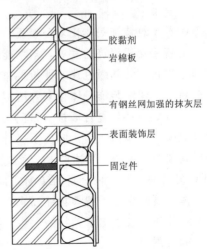

图 5.7 复合墙板构造示意图

胶黏剂

岩棉板

有钢丝网加强的抹灰层

表面装饰层

固定件

指在预制混凝土夹心保温墙板中，用于连接内、外叶墙板的配件。

预制夹心墙板可采用有机类保温板和无机类保温板作夹心保温层的材料，如聚苯乙烯泡沫板（EPS、XPS）、硬泡聚氨酯板（PIR、PUR）、酚醛泡沫板（PF）、岩棉板、水泥基泡沫板和泡沫玻璃板等。

夹心保温墙板包括预制混凝土夹心保温剪力墙板和预制混凝土夹心保温外挂墙板。预制混凝土夹心保温剪力墙板由内叶墙板和外叶墙板组成，其中内叶墙板为结构的剪力墙，外叶墙板仅起围护作用的预制混凝土夹心保温墙板。预制混凝土夹心保温外挂墙板是安装在主体结构外侧，起围护、装饰作用的非结构预制混凝土墙板构件。

（2）玻纤增强无机材料复合保温墙板。

以玻纤增强无机板为两侧面板、以保温绝热材料为芯材的复合墙板，也称夹芯墙板。复合墙板按用途分为外围护墙板和隔墙板。玻纤增强无机材料复合保温墙板应采用节能、利废、性能稳定、无放射性，以及对环境无污染的原材料。

（3）纸蜂窝复合墙板。

以纸蜂窝芯板为芯材，无机板材为面板，经过层叠、加压、黏结而成的复合墙板。纸蜂窝芯板用纸的燃烧性能等级不应低于 B1 级，定量不宜小于 $125g/m^2$。纸蜂窝墙板的结构示意如图 5.8 所示。

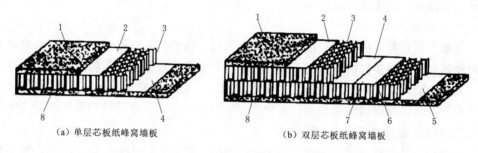

（a）单层芯板纸蜂窝墙板　　　（b）双层芯板纸蜂窝墙板

图 5.8　纸蜂窝墙板结构示意图
1、8—面板；2、4、5、7—纸蜂窝芯板用面纸；3、6—纸蜂窝芯板用蜂窝纸芯

（4）建筑装饰一体化复合墙板。

随着装配式建筑的发展，多功能装配式墙体体系的研发已成为新的研究热点。我国绿色建筑设计和绿色建筑评价标准中均提出土建工程与装修工程一体化设计要求，因此新型的建筑装饰一体化复合墙板具有良好的发展前景。

1）PC-GRC复合墙板。目前为了符合建筑工业化要求，将GRC材料或制品复合到混凝土中作为装饰，体现了一体化、集成化。将GRC（玻璃纤维增强水泥）装饰材料复合到混凝土结构层上，形成PC（装配式混凝土）-GRC复合墙板构件。PC-GRC复合墙板是一种全新的装配式建筑构件，有效实现了建筑工业化，集承重装饰于一体，既能满足承载等功能要求，又具有良好的装饰效果。PC-GRC复合墙板在装配式建筑上表现出了独特的优势，随着建筑业的低碳绿色发展，该类复合墙板将有良好的发展前景。

2）加气混凝土（ALC）装配式外墙板。根据我国建筑节能和建筑工业化发展的实际情况，节能装饰一体化装配式外墙板正在推广应用，例如加气混凝土（ALC）装配式外墙板等。节能装饰一体化装配式外墙板选用加气混凝土墙板作为基板，根据设计要求对基板进行拼装，随后对表面进行防水处理，最后按照立面设计要求在工厂里完成外饰面处理。

节能装饰一体化装配式外墙板系统具有施工速度快、表面平整度好、绿色环保、综合成本低等优点，符合当前住宅产业化和建筑工业化发展的方向。节能装饰一体化装配式外墙板为建筑工业化提供支撑和保障，其推广应用切合国家绿色建筑和建筑节能的产业政策，是建筑行业实现可持续发展战略的重要举措。

5.4 砌 筑 石 材

石材是古老的建筑材料之一，由于其抗压强度高，耐磨、耐久性好、美观而且便于就地取材，所以现在仍然被广泛地使用。世界上许多古老建筑，如埃及的金字塔、意大利的比萨斜塔、我国秦代所建的万里长城，隋代所建的赵州桥等；还有现代建筑，如北京天安门广场的人民英雄纪念碑等均由天然石材建造而成。石材的缺点是：自身质量大，脆性大，抗拉强度低，结构抗震性能差，开采加工困难。随着现代化开采与加工技术的进步，石材在现代建筑中，尤其在建筑装饰中的应用越来越广泛。

在建筑中，块状的毛石、片石、条石、块石等常用来砌筑建筑基础、桥涵、墙体、勒脚、渠道、堤岸、护坡与隧道衬砌等；石板用于内外墙的贴面和地面材料；页片状的石材可作屋面材料。纪念性的建筑雕刻和花饰均可采用各种天然石材。散状的砂、砾石、碎石等广泛用于道路工程、水利工程等，是混凝土、砂浆以及人造石材的主要原料。有些天然石材还是生产砖、瓦、石灰、水泥、陶瓷、玻璃的建筑材料的主要原材料。

5.4.1 天然岩石的分类

天然岩石按形成的地质条件不同，可分为岩浆岩、沉积岩和变质岩3类。

（1）岩浆岩。

岩浆岩又称火成岩，是地壳内的熔融岩浆在地下或喷出地面后冷凝而成的岩石，约占地壳总体积的65%。根据形成条件可将岩浆岩分为喷出岩、深成岩和火山岩3类。

1）喷出岩。喷出岩是岩浆喷出地表时，在压力降低和冷却较快的条件下形成的岩石。由于大部分岩浆来不及完全结晶，因而常呈隐晶或玻璃质结构。当喷出的岩浆形成较厚的岩层时，其岩石的结构与性质类似深成岩；当形成较薄的岩层时，由于冷却速度快及气压作用而易形成多孔结构的岩石，其性质近似于火山岩。土木工程中常用的喷出岩有辉绿岩、玄武岩及安山岩等。

2）深成岩。深成岩是岩浆在地下深处（大于3000m）缓慢冷却、凝固而生成的全晶质粗粒岩石，一般为全晶质粗粒结构。其结晶完整、晶粒粗大、结构致密，具有抗压强度高、孔隙率及吸水率小、表观密度大及抗冻性好等特点。土木工程中常用的深成岩有花岗岩、正长岩、橄榄岩和闪长岩等。

3）火山岩。火山岩是火山爆发时，岩浆被喷到空中而急速冷却后形成的岩石。火山岩多呈非结晶玻璃质结构，其内部含有大量气孔，并有较高的化学活性，常用作混凝土骨料、水泥混合料等。土木工程中常用的火山岩有火山灰、火山凝灰岩和浮石等。

（2）沉积岩。

沉积岩，又称为水成岩，是地表各种岩石的风化产物和一些火山喷发物，经过水流或冰川的搬运、沉积、成岩作用形成的岩石。其特征是呈层状构造，外观多层理，表观密度小，孔隙率和吸水率较大，强度较低，耐久性较差。沉积岩主要包括有石灰岩、砂岩、页岩等。

1）石灰岩。石灰岩简称灰岩，主要化学成分为 $CaCO_3$，主要矿物成分以方解石为主，有时也含有白云石、黏土矿物和碎屑矿物，有灰、灰白、灰黑、黄、浅红、褐红等色，硬度一般不大。石灰岩来源广、易劈裂、便于开采，具有一定的强度和耐久性，被广泛应用于土木工程材料中。块石可作为基础、墙身、阶石及路面等，碎石是常用混凝土的骨料。

2）砂岩。砂岩是源区岩石经风化、剥蚀、搬运在盆地中堆积形成的岩石。绝大部分砂岩是由石英或长石组成的。砂岩按其沉积环境可划分为：石英砂岩、长石砂岩和岩屑砂岩 3 大类。砂岩是使用最广泛的一种建筑用石材。几百年前用砂岩装饰而成的建筑至今仍保存完好，如巴黎圣母院、罗浮宫、英伦皇宫、美国国会等。最近几年砂岩作为一种天然建筑材料，被追随时尚和自然的建筑设计师所推崇，广泛地应用在商业和家庭装潢上。

3）页岩。页岩成分复杂，具有薄页状或薄片层状的节理，主要是由黏土沉积经压力和温度形成的岩石，但其中也混杂有石英、长石的碎屑以及其他化学物质。页岩的颗粒组成与它的自然颗粒级及成岩原因有关，颗粒组成变化的波动幅度较大，从而影响页岩的其他性能。土木工程中使用页岩作为烧结砖的原料，或是利用页岩陶粒作为轻集骨架料制备墙体材料。

（3）变质岩。

变质岩是地壳中原有的岩石受构造运动、岩浆活动或地壳内热流变化等内营力影响，使其矿物成分、结构构造发生不同程度的变化而形成的新岩石。固态的岩石在地球内部的压力和温度作用下，发生物质成分的迁移和重结晶，形成新的矿物组合。如普通石灰石由于重结晶变成大理石；如片麻石是由岩浆岩经变质而形成的。

1）大理岩。大理岩又称大理石，是由石灰岩或白云石经高温高压作用，重新结晶变质而成的。大理岩的构造多为块状构造，也有不少大理岩具有大小不等的条带、条纹、斑块或斑点等构造，它们经加工后便成为具有不同颜色和花纹图案的装饰建筑材料。土木工程中常用于建造纪念碑、铺砌地面、墙面以及雕刻栏杆等。也用作桌面、石屏或其他装饰。

2）片麻岩。片麻岩是花岗岩变质而成，变质程度深，具有片麻状构造或条带状构造，有鳞片粒状变晶，主要由长石、石英、云母等组成，其中长石和石英含量大于50%，长石多于石英。片麻岩可用作碎石、块石及人行道石板等。

5.4.2 天然砌筑石材的技术性质

天然砌筑石材的性质主要取决于其矿物组成、结构与构造的特征，同时也受到一些外界因素的影响，如自然风化或开采加工过程中造成的缺陷等。

(1) 物理性质。

1) 表观密度。石材的表观密度与矿物组成、孔隙率有关。致密的石材，如花岗岩、大理石等，其表观密度接近于密度，在 $2500\sim3100kg/m^3$ 之间，而孔隙率较大的石材，如火山凝灰岩、浮石岩，表观密度较小，在 $500\sim1700kg/m^3$ 之间。

表观密度是石材品质评价的粗略指标。表观密度大于 $1800kg/m^3$ 重质石材，一般用作基础、桥涵、隧道、墙、地面及装饰用材料等。表观密度小于 $1800kg/m^3$ 称为轻质石材，一般多用作墙体材料。一般情况下，同种石材表观密度越大，抗压强度越高，吸水率越小，抗冻性与耐久性越高，导热性越高。

2) 吸水性。岩石吸水性的大小与其孔隙率及孔隙特征有关。深成岩及许多变质岩，它们的孔隙率都很小，吸水率也较小。如花岗岩的吸水率小于 0.5%；沉积岩的孔隙率及孔隙特征变化很大，吸水率波动也很大。如致密的石灰岩其吸水率可小于 1%，而多孔的贝壳石灰岩的吸水率可高达 15%。一般岩石吸水率低于 1.5% 的称为低吸水性岩石；吸水率高于 3.0% 的岩石称为高吸水性岩石；吸水率介于 $1.5\%\sim3.0\%$ 的岩石称为中吸水性岩石。石料吸水后其强度会降低、耐水性及抗冻性变差，导热性增大。

3) 抗冻性。石材的抗冻性与其吸水性、吸水饱和程度和冻融次数有关，吸水率越低，抗冻性越好，如坚硬致密的花岗岩、石灰岩等，抗冻性好。冻结温度越低或冷却温度越快，则冻结的破坏速度与程度愈大。石材的吸水多少与其吸水饱和程度有关，饱和系数是指材料体积吸水率与开口孔隙的体积百分比。饱和系数越大，吸水越多，抗冻性越差；反之则抗冻性提高。石材浸水时间越长，吸水越多，饱和系数越大，抗冻性越差。如有些石灰石，浸水 $1\sim5d$ 时抗冻性尚可，但浸水 $30d$ 后则抗冻性能很差，基本不能承受冻融循环破坏。

4) 耐水性。石材的耐水性用软化系数表示，根据软化系数大小，石材的耐水性分为高、中、低 3 等。软化系数高于 0.9 的石材称为高耐水性，软化系数为 $0.75\sim0.9$ 的石材为中耐水性，软化系数为 $0.6\sim0.75$ 的石材为低耐水性。软化系数小于 0.6 的石材不能用于重要建筑物。经常与水接触的建筑物，石料的软化系数一般不应低于 $0.75\sim0.90$。

5) 耐热性。石材的耐热性与其化学成分及其矿物组成有关。含有石膏的石材，在 $100℃$ 以上时开始破坏；含有碳酸镁的石材，温度高于 $725℃$ 时会发生破坏；而含有碳酸钙的石材，则在 $827℃$ 时开始破坏。由石英与其他矿物组成的结晶石材，如花岗岩等，当温度达到 $700℃$ 时，由于石英受热膨胀，强度即行丧失。

6) 导热性。石材的导热性与表观密度和结构有关。重质石材的导热系数可达 $2.91\sim3.49W/(m\cdot K)$；轻质石材的导热系数则在 $0.2\sim0.7W/(m\cdot K)$ 之间。相同成分的石材，玻璃态比结晶态的导热系数要小。具有封闭孔隙的石材，其导热系数较小。

7）抗风化性及风化程度。岩石抗风化能力的强弱与其矿物组成、结构和构造状态有关。其风化程度见表5.13。岩石的风化程度用 k_w 表示，k_w 为该岩石与新鲜岩石单轴抗压强度的比值。

表 5.13　　　　　　　　　　岩 石 风 化 程 度 表

风化程度	k_w 值	风化程度	k_w 值
新鲜（包括微风化）	0.9~1.0	半风化	0.40~0.75
		强风化	0.20~0.40
微风化	0.75~0.90	全风化	<0.20

建筑物中所用的石料要求：质地均匀，没有显著风化迹象，没有裂缝，不含易风化矿物。

（2）力学性质。

1）抗压强度。天然石料的强度取决于石料的矿物组成、晶粒粗细及构造的均匀性、孔隙率大小和岩石风化程度等。石料强度一般变化都较大，具有层理构造的石料，其垂直层理方向的抗压强度较平行层理方向的高。

根据《砌体结构设计规范》（GB 50003—2011）规定，石材的强度等级，以 3 块边长为70mm 的立方体试件，用标准试验方法所测得极限抗压强度平均值（MPa）表示。按抗压强度值的大小，分为 7 个强度等级：MU100、MU80、MU60、MU50、MU40、MU30、MU20。

水利工程中，将天然石料按直径 50mm×100mm 圆柱体或 50mm×50mm×100mm 棱柱体试件，浸水饱和状态的极限抗压强度，划分为 100、80、70、60、50、30 等 6 个等级。并按其抗压强度分为硬质岩石、中硬岩石及软质岩石 3 类，见表5.14。水利工程中所用石料的等级一般均应大于 30MPa。

表 5.14　　　　　　　　　　岩 石 软 硬 分 类 表

岩石类型	单轴饱和抗压强度 /MPa	代 表 性 岩 石
硬质岩石	>80	中细粒花岗岩、花岗片麻岩、闪长岩、辉绿岩、安山岩、流纹岩、石英岩、硅质灰岩、硅质胶结的砾岩、玄武岩
中硬岩石	30~80	厚层与中厚层石灰岩、大理岩、白云岩、砂岩、钙质岩、板岩、粗粒或斑状结构的岩浆岩
软质岩石	<30	泥质岩、互层砂质岩、泥质灰岩、部分凝灰岩、绿泥石片岩、千枚岩

2）冲击韧性。岩石的韧性决定于其矿物组成及结构。天然石材是典型的脆性材料，抗拉强度约为抗压强度的 1/50~1/14。石英岩、硅质砂岩具有较高的脆性，而含有暗色矿物较多的辉长岩、辉绿岩等具有较高的韧性。通常晶体结构的岩石韧性高于非晶体结构的岩石。

3）耐磨性。石材的耐磨性是指它抵抗磨损和磨耗的性能。石材的耐磨性用磨耗率来表示，该值为试样磨耗损失质量与试样磨耗之前的质量之比。

石料的耐磨性取决于其矿物组成、结构及构造。组成矿物越硬，构造愈致密以及石材的抗压强度和抗冲击韧性越高，石材的耐磨性越好。

4）硬度。硬度用莫氏硬度或肖氏硬度表示。石材的硬度取决于该矿物组成的硬度与构造。凡由致密、坚硬的矿物组成的石料，其硬度均较高。结晶质结构的硬度高于玻璃质结构。一般来说，石材的抗压强度越高，硬度越大，其耐磨性和抗刻划性越好，但表面加工越难。

（3）工艺性质。

建筑石材的工艺性质是指石材开采和加工过程的难易程度及可能性，包括加工性、磨光性、抗钻性、放射性等。加工性质对应用于建筑装饰工程的石材而言是非常重要的，直接影响到石材的装饰效果。

1）加工性。建筑石材的加工性是指对岩石劈解、破碎、凿琢等加工工艺的难易程度。凡是强度、硬度、韧性较高的石材，不易加工；性脆而粗糙、有颗粒交错结构、含有层状或片状构造以及已经风化的岩石，都难以加工成规则石材。

2）磨光性。建筑石材的磨光性是指岩石能否磨成光滑表面的性质。致密、均匀、细粒的岩石，一般都有良好的磨光性，可以磨成光滑整洁的表面；疏松多孔、有鳞片状构造的岩石，磨光性均不好。

3）抗钻性。建筑石材的抗钻性是指岩石钻孔时的难易程度。影响石材抗钻性的因素很复杂，一般认为与岩石的强度、硬度等性质有关。

由于具体工程以及使用条件的不同，对建筑石材的性质及其所要达到的指标的要求均有所不同。对应用于基础、桥梁、隧道以及砌筑工程的石材，一般规定必须具有较高的抗压强度、抗冻性和耐水性；应用于建筑装饰工程的石材，除了要求具备一定的强度、抗冻性、耐水性之外，对于石材的密度、耐磨性等的要求也较高。

（4）放射性。

石材的放射性来源于地壳岩石中所含的天然放射性核素。岩石中广泛存在的天然放射性核素主要有铀、钍、镭、钾等长寿命放射性同位素。这些长寿命的放射性核素放射产生的 γ 射线和氡气，对室内的人体造成外照射危害和内照射危害。这些放射性核素在不同种类岩石中的平均含量有很大差异。研究表明：大理石放射性水平较低；而一般红色品种的花岗岩放射性指标都偏高，并且颜色愈红紫，放射性指标愈高。因此，在选用天然石材用于室内装修时，应有放射性性检验合格证明或检测鉴定。

应用于土木工程和建筑装饰工程的石材的化学性质，主要包括以下两个方面：

1）石材自身的化学稳定性。通常情况下，可以认为石材的化学稳定性较好；但各种石材的耐酸性和耐碱性存在差别。例如大理石的主要成分是碳酸钙，易受化学介质的影响；而花岗岩的化学成分为石英、长石等硅酸盐，其化学稳定性较大理石好。

2）石材的化学性质对骨料-结合料结合效果的影响。土木工程中配制水泥混凝土、沥青混凝土的骨料可由石材轧制加工而成，因而，石材的化学性质将影响骨料的化学性质，进而影响骨料和水泥、沥青等结合料的结合效果。例如：沥青为酸性材料，利用碱性的石灰岩制备的沥青混合料的性能比利用酸性的花岗岩、石英岩制备的沥青混合料的性能要好。

5.4.3 常用天然砌筑石材

土木建筑工程在选用天然石材时，应根据建筑物的类型、使用要求和环境条件，再结合当地资源进行综合考虑，使所选用的石材满足适用、经济、环保和美观的要求。

土木建筑工程中常用的天然石材有毛（片）石、料石、石板、道碴、骨料等。

（1）毛（片）石。

毛石是由爆破直接得到的、形状不规则的石块，又称片石或块石。按其表面的平整程度又分为乱毛石和平毛石两种。

1）乱毛石。乱毛石指各个面的形状均不规则的毛石。乱毛石一般在一个方向上的尺寸达 300~400mm，质量约为 20~30kg，其强度不小于 10MPa，软化系数不应小于 0.75。

2）平毛石。平毛石是将乱毛石略经加工而成的石块，形状较整齐，但表面粗糙，其中部厚度不应小于 200mm。

毛石常用于砌筑基础、勒脚、墙身、堤坝、挡土墙等；其中乱毛石也可用作混凝土的骨料。

（2）料石。

料石是指由人工或机械开采并略加凿琢而成的、较规则的六面体石块。按料石表面加工的平整程度可分为下 4 种：

1）毛料石。毛料石表面一般不经加工或仅稍加修整，为外形大致方正的石块。其厚度不小于 200mm，长度通常为厚度的 1.5~3 倍，叠砌面凹凸深度不应大于 25mm，抗压强度不得低于 30MPa。

毛料石可用于桥梁墩台的镶面工程、涵洞的拱圈与帽石、隧道衬砌的边墙，也可以作为高大的或受力较大的桥墩台的填腹材料。

2）粗料石。粗料石经过表面加工，外形较方正，截面的宽度、高度不应小于 200mm，而且不小于长度的 1/4，叠砌面凹凸深度不应大于 20mm。

粗料石的抗压强度视其用途而定，用作桥墩破冰体镶面时，不应低于 60MPa；用作桥墩分水体时，不应低于 40MPa；用于其他砌体镶面时，应不低于砌体内部石料的强度。

3）半细料石。半细料石经过表面加工，外形方正，规格尺寸同粗料石，但叠砌面凹凸深度不应大于 15mm。

4）细料石。细料石表面经过细加工，外形规则，规格尺寸同粗料石，其叠砌面凹凸深度不应大于 10mm。制作为长方体的称作条石，长、宽、高大致相等的称为方料石，楔形的称为拱石。

常用致密的砂岩、石灰岩、花岗岩等经开采、凿制，至少应有一个面的边角整齐，以便相互合缝。料石常用于砌筑墙身、地坪、踏步、拱桥和纪念碑等；形状复杂的料石制品可用作柱头、柱基、窗台板、栏杆和其他装饰等。

（3）石板。

石板是指对采石场所得的荒料经人工凿开或锯解而成的板材，厚度为 10~

赵州桥

30mm，长度和宽度范围一般为 300～1200mm。一般多采用花岗岩或大理石锯解而成。按板材的表面加工程度分为：

1）粗面板材。其表面平整粗糙，具有较规则的加工条纹。品种有机刨板、剁斧板、锤击板、烧毛板等。

2）细面板材。细面板材为表面平整、光滑的板材。

3）镜面板材。指表面平整，具有镜面光泽的板材，大理石板材一般均为镜面板材。

粗细板材多用于室内外墙、柱面、台阶、地面等部位。镜面板材多用于室内饰面及门面装饰、家具的台面等。大理岩的主要矿物组成是方解石或白云石，在大气中受二氧化碳、硫化物、水气等作用，易于溶蚀，失去表面光泽而风化、崩裂，故大理石板材主要用于室内装饰。

思 考 题

5.1 砌墙砖分哪几类？

5.2 墙用砌块与普通黏土砖相比有哪些优点？

5.3 某住宅楼地下室墙体用烧结普通砖，设计强度等级为 MU10，经对现场送检试样进行检验，抗压强度测定结果见下表，试评定该砖的强度是否满足设计要求。

试件编号	1	2	3	4	5	6	7	8	9	10
抗压强度/MPa	11.2	9.8	13.5	12.3	9.6	9.4	8.8	13.1	9.8	12.5

5.4 蒸压加气混凝土砌块是否有利于环境保护？

5.5 按岩石的生成条件，岩石可分为哪几类？举例说明。

5.6 常用墙板有哪些？主要技术特点是什么？

5.7 石材有哪些主要的技术性质？影响石材抗压强度的主要因素有哪些？

5.8 表征天然石材耐水性的指标是什么？如何区分天然石材的耐水性等级？

第6章 建 筑 钢 材

本章导读

  内容及要求：本章主要介绍建筑钢材的生产及性质、钢的组织与化学成分、结构用钢、混凝土用钢材的分类、技术性质以及钢材强化与加工、钢结构防护与防火。通过本章学习，掌握钢的各项技术性能的定义、意义或表示方法，不同冷加工方法对钢材性能的影响，建筑钢材强度等级的划分及选用，钢结构防护与防火；熟悉钢的分类及各类钢的特点，冷加工强化、时效处理、热处理的定义、分类及机理，材钢牌号的表示方法；了解钢的组织与化学元素对钢材性能的影响；学会在工程设计与施工中正确选择和合理使用建筑钢材。

  重点：钢材的力学性能和工艺性能，土木工程用钢的品种和选用。

  难点：低碳钢拉伸时的应力-应变曲线。

  钢材是主要土木工程材料之一，广泛应用于各类工程建设中，如土木工程、桥梁工程、水利工程等。建筑钢材在工程中的应用是多种多样的，可以作为结构材料，也可以用作连接、维护和饰面材料。通常所指的建筑钢材主要为用于钢结构中的各种型钢（工字钢、槽钢、T型钢等）、钢板、钢管和用于钢筋混凝土中的钢筋、钢丝和钢绞线等。

6.1 钢 的 冶 炼 与 分 类

6.1.1 钢的冶炼

钢结构的发展历史

  钢是由生铁冶炼而成。生铁是由铁矿石、熔剂（石灰石）、燃料（焦炭）在高炉中经过还原反应和造渣反应而得到的一种铁碳合金。由于生铁中碳、硫和磷等杂质的含量较高，生铁脆、塑性和韧性差，不能用焊接、锻造、轧制等方法加工。炼钢的过程就是把熔融的生铁进行氧化，使含碳量降低到预定的范围，其他杂质含量降低到允许范围。钢是以铁为主要元素，含碳量一般在2%以下，并含有其他元素的材料。目前，炼钢方法主要有转炉炼钢法、平炉炼钢法和电炉炼钢法3种。3种炼钢方法特点见表6.1。

  （1）转炉炼钢法。转炉炼钢法以熔融的铁水为原料，不需要燃料，由转炉底部或侧面吹入高压热空气，使铁水中的杂质在空气中氧化，从而除去杂质。空气转炉炼钢法的缺点是吹炼时容易混入空气中的氮、氢等杂质，同时熔炼时间短，杂质含量不易控制。以纯氧气代替空气吹入炉内的纯氧气顶吹转炉炼钢法，克服了空气转炉法的一些缺点，能有效地去除硫、磷等杂质，使钢的质量明显提高。

（2）平炉炼钢法。平炉炼钢法是以铁液或固体生铁、废钢铁和适量的铁矿石为原料，以煤气或重油为燃料，靠废钢铁、铁矿石中的氧或空气中的氧（或吹入的氧气），使杂质氧化而被除去。该方法冶炼时间长（4～12h）、易调整和控制成分、杂质少、质量好，但投资大、需用燃料，成本高。用平炉炼钢法可生产优质碳素钢、合金钢或有特殊要求的钢种。

（3）电炉炼钢法。电炉炼钢法是以电为能源迅速加热生铁或废钢原料的冶炼方法。该方法熔炼温度高、温度可自由调节、消除杂质容易。因此，炼得的钢质量好，但成本最高。主要用来冶炼优质碳素钢及特殊合金钢。

表 6.1 　　　　　　　　　　　　常 用 炼 钢 方 法 特 点

炉种	原料	燃料	特　点	生产钢种
转炉法	熔融的铁水	焦炭	冶炼时间短（25～45min），杂质含量少，质量好	优质碳素钢和合金钢
平炉法	生铁、废钢铁、适量铁矿石	煤气或重油	冶炼时间长（4～12h），杂质含量少，质量好，但需要燃料、成本高	优质碳素钢、合金钢及特殊要求的钢种
电炉法	废钢和生铁	电	产量低、质量好，成本高	优质碳素钢、特殊合金钢

6.1.2 钢材的分类

1. 按化学成分分类

（1）碳素钢。

碳素钢的主要成分是铁和碳，其中含碳量为 0.02%～2%，以及限量以内的硅、锰、磷、硫等杂质。碳素钢的性能主要取决于含碳量。含碳量增加，钢的强度、硬度升高，塑性、韧性和可焊性降低。与其他钢类相比，碳素钢使用最早，成本低，性能范围宽，用量最大。

根据含碳量不同碳素钢又分为以下 3 种：

1）低碳钢：含碳量小于 0.25%。

2）中碳钢：含碳量为 0.25%～0.6%。

3）高碳钢：含碳量大于 0.6%。

在土木工程中，主要用的是低碳钢和中碳钢。

（2）合金钢。

合金钢是指含有一定量的合金元素的钢。钢中除了含有铁、碳和少量硅、锰、磷、硫等杂质外，还含有一定量的铬、镍、钼、钨、钒、钛、铌、锆、钴、铝、铜、硼、稀土等一种或多种合金元素。其目的是获得钢材的高强度、高韧性、耐磨、耐腐蚀、耐低温、耐高温、无磁性等特殊性能。

合金钢按合金元素总含量分为 3 种：

1）低合金钢：合金元素总含量小于 5%。

2）中合金钢：合金元素总含量为 5%～10%。

钢结构屋架坍塌

3) 高合金钢：合金元素总含量大于 10%。

土木工程中常用低合金钢。

国家标准《钢分类　第 1 部分　按化学成分分类》（GB/T 13304.1—2018）则根据化学成分把钢分为非合金钢、低合金钢、合金钢。

2. 按有害杂质含量分类

(1) 普通钢：硫含量不大于 0.050%，磷含量不大于 0.045%。

(2) 优质钢：硫含量不大于 0.035%，磷含量不大于 0.035%。

(3) 高级优质钢：硫含量不大于 0.025%，磷含量不大于 0.025%。

(4) 特级优质钢：硫含量不大于 0.025%，磷含量不大于 0.015%。

土木工程中常用普通钢，有时也用优质钢。

3. 按冶炼脱氧程度分类

(1) 沸腾钢。

脱氧不完全的钢，代号为"F"。一般用锰铁和少量铝脱氧后，钢水中还剩余一定数量的氧化铁，氧化铁与碳反应放出一氧化碳气体。因此，在浇注时钢水在钢锭模内呈沸腾现象，故称为沸腾钢。这种钢材的优点是生产成本低、产量高，加工性能好。缺点是钢的杂质多，成分偏析较大，性能不均匀，钢的致密程度较差，抗蚀性、冲击韧性和可焊性差。

(2) 镇静钢。

炼钢时一般采用硅铁、锰铁和铝锭等作脱氧剂，脱氧充分，这种钢水铸锭时能平静地充满锭模并冷却凝固，基本无一氧化碳气泡产生，故称镇静钢，代号为"Z"（也可省略不写）。强脱氧剂硅和铝的加入，使得在凝固过程中，钢液中的氧优先与强脱氧元素铝和硅结合，从而抑制了碳氧之间的反应，所以镇静钢铸锭时没有沸腾现象，由此而得名。在正常情况下，镇静钢中没有气泡，但有缩孔和疏松。与沸腾钢相比，镇静钢纯净度较高。镇静钢的偏析不像沸腾钢那样严重，钢材性能也好于沸腾钢。

(3) 特殊镇静钢。

比镇静钢脱氧程度更充分彻底的钢，其质量最好，适用于特别重要的结构工程，代号为"TZ"（也可省略不写）。

(4) 半镇静钢。

半镇静钢是脱氧程度介于沸腾钢和镇静钢之间的钢，铸锭时有沸腾现象，但较沸腾钢弱。这类钢具有沸腾钢和镇静钢的某些优点，在冶炼操作上较难掌握。半镇静钢的许多性能、特点，介于镇静钢和沸腾钢之间。这种钢含碳量一般为低于 0.25% 的低碳钢，可作为普通或优质碳素结构钢使用。

4. 根据用途分类

(1) 结构钢：主要用作工程结构构件及机械零件的钢。

(2) 工具钢：主要用作各种量具、刀具及模具的钢。

(3) 特殊钢：具有特殊物理、化学或机械性能的钢，如不锈钢、耐酸钢和耐热钢等。

土木工程中常用的是结构钢。

6.2 钢材的主要技术性质

钢材作为主要的受力结构材料，不仅需要具有一定的力学性能，同时还要求具有易于加工的工艺性能。其力学性能主要有抗拉性能、冲击韧性、疲劳强度及硬度。工艺性能主要有冷弯性能和焊接性能。

6.2.1 力学性能

1. 抗拉性能

抗拉性能是建筑钢材最重要的技术性能，通过拉伸试验，可以测得屈服强度、抗拉强度和断后伸长率，这些是钢材的重要技术性能指标。

土木工程用钢材可由低碳钢的受拉应力-应变曲线来说明，如图 6.1 所示。图中 $OABCD$ 曲线上任意一点都表示在一定荷载的作用下，钢材的应力 σ 和应变 ε 的关系。由图 6.1 可知，低碳钢的受拉过程可划分为 4 个阶段。

（1）弹性阶段。

应力-应变曲线在 OA 范围内为一直线，随着荷载的增加，应力和应变成比例增加。A 点所对应的应力称为弹性极限，用 σ_p 表示。在这一范围内，应力与应变的比值为一常量，称为弹性模量，用 E 表示，即 $E = \dfrac{\sigma}{\varepsilon}$。弹性模量说明产生单位应变时所需的应力大小，反映了钢材的刚度，是钢材在受力条件下结构计算时的重要指标之一。常用低碳钢的弹性模量 E 为 $2.0 \times 10^5 \sim 2.1 \times 10^5 \text{MPa}$，弹性极限 σ_p 为 $180 \sim 200 \text{MPa}$。

（2）屈服阶段。

应力-应变曲线在 AB 曲线范围内，应力与应变不能成比例变化。应力超过 σ_p 后，即开始产生塑性变形。应力到达 $B_{\perp}$ 后，变形急剧增加，应力则在不大的范围内波动，直到 B 点止。$B_{\perp}$ 是上屈服强度，B_{Γ} 是下屈服强度，也可称为屈服极限，当应力到达点 $B_{\perp}$ 时，钢材抵抗外力能力下降，发生"屈服"现象。B_{Γ} 是屈服阶段应力波动的次低值，它表示钢材在工作状态下允许达到的应力值，即在 B_{Γ} 之前，钢材不会发生较大的塑性变形。故在设计中一般以下屈服强度作为强度取值的依据，用 σ_s 表示。常用低碳钢的 σ_s 为 $180 \sim 235 \text{MPa}$。

（3）强化阶段。

应力-应变曲线在 BC 范围为强化阶段，过 B 点后，抵抗塑性变形的能力又重新提高，变形发展速度比较快，随着应力的提高而增加，对应于最高点 C 的应力，称为抗拉强度或强度极限，用 σ_b 表示。常用低碳钢的 $\sigma_b = 375 \sim 500 \text{MPa}$。

抗拉强度不能直接利用，但屈服

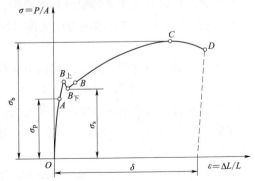

图 6.1 低碳钢拉伸时的应力-应变曲线

强度和抗拉强度的比值（即屈强比 σ_s/σ_b）却能反映钢材的利用率和安全性。σ_s/σ_b 越高，钢材的利用率越高，但易发生危险的脆性断裂，安全性降低。如果屈强比太小，安全性虽高，但利用率低，造成钢材浪费；屈强比偏低时，工程中常采用冷拉的方法来提高钢材的屈强比。常用低碳钢的屈强比为 $0.58\sim0.63$，合金钢的屈强比为 $0.65\sim0.75$。

（4）颈缩阶段。

CD 为颈缩阶段。过 C 点后，材料抵抗变形的能力明显降低，在 CD 范围内，应变快速增加，而应力反而下降，并在某处会发生"颈缩"现象（图6.2），直至断裂。

将拉断的钢材拼合后，测出标距部分的长度（图6.3），便可按下式求得断后伸长率 δ

$$\delta = \frac{l_1 - l_0}{l_0} \times 100\% \tag{6.1}$$

式中　δ——断后伸长率，%；

　　　l_0——试件原始标距长度，mm；

　　　l_1——试件拉断后标距部分的长度，mm。

以 δ_5 和 δ_{10} 分别表示 $L_0=5d_0$ 和 $L_0=10d_0$ 时的断后伸长率，d_0 为试件的原直径或厚度。对于同一钢材，$\delta_5 > \delta_{10}$。

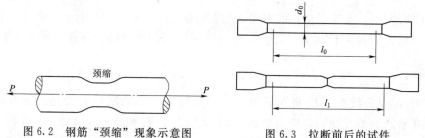

图6.2　钢筋"颈缩"现象示意图　　　　图6.3　拉断前后的试件

伸长率反映了钢材的塑性大小，在工程中具有重要意义。塑性大，钢质软，结构塑性变形大，影响使用。塑性小，钢质硬脆，超载后易断裂破坏。塑性良好的钢材，会使内部应力重新分布，一般不会因应力集中而发生脆断。

对于含碳量或合金元素含量较高的硬钢，在外力作用下没有明显的屈服阶段，通常以 0.2% 残余变形时对应的应力值作为屈服强度，用 $\sigma_{0.2}$ 表示。

2. 冲击韧性

冲击韧性是指钢材抵抗冲击荷载而不被破坏的能力。钢材的冲击韧性是用标准试件（中部加工有 V 形或 U 形缺口，如图6.4所示），在试验机上进行冲击弯曲试验后确定，试件缺口处受冲击，以缺口处单位面积上所消耗的功作为冲击韧性指标，用冲击韧性值 α_k（J/cm^2）表示。α_k 越大，表示冲断试件时消耗的功越多，钢材的冲击韧性就越好。

钢材的冲击韧性取决于钢的晶体结构、化学成分、轧制与焊接质量、温度及时间等多种因素。

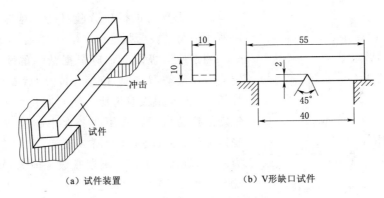

（a）试件装置　　　　　（b）V形缺口试件

图 6.4　冲击韧性试验装置

细晶结构较粗晶结构钢材的冲击韧性值高；硫、磷杂质含量较高和存在偏析及其他非金属夹杂物时，冲击韧性值降低；沿轧制方向取样的钢材冲击韧性值高；焊接件中形成的热裂纹及晶体组织的不均匀分布，使冲击韧性值降低。

图 6.5 为钢材冲击韧性随温度变化示意图，在较高温度环境下，冲击韧性值随温度下降而缓慢降低，破坏时呈韧性断裂。当温度降至一定范围内，随着温度的下降，冲击韧性值大幅度降低，钢材开始发生脆性断裂，这种性质称为钢材的冷脆性。钢材发生冷脆时的温度称为脆性转变温度，脆性转变温度越低，表明钢材低温冲击性能越好。在严寒地区使用的钢材，设计时必须考虑其冷脆性。由于脆性临界温度的测定较复杂，通常根据气温条件在 -20℃ 或 -40℃时测定的冲击韧性值，来以此推断其脆性临界温度范围。

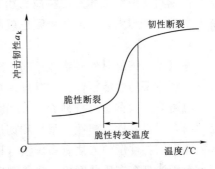

图 6.5　钢材冲击韧性随温度变化曲线

随着时间的延长，钢材的强度与硬度升高、塑性与韧性降低的现象称为时效。时效也是降低钢材冲击韧性的因素之一。表 6.2 为普通低合金结构钢在低温及时效后的冲击韧性变化值。

钢材冷脆现象

表 6.2　　　　　　　　　普通低合金结构钢冲击韧性值

钢材所处条件	常温下	低温时（-40℃）	时效后
冲击韧性值/(J/cm^2)	58.8～69.6	29.4～34.3	29.4～34.3

3. 疲劳强度

钢材在交变荷载反复作用下，在应力远低于抗拉强度时突然发生脆性断裂破坏的现象，称为疲劳破坏。疲劳破坏是在低应力状态下突然发生的，所以危害性极大，往往造成灾难性的工程事故。

疲劳破坏的危险应力用疲劳极限或疲劳强度表示。它是指钢材在交变荷载作用下，在规定的周期基数内（一般为 10^6～10^7 次循环）不发生断裂所能承受的最大应力。材料疲劳曲线如图 6.6 所示。疲劳强度是衡量钢材耐疲劳性的指标。设计具有交

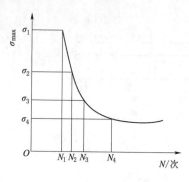

图 6.6 钢材疲劳曲线

变荷载作用且需进行疲劳验算的结构时，应当了解所用钢材的疲劳强度。

测定疲劳极限时，应根据结构的受力特点确定应力循环类型（拉-拉型、拉-压型等）、应力特征值 ρ（最小最大应力比）和周期基数。例如测定钢筋的疲劳极限，常用改变大小的拉应力循环来确定 ρ 值，对非预应力筋一般为 $0.1\sim0.8$；预应力筋则为 $0.7\sim0.85$；周期基数一般为 200 万次或 400 万次。

试验证明，钢材的疲劳破坏，先在应力集中的地方出现疲劳裂纹，在交变荷载反复作用下，裂纹尖端产生应力集中，致使裂纹逐渐扩大，从而产生瞬时疲劳断裂。钢材疲劳极限不仅与其化学成分、组织结构有关，与其截面变化、表面质量以及内应力大小等可能造成应力集中的各种因素有关。一般认为，钢材的疲劳破坏是由拉应力引起的，因此钢材的疲劳极限与其抗拉强度有关，一般抗拉强度越大，其疲劳极限也就越高。

4. 硬度

硬度是指钢材对外界物体压陷、刻划等作用的抵抗能力。硬度是衡量钢材软硬程度的一项重要的性能指标，它既可理解为是钢材抵抗弹性变形、塑性变形或破坏的能力，也可表述为钢材抵抗残余变形和抵抗破坏的能力。硬度不是一个简单的物理概念，而是材料弹性、塑性、强度和韧性等力学性能的综合指标。

测定钢材硬度的方法有布氏法（HB）、洛氏法（HRC），较常用的是布氏法。

布氏法是在布氏硬度机上用一规定直径的硬质钢球，加以一定的压力，将其压入钢材表面，使其形成压痕，将压力除以压痕面积所得应力值为该钢材的布氏硬度值，用符号 HB 表示，单位为 MPa，但一般不标出。数值越大，表示钢材越硬。

洛氏法是在洛氏试验机上根据测量的压痕深度来计算硬度值。在规定的外加载荷下，将钢球或金刚石压头垂直压入试件表面，产生压痕，测试压痕深度，利用洛氏硬度计算公式计算出洛氏硬度，用"HRC"来表示。压痕越浅，HRC 值越大，材料硬度越高。

一般来说，硬度越高，强度也就越大。

6.2.2 工艺性能

钢材不仅应具有优良的力学性能，还须具有良好的工艺性能，以满足施工的要求。其中冷弯性能和焊接性能是钢材重要的工艺性能。

1. 冷弯性能

冷弯性能是指钢材在常温下能承受弯曲而不开裂的性能。钢材冷弯性能指标，用冷弯试验测试，即用试件在常温下所承受的弯曲程度表示。冷弯试验是将钢材按规定弯曲角度与弯心直径弯曲（图 6.7），检查受弯部位的外拱面和两侧面不发生裂纹、起层或断裂为合格，弯曲角度越大，弯心直径对试件厚度（或直径）的比值越小，则表示钢材冷弯性能越好。

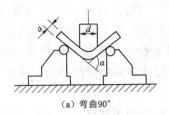 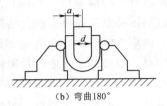

（a）弯曲90°   （b）弯曲180°

图 6.7 钢材冷弯示意图

d—弯心直径；a—试件厚度或直径

钢材的冷弯性能反映钢材在常温下弯曲加工发生塑性变形时对产生裂纹的抵抗能力，不仅是检验钢材的冷加工能力和显示钢材的内部缺陷状态的一项指标，也是考虑钢材在复杂应力状态下裂纹发展变形能力的一项指标。

一般来说，钢材的塑性愈大，其冷弯性能愈好。

冷弯是钢材处于不利变形下的塑性，与钢材的均匀变形下的塑性（伸长率）不同，在一定程度上冷弯更能反映钢材的内部组织是否均匀，是否存在内应力及夹杂物等缺陷。在工程中，冷弯试验还被用作对钢材焊接质量进行严格检验的一种手段。

2. 焊接性能

焊接性能主要指钢材的可焊性，也就是钢材之间通过焊接方法连接在一起的结合性能，是钢材固有的特性。

土木工程中，焊接是钢材的主要连接方式；在钢筋混凝土工程中，焊接广泛应用于钢筋接头、钢筋网、钢筋骨架和预埋件的连接与固定。因此要求钢材具有良好的可焊性。

钢材的主要焊接方法：

（1）电弧焊。以焊条作为一极，钢材为另一极，利用焊接电流通过时产生的电弧热进行焊接的一种熔焊方法。

（2）闪光对焊。将两钢材安放成对接形式，利用电阻热使对接点金属熔化，产生强烈飞溅，形成闪光，迅速施加顶锻力完成的一种压焊方法。

（3）电渣压力焊。将两钢材安放成竖向对接形式，利用焊接电流通过两钢材端面间隙，在焊剂层下形成电弧过程和电渣过程，产生的电弧热和电阻热熔化钢材，加压完成的一种压焊方法。

（4）埋弧压力焊。将两钢材安放成 T 形接头形式，利用焊接电流通过，在焊剂层下产生电弧，形成熔池，加压完成的一种压焊方法。

（5）电阻点焊。将两钢材安放成交叉叠接形式，压紧于两电极之间，利用电阻热熔化母材金属，加压形成焊点的一种压焊方法。

（6）气压焊。采用氧乙炔火焰或其他火焰对两钢材对接处加热，使其达到塑性状态（固态）或熔化状态（熔态）后，加压完成的一种压焊方法。

焊接过程的特点是：在很短的时间内达到很高的温度；金属熔化的体积很小；由于金属传热快，故冷却的速度很快。因此，在焊件中常发生复杂的、不均匀的反应和变化，存在剧烈的膨胀和收缩，因而易产生变形、内应力和组织的变化。

由于在焊接过程中的高温作用和焊接后急剧冷却作用，存在剧烈的膨胀和收缩，焊缝及附近的过热区将发生晶体组织及结构变化，产生局部变形及内应力，在热影响区易产生变形、内应力组织的变化和局部硬脆性倾向等缺陷的产生，降低焊接质量。可焊性良好的钢材，焊接部位性质应与钢材母体性能尽可能相同，焊接质量才能得到保证。

钢的化学成分、冶炼质量及冷加工等都可影响焊接性能。含碳量超过 0.3% 的碳素钢可焊性变差；硫、磷及气体杂质会使可焊性降低；加入过多的合金元素也将降低可焊性。对于高碳钢及合金钢，为改善焊接质量，一般需要采用预热和焊后处理以保证质量。此外，正确的焊接工艺也是保证焊接质量的重要措施。

6.3 钢的组织和化学成分

6.3.1 钢的组织

1. 钢材的晶体结构

（1）晶体结构。

钢属于晶体材料，晶体结构中各个原子是以金属键方式结合的。这种结合方式是钢具备较高强度和良好塑性的根本原因。

钢是铁碳合金，其中铁元素是最基本的成分，它在钢中起着决定性的作用。因此认识钢的本质首先要从纯铁（含碳量小于 0.04% 的铁碳合金）开始，然后再研究铁和碳的相互作用。

描述原子在晶体中的空间格子称为晶格。晶格按原子排列的方式不同分为若干类型，例如，纯铁在 910℃ 以下为体心立方晶格（图 6.8），称为 α-Fe。晶格的基本单元叫晶胞，无数晶胞排列构成了晶粒。晶粒之间的界面叫晶界，钢材是由无数晶粒紧密聚集而成的多晶体结构（图 6.9），各晶粒原子是规则排列的。就每个晶粒来讲，其性质是各向不同的，但由于许多晶粒是不规则聚集的，故钢材是各向同性材料。

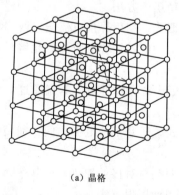

（a）晶格　　　　　（b）晶胞

图 6.8 体心立方晶格

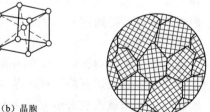

图 6.9 晶粒聚集示意图

（2）钢材的力学性能与晶体结构的关系。

钢材的力学性能与晶体结构的主要关系如下：

1）晶格平面上的原子排列较紧密，因而结合力较强。而晶面与晶面之间，则由于原子距离较大，结合力弱。因此，晶格在外力作用下，容易沿晶面相对滑移。α-Fe晶格中这种易滑移的面比较多，这是钢材塑性变形能力较大的原因。

2）晶格中存在许多缺陷，如点缺陷、线缺陷和面缺陷。这些缺陷的存在，使晶格受力滑移时，不是整个滑移面上全部原子一齐移动，只是缺陷处局部移动，这是钢材的实际强度远比理论强度低的原因。

3）晶粒越细，晶界面积越大，则强度越高，塑性、韧性也越好。

4）α-Fe晶格中可溶入其他元素，形成固溶体，会使晶格产生畸变，因而强度提高，而塑性和韧性降低。

2. 钢材的基本组织

钢材中铁和碳原子的结合有3种基本形式：固溶体、化合物和机械混合物。

固溶体是以铁为溶剂、碳为溶质所形成的固体溶液，铁保持原来的晶格，碳溶解其中。化合物是Fe、C化合成渗碳体（Fe_3C），其晶格与原来的晶格不同。机械混合物是由上述固溶体和化合物混合而成。

钢的组织就是由以上3种基本形式的单一形式或多种形式构成。其基本组织有铁素体、渗碳体和珠光体。

（1）铁素体是碳在α-Fe中的固溶体。其晶格原子间空隙较小，溶入碳少，滑移面较多，晶格畸变小，所以受力时强度低而塑性好。抗拉强度约为250MPa，伸长率约为50%。

（2）渗碳体是铁和碳形成的化合物（Fe_3C）。含碳量6.69%，晶体结构复杂，性质硬而脆，抗拉强度低。

（3）珠光体是铁素体和渗碳体的机械混合物。含碳量0.77%，其强度较高，塑性和韧性介于铁素体和渗碳体之间。

土木工程中所用钢材的含碳量小于0.8%，其基本组织为铁素体和珠光体。由图6.10可见，含碳量增大时，珠光体相对含量增多，铁素体则相应减少，因而强度随之提高，但塑性和韧性则相应下降。

6.3.2 钢的化学成分及其对钢性能的影响

碳素钢中除了铁和碳元素之外，还含有硅、锰、硫、磷、氧、氮、钛等元素。这些元素虽然含量少，但对钢材性能有很大影响。尤其是某些元素为有害杂质（如硫、磷等），在冶炼时，应控制和调节有害杂质的含量，以保证钢的质量。

（1）碳（C）。碳是影响钢材性能的主要元素之一。碳对钢材性能的影响如图6.11所示：随着含碳量的增加，其强度和硬度提高，塑性和韧性降低。当含碳量大于1%后，脆性增加，硬度增加，强度下降。含碳量大于0.3%时，钢的可焊性显著降低。此外，含碳量增加，钢的冷脆性和时效敏感性增大，耐大气锈蚀性降低。

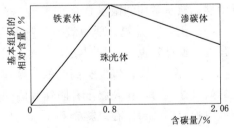

图 6.10 铁碳合金的含碳量与晶体组织及性能之间的关系

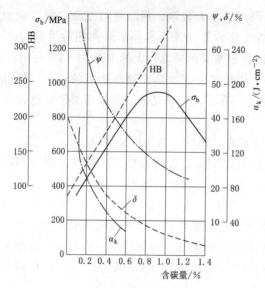

图 6.11　碳对钢材性能的影响

σ_b—抗拉强度；α_k—冲击韧性；δ—伸长率；

ψ—断面收缩率；HB—硬度

一般工程所用碳素钢均为低碳钢，即含碳量小于 0.25%；工程所用低合金钢，其含碳量小于 0.52%。

（2）硅（Si）。硅是作为脱氧剂而存在于钢中，是钢中的有益元素。硅含量较低（小于 1.0%）时，能提高钢材的强度，而对塑性和韧性无明显影响。

（3）锰（Mn）。锰是炼钢时用来脱氧去硫而存在于钢中的，是钢中的有益元素。锰具有很强的脱氧去硫能力，能消除或减轻氧、硫所引起的热脆性，大大改善钢材的热加工性能，同时能提高钢材的强度和硬度。锰也是我国低合金结构钢中的主要合金元素。

（4）硫（S）。硫是钢中的有害元素。硫的存在会加大钢材的热脆性，降低钢材的各种机械性能，也使钢材的可焊性、冲击韧性、耐疲劳性和抗腐蚀性等降低。

（5）磷（P）。磷是钢中的有害元素。随着磷含量的增加，钢材的强度、屈强比、硬度均提高，而塑性和韧性显著降低。特别是温度愈低，对塑性和韧性的影响愈大，显著加大钢材的冷脆性。磷也使钢材的可焊性显著降低。但磷可提高钢材的耐磨性和耐蚀性，故在低合金钢中可配合其他元素作为合金元素使用。

（6）氧（O）。氧是钢中的有害元素。随着氧含量的增加，钢材的强度有所提高，但塑性特别是韧性显著降低，可焊性变差。氧的存在会造成钢材的热脆性。

（7）氮（N）。氮对钢材性能的影响与碳、磷相似。随着氮含量的增加，可使钢材的强度提高，塑性特别是韧性显著降低，可焊性变差，冷脆性加剧。氮在铝、铌、钒等元素的配合下可以减少其不利影响，改善钢材性能，可作为低合金钢的合金元素使用。

（8）钛（Ti）。钛是强脱氧剂。钛能显著提高强度，改善韧性、可焊性，但稍降低塑性。钛是常用的微量合金元素。

（9）钒（V）。钒是弱脱氧剂。钒加入钢中可减弱碳和氮的不利影响，有效地提高强度，但有时也会增加焊接淬硬倾向。钒也是常用的微量合金元素。

（10）镍（Ni）。镍能提高钢的强度，而又保持良好的塑性和韧性。镍对酸碱有较高的耐腐蚀能力，在高温下有防锈和耐热能力。

（11）铬（Cr）。在结构钢和工具钢中，铬能显著提高强度、硬度和耐磨性，但同时降低塑性和韧性。铬又能提高钢的抗氧化性和耐腐蚀性，因而是不锈钢、耐热钢的重要合金元素。

（12）钼（Mo）。钼能使钢的晶粒细化，提高淬透性和热强性能，在高温时保持足够的强度和抗蠕变能力（长期在高温下受到应力，发生变形，称蠕变）。

（13）钨（W）。钨熔点高，比重大，是贵重的合金元素。钨与碳形成碳化钨有很高的硬度和耐磨性。

（14）铌（Nb）。铌能细化晶粒和降低钢的过热敏感性及回火脆性，提高强度，但塑性和韧性有所下降。在普通低合金钢中加铌，可提高抗大气腐蚀及高温下抗氢、氮、氨腐蚀能力。铌可改善焊接性能。在奥氏体不锈钢中加铌，可防止晶间腐蚀现象。

（15）钴（Co）。钴是稀有的贵重金属，多用于特殊钢和合金中，如热强钢和磁性材料。

（16）铜（Cu）。铜能提高强度和韧性，特别是大气腐蚀性能。缺点是在热加工时容易产生热脆，铜含量超过 0.5% 塑性显著降低。当铜含量小于 0.50% 对焊接性无影响。

（17）铝（Al）。铝是钢中常用的脱氧剂。钢中加入少量的铝，可细化晶粒，提高冲击韧性。铝还具有抗氧化性和抗腐蚀性能，铝与铬、硅合用，可显著提高钢的高温不起皮性能和耐高温腐蚀的能力。铝的缺点是影响钢的热加工性能、焊接性能和切削加工性能。

（18）硼（B）。钢中加入微量的硼就可改善钢的致密性和热轧性能，提高强度。

（19）稀土元素。稀土元素是指元素周期表中原子序数为 57～71 的 15 个镧系元素。这些元素都是金属，但它们的氧化物很像"土"，所以习惯上称为稀土。钢中加入稀土元素，可以改变钢中夹杂物的组成、形态、分布和性质，从而改善了钢的各种性能，如韧性、焊接性，冷加工性能。

6.4 钢材的强化与加工

6.4.1 钢材的强化机理

为了提高钢材的屈服强度和其他力学性能。可采用改变微观晶体缺陷的数量和分布状态的方法，例如，引入更多位错或加入其他合金元素等，以使位错运动受到的阻力增加，具体措施有以下几种。

（1）细晶强化。通常钢材是由许多晶粒组成的多晶体，晶粒的大小可以用单位体积内晶粒的数目来表示，数目越多，晶粒越细。实验表明，在常温下的细晶粒金属比粗晶粒金属有更高的强度、硬度、塑性和韧性。这是因为细晶粒受到外力发生塑性变形可分散在更多的晶粒内进行，塑性变形较均匀，应力集中较小；此外，晶粒越细，单位体积中的晶界越多，因而阻力越大。这种以增加单位体积中晶界面积来提高钢材屈服强度的方法，称为细晶强化。某些合金元素的加入，使钢材凝固时结晶核心增多，可达到细晶的目的。

（2）固溶强化。在某种钢材中加入另一种物质（例如铁中加入碳）而形成固溶体。当固溶体中溶质原子和溶剂原子的直径有一定差异时，会形成众多的缺陷，从而使位错运动阻力增大，使屈服强度提高，称为固溶强化。融入固溶体中的溶质原子造成晶格畸变，晶格畸变增大了位错运动的阻力，使滑移难以进行，从而使合金固溶体的强度与硬度增加。

（3）弥散强化。弥散强化指一种通过在均匀材料中加入硬质颗粒的一种材料的强化手段。是指用不溶于基体金属的超细第二相（强化相）强化的金属材料。为了使第二相在基体金属中分布均匀，通常用粉末冶金方法制造。第二相一般为高熔点的氧化物或碳化物、氮化物，其强化作用可保持到较高温度。在金属材料中，散入第二相质点，构成对位错运动的阻力，因而提高了屈服强度。在采用弥散强化时，散入的质点的强度愈高、愈细、愈分散、数量愈多，则位错运动阻力愈大，强化作用愈明显。

（4）变形强化。当金属材料受力变形时，晶体内部的缺陷密度将明显增大，导致屈服强度提高，称为变形强化。这种强化作用只能在低于熔点温度 40% 的条件下产生，因此也称为冷加工强化。

6.4.2 钢材的冷加工强化与时效处理

将钢材于常温下进行冷拉、冷拔或冷轧使其产生塑性变形，从而提高屈服强度，降低塑性韧性，这个过程称为冷加工强化处理。

产生冷加工强化的原因是：钢材在冷加工变形时，由于晶粒间产生滑移，晶粒发生改变，有的被拉长，有的被压扁，甚至变成纤维状；同时在滑移区域，晶粒破碎，晶格歪扭，从而对继续滑移造成阻力，要使它重新产生滑移就必须增加外力，这就意味着屈服强度有所提高，但由于减少了可以利用的滑移面，故钢的塑性降低。另外，在塑性变形中产生了内应力，钢材的弹性模量降低。

建筑工地或者预制件厂常利用冷加工强化，对钢筋或者盘条按一定要求进行冷加工处理，提高屈服点以达到节约钢材的目的。

常见的冷加工方式有冷拉、冷拔、冷轧、冷扭等。

（1）冷拉。

冷拉是将钢筋拉至应力-应变曲线的强化阶段内任一点 K 处，然后缓慢卸去荷载，当再度加载时，其屈服点将有所提高，塑性变形能力将有所降低。钢筋经冷拉后，一般屈服点可提高 20%～25%。

（2）冷拔。

冷拔加工是强力拉拔钢筋使其通过截面小于钢筋截面积的拔丝模。冷拔作用比纯拉伸的作用强烈，钢筋不仅受拉，同时还受到挤压作用。经过一次或多次冷拔后得到的冷拔低碳钢丝，其屈服点可提高 40%～60%，但其已失去软钢的塑性和韧性，具有硬钢的性能，如图 6.12 所示。

（3）冷轧。

冷轧是将圆钢在轧钢机上轧成断面按一定规律变化的钢筋，可提高其强度及与混凝土的黏结力。钢筋在冷轧时，纵向和横向同时产生变形，因而能较好地保持塑性及内部结构的均匀性。如图 6.13 所示。

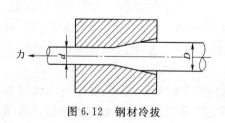

图 6.12　钢材冷拔

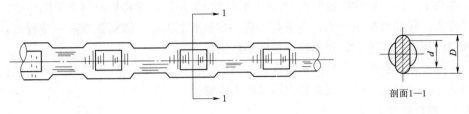

图 6.13 钢材冷轧

（4）冷扭。

冷扭是以热轧圆盘条为原料，经专用生产线，先冷轧扁，再冷扭转，从而形成系列螺旋状直条钢筋，具有良好的塑性和较高的抗拉强度，同时螺旋状外形大幅提高了与混凝土的握裹力，改善了构件受力性能。如图 6.14 所示。

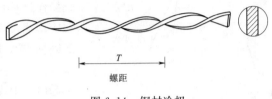

图 6.14 钢材冷扭

对钢材进行冷加工的目的，主要是提高强度，节约钢材，同时也达到调直和除锈的目的。工程中大量使用的钢筋采用冷加工强化具有明显的经济效益。冷拔钢丝的屈服点可提高 40%～60%。由此可适当减小钢筋混凝土结构设计截面，或减小混凝土中配筋数量，从而达到节约钢材的目的。

将冷加工处理后的钢材，在常温下存放 15～20d，或加热至 100～200℃后保持一定时间（2～3h），其屈服强度、抗拉强度及硬度进一步提高，同时，塑性和韧性也将进一步降低的过程称为时效。前者称为自然时效，后者称为人工时效。因时效而导致钢材性能改变的程度称为时效敏感性。时效敏感性大的钢材，经时效后，其韧性、塑性改变较大。因此，承受振动、冲击荷载作用的重要结构（如吊车梁、桥梁），应选用时效敏感性小的钢材。

钢材经冷加工时效处理后的性能变化如图 6.15 所示，图中 $OBCD$ 为未经冷拉加工和时效处理试件的应力-应变曲线，当试件拉伸至应力超过屈服强度的任一点 K，然后卸去荷载，由于试件已产生塑性变形，故曲线沿 KO' 下降，大致与 BO 平行。若立即将试件重新拉伸，则新的屈服强度将升高至原来达到的 K 点，以后的应力-应变曲线与 KCD 重合，即应力-应变曲线为 $O'KCD$。这表明钢筋经冷拉后屈服强度得到提高，塑性、韧性下降，而抗拉强度不变。如在 K 点卸去荷载后将试件进行时效处理后再进行拉伸，则屈服强度将上升至 K_1，继续拉伸时曲线将沿 $K_1C_1D_1$ 发展，应力-应变曲线为 $O'K_1C_1D_1$。这表明钢材经冷拉和时效处理后，屈服强度进一步提高，抗拉强度也有所提高，塑性和韧性则进一步降低。

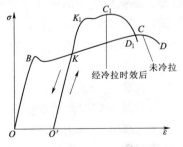

图 6.15 钢筋冷拉处理后的应力-应变曲线

钢材产生时效的主要原因是，溶于 $\alpha-Fe$ 中的碳、氮原子，向晶格缺陷处移动和集中的速度大为加快，这将使滑移面缺陷处碳、氮原子富集，使晶格畸变加剧，造成其滑移、变形更为困难，因而强度进一步提高，塑性和韧性则进一步降低，而弹性模量则基本恢复。

一般土木工程中，应通过试验确定合理的冷拉应力和时效处理措施。强度较低的钢筋采用自然时效，强度较高的钢筋采用人工时效。

6.4.3　钢材的热处理

钢材的热处理是将钢材加热至高温并保持一定时间，然后以不同的速度冷却下来

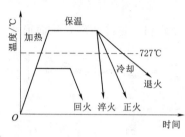

图 6.16　钢材的热处理工艺曲线

以使钢材的晶体组织产生变化，从而获得所要求的性能。这种对钢材进行加热、保温和冷却的综合操作过程称为钢材的热处理。依据加热的温度和冷却速度不同，钢材的热处理主要有以下几种不同的基本形式，其热处理工艺曲线如图 6.16 所示。

（1）退火。

把钢材加热到 727℃以上某一适当温度，并保温一定时间后，随后以极缓慢的速度冷却（随炉冷却），以获得接近平衡状态的组织结构。这种热处理工艺称为钢材的退火。退火后的钢材，其晶体组织产生了重新结晶，使钢在铸造或锻造等热加工时所造成的粗大、不均匀的组织得以均匀细化，消除了其他加工工艺中形成的缺陷和内应力，从而使钢材的塑性和冲击韧性改善，硬度也有所降低。

（2）正火。

把钢加热到 727℃以上某一适当温度，并保温一定时间后，然后移到空气中冷却，该过程称为正火。正火与退火相似，也能细化晶粒，从而消除钢在热轧过程中形成的带状组织和内应力，使钢材的塑性和韧性提高。正火与退火的主要区别是冷却速度不同，正火在空气中冷却比退火冷却速度快。因此，钢材在正火后的强度比退火后的强度较高，且硬度也大。

（3）淬火。

把钢材加热超过 727℃以上某一适当温度，并保温一定时间后，随后在液体介质中快速冷却，该过程称为淬火。淬火的目的是使钢中的奥氏体转变为一种针状晶体马氏体，这种组织硬度和强度很高，但塑性和冲击韧性很差。淬火所使用的液体介质有盐水、水或油等。最适宜于淬火处理的钢是中碳钢，低碳钢淬火效果不大明显，而高碳钢淬火后则变得太脆。经淬火后钢材的脆性和内应力很大，因此淬火后一般要及时地进行回火处理。

（4）回火。

把钢加热到较高温度（727℃）以下某一适当温度，并保持一定时间后在空气中冷却，这种热处理工艺过程称回火。回火可消除由于淬火所造成的内应力和不稳定组织，使钢材硬度降低，韧性提高。回火后对钢材力学性质的影响主要取决于回火温度。根据加热温度不同，分低温（150～250℃）、中温（350～500℃）和高温（500～

650℃）3 种回火制度。钢材的低温回火能保持较高的强度和硬度；钢材的中温回火能保持较高的弹性极限和屈服强度；钢材高温回火在保持一定强度和硬度的情况下，可使其具有适当的塑性和韧性。

淬火与回火的综合处理称为钢材的调质，经过调质处理的钢称调质钢。调质钢具有较好的综合技术性能，通常既有较高的强度和硬度，又有良好的塑性和韧性。土木工程中常用的某些低合金钢或高强钢丝通常都属调质钢。

6.5 建筑钢材的技术标准与选用

土木工程用钢材可分为钢结构用钢材和钢筋混凝土用钢材。前者主要采用型钢和钢板，后者主要用钢筋和钢丝。

6.5.1 土木工程常用钢材的品种

土木工程结构使用的钢材主要由碳素结构钢、低合金高强度结构钢和优质碳素结构钢等加工。

1. 碳素结构钢

碳素结构钢是碳素钢中的一类，可加工成各种型钢、钢筋和钢丝，适用于一般结构和工程。《碳素结构钢》（GB/T 700—2006）具体规定了它的牌号表示方法、技术要求、试验方法、检验规则等。

（1）牌号表示方法。

钢的牌号由代表屈服点的字母、屈服点数值、质量等级符号、脱氧程度符号等 4 个部分按顺序组成。其中，以"Q"代表屈服点，屈服点数值共分 195MPa、215MPa、235MPa、275MPa 4 种，质量等级以硫、磷等杂质含量由多到少分别用 A、B、C、D 表示，脱氧程度以 F 表示沸腾钢、Z 及 TZ 分别表示镇静钢与特殊镇静钢、b 表示半镇静钢，Z 与 TZ 在钢的牌号中可以省略。

例如：Q235—A·F 表示屈服点为 235MPa 的、质量等级为 A 级的沸腾钢。

（2）技术要求。

碳素结构钢的技术要求包括化学成分、力学性能、冶炼方法、交货状态及表面质量 5 个方面，碳素结构钢化学成分、力学性能、冷弯性能试验指标应分别符合表6.3～表 6.5 的规定。

（3）碳素钢的选用。

钢材的选用一方面要根据钢材的质量、性能及相应的标准；另一方面要根据工程使用条件对钢材性能的要求。GB/T 700—2006 将碳素结构钢分为 5 个牌号。一般而言，牌号数值越大，含碳量越高，其强度、硬度也越高，但塑性、韧性降低。平炉钢和氧气转炉钢的质量均较好，特殊镇静钢、镇静钢质量优于半镇静钢，更优于沸腾钢。碳素结构钢的质量等级主要取决于钢材内硫、磷的含量，硫、磷的含量越低，钢的质量越好，其焊接性能和低温冲击性能都能得到提高。

1) Q195 和 Q215。这两个牌号的钢材虽然强度不高，但具有较大的伸长率和韧性，冷弯性能较好，易于冷弯加工，常用作钢钉、铆钉、螺栓及铁丝等。

表 6.3 碳素结构钢的化学成分 (GB/T 700—2006)

牌号	统一数字代号①	等级	厚度（直径）/mm	化学成分（质量分数）/%，（≤）					脱氧方法
				C	Mn	Si	S	P	
Q195	U11952	—	—	0.12	0.50	0.30	0.040	0.035	F、Z
Q215	U12152	A	—	0.15	1.20	0.35	0.050	0.045	F、Z
	U12155	B	—				0.045		
Q235	U12352	A		0.22	1.40	0.35	0.050	0.045	F、Z
	U12355	B		0.20②			0.045	0.045	
	U12358	C		0.17			0.040	0.040	Z
	U12359	D					0.035	0.035	TZ
Q275	U12752	A	—	0.24	1.50	0.35	0.050	0.045	F、Z
	U12755	B	≤40	0.21			0.045	0.045	Z
			>40	0.22					
	U12758	C	—	0.20			0.040	0.040	Z
	U12759	D					0.035	0.035	TZ

① 表中为镇静钢、特殊镇静钢牌号的统一数字，沸腾钢牌号的统一代号如下：Q195F—U11950；Q215AF—U12150；Q215BF—U12153；Q235AF—U12350；Q235BF—12353；Q275AF—U12750。

② 经需方同意，Q235B 的碳含量可不大于 0.22%。

表 6.4 碳素结构钢的力学性能 (GB/T 700—2006)

牌号	等级	拉 伸 试 验													冲击试验	
		屈服点/MPa						抗拉强度/MPa	伸长率 δ₅/%						V形冲击功（纵向）/J	
		钢材厚度（直径）/mm							钢材厚度（直径）/mm						温度/℃	
		≤16	>16~40	>40~60	>60~100	>100~150	>150~200		≤40	>40~60	>60~100	>100~150	>150~200			
		≥							≥						≥	
Q195	—	195	185	—	—	—	—	315~430	33	—	—	—	—	—	—
Q215	A	215	205	195	185	175	165	335~450	31	30	29	27	26	—	—
	B													+20	27
Q235	A	235	225	215	215	195	185	375~500	26	25	24	22	21	—	—
	B													+20	27
	C													0	
	D													-20	
Q275	A	275	265	255	245	225	215	410~540	22	21	20	18	17	—	—
	B													+20	27
	C													0	
	D													-20	

注 1. Q195 的屈服强度值仅供参考，不作为交货条件。

2. 厚度大于 100mm 的钢材，抗拉强度下限允许降低 20N/mm²。宽带钢（包括剪切钢板）抗拉强度上限不作为交货条件。

3. 厚度小于 25mm 的 Q235B 级钢材，如供方能保证冲击吸收功值合格，经需方同意，可不做检验。

表 6.5　　　　　碳素结构钢的冷弯性能试验指标（GB/T 700—2006）

牌号	试样方向	冷弯试验 180°　$B=2a$[①]	
		钢材厚度（或直径）[②]/mm	
		≤60	>60~100
		弯心直径 d	
Q195	纵	0	—
	横	0.5a	
Q215	纵	0.5a	1.5a
	横	a	2a
Q235	纵	a	2a
	横	1.5a	2.5a
Q275	纵	1.5a	2.5a
	横	2a	3a

[①] B 为试样宽度；a 为钢材厚度（直径）。

[②] 钢材厚度（或直径）大于 100mm 时，弯曲试验由双方协商确定。

2）Q235。具有较高的强度和良好的塑性和加工性能，能满足一般钢结构和钢筋混凝土结构要求。可制作低碳热轧圆盘条等土木工程用钢材，应用范围广泛。其中 C、D 质量等级可作为重要焊接结构用。

3）Q275。强度更高，硬而脆。适于制作耐磨构件、机械零件和工具，也可以用于钢结构构件。

一般情况下，沸腾钢在下述情况下是限制使用的：①在直接承受动荷载的焊接结构。②非焊接结构而计算温度等于或低于 −20℃ 时。③受静荷载及间接动荷载作用，而计算温度不大于 −30℃ 时的焊接结构。

2．低合金高强度结构钢

低合金高强度结构钢是在碳素结构钢的基础上加入总量小于 5% 的合金元素而形成的钢种。加入合金元素的目的是提高钢材强度和改善性能。常用的合金元素有硅、锰、钛、钒、铬、镍及铜等。大多数合金元素不仅可以提高钢的强度与硬度，还能改善塑性和韧性。

（1）牌号表示方法。

根据《低合金高强度结构钢》（GB/T 1591—2018）规定，低合金高强度结构钢共有 8 个牌号。低合金高强度结构钢的牌号是由代表屈服点的字母 Q、屈服点数值、交货状态及质量等级（B、C、D、E、F 五级）等部分按顺序组成。

例如，Q355ND。其中：

Q——钢的屈服强度的"屈"字汉语拼音的首字母；

355——规定的最小上屈服强度数值，单位为兆帕（MPa）；

N——交货状态为正火或正火轧制；

D——质量等级为 D 级。

（2）技术要求。

低合金高强度结构钢的化学成分、拉伸性能、试验温度和冲击吸收能量、弯曲试验应符合《低合金高强度结构钢》(GB/T 1591—2018) 规定，部分相应性能见表 6.6～表 6.8。

表 6.6　　　　　　　　　　　　　　　　热轧钢材的拉伸性能

牌号		上屈服强度 R_{eH}[①]/MPa，不小于									抗拉强度 R_m/MPa			
		公称厚度或直径/mm												
钢级	质量等级	≤16	>16~40	>40~63	>63~80	>80~100	>100~150	>150~200	>200~250	>250~400	≤100	>100~150	>150~250	>250~400
Q355	B、C	355	345	335	325	315	295	285	275	—	470~630	450~600	450~600	—
	D									265②				450~600②
Q390	B、C、D	390	380	360	340	340	320	—	—		490~650	470~620		
Q420③	B、C	420	410	390	370	370	350				520~680	500~650		
Q460③	C	460	450	430	410	410	390				550~720	530~700		

①　当曲服不明显时，可用规定塑性延伸强度 $R_{P0.2}$ 代替上曲服强度。
②　只适用于质量等级为 D 的钢板。
③　只适用于型钢和棒材。

表 6.7　　　　　　　　　　　　　　　　热 轧 钢 材 的 伸 长 率

牌号			断后伸长率 $A/\%$，不小于					
			公称厚度或直径/mm					
钢级	质量等级	试样方向	≤40	>40~63	>63~100	>100~150	>150~250	>250~400
Q355	B、C、D	纵向	22	21	20	18	17	17①
		横向	20	19	18	18	17	17①
Q390	B、C、D	纵向	21	20	20	19	—	—
		横向	20	19	19	18		
Q420②	B、C	纵向	20	19	19	19		
Q460②	C	纵向	18	17	17	17		

①　只适用于质量等级为 D 的钢板。
②　只适用于型钢和棒材。

表 6.8　　　　　　　　　　　　　　　　弯 曲 试 验

试 样 方 向	180°弯曲试验　D 为弯曲压头直径，a 为试样厚度或直径	
	公称厚度或直径/mm	
	≤16	>16~100
对公称宽度不小于 600mm 的钢板及钢带，拉伸试验取横向试样；其他钢材的拉伸试验取纵向试样	$D=2a$	$D=3a$

（3）性能和用途。

低合金高强度结构钢比碳素结构钢强度高，塑性和韧性好，尤其是抗冲击、耐低温、耐腐蚀能力强，并且质量稳定，可节省钢材，经济效果良好。低合金高强度结构钢综合性能较为理想，尤其在大跨度、承受动荷载和冲击荷载的结构中更适用。与使用碳素钢相比，可节约钢材 20%～30%，但成本并不高，故广泛应用于钢结构和钢筋混凝土结构中。低合金高强度结构钢主要用于轧制各种型钢（角钢、槽钢、工字钢）、钢板、钢管及钢筋，特别适用于各种重型、大跨度、大柱网、高层结构及桥梁工程等。在低合金高强度结构钢中，Q355 钢的综合性能好，是钢结构的常用牌号；Q390 也是推荐使用的钢号。

当需方要求做弯曲试验时，弯曲试验应符合表 6.8 的规定。当供方保证弯曲合格时，可不做弯曲试验。

3. 优质碳素结构钢

（1）优质碳素结构钢分类。

按使用加工方法，优质碳素结构钢棒分为：①压力加工用钢 UP，其中：热压力加工用钢 UHP，顶锻用钢 UF，冷拔坯料用钢 UCD；②切削加工用钢 UC。

按表面种类，优质碳素结构钢棒分为：①压力加工表面 SPP；②酸洗 SA；③喷丸（砂）SS；④剥皮 SF；⑤磨光 SP。

（2）优质碳素结构钢的牌号。

根据国家标准《优质碳素结构钢》（GB/T 699—2015）的规定，共有 28 个牌号，其牌号由数字和字母两部分组成。前面两位数字表示平均碳含量的万分数；字母分别表示锰含量、冶金质量等级、脱氧程度。锰含量为 0.25%～0.80% 时，不注 "Mn"；锰含量为 0.70%～1.2% 时，两位数字后加注 "Mn"。例如：30Mn 表示碳含量在 0.27%～0.34%，Mn 含量在 0.70%～1.00% 的优质碳素结构钢。优质碳素结构钢生产过程中对硫、磷等有害杂质控制严格，其力学性能主要取决于碳含量，碳含量高则强度也高，但塑性和韧性降低。在土木工程中，优质碳素结构钢主要用于重要结构的钢铸件及高强螺栓，其常用钢号为 30～45 号钢；用作碳素钢丝、刻痕钢丝和钢绞线时通常采用 65～80 号钢。

6.5.2 钢结构用钢

钢结构用钢主要包括碳素结构钢和低合金高强度结构钢。二者一般为热轧而成的各种不同尺寸的型钢（角钢、工字钢、槽钢等）、钢板、钢带等。

1. 型钢

型钢所用的母材主要是普通碳素结构钢及低合金高强度结构钢。钢结构常用的型钢有工字钢、槽钢、等边角钢、不等边型钢、H 型钢、T 型钢等（截面图如图 6.17～图 6.20 所示）。型钢由于截面形式合理，材料在截面上分布对受力最为有利，且构件间连接方便，所以它是钢结构中采用的主要钢材。

（1）热轧型钢。

角钢分为等边角钢和不等边角钢两种，其截面图如图 6.17 和图 6.18 所示。等边角钢规格表示方法："∠" 与边宽度值×边宽度值×边厚度值（单位为 mm），如：

∠200×200×24（简记为∠200×24）。不等边角钢规格表示方法："∠"与长边宽度值×短边宽度值×边厚度值（单位为 mm），如：∠160×100×16。

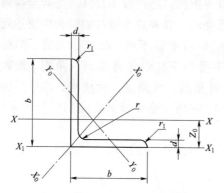

图 6.17 等边角钢截面图

b—边宽度；d—边厚度；r—内圆弧半径；
r₁—边端圆弧半径；Z₀—重心半径

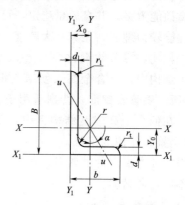

图 6.18 不等边角钢截面图

B—长边宽度；b—短边宽度；d—边厚度；
r—内圆弧半径；r₁—边端圆弧半径；
X₀—重心距离；Y₀—重心距离

普通工字钢翼缘的内表面均有倾斜度，翼缘外薄而内厚，截面图如图 6.19 所示。工字钢由于宽度方向的惯性相应回转半径比高度方向的小得多，因而在应用上有一定的局限性，一般宜用于单向受弯构件。工字钢规格表示方法："工"与高度值×腿宽度值×腰厚度值（单位为 mm），如：工 450×150×11.5。

槽钢翼缘内表面的斜度较工字钢为小（截面图如图 6.20 所示），紧固螺栓比较容易。槽钢主要用作承受横向弯曲的梁而后承受轴向力的杠杆。槽钢规格表示方法："["与高度值×腿宽度值×腰厚度值（单位为 mm），如：[200×75×9。

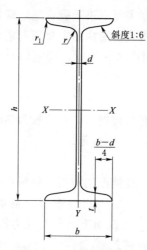

图 6.19 工字钢截面图

h—高度；b—腿宽度；d—腰厚度；
t—平均腿厚度；r—内圆弧半径；
r₁—腿端圆弧半径

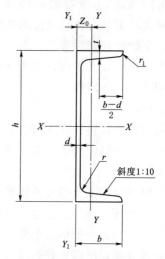

图 6.20 槽钢截面图

h—高度；b—腿宽度；d—腰厚度；t—平均腿厚度；
r—内圆弧半径；r₁—腿端圆弧半径；
Z₀—YY 轴与 Y₁Y₁ 轴间距

L型钢的外形类似于不等边角钢，其主要区别是两边的厚度不等，截面图如图6.21所示。规格表示方法："L"与腹板高×面板宽×腹板厚×面板厚（单位为mm），如L250×90×9×13。

　　H型钢由工字钢发展而来，优化了截面的分布，截面图如图6.22所示。H型钢分为4类，其代号如下：宽翼缘H型钢（代号：HW）、中翼缘H型钢（代号：HM）、窄翼H型钢（代号：HN）、薄壁H型钢（代号：HT）、桩类H型钢（代号：HP）。H型钢规格标记采用：H与高度H值×宽度B值×腹板厚度t_1值×翼缘厚度t_2值表示（单位为mm），如：H596×199×10×15。与工字钢相比，H型钢具有翼宽，侧向刚度大，抗弯能力强，翼缘两表面相互平行、连接构件方便、省劳力、重量轻、节钢材等优点，常用于要求承载力大、截面稳定性好的大型建筑。

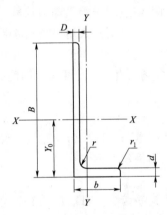

图6.21　L型钢截面图

B—长边宽度；b—短边宽度；D—长边厚度；d—短边厚度；
r—内圆弧半径；r_1—边端圆弧半径；Y_0—重心距离

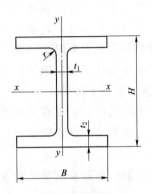

图6.22　H型钢截面图

H—高度；B—宽度；t_1—腹板宽度；
t_2—翼缘宽度；r—圆角半径

　　T型钢由H型钢对半剖分而成，截面图如图6.23所示。部分T型钢分为3类：宽翼缘T型钢（代号：TW）、中翼缘T型钢（代号：TM）、窄翼T型钢（代号：TN）。剖分T型钢的规格标记采用：T与高度h值×宽度B值×腹板厚度t_1值×翼缘厚度t_2值表示（单位为mm），如：T207×405×18×28。

　　（2）冷弯薄壁型钢。

　　建筑工程中使用的冷弯型钢常用厚度为2～6mm薄钢板或钢带（一般采用碳素结构钢或低合金结构钢）经冷弯或模压而成，故也称冷弯薄壁型钢。其表示方法与热轧型钢相同。冷弯型钢属于高

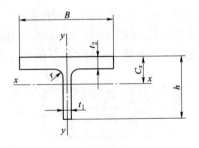

图6.23　T型钢截面图

h—高度；B—宽度；t_1—腹板宽度；
t_2—翼缘宽度；C_x—重心；
r—圆角半径

效经济截面，由于壁薄、刚度好，能高效地发挥材料的作用，节约钢材，主要用于轻型钢结构。

2. 钢板、压型钢板

建筑钢结构使用的钢板，按轧制方式可分为热轧钢板和冷轧钢板两类，其种类视厚度的不同，有薄板、厚板、特厚板和扁钢（带钢）之分。热轧钢板按厚度划分为厚板（厚度大于4mm）和薄板（厚度为0.35～4mm）两种；冷轧钢板只有薄板（厚度为0.2～4mm）一种。建筑用钢板主要是碳素结构钢，一些重型结构、大跨度桥梁、高压容器等也采用低合金钢板。一般厚板可用于焊接结构；薄板可用作屋面或墙面等围护结构，以及涂层钢板的原材料。

钢板还可以用来弯曲为型钢，薄钢板经冷压或冷轧成波形、双曲形、V形等形状，称为压型钢板。彩色钢板（又称为有机涂层薄钢板）、镀锌薄钢板、防腐薄钢板等都可用来制作压型钢板。

建筑结构用钢板是一种综合性能良好的结构钢板，适用于承受动力荷载、地震荷载。同样适用于要求较高强度与延性的重要承重构件，特别是采用厚板密实性截面的构件。如超高层框架柱，转换层大梁，大吨位、大跨度重级吊车梁等。近几年来，大批量建筑结构用钢板的厚板已成功地用于国家体育场（鸟巢）、国家大剧院、CCTV新楼等多项标志性工程，效果良好。

6.5.3 钢筋混凝土用钢

混凝土结构用钢主要有热轧钢筋、低碳钢热轧圆盘条、冷轧带肋钢筋、预应力混凝土用热处理钢筋、冷拔低碳钢丝和预应力混凝土用钢丝及钢绞线等。

1. 热轧钢筋

热轧钢筋根据其表面特征分为光圆钢筋和带肋钢筋两类。带肋钢筋又分月牙肋和等高肋两种，如图6.24所示。

根据《钢筋混凝土用钢 第1部分 热轧光圆钢筋》（GB/T 1499.1—2017）、《钢筋混凝土用钢 第2部分 热轧带肋钢筋》（GB/T 1499.2—2018）和《钢筋混凝土用余热处理钢筋》（GB/T 13014—2013）规定，热轧钢筋分为HPB300、HRB400、HRB400E、HRBF400、HRBF400E、HRB500、HRB500E、HRBF500、HRBF500E、HRB600、RRB400、RRB500、RRB00W 13个牌号，H、R、B分别为热轧（Hot rolled）、带肋（Ribbed）、钢筋（Bars）3个词的英文首位字母。其中HPB代表热轧光圆钢筋，HRB代表热轧带肋钢筋，HRBF代表细晶粒热轧带肋钢筋，E表示抗震用钢筋，RRB代表余热处理钢筋，W焊接用钢筋。热轧钢筋的牌号越高，则钢筋的强度越高，但韧性、塑性与可焊性降低。

（1）热轧光圆钢筋。

经热轧成型，横截面通常为圆形，表面光滑的成品钢筋。它的强度低，但具有塑性好、伸长率高、便于焊接等特点，其技术要求见表

（a）月牙肋钢筋

（b）等高肋钢筋

图6.24 热轧钢筋

6.9。它的适用范围广，不仅用于中型构件的主要受力钢筋，构件的箍筋，还可用于制作冷拔低碳钢丝。

钢筋的 R_{eL}、R_m、A、A_{gt} 等力学性能特征值应符合表 6.9 的规定。表 6.9 所列各力学性能特征值，可作为交货检验的最小保证值。

表 6.9　　　　　　　热轧光圆钢筋的技术要求（GB/T 1499.1—2017）

牌号	公称直径 a /mm	下屈服强度 R_{eL}/MPa	抗拉强度 R_m/MPa	断后伸长率 A/%	最大力总延伸率 A_{gt}/%	冷弯试验180° d 为弯芯直径 a 为钢筋公称直径
HPB300	6～22	≥300	≥420	≥25	≥10.0	$d=a$

（2）热轧带肋钢筋。

钢筋混凝土用热轧带肋钢筋采用低合金钢热轧而成，横截面通常为圆形，表面带有两条纵肋和沿长度方向均匀分布的横肋。其牌号有 HRB400、HRB400E、HRBF400、HRBF400E、HRB500、HRB500E、HRBF500、HRBF500E、HRB600 9 种，力学性能见表 6.10。热轧带肋钢筋具有较高的强度、较好的塑性及可焊性，主要用于钢筋混凝土结构中的受力筋及预应力筋。

表 6.10　　　　　　热轧带肋钢筋的力学性能（GB/T 1499.2—2018）

牌　号	下屈服强度 R_{eL}/MPa	抗拉强度 R_m/MPa	断后伸长率 A/%	最大力总伸长率 A_{gt}/%	R_m^0/R_{eL}^0	R_m^0/R_{eL}
HRB400、HRBF400	≥400	≥540	≥16	≥7.5	—	—
HRB400E、HRBF400E				≥9.0	≥1.25	≤1.3
HRB500、HRBF500	≥500	≥630	≥15	≥7.5	—	—
HRB500E、HRBF500E				≥9.0	≥1.25	≤1.3
HRB600	≥600	≥730	≥14	≥7.5	—	—

注　R_m^0 为实测抗拉强度，R_{eL}^0 为实测下曲服强度。

2. 低碳钢热轧圆盘条

低碳钢热轧圆盘条是由碳素结构钢经热轧而成并成盘供应的光圆钢筋，在土木工程中应用也非常广泛，主要用作中、小型钢筋混凝土结构的受力钢筋和箍筋，以及作为拉丝等深加工钢材的原材料。根据《低碳钢热轧圆盘条》（GB/T 701—2008）的规定，盘条的力学性能和工艺性能应分别符合表 6.11 的要求。

表 6.11　　　低碳钢热轧圆盘条的力学性能和工艺性能（GB/T 701—2008）

牌号	力　学　性　能		冷弯性能180° d 为弯心直径 a 为试样直径
	抗拉强度 R_m（σ_b）/MPa	伸长率 A/%	
Q195	≤410	≥30	$d=0$
Q215	≤435	≥28	$d=0$
Q235	≤500	≥23	$d=0.5a$
Q275	≤540	≥21	$d=1.5a$

3. 冷轧带肋钢筋

冷轧带肋钢筋是热轧圆盘条经冷轧后，在其表面带有沿长度方向均匀分布的横肋的钢筋。根据《冷轧带肋钢筋》（GB/T 13788—2017）规定：冷轧带肋钢筋牌号由CRB 和钢筋的抗拉强度最小值构成，其中根据使用要求分为普通混凝土用冷轧带肋钢筋和预应力混凝土用冷轧带肋钢筋。其中普通混凝土用冷轧带肋钢筋分为CRB550、CRB600H 两个牌号；预应力混凝土用冷轧带肋钢筋分为 CRB650、CRB800、CRB800H 3 个牌号；CRB680H 既可以用于普通混凝土工程，也可以应用于预应力混凝土工程。其中 CRB550、CRB600H、CRB680H 钢筋的公称直径范围为4～12mm；CRB650、CRB800、CRB800H 牌号的钢筋的公称直径为 4mm、5mm、6mm。各牌号钢筋的力学性能和工艺性能见表 6.12。

冷轧带肋钢筋强度高，塑性、焊接性好，握裹力强，广泛用于中、小预应力混凝土结构和普通钢筋混凝土结构构件中。由于钢筋表面轧有肋痕，故有效地克服了冷拉、冷拔钢筋与混凝土握裹力低的缺点，同时还具有与冷拉、冷拔钢筋（丝）相接近的强度。

表 6.12 冷轧带肋钢筋的力学性能和工艺性能

分类	牌号	规定塑性延伸强度 $R_{p0.2}$/MPa	抗拉强度 R_m/MPa	断后伸长率/%		弯曲试验[1] (180°)	反复弯曲次数	应力松弛初始应力相当于公称抗拉强度的70%（初始应力＝$0.7R_m$）
				A	A_{100mm}			(1000h) /%，≤
普通混凝土用	CRB550	≥500	≥550	≥11.0	—	$D＝3d$	—	—
	CRB600H	≥540	≥600	≥14.0	—	$D＝3d$	—	—
	CRB680H[2]	≥600	≥680	≥14.0	—	$D＝3d$	4	≤5
预应力混凝土用	CRB650	≥585	≥650	—	≥4.0		3	≤8
	CRB800	≥720	≥800	—	≥4.0		3	≤8
	CRB800H	≥720	≥800	—	≥7.0		4	≤5

① 表中 D 为弯心直径，d 为公称直径。

② 当该牌号钢筋作为普通钢筋混凝土钢筋使用时，对反复弯曲和应力松弛不做要求；当该牌号钢筋作为预应力混凝土用钢筋时应进行反复弯曲试验代替180°弯曲试验。并检测松弛力。

4. 预应力混凝土用热处理钢筋

预应力混凝土用热处理钢筋是用普通热轧中碳低合金钢经淬火和回火调质而成，按外形分为有纵肋和无纵肋两种（均有横肋）。通常有 3 个规格，即公称直径6mm（牌号 40Si2Mn），8.2mm（牌号 48Si2Mn）和10mm（牌号 45Si2Cr），热处理钢筋抗拉强度 σ_b 不小于 1500MPa，屈服点 $\sigma_{0.2}$ 不小于 1325MPa，伸长率 δ_{10} 不小于6%，特别适用于预应力混凝土构件的配筋。为了增加与混凝土的黏结力，钢筋表面常轧有通长的纵肋和均布的横肋。预应力混凝土用热处理钢筋的优点是：强度高，可代替高强钢丝使用；配筋根数少，节约钢材；锚固性好，不易打滑，预应力值稳定；施工简便，开盘后钢筋自然伸直，不需调直及焊接。主要用于预应力混凝土梁、板结构，钢筋混凝土轨枕和吊车梁等。

5. 冷拔低碳钢丝

冷拔低碳钢丝使用 6.5～8mm 的低碳钢热轧圆盘条经一次或多次冷拔制成的以盘卷供应的光面钢丝。其屈服强度可提高 40%～60%。但是降低了低碳钢的塑性，变得硬脆，属硬钢类钢丝。用作预应力混凝土构件的钢丝，其力学性能应符合国标《混凝土结构工程施工质量验收规范》（GB 50204—2015）的规定。

6. 预应力混凝土用钢丝及钢绞线

（1）预应力混凝土用钢丝。

预应力混凝土用钢丝是用优质碳素结构钢制成，抗拉强度高达 1770MPa，根据《预应力混凝土用钢丝》（GB/T 5223—2014）规定，预应力混凝土用钢丝按照加工状态分为冷拉钢丝（WCD）和消除应力钢丝（WLR）两类。按外形分为光圆钢丝（P）、螺旋肋钢丝（H）和刻痕钢丝（I）。光圆钢丝和螺旋钢丝的公称直径有 4.00mm、4.80mm、5.00mm、6.00mm、6.25mm、7.00mm、7.50mm、8.00mm、9.00mm、9.50mm、10.00mm、11.00mm、12.00mm，刻痕钢丝和螺旋肋钢丝与混凝土的黏结力好。预应力混凝土用钢丝具有强度高、韧性好、无接头、不需冷拉、施工简便、质量稳定、安全可靠等优点。主要用于大跨度屋架及薄腹梁、大跨度吊车梁、桥梁、电杆、轨枕等。

（2）预应力混凝土用钢绞线。

预应力混凝土用钢绞线是以数根优质碳素结构钢钢丝经绞捻和消除内应力制成。钢绞线具有强度高、柔韧性好，无接头、质量稳定、施工简便等优点，使用时按要求的长度切割，适用于大荷载、大跨度、曲线配筋的预应力钢筋混凝土结构。

《预应力混凝土用钢绞线》（GB/T 5224—2014）规定钢绞线按结构分为以下 8 类，结构代号如下。

1）用两根钢丝捻制的钢绞线：1×2。

2）用 3 根钢丝捻制的钢绞线：1×3。

3）用 3 根刻痕钢丝捻制的钢绞线：1×3I。

4）用 7 根钢丝捻制的标准型钢绞线：1×7。

5）用 6 根刻痕钢丝和一根光圆中心钢丝捻制的钢纹线：1×7I。

6）用 7 根钢丝捻制又经模拔的钢绞线：（1×7）C。

7）用 19 根钢丝捻制的 1+9+9 西鲁式钢绞线：1×19S。

8）用 19 根钢丝捻制的 1+6+6/6 瓦林吞式钢绞线：1×19W。

6.6 建筑钢材的防护与防火

6.6.1 建筑钢材的腐蚀

钢材在使用中，经常与环境中的介质接触，由于环境介质的作用，其中的铁与介质发生化学或电化学作用而逐步被破坏，导致钢材腐蚀，亦可称为锈蚀。锈蚀不仅使其截面减少，降低承载力，而且由于局部腐蚀造成应力集中，易导致结构破坏。若受到冲击荷载或反复荷载的作用，将产生锈蚀疲劳使疲劳强度大大降低，甚至出现脆性断裂。尤其是钢结构，在使用期间应引起重视。

钢材受腐蚀的原因很多，主要影响因素有环境湿度、侵蚀介质性质及数量、钢材材质及表面状况等。根据其与环境介质的作用分为化学腐蚀和电化学腐蚀两类。

1. 化学腐蚀

化学腐蚀是由电解质溶液或各种干燥气体（如 O_2、CO_2、SO_2 等）所引起的一种纯化学性质的腐蚀，无电流产生。这种锈蚀多数是氧化作用，在钢材表面形成疏松的氧化铁。常温下，钢材表面可形成一薄层钝化能力很弱的氧化保护膜，其疏松、易破裂，有害介质可进一步渗入而发生反应，造成锈蚀。在干燥环境下，锈蚀进展缓慢。但在干湿交替的情况下，这种锈蚀进展加快。

2. 电化学腐蚀

电化学腐蚀也称湿腐蚀，是钢材与电解质溶液接触而产生电流，形成微电池从而引起锈蚀。例如在水溶液中的腐蚀和在大气、土壤中的腐蚀等。

钢材在潮湿的空气中，由于吸附作用，在其表面覆盖一层极薄的水膜，由于表面成分或者受力变形等的不均匀，使邻近的局部产生电极电位的差别，形成了许多微电池。在阳极区，铁被氧化成 Fe^{2+} 进入水膜。因为水中溶有来自空气中的氧，在阴极区，O_2 被还原为 OH^-，Fe^{2+} 与 OH^- 结合成为不溶于水的 $Fe(OH)_2$，并进一步氧化成为疏松易剥落的红棕色铁锈 $Fe(OH)_3$。在工业大气的条件下，钢材较容易锈蚀。

钢材在大气中的腐蚀，实际上是化学腐蚀和电化学腐蚀同时作用所致，但土木工程中的钢材以电化学腐蚀为主。

钢材锈蚀时，伴随着体积膨胀，一般锈胀 1.5～3 倍，最严重的可达到原体积的 6 倍，在钢筋混凝土中会使周围的混凝土胀裂。埋入混凝土中的钢材，由于混凝土的碱性作用（新浇筑的混凝土 pH 值一般大于 12），在钢材表面形成碱性氧化膜（钝化膜），阻止锈蚀继续发展，故混凝土中的钢材一般不易锈蚀。

6.6.2 建筑钢材的防护

钢材的腐蚀有材质的原因，也有使用环境和接触介质等原因，因此，防止腐蚀的方法也有所侧重。目前所采用的防腐蚀方法如下：

（1）耐候钢。耐腐蚀性能优于一般结构用钢的钢材称为耐候钢，一般含有磷、铜、镍、铬、钛等金属，使金属表面形成保护层，以提高耐腐蚀性。其低温冲击韧性也比一般的结构用钢好。

（2）热浸锌。热浸锌是将除锈后的钢构件浸入 600℃ 左右高温融化的锌液中，使钢构件表面附着锌层，锌层厚度对 5mm 以下薄板不得小于 $65\mu m$，对厚板不小于 $86\mu m$。从而起到防腐蚀的目的。这种方法的优点是耐久年限长，生产工业化程度高，质量稳定，因而被大量用于受大气腐蚀较严重且不易维修的室外钢结构中。如输电塔、通信塔等。近年来大量出现的轻钢结构体系中的压型钢板等。也较多采用热浸锌防腐蚀。

（3）热喷铝（锌）复合涂层。这是一种与热浸锌防腐蚀效果相当的长效防腐蚀方法。具体做法是先对钢构件表面作喷砂除锈，使其表面露出金属光泽并打毛。再用乙炔-氧焰将不断送出的铝（锌）丝融化，并用压缩空气吹附到钢构件表面，以形成蜂窝状的铝（锌）喷涂层（厚度为 $80\sim100\mu m$）。最后用环氧树脂或氯丁橡胶漆等涂料填充毛细孔，以形成复合涂层。这种工艺的优点是对构件尺寸适应性强，构件形状尺寸几乎不受限制。大到如葛洲坝的船闸也是用这种方法施工的。另一个优点则是这种工艺的热影响是局部的，受约束的，因而不会产生热变形。与热浸锌相比，这种方法的工业化程度较低，喷砂喷铝（锌）的劳动强度大，质量也易受操作者的情绪变化影响。

长江大桥钢结构电弧喷铝防腐

（4）非金属涂层法。非金属覆盖是在钢材表面用非金属材料作为保护膜，如涂敷涂料、塑料和搪瓷等，与环境介质隔离，从而起到保护作用。

涂料通常分为底漆、中间漆和面漆。底漆要求有比较好的附着力和防锈能力，中间漆为防锈漆；面漆要求有较好的牢固度和耐候性以保护底漆不受损伤或风化。使用防锈涂料时，应注意钢构件表面的防锈以及底漆、中间漆和面漆的匹配。

常用底漆有红丹底漆、环氧富锌漆、云母氧化铁底漆、铁红环氧底漆等。中间漆有红丹防锈漆、铁红防锈漆等。面漆有灰铅漆、醇酸磁漆和酚醛磁漆等。

（5）电化学保护法。对于不易涂覆保护层的钢结构，如地下管道、港口结构等，可采用电化学保护方法。按照金属电位变动的趋向，电化学保护分为阴极保护和阳极保护两类。

1）阴极保护：通过降低金属电位而达到保护目的的，称为阴极保护。根据保护电流的来源，阴极保护有外加电流法和牺牲阳极法。外加电流法是由外部直流电源提供保护电流，电源的负极连接保护对象，正极连接辅助阳极，通过电解质环境构成电流回路。牺牲阳极法是依靠电位负于保护对象的金属（牺牲阳极）自身消耗来提供保护电流，保护对象直接与牺牲阳极连接，在电解质环境中构成保护电流回路。阴极保护主要用于防止土壤、海水等中性介质中的金属腐蚀。

2）阳极保护：通过提高可钝化金属的电位使其进入钝态而达到保护目的的，称为阳极保护。阳极保护是利用阳极极化电流使金属处于稳定的钝态，其保护系统类似于外加电流阴极保护系统，只是极化电流的方向相反。只有具有活化-钝化转变的腐蚀体系才能采用阳极保护技术，例如浓硫酸贮罐、氨水贮槽等。

6.6.3 建筑钢材的防火

1. 钢材的耐高温性能

钢是不燃性材料，但是耐火试验与大量的火灾案例表明，以失去承载能力为标准，没有保护层的钢柱和钢屋架的耐火极限只有0.25h，裸露钢梁的耐火极限为0.15h。耐火极限是指在标准耐火试验条件下，建筑构配件或结构从受火作用起，至失去承载力、完整性或隔热性时为止所用时间，用h表示。

200℃以内，钢材性能没有很大变化；超过250℃后随着温度的升高，钢材强度降低，变形增大。在高温下强度降低很快，400～500℃钢材强度急剧下降，600℃左右约15min强度降低50%。未经防火处理或保护的钢结构耐火极限仅为15min。因此，与混凝土结构等建筑结构相比，钢结构的防火问题更加突出。

2. 钢结构的防火措施

钢结构防火保护的基本原理是采用绝热或吸热材料，阻隔火焰和热量，降低钢结构的升温速率。钢结构的防火措施有充水冷却保护、屏蔽法、包封法（用混凝土保护，如组合结构）、水喷淋法和喷涂法。其中最常用的防火方法以包覆法为主，即以防火涂料、不燃性板材或混凝土和砂浆等将钢构件包裹起来。喷涂法是用喷涂机具将防火涂料直接喷涂在构件表面形成保护层，喷涂防火涂料的方法有喷涂、抹涂、辊涂、刮涂或刷涂。此外，也可以采用钢结构—混凝土组合结构，利用混凝土包覆钢结构构件，提高钢结构的耐火极限。

（1）防火涂料。

防火涂料属特种涂料，当用于不燃烧体时，可降低基材温度上升速度，推迟结构失稳；用于可燃基材时，能推迟或消除其引燃过程。防火涂料按使用对象分为饰面型防火涂料、钢结构防火涂料和混凝土结构防火涂料。钢结构防火涂料按黏结剂类型分为有机防火涂料和无机防火涂料两类；按使用场所有室内和室外防火涂料；按溶剂介质分为水性和有机溶剂型两类；按防火原理分膨胀型和非膨胀型，其中膨胀型防火涂料受火焰高温作用迅速膨胀发泡，形成海绵状隔热泡沫层，从而隔绝热量传递。

膨胀型防火涂料的涂层厚度一般为 2～7mm，附着力较强，有一定的装饰效果。由于其内含膨胀组分，遇火后会膨胀增厚 5～10 倍，形成多孔结构，从而起到良好的隔热防火作用，根据涂层厚度可以使构件的耐火极限达到 0.5～1.5h。

非膨胀型防火涂料的涂层厚度一般为 8～50mm，呈颗粒状面，密度小，喷涂后需要再用装饰面层隔离防护，耐火极限可以达到 0.5～3.0h。为使防火涂料牢固包裹钢构件，可在涂层内埋设钢丝网，并使钢丝网与钢构件表面的净距离保持在 6mm 左右。

永久性防火保护的高层及多层钢结构建筑，耐火极限 1.5h 以上时，可选用非膨胀型防火涂料；室内裸露钢结构、轻型屋盖钢结构及有装饰要求的，耐火极限 1.5h 以下时，可选用超薄型、薄涂型；露天钢结构，应选用室外防火涂料，选用的防火涂料至少要经过 1 年以上室外试点工程的考验，涂层性能无明显变化；耐火极限要求 1.5h 以上及室外钢结构工程不宜使用薄涂型防火涂料。

（2）不燃性板材。

常用的不燃性板材有石膏板、硅酸钙板、硅石板、珍珠岩板、矿棉板和岩棉板等，可通过黏结剂或钢钉、钢箍等固定在钢构件上。

许多钢结构建筑已经考虑到防火问题，在钢材表面涂防火涂料层，但已涂覆防火涂料的美国世贸大厦在遇袭后短时间内即坍塌。因此，解决钢结构的防火问题不应仅仅着眼于防火涂料的改进，还可考虑钢材本身的性能改进，或者通过与无机非金属材料复合，以及提高钢结构建筑本身的防火能力等方面综合考虑。

思 考 题

6.1 脱氧程度对钢材杂质含量和品质有何影响？

6.2 建筑钢材有哪几种分类方法？

6.3 低碳钢拉伸时的应力-应变曲线分哪几个阶段？主要力学性质技术指标是

什么？

6.4　钢材热处理的方式有哪几种？效果如何？

6.5　何谓钢材的冷加工强化与时效处理？经冷加工强化与时效处理后的钢材性能有何变化？

6.6　何谓屈强比？屈强比的大小对钢材的使用有何影响？

6.7　碳素结构钢与低合金结构钢的牌号如何表示？举例说明。

6.8　何谓热轧钢筋？如何分类和分级？各自的性能和用途如何？

6.9　钢材腐蚀的类型及常用防腐方法有哪几种？

6.10　某钢筋试件，直径为 25mm，原标距为 125mm，做拉伸试验，屈服点荷载为 205.0kN，达到最大荷载为 256.3kN，拉断后测的标距长为 152mm。求该钢筋的屈服强度、抗拉强度及断后伸长率。

6.11　从一批钢筋中抽样，并截取两根钢筋做拉伸试验，测得如下结果：屈服下限荷载分别为 42.4kN、42.8kN；抗拉极限荷载分别为 62.0kN、63.4kN，钢筋公称直径为 12mm，标距为 60mm，拉断时长度分别为 70.6mm、71.4mm。请评定其级别，并说明其利用率及使用中安全可靠程度如何？

6.12　碳素结构钢如何划分牌号？说明 Q235 - A. F 和 Q235 - D 号钢在性能上的差别？

思考题讲解

第7章 沥青及沥青混合料

本章导读

内容及要求： 本章主要介绍石油沥青、煤沥青、改性沥青和沥青混合料。通过本章学习，掌握沥青材料的基本组成和结构特点、工程性质及测定方法，熟悉石油沥青的技术标准及选用，沥青混合料的性质及配合比设计；了解沥青的改性。

重点： 沥青材料的基本组成和结构特点、工程性质。

难点： 沥青混合料的配合比设计。

沥青是一种有机胶凝材料，它是由许多高分子碳氢化合物及其非金属（氧、硫、氮等）衍生物所组成的在常温下呈黑色或黑褐色的固体、半固体或液体状态的复杂混合物。它的颜色呈灰亮褐色以至黑色，富有高黏滞性，能溶于汽油、苯或二硫化碳等有机溶剂中。

沥青是憎水性材料，具有良好的防水性、不导电性；能与砖、石、木材及混凝土等牢固黏结，并能抵抗一般的酸、碱及盐类物质的侵蚀；具有良好的耐久性；高温时易于进行加工处理，常温下很快变硬，并且能适应基材的变形。因此，其被广泛地应用于建筑、铁路、道路、桥梁及水利工程中。

7.1 石油沥青与煤沥青

沥青按产源不同分为地沥青和焦油沥青两大类。地沥青有石油沥青与天然沥青；焦油沥青主要有煤沥青与页岩沥青，此外还有木沥青、泥炭沥青等。土木工程中主要使用石油沥青和煤沥青，以及以沥青为原料通过加入改性剂改性后的改性沥青或再生剂改性后的再生沥青。

沥青按产源分类如图 7.1 所示。

7.1.1 石油沥青

石油沥青是石油原油经蒸馏提取各类石油产品后的残余物，再经加工而得到的产品。它是土木工程中应用最广泛、用量最大的沥青材料。

1. 石油沥青的分类

石油沥青可根据不同的情况进行分类，各种分类方法都有各自的特点和使用

沥青 ┤ 地沥青 ┤ 天然沥青—由沥青湖或含有沥青的砂岩等提炼而得
　　　　　　　　石油沥青—由石油原油蒸馏后的残留物经加工而得
　　　　焦油沥青 ┤ 煤沥青—由煤焦油蒸馏后的残留物加工而得
　　　　　　　　页岩沥青—由页岩炼油工业的副产品

图 7.1 沥青类型

价值。

(1) 按石油沥青的主要用途分类。

按主要用途分类，石油沥青主要分为道路石油沥青、建筑石油沥青和普通石油沥青。

1) 道路石油沥青。主要用于沥青路面或制作屋面防水层的黏结剂。

2) 建筑石油沥青。主要用于建筑工程中屋面及地下防水结构的胶结料、涂料以及制造油毡、油纸和防腐绝缘材料等。

3) 普通石油沥青。又称多蜡沥青。其蜡含量高，黏度低，塑性差，在土木工程中很少单独使用，可与建筑石油沥青掺配或经改性处理后使用。

(2) 按原油的基属不同分类。

1) 石蜡基沥青。也称多蜡沥青。它是由含大量的烷烃成分的石蜡基原油提炼而得。

2) 环烷基沥青。也称沥青基沥青。由沥青基石油提炼而得到的沥青。

3) 中间基沥青。也称混合基沥青。中间基沥青是由蜡质介于石蜡基原油和环烷基原油之间的原油提炼而得。

我国石油油田分布广，但国产石油多属石蜡基和中间基原油。

(3) 按沥青在常温下的稠度分类。

根据用途的不同，要求石油沥青具有不同的稠度，一般可以分为黏稠沥青和液体沥青两大类。

黏稠沥青在常温下为半固态或固态。

液体沥青在常温下多呈黏性液体或液体状态，根据凝结速度的不同，可按标准黏度分级划分为慢凝液体沥青、中凝液体沥青和快凝液体沥青三种类型。在生产应用中，常在黏稠沥青中掺入一定比例的溶剂，配制的稠度很低的液体沥青，称为稀释沥青。

2. 石油沥青的化学组成和结构

(1) 石油沥青的化学组分。

石油沥青是由多种碳氢化合物及其非金属（氧、硫、氨）衍生物组成的混合物，主要组分为碳（占 80%～87%）、氢（占 10%～15%），其余为氧、硫、氮（约占 3% 以下）等非金属元素，此外还含有微量金属元素。

石油沥青的化学组成非常复杂，通常难以直接确定化学成分及含量与石油沥青工程性能之间的相互关系。为反映石油沥青组成与其性能之间的关系，通常是将其化学成分和物理性质相近，且具有某些共同特征的部分，划分为一个化学成分组，并对其进行组分分析，以研究这些组分与工程性质之间的关系。

我国现行行业标准《公路工程沥青及沥青混合料试验规程》（JTG E20—2011）中规定采用的是三组分分析法或四组分分析法。

1) 三组分分析法。石油沥青的三组分分析法是将石油沥青分为油分、树脂和沥青质 3 个组分。因我国富产石蜡基、中间基沥青，在油分中往往含有蜡，故在分析时还应将油蜡分离。因为这种方法兼用了选择性溶解和选择性吸附的方法，所以又称为溶解——吸附法。该方法优点是组分界限很明确，组分含量能在一定程度上说明其工程性能，但分析流程复杂，分析时间较长。三组分分析法对各组分进行区别的性状见表 7.1。

表 7.1　　　　　　　　　　石油沥青三组分分析法的各组分性状

性状	外观特征	平均分子量	含量/%	碳氢比（原子比）	物理化学特性
油分	淡黄色透明液体	200～700	45～60	0.5～0.7	溶于大部分有机溶剂，具有光学活性，常发现有荧光
树脂	红褐色黏稠半固体	800～3000	15～30	0.7～0.8	温度敏感性强，熔点低于100℃
沥青质	深褐色固体微粒	1000～5000	5～30	0.8～1.0	加热不熔化而碳化

不同组分对石油沥青性能的影响不同。油分赋予沥青流动性，其含量的多少直接影响沥青的柔软性、抗裂性及施工难度，在一定条件下油分可以转化为树脂甚至沥青质。

油分：在石油沥青中赋予沥青以流动性，其含量的多少直接影响沥青的柔软性、抗裂性及施工中可塑性，它在一定条件下还可以转化为树脂甚至沥青质。

树脂：石油沥青中的树脂包括中性树脂和酸性树脂，其中绝大部分属于中性树脂。中性树脂可使沥青具有一定的塑性、可流动性和黏结性，其含量增加时沥青的黏结力和延伸性增强。石油沥青中的酸性树脂也称为沥青酸和沥青酸酐，它是树脂状的黑褐色黏稠状物质，其密度大于 $1.0 g/cm^3$。酸性树脂是油分氧化后的产物，多呈固态或半固态，具有酸性，能被碱所皂化，易溶于酒精、氯仿，难溶于石油醚和苯。酸性树脂是沥青中活性最强的组分，它能改善沥青对矿质材料的浸润性，特别是能提高与碳酸盐类岩石的黏附性，并使沥青易于乳化。

沥青质：沥青质含量增加时，沥青的黏度和黏结力增加，温度稳定性提高，但其硬脆性则会更明显。

2）四组分分析法。四组分分析法是将石油沥青分离为饱和分（S）、芳香分（Ar）、胶质（R）、沥青质（At）4 种组分，并分别研究不同组分的特性及其对沥青工程性质的影响。各组分性状见表 7.2。

表 7.2　　　　　　　　　　石油沥青四组分分析法的各组分性状

组分	外观特征	平均比重	平均分子量	主要化学结构
饱和分	无色液体	0.89	625	烷烃、环烷烃
芳香分	黄色至红色液体	0.99	730	芳香烃、含 S 衍生物
胶质	棕色黏稠液体	1.09	970	多环结构，含 S，O，N 衍生物
沥青质	深褐色至黑色固体	1.15	3400	缩合环结构，含 S，O，N 衍生物

沥青质是不溶于正庚烷而溶于苯（或甲苯）的黑色或棕色的无定形固体，除含有碳和氢外还有一些氮、硫、氧。沥青质含量对沥青的流变特性有很大影响。增加沥青质含量，便生产出较硬、针入度较小和软化点较高的沥青，黏度也较大。沥青质的存在，对沥青的黏度、黏结力、温度稳定性都有很大的影响。

胶质是深棕色固体或半固体，极性很强，是沥青质的扩散剂或胶溶剂。其溶于正庚烷，主要由碳和氢组成的，并含有少量的氧、硫和氮。胶质赋予沥青可塑性、流动性和黏结性，并能改善沥青的脆裂性和提高延度。其化学性质不稳定，易于氧化转变为沥青质。胶质对沥青质的比例在一定程度上决定了沥青的胶体结构类型。

芳香分是由沥青中最低分子量的环烷芳香化合物组成的，它是胶溶沥青质的分散介质。芳香分是呈深棕色的黏稠液体，由非极性碳链组成，其中非饱和环体系占优势，对其他高分子烃类具有很强的溶解能力。

饱和分是由直链烃和支链烃所组成的，是一种非极性稠状油类，呈稻草色或白色。其成分包括有蜡质及非蜡质的饱和物，饱和分对温度较为敏感。

芳香分和饱和分都作为油分，在沥青中起着润滑和柔软作用，使胶质～沥青质软化（塑化），使沥青胶体体系保持稳定。油分含量愈多，沥青软化点愈低，针入度愈大，稠度愈低。

在沥青4组分中，各组分相对含量的多少也决定了沥青的工程性能。若饱和分适量，且芳香分含量较高时，沥青通常表现为较强的可塑性与稳定性；当饱和分含量较高时，沥青抵抗变形的能力就较差，虽然具有较高的可塑性，但在某些环境条件下稳定性较差；随着沥青中胶质和沥青质的增加，沥青的稳定性越来越好，但其施工时的可塑性却越来越差。

在沥青4组分中，各组分相对含量的多少也决定了沥青的工程性能。若饱和分适量，且芳香分含量较高时，沥青通常表现为较强的可塑性与稳定性；当饱和分含量较高时，沥青抵抗变形的能力就较差，虽然具有较高的可塑性，但在某些环境条件下稳定性较差；随着沥青中胶质和沥青质的增加，沥青的稳定性越来越好，但其施工时的可塑性却越来越差。

3）沥青的含蜡量。沥青的含蜡量对沥青性能的影响，是沥青性能研究的一个重要课题。特别是我国富产石蜡基原油的情况下，更为大众所关注。蜡对沥青性能的影响，现有研究认为：沥青中蜡的存在，在高温时会使沥青容易发软，导致沥青高温稳定性降低，出现车辙或流淌；相反，在低温时会使沥青变得脆硬，导致低温抗裂性降低；此外，蜡会使沥青与石料粘附性降低，在有水的条件下，会使路面石子产生剥落现象，造成路面破坏；更严重的是，含蜡沥青会使沥青路面的抗滑性降低，影响路面的行车安全。对于沥青含蜡量的限制，由于世界各国测定方法不同，所以限制值也不一致，其范围为2%～4%。道路石油沥青技术要求规定，A级沥青含蜡量（蒸馏法）不大于2.2%，B级沥青不大于3.0%，C级沥青不大于4.5%。

（2）石油沥青的胶体结构。

沥青的工程性质，不仅取决于它的化学组分，而且与其胶体结构的类型有着密切联系。石油沥青的胶体结构是影响其性能的另一重要原因。

现代胶体理论认为：大多数沥青属于胶体体系，它是以固态超细微粒的沥青质为分散相，通常是若干沥青质聚集在一起，吸附了极性较强的半固态胶质形成"胶团"。由于胶溶剂—胶质的胶溶作用，而使胶团胶溶、分散于液态的芳香分与饱和分组成的分散介质中，形成稳定的胶体。沥青中各组分的化学组成和相对含量不同，可以形成不同的胶体结构。

1）溶胶型结构。石油沥青的性质随各组分的数量比例的不同而变化。当油分和树脂较多时，胶团外膜较厚，胶团之间相对运动较自由，这种胶体结构的石油沥青，称为溶胶型石油沥青。其特点是流动性和塑性较好，开裂后自行愈合能力较强；而对温度的敏感性强，即对温度的稳定性较差，温度过高会流淌。

2）凝胶型结构。当油分和树脂含量较少时，胶团外膜较薄，胶团相互靠近聚集，吸引力增大，胶团间相互移动比较困难。这种胶体结构的石油沥青称为凝胶型石油沥青。其特点是弹性和黏性较高，温度敏感性较小，开裂后自行愈合能力较差，流动性和塑性较低。在工程性能上，高温稳定性较好，但低温变形能力较差。通常，深度氧化的沥青多属于凝胶型沥青。

沥青的结构与
沥青路面开裂

3）溶—凝胶型结构。当沥青质不如凝胶型石油沥青中的多，而胶团间靠得又较近，相互间有一定的吸引力时，形成一种介于溶胶型和凝胶型二者之间的结构，称为溶—凝胶型结构。溶—凝胶型石油沥青的性质也介于溶胶型和凝胶型二者之间。其特点是高温时具有较低的感温性，低温时又具有较强的变形能力。修筑现代高等级沥青路面使用的沥青，都属于这一类胶体结构的沥青。

溶胶型、溶—凝胶型及凝胶型胶体结构的石油沥青示意图如图 7.2 所示。

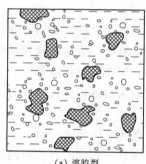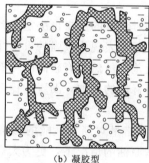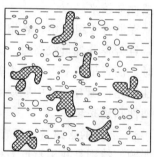

（a）溶胶型　　　　　　　　（b）凝胶型　　　　　　　（c）溶—凝胶型

图 7.2　石油沥青胶体结构类型示意图

值得一提的是蜡对沥青胶体结构的影响。蜡组分在沥青胶体结构中，可溶于分散介质芳香分和饱和分中，在高温时，它的黏度很低，会降低分散介质的黏度，使沥青胶体结构向溶胶方向发展；在低温时，它能结晶析出，形成网络结构，使沥青胶体结构向凝胶方向发展。

3．石油沥青的技术性质

（1）防水性。

石油沥青是憎水性材料。本身构造致密，与矿物材料表面有很好的黏结力，能紧密黏附于矿物材料表面；同时它还具有一定的塑性，能适应材料或构件的变形。所以石油沥青具有良好的防水性，广泛用作土木工程的防潮、防水材料。

（2）物理特征常数。

1）密度。沥青密度是指在规定温度条件下单位体积的质量，单位是 kg/m^3 或 g/cm^3。我国现行沥青密度试验方法中规定的温度为 15℃；也可以用相对密度来表示，相对密度是指在规定温度下，沥青质量与同体积水质量之比。通常黏稠沥青的相对密度在 $0.96\sim1.04\mathrm{g/cm^3}$ 范围内波动。沥青的密度在一定程度上可反映沥青各组分的比例及其排列的紧密程度。沥青中含蜡量较高，则相对密度较小；含硫量大、沥青质含量高则相对密度较大。沥青密度是在沥青质量与体积之间相互换算以及沥青混合料配合比设计中必不可少的重要参数，也是沥青使用、贮存、运输、销售过程中不可或缺的参数。我国富产石蜡基沥青，其特征为含硫量低、含蜡量高、沥青质含量少，所以密度常在 $1.00\mathrm{g/cm^3}$ 以下。

2）热胀系数。温度上升时，沥青的体积会发生膨胀。沥青在温度上升 1℃时的长度或体积的变化，分别称为线胀系数或体胀系数，统称热胀系数。沥青路面的开裂与沥青混合料的热胀系数有关。沥青混合料的热胀系数，主要取决于沥青的热力学性质。特别是含蜡沥青，当温度降低时，蜡由液态转变为固态，比热容突然增大，沥青的热胀系数发生突变，易导致路面产生开裂。

3）介电常数。介电常数指沥青作为介质时平行板电容器的电容与真空时相同平行板电容器的电容之比。沥青的介电常数与沥青使用的耐久性有关，这是早就为人们所知的。现代高速交通的发展，要求沥青路面具有高的抗滑性，根据英国道路研究所（TRRL）研究认为，沥青的介电常数与沥青路面抗滑性也有很好的相关性。

4）溶解度。溶解度是指石油沥青在三氯乙烯、四氯化碳或苯中溶解的百分率。不溶解的物质会降低石油沥青的性能（如黏性等），因而溶解度可以表示石油沥青中有效物质的含量。

（3）黏滞性。

黏滞性是反映石油沥青抵抗其本身相对变形的能力，常表现为沥青的软硬程度或稀稠程度。根据石油沥青的自然状态不同，表征沥青黏滞性的具体指标不同。

1）标准黏度。液体石油沥青，其黏滞性主要通过标准黏度来表征其抵抗流动的能力，对黏稠沥青（半固态或固态），其黏滞性常用针入度表征其抵抗剪切变形的能力。标准黏度用标准黏度值来表示其黏滞性的大小，标准黏度值是指在规定的温度（20℃、25℃、30℃、60℃）下，石油沥青经标准黏度计孔口（直径 3mm、5mm、10mm）流出 50mL 沥青所需的时间秒数，测试方法如图 7.3 所示，常用符号 $C_{T,d}$ 表示。T 为测试温度，d 为流孔直径。在相同温度和流孔直径的条件下，流出的时间越长，表示沥青黏度越大。

我国液体沥青是采用黏度来划分技术等级的。

2）针入度。沥青的针入度以标准针在一定的荷载、时间及温度条件下垂直穿入沥青试样的深度表示，单位为 0.1mm，记作 P_T，m，t，其中 P 表示针入度，T 为试验温度（℃），m 为试针质量（g），t 为贯入时间（s）。黏稠（固态、半固态）石油沥青的相

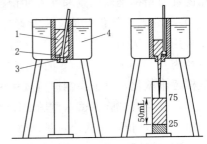

图 7.3 标准黏度计测定液体沥青示意图
1—沥青试样；2—活动球塞；3—流孔；4—水

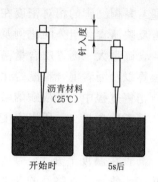

图 7.4　针入度测定示意图

对黏度是用针入度仪测定的针入度值表示（图 7.4）。常用的试验条件为：$P_{25℃,100g,5s}$。除非另行规定，标准针、针连杆与附加砝码的总质量为（100 ± 0.05）g，温度为（25±0.1）℃，时间为 5s。特定试验可采用的其他条件参见《沥青针入度测定法》（GB/T 4509—2010）的规定。沥青的针入度越小，表明其黏滞性越强。石油沥青的组成及环境均对其黏滞性有显著的影响，树脂与沥青质含量较高时，其黏滞性就较大；同一沥青在温度升高时，其黏滞性就会降低。

实质上，针入度是测定沥青稠度的一种指标。针入度越大，表示沥青越软，稠度越小；反之，表示沥青稠度越大。一般说来，稠度越大，沥青的黏度越大。一般而言，地沥青质的含量高并有适宜的树脂和较少的油分时，石油沥青黏滞性大，温度升高，其黏性降低。

我国现行黏稠沥青采用针入度划分石油沥青标号。

（4）温度敏感性。

温度敏感性（简称感温性）是指石油沥青的黏滞性和塑性随温度升降而变化的性能。

石油沥青中含有大量高分子非晶态热塑性物质，当温度升高时，这些非晶态热塑性物质之间就会逐渐发生相对滑动，使沥青由固态或半固态逐渐软化，乃至像液体一样发生黏性流动，从而呈现所谓的"黏流态"。当温度降低时，沥青又逐渐由黏流态凝固为半固态或固态（又称"高弹态"）。随着温度的进一步降低时，低温下的沥青会变得像玻璃一样又硬又脆（亦称"玻璃态"）。这种变化的快慢反映出沥青的黏滞性和塑性随温度的升降而变化的特性，即沥青的温度敏感性。

黏滞性和塑性变化程度小，则沥青温度敏感性小，反之则温度敏感性大。为保证沥青的物理力学性能在工程使用中具有良好的稳定性，通常期望它具有在温度升高时不易流淌，而在温度降低时又不硬脆而开裂的性能为佳。因此，在工程中应尽可能地采用温度敏感性小的沥青。

沥青的温度敏感性采用"黏度"随"温度"而变化的行为（黏-温关系）来表达。常用的评价指标是软化点和针入度指数。

1）软化点。软化点是反映沥青达到某种物理状态时的条件温度。我国现行试验法是采用环球法测软化点。该法是将沥青试样注于内径为 18.9mm 的铜环中，环上置一直径为 9.53mm，重 3.5g 的钢球，在规定的加热速度（5℃/min）下进行加热，沥青试样逐渐软化，直至在钢球荷重作用下，使沥青产生 25.4mm 垂度时的温度，称为软化点。软化点试验测试示意图如图 7.5 所示。

2）针入度指数。软化点是沥青性能随着温度变化过程中重要的标志点。但它是人为确定的温度标志点，单凭软化点这一性质来反映沥青性能随温度变化的规律并不全面。目前，还常使用针入度指数（PI）来表征沥青的温度敏感性。基于针入度的对数与温度呈线性关系，针入度指数（PI）可采用下式计算：

$$PI = \frac{30}{1+50A} - 10 \qquad (7.1)$$

式中　PI——针入度指数；

　　　A——回归常数，为针入度与温度关系直线的斜率，表示沥青的温度敏感性，在 $0.0015 \sim 0.006$ 范围内波动。

由式（7.1）计算出的针入度指数的变化范围为 $-10 \sim 15$，针入度指数越大，表示沥青的温度敏感性越低。

（5）塑性（延度）。

塑性是指沥青在外力作用下产生变形而不断裂的性质，它反映石油沥青的变形能力。石油沥青的塑性用延度指标表示。延度指标测试是将石油沥青装入"∞"形标准试模中（试模中间最小截面积为 $1cm^2$），测试沥青标准试件在一定温度下以一定速度拉伸至断裂时的长度，单位为 cm，测试方法如图 7.6 所示。非经特殊说明，试验温度为 $(25\pm0.5)℃$，拉伸速度为 $(5\pm0.25)cm/min$。其值越大，表明沥青的塑性越好。

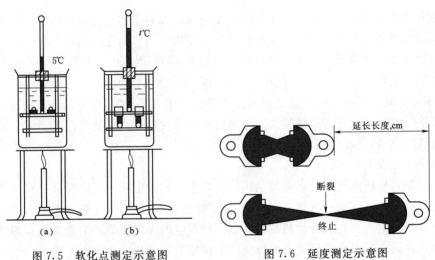

图 7.5　软化点测定示意图　　　　图 7.6　延度测定示意图

石油沥青的塑性与其组分有关，当树脂含量较高且其他组分含量适当时，塑性较好，反之较差。塑性较好的沥青具有较强的抗开裂能力及开裂后的自愈合能力，这些特性也使得石油沥青成为性能优良的柔性防水材料。此外，石油沥青的塑性也有利于吸收冲击荷载，并减少摩擦噪声。

（6）脆性。

沥青材料在低温下，受到瞬时荷载作用时，常表现为脆性破坏。沥青脆性的测定极其复杂，弗拉斯脆点作为反映沥青低温脆性的指标被不少国家采用。弗拉斯脆点的试验方法是将 0.4g 的沥青试样涂在一个标准的金属片上摊成薄层，将此金属片置于有冷却设备的脆点仪内，摇动脆点仪曲柄，能使涂有沥青薄层的金属片产生弯曲。随着制冷剂温度以 $1℃/min$ 的速度降低，沥青薄层的温度随之降低，当降低至某一温度时，沥青薄层在规定弯曲条件下产生脆断时的温度即为沥青的脆点。一般认为，沥青脆点越低，低温抗裂性越好。

在工程实际应用中，要求沥青具有较高的软化点和较低的脆点，否则容易发生沥青材料夏季流淌或冬季变脆甚至开裂等现象。

（7）大气稳定性。

大气稳定性是指石油沥青在热、阳光、氧气和潮湿等因素的长时间综合作用下抵抗老化的性能。

石油沥青在贮运、加工、使用的过程中，由于长时间暴露于空气、阳光下，受温度变化、光、氧气及潮湿等因素的综合作用，会发生一系列的蒸发、脱氧、缩合、氧化等物理与化学变化。这些变化使得沥青含氧官能团增多，小分子量的组分将被氧化、挥发或发生聚合、缩合等化学反应而变成大分子组分。其结果是沥青组分中油分减少，沥青质和沥青碳等脆性成分增加，表现为沥青的流动性和塑性降低，针入度变小，延度降低，软化点升高，黏附性变差，容易发生脆裂。这种变化称为石油沥青的老化。石油沥青的老化是一个不可逆的过程，并决定了沥青的使用寿命。

沥青抗老化性是反映大气稳定性的主要指标，其评定方法是利用沥青试样在加热蒸发前后的"蒸发损失百分率"、"蒸发后针入度比"或"老化后延度"来评定。即先测定沥青试样的质量及针入度，然后将试样置于 163℃ 烘箱中加热蒸发 5h，待冷却后再测定其质量和针入度，计算出蒸发损失的质量占原质量的百分比即为"蒸发损失率"，蒸发后针入度与原针入度之比即为"蒸发后针入度比"，同时再测定蒸发后的延度。石油沥青经蒸发后的质量损失百分率愈小，蒸发后针入度比和延度愈大，表明其抗老化性能愈强，大气稳定性愈好。

（8）施工安全性。

固态沥青材料在使用时必须加热，当加热至一定温度时，沥青材料中挥发的油分蒸汽与周围空气组成混合气体，当油分蒸汽的饱和度增加至一定浓度之上，遇火焰极易燃烧，易发生火灾。沥青加热时与火焰接触发生闪火和燃烧的最低温度，即所谓闪点和燃点。闪点和燃点是保证沥青加热质量和施工安全的一项重要指标。

石油沥青闪点与燃点的区别是沥青温度达到燃点时，其混合气体与火焰接触时的持续燃烧时间为分界线，超过 5s 以上的为燃点，低于 5s 的为闪点。通常，石油沥青的燃点比闪点高约 10℃。

闪点和燃点的高低反映了沥青可能引起火灾或爆炸的安全性差别，它直接关系到石油沥青运输、贮存和加热使用等方面的安全性。闪点和燃点越高，表示施工使用的安全性就越高。

4. 石油沥青的技术要求与选用

石油沥青按用途分为建筑石油沥青、道路石油沥青和普通石油沥青。土木工程中使用的主要是建筑石油沥青和道路石油沥青。目前我国对建筑石油沥青执行《建筑石油沥青》（GB/T 494—2010），而道路石油沥青则按其性能及应用道路的等级执行《公路沥青路面施工技术规范》（JTG F40—2004）的相关规定。

（1）建筑石油沥青的技术要求与选用。

建筑石油沥青按针入度指标划分为 40 号、30 号和 10 号 3 个标号，见表 7.3。

表 7.3 建筑石油沥青技术标准

项 目	质 量 指 标			试验方法
	10 号	30 号	40 号	
针入度（25℃，100g，5s）/0.1mm	10～25	26～35	36～50	GB/T 4509
针入度（46℃，100g，5s）/0.1mm	报告①	报告①	报告①	
针入度（0℃，200g，5s）/0.1mm，不小于	3	6	6	
延度（25℃，5cm/min）/cm，不小于	1.5	2.5	3.5	GB/T 4508
软化点（环球法）/℃，不低于	95	75	60	GB/T 4507
溶解度（三氯乙烯）/%，不小于	99.0			GB/T 11148
蒸发后质量变化（163℃，5h）/%，不大于	1			GB/T 11964
蒸发后针入度比②/%，不小于	65			GB/T 4509
闪点（开口杯法）/℃，不低于	260			GB/T 267

① 报告应为实测值。
② 测定蒸发损失后样品的 25℃ 针入度与原 25℃ 针入度之比乘以 100 后，所得的百分比，称为蒸发后针入度比。

建筑石油沥青针入度较小（黏性较大），软化点较高（耐热性较好），但延伸度较小（塑性较差），主要用于屋面及地下防水、沟槽防水与防腐、管道防腐蚀等工程，还可用于制作油纸、油毡、防水涂料和沥青嵌缝油膏。在屋面防水工程中，一般同一地区的沥青屋面的表面温度比当地最高气温高出 25～30℃。为避免夏季流淌，用于屋面沥青材料的软化点应当高于本地区屋面最高温度 20℃ 以上。软化点偏低时，沥青在夏季高温易流淌；软化点过高时，沥青在冬季低温易开裂。在地下防水工程中，沥青所经历的温度变化不大，主要应考虑沥青的耐老化性，宜选用软化点较低的沥青材料，如 40 号或 60 号、100 号沥青。

选用石油沥青的原则是根据工程性质（房屋、道路、防腐）及当地气候条件、所处工程部位（层面、地下）来选用。在满足上述要求的前提下，尽量选用牌号高的石油沥青，以保证有较长的使用年限。这是因为牌号高的沥青比牌号低的沥青含油分多，其挥发、变质所需时间较长，不易变硬，所以抗老化能力强，耐久性好。

（2）道路石油沥青的技术要求与选用。

我国交通行业标准《公路沥青路面施工技术规范》（JTG F40—2004）将黏稠沥青分为 160 号、130 号、110 号、90 号、70 号、50 号、30 号等 7 个标号。

道路石油沥青等级划分除了根据针入度的大小划分外，还要以沥青路面使用的气候条件为依据，在同一气候分区内根据道路等级和交通特点再将沥青划分为 1～3 个不同的针入度等级；同时，按照技术指标将沥青分为 A、B、C 3 个等级，分别适用于不同范围工程，由 A 至 C，质量级别逐渐降低。各个沥青等级的适用范围应符合《公路沥青路面施工技术规范》（JTG F40—2004）的规定，参见表 7.4。

表 7.4　　　　　　道路石油沥青的适用范围 (JTG F40—2004)

沥青等级	适 用 范 围
A 级沥青	各个等级公路，适用于任何场合和层次
B 级沥青	1. 高速公路、一级公路下面层及以下层次，二级及二级以下公路的各个层次 2. 用作改性沥青、乳化沥青、改性乳化沥青、稀释沥青的基质沥青
C 级沥青	三级及三级以下公路的各个层次

气候条件是决定沥青使用性能的最关键的因素。采用工程所在地最近 30 年内年最热月份平均最高气温的平均值，作为反映沥青路面在高温和重载条件下出现车辙等流动变形的气候因子，并作为气候分区的一级指标。按照设计高温指标，一级区划分为 3 个区。采用工程所在地最近 30 年内的极端最低气温，作为反映沥青路面由于温度收缩产生裂缝的气候因子，并作为气候分区的二级指标。按照设计低温指标，二级区划分为 4 个区，见表 7.5。沥青路面温度分区由高温和低温组合而成，第一个数字代表高温分区，第二个数字代表低温分区，数字越小表示气候因素越严苛。如 1-1 夏炎热冬严寒、1-2 夏炎热冬寒、1-3 夏炎热冬冷、1-4 夏炎热冬温、2-1 夏热冬严寒等。分属不同气候分区的地域，对相同标号与等级沥青的性能指标的要求不同。

表 7.5　　　　　　沥青路面使用性能气候分区

气候分区指标		气 候 分 区			
按照 高温 指标	高温气候区	1	2	3	
	气候区名称	夏炎热区	夏热区	夏凉区	
	最热月平均最高气温/℃	>30	20～30	<20	
按照 低温 指标	低温气候区	1	2	3	4
	气候区名称	冬严寒区	冬寒区	冬冷区	冬温区
	极端最低气温/℃	<-37.0	-37.0～-21.5	-21.5～-9.0	>-9.0
按照设计 雨量 指标	雨量气候区	1	2	3	4
	气候区名称	潮湿区	湿润区	半干区	干旱区
	年降雨量/mm	>1000	1000～500	500～250	<250

沥青路面采用的沥青标号，宜按照公路等级、气候条件、交通条件、路面类型及在结构层中的层位及受力特点、施工方法等，结合当地的使用经验，经技术论证后确定。对高速公路、一级公路，夏季温度高、高温持续时间长、重载交通、山区及丘陵区上坡路段、服务区、停车场等行车速度慢的路段，尤其是汽车荷载剪应力大的层次，宜采用稠度大、60℃ 动力黏度大的沥青，也可提高高温气候分区的温度水平选用沥青等级；对冬季寒冷的地区或交通量小的公路、旅游公路宜选用稠度小、低温延度大的沥青；对温度日温差、年温差大的地区宜选用针入度指数大的沥青。当高温要求与低温要求发生矛盾时应优先考虑满足高温性能的要求。道路石油沥青的质量应符合表 7.6 规定的技术要求。

表7.6

道路石油沥青技术要求 (JTG F40—2004)

指标	单位	等级	沥青标号						
			160号[④]	130号[④]	110号	90号	70号[④]	50号	30号[④]
针入度 (25℃, 100g, 5s)	0.1mm		140~200	120~140	100~120	80~100	60~80	40~60	20~40
适用的气候分区[④]			注[④]	注[④]	2-1 2-2 2-3	1-1 1-2 1-3 / 1-4 2-2 2-3 / 2-4	1-3 1-4 2-2 2-3 / 2-4	1-4	注[④]
针入度指数 PI[①][②]		A	$-1.5 \sim +1.0$						
		B	$-1.8 \sim +1.0$						
软化点, 不小于	℃	A	38	40	43	45	46	49	55
		B	36	39	42	43	44	46	53
		C	35	37	41	42	43	45	50
60℃动力黏度[②], 不小于	Pa·s	A	—	60	120	140	160	200	260
10℃延度[②], 不小于	cm	A	50	50	40	45 / 30	30 / 20	15	10
		B	30	30	30	30 / 20	20 / 15	10	8
15℃延度, 不小于	cm	AB	—	—	—	100	—	—	—
		C	80	80	60	50	40	30	20
蜡含量 (蒸馏法), 不大于	%	A	2.2						
		B	3.0						
		C	4.5						
闪点, 不小于	℃		230	230	230	245	260	260	260
溶解度, 不小于	%		99.5						
密度 (15℃)	g/cm³		实测记录						
TFOT或RTFOT后[⑤]									
质量变化, 不大于	%		±0.8						
残留针入度比 (25℃), 不小于	%	A	48	54	55	57	61	63	65
		B	45	50	52	54	58	60	62
		C	40	45	48	50	54	58	60
残留延度10℃, 不小于	cm	A	12	12	10	8	6	4	—
		B	10	10	8	6	4	2	—
残留延度 (15℃), 不小于	cm	C	40	35	30	20	15	10	—

① 用于仲裁试验求取针入度时的5个温度的针入度关系的相关系数不得小于0.997。

② 经建设部门同意，表中PI值、60℃动力黏度、10℃延度可作为选择性指标，也可不作为施工质量检验标准。

③ 70号沥青可根据需要要求供应商提供针入度范围为60~70或70~80的沥青，50号沥青可根据需要要求供应商提供针入度范围为40~50或50~60的沥青。

④ 30号沥青仅适用于沥青稳定基层。130号与160号除寒冷地区可直接在中低级公路上直接应用外，通常用作乳化沥青、稀释沥青、改性沥青的基质沥青。

⑤ 老化试验以TFOT为准，也可以RTFOT代替。

《重交通道路石油沥青》（GB/T 15180—2010）规定其按针入度范围分为 AH -130、AH -110、AH -90、AH -70、AH -50、AH -30 等 6 个牌号。其技术要求见表 7.7。重交通道路石油沥青适用于修筑高速公路、一级公路和城市快速路、主干道等重交通道路，也适用于各等级公路、城市道路、机场路面等。

表 7.7   重交通道路石油沥青技术要求

项 目	质 量 指 标					
	AH -130	AH -110	AH -90	AH -70	AH -50	AH -30
针入度（25℃，100g，5s）1/10mm	120～140	100～120	80～120	60～80	40～60	20～40
延度（15℃）/cm	≥100	≥100	≥100	≥100	≥80	报告*
软化点/℃	38～51	40～53	42～55	44～57	45～58	50～65
溶解度/%	≥99.0	≥99.0	≥99.0	≥99.0	≥99.0	≥99.0
闪点/℃	≥230					≥260
密度（25℃）/（kg/m³）	报告					
蜡含量/%	≤3.0	≤3.0	≤3.0	≤3.0	≤3.0	≤3.0
薄膜烘箱试验（163℃，5h）						
质量变化/%	≤1.3	≤1.2	≤1.0	≤0.8	≤0.6	≤0.5
针入度比/%	≥45	≥48	≥50	≥55	≥58	≥60
延度（15℃）/cm	≥100	≥50	≥40	≥30	报告*	报告*

* 为实测值。

5. 沥青的掺配

施工时，若采用一种沥青不能满足配制沥青要求所需的软化点或者缺乏某一牌号的沥青时，可以采用两种或三种不同牌号的沥青进行掺配。掺配时，应遵循同源原则，即石油沥青与石油沥青掺配、煤沥青只与煤沥青掺配。不同沥青掺配比应由试验决定，也可按下式进行估算

$$Q_1 = \frac{T_2 - T}{T_2 - T_1} \times 100\% \tag{7.2}$$

$$Q_2 = 100\% - Q_1 \tag{7.3}$$

式中 Q_1——软沥青用量，%；

      Q_2——较硬沥青用量，%；

      T——掺配后的沥青软化点，℃；

      T_1——较软沥青软化点，℃；

      T_2——较硬沥青软化点，℃。

7.1.2 煤沥青

1. 煤沥青的化学组成和结构特点

（1）化学组成。

煤沥青的组成主要是芳香族碳氢化合物及其氧、硫和氮的衍生物的混合物。

葛氏法分析煤沥青的化学组分是游离碳、树脂和油分。游离碳能增加沥青的黏滞

性，提高其热稳定性，游离碳相当于石油沥青中的沥青质。硬树脂在沥青中能增加其黏滞性，也类似于石油沥青中的沥青质；软树脂类似于石油沥青中的树脂。煤沥青中的油分与石油沥青中的油分类似，使煤沥青具有流动性。

（2）煤沥青的结构。

煤沥青和石油沥青相类似，也是复杂的胶体分散系，游离碳和硬树脂组成的胶体微粒为分散相，油分为分散介质，而树脂为保护介质，它吸附于固态分散胶粒周围，逐渐向外扩散，并溶解于油分中，使分散系形成稳定的胶体物质。

2. 煤沥青的技术性质

煤沥青与石油沥青相比，在技术性质上有下列差异：

（1）温度稳定性差。煤沥青是较粗的分散系，同时可溶性树脂含量较多，受热易软化，温度稳定性差。因此，加热温度和时间都要严格控制，更不宜反复加热，否则易引起性质急剧恶化。

（2）大气稳定性差。由于煤沥青中含有较多不饱和碳氢化合物，在热、阳光、氧气等长期综合作用下使煤沥青的组分变化较大，易老化变脆。

（3）与矿质材料表面黏附性能好。煤沥青组分中含有酸、碱性物质较多，它们都是极性物质，赋予煤沥青较高的表面活性和较好的黏附性，对酸、碱性集料均能较好地黏附。

（4）塑性较差。因煤沥青中含有较多的游离碳，使塑性降低，使用时易因受力变形而开裂。

（5）防腐性能好。煤沥青中含有酚、萘、蒽油等成分，所以防腐性能好，故宜用于地下防水层及防腐材料。

3. 煤沥青的工程应用

煤沥青的技术性能与石油沥青类似，但另有不同的特性，因而使用要求有一定区别。如煤沥青加热温度一般应低于石油沥青，加热时间宜短不宜长等。在通常情况下，煤沥青不能与石油沥青混用，否则会因两者在物理化学性质上的差异而导致絮凝结块现象。在储存和加工时必须将这两种沥青严格区分开来。

7.2 改性沥青及其他沥青

7.2.1 改性沥青

现代土木工程对石油沥青性能要求越来越高。无论是作为防水材料，还是路面胶结材料，都要求石油沥青必须具有更好的使用性能与耐久性。屋面防水工程的沥青材料不仅要求有较好的耐高温性，还要求有更好的抗老化性能与抗低温脆断能力；现代高等级沥青路面的交通特点是交通密度大，车辆轴载重，荷载作用间歇时间短，以及高速行车和渠化交通等。这些特点造成沥青路面在高温后出现车辙，低温时产生裂缝，抗滑性能衰减快，使用年限不长，易出现坑槽、松散等水损坏以及局部龟裂等工程质量病害。为进一步提高沥青混合料的路用性能，必须对沥青加以改性，也即提高沥青的流变性能，改善沥青与集料的粘附性，延长沥青的耐久性。

改性沥青是指掺加橡胶、树脂、高分子聚合物、磨细的橡胶粉或其他填料等外掺剂（改性剂），或采取对沥青轻度氧化加工等措施，使沥青的性能得以改善而制成的沥青结合料。

改性剂是指在沥青中加入的天然的或人工的有机或无机材料，可熔融分散在沥青中，改善或提高沥青路面性能（与沥青发生反应或裹覆在集料表面上），改性沥青的分类及其特性如下。

（1）氧化沥青。

氧化改性是在 250～300℃ 高温下，向残留沥青或渣油中吹入空气，通过氧化作用和聚合作用，使沥青分子变大，提高沥青的黏度和软化点，从而改善沥青的性能。工程中使用的道路石油沥青、建筑石油沥青均为氧化沥青。

（2）橡胶改性沥青。

橡胶是沥青的重要改性材料，它和沥青有较好的混溶性，并能使沥青具有橡胶的很多优点，如高温变形性小，低温柔性好。由于橡胶的品种不同，掺入的方法也有所不同，从而使得各种橡胶改性沥青的性能也有差异。

目前使用最普遍的是 SBS 橡胶，SBS 是丁苯橡胶的一种。SBS 改性沥青是目前最成功和用量最大的一种改性沥青，在国内外已得到普遍使用，主要用途是 SBS 改性沥青防水卷材。

其他用于沥青改性的橡胶还有氯丁橡胶、丁基橡胶、再生橡胶等。氯丁橡胶改性沥青可使其气密性、低温柔性、耐化学腐蚀性、耐光性、耐臭氧性、耐候性和耐燃烧性得到大大改善。丁基橡胶改性沥青具有优异的耐分解性，并有较好的低温抗裂性和耐热性能，多用于道路路面工程和制作密封材料、涂料等。

（3）树脂改性沥青。

用树脂改性石油沥青，可以改进沥青的耐寒性、耐热性、黏结性和不透气性。由于石油沥青中含芳香性化合物很少，故树脂和石油沥青的相容性较差，而且可用的树脂品种也较少，常用的树脂有：古马隆树脂、聚乙烯、乙烯－醋酸乙烯共聚物（EVA）、无规聚丙烯 APP、环氧树脂（EP）、聚氨酯（PV）等。

（4）橡胶和树脂改性沥青。

橡胶和树脂同时用于改善沥青的性质，使沥青同时具有橡胶和树脂的特性。树脂比橡胶便宜，橡胶和树脂又有较好的混溶性，故效果较好。橡胶、树脂和沥青在加热熔融状态下，沥青与高分子聚合物之间发生相互浸入和扩散，沥青分子填充在聚合物大分子的间隙内，同时聚合物分子的某些链节扩散进入沥青分子中，形成凝聚的网状混合结构，可以得到较优良的性能。

（5）矿物填充料改性沥青。

为了提高沥青的黏结能力和耐热性，降低沥青的温度敏感性，经常要加入一定数量的矿物填充料。常用的矿物填充料大多是粉状的和纤维状的，主要有滑石粉、石灰石粉、硅藻土和石棉等。矿物改性沥青的机理为：沥青中掺加矿物填充料后，由于沥青对矿物填充料有良好的润湿和吸附作用，在矿物颗粒表面形成一层稳定、牢固的沥青薄膜，带有沥青薄膜的矿物颗粒具有良好的黏性和耐热性。矿物填充料的掺入量要适当，以形成恰当的沥青薄膜层。

7.2.2 其他沥青

1. 乳化沥青

乳化沥青是将黏稠沥青热融，再经高速离心、搅拌及剪切等机械作用，使沥青形成细小的微粒（$2 \sim 5\mu m$），均匀分散在含有乳化剂和稳定剂的水中所形成的水包油（O/W）型沥青乳液。

乳化沥青主要由沥青、乳化剂、稳定剂和水等组成。

水是乳化沥青中的第二大组分。水能溶解、润湿、黏附其他物质，并起缓和化学反应的作用。生产乳化沥青所用的水应相当纯净，不宜太硬，否则对乳化沥青性能将有很大影响。

乳化沥青可以作为防水材料喷涂或涂刷在物体表面上作为防潮或防水层；也可粘贴玻璃纤维毡片（或布）作为屋面防水层；还可以拌制冷用沥青砂浆和沥青混合料而用于道路工程或其他工程。

2. 再生沥青

再生沥青是已经老化的沥青，经掺加再生剂后使其恢复到原来（甚至超过原来）性能的一种沥青。

沥青材料的老化是指沥青材料在路面中受到自然因素（氧、光、热和水等）的作用，随时间而产生不可逆的化学组成结构和物理-力学性能变化的过程。

沥青再生的机理目前有两种理论。一种理论是"相容性理论"，该理论从化学、热力学出发，认为沥青产生老化的原因是沥青胶体物质中各组分相溶性降低，导致组分间溶度参数差增大。如能掺入一定的再生剂使其溶度参数差减小，沥青即能恢复到（甚至超过）原来的性质。一种理论是"组分调节理论"。该理论是从化学组分移行出发，认为由于组分的移行，沥青老化后，某些组分偏多，而某些组分偏少，各组分间比例不协调，所以导致沥青路用性能降低。如能通过掺加再生剂调节其组分，则沥青将恢复原来的性质。

7.3 沥青混合料

由于国民经济和现代化交通运输事业发展的需要，对道路工程提出了更高的要求。采用沥青材料作结合料黏结矿料形成混合料修筑面层与各类基层和垫层，所组成的路面结构，已成为高级路面结构的主要材料。

7.3.1 沥青混合料的定义和分类

1. 沥青混合料的定义

按《公路沥青路面施工技术规范》（JTG F40—2004）有关定义和分类，沥青混合料是指由矿料与沥青结合料拌合而成的混合料总称。其中沥青结合料是指在沥青混合料中起胶结作用的沥青类材料（含添加的外掺剂、改性剂等）的总称。

2. 沥青混合料的分类

沥青混合料的分类方法取决于矿质混合料的级配、集料的最大粒径、压实空隙率和沥青品种等。

（1）按矿质混合料的级配类型分类。

1）连续级配沥青混合料。沥青混合料中的矿料是按连续级配原则设计的，即从大到小的各级粒径都有，且按比例相互搭配组成。

2）间断级配沥青混合料。连续级配沥青混合料的矿料中缺少一个或几个档次粒径而形成的沥青混合料。

（2）按矿质混合料的级配组成及空隙率大小分类。

1）密级配沥青混合料。按连续密级配原理设计组成的各种粒径颗粒的矿料与沥青结合料拌和而成。如设计空隙率较小（对不同交通及气候情况、层位可作适当调整）的密实式沥青混凝土混合料（以 AC 表示）；设计空隙率 3％～6％ 的密级配沥青稳定碎石混合料（ATB）。按关键性筛孔通过率的不同又可分为细型、粗型密级配沥青混合料等。粗集料嵌挤作用较好的也称嵌挤密实型沥青混合料。

2）半开级配沥青混合料。由适当比例的粗集料、细集料及少量填料（或不加填料）与沥青结合料拌和而成，经马歇尔标准击实成型试件的剩余空隙率在 6％～12％ 的半开式沥青碎石混合料，也称沥青碎石混合料（以 AM 表示）。

3）开级配沥青混合料。矿料级配主要由粗集料嵌挤而成，细集料及填料较少，经高黏度沥青结合料黏结而成的，设计孔隙率大于 18％ 的混合料。典型的如排水式沥青磨耗层混合料，以 OGFC 表示；排水式沥青稳定碎石基层，以 ATPB 表示。

（3）按照矿料的最大粒径分类。

根据《公路工程集料试验规程》（JTG E42—2005）的定义，集料的最大粒径是指通过百分率为 100％ 的最小标准筛筛孔尺寸；集料的公称最大粒径是指全部通过或允许少量不通过（一般容许筛余量不超过 10％）的最小一级标准筛筛孔尺寸，通常比最大粒径小一个粒级。例如，某种集料在 26.5mm 筛孔的通过率为 100％，在 19mm 筛孔上的筛余量小于 10％，则此集料的最大粒径为 26.5mm，而公称最大粒径为 19mm。

根据集料的公称最大粒径，沥青混合料分为特粗式、粗粒式、中粒式、细粒式和砂粒式，与之对应的集料粒径尺寸见表 7.8。

（4）按沥青混合料的拌和及铺筑温度分类。

1）热拌热铺沥青混合料。是经人工组配的矿质混合料与黏稠沥青在专门设备中加热拌和而成，用保温运输工具运送至施工现场，并在热态下进行摊铺和压实的混合料，通称"热拌热铺沥青混合料"，简称"热拌沥青混合料"。

2）常温沥青混合料。是以乳化沥青或稀释沥青与矿料在常温状态下拌制、铺筑的混合料。

3. 沥青混合料路面特点

（1）沥青混合料修筑的沥青类路面与其他类型的路面相比，具有以下优点。

1）优良的力学性能。用沥青混合料修筑的沥青类路面，因矿料间有较强的黏结力，属于黏弹性材料，所以夏季高温时有一定的稳定性，冬季低温时有一定的柔韧性。用它修筑的路面平整无接缝，可以提高行车速度，做到客运快捷、舒适，货运损坏率低。

表 7.8　　　　　　　　　　　热拌沥青混合料类型

沥青混合料类型	公称最大粒径尺寸/mm	最大粒径尺寸/mm	连续密级配		半开级配	开级配		间断级配
			沥青混凝土混合料	沥青稳定碎石	沥青碎石混合料	排水式沥青磨耗层	排水式沥青稳定碎石	沥青玛蹄脂碎石混合料
砂粒式	4.75	9.5	AC-5	—	AM-5	—	—	—
细粒式	9.5	13.2	AC-10	—	AM-10	OGFC-10	—	SMA-10
	13.2	16.0	AC-13	—	AM-13	OGFC-13	—	SMA-13
中粒式	16.0	19.0	AC-16	—	AM-16	OGFC-16	—	SMA-16
	19.0	26.5	AC-20	—	AM-20	—	—	SMA-20
粗粒式	26.5	31.5	AC-25	ATB-25	—	—	ATPB-30	—
	31.5	37.5	—	ATB-30	—	—	ATPB-20	—
特粗式	37.5	53.0	—	ATB-40	—	—	ATPB-40	—
设计空隙率/%			3~6	3~6	6~12	>18	>18	3~4

2）良好的抗滑性。各类沥青路面平整而粗糙，具有一定的纹理，即使在潮湿状态下仍保持有较高的抗滑性，能保证高速行车的安全。

3）噪声小。噪声对人体健康有一定的影响，是重要公害之一。沥青混合料路面具有柔韧性，能吸收部分车辆行驶时产生的噪声。

4）施工方便，中断交通时间短。采用沥青混合料修筑路面时，操作方便，进度快，施工完成后数小时即可开放交通。若采用工厂集中拌和，机械化施工，则质量更好。

5）提供良好的行车条件。沥青路面晴天无尘，雨天不泞；在夏季烈日照射下不反光耀眼，便于司机瞭望，为行车提供了良好条件。

6）经济耐久。采用现代工艺配制的沥青混合料修筑的路面，可以保证 15~20 年无大修，使用期可达 20 余年，而且比水泥混凝土路面的造价低。

7）便于分期建设。沥青混合料路面可随着交通密度的增加分期改建，可在旧路面上加厚，以充分发挥原有路面的作用。

（2）沥青混合料在使用过程中也有缺点与不足，主要表现在以下几方面：

1）老化现象。沥青混合料中的结合料——沥青是一种有机物，它在大气因素的影响下，其组分和结构会发生一系列变化，导致沥青的老化。沥青的老化使沥青混合料在低温时发脆，引起路面松散剥落，甚至破坏。

2）感温性大。夏季高温时易软化，使路面产生车辙、纵向波浪、横向推移等现象。冬季低温时又易于变硬发脆，在车辆冲击和重复荷载作用下，易于发生裂缝而破坏。

优良的沥青混合料夏季高温时应有较好的稳定性，冬季低温时应有较好的抗裂性。然而两者又是互相矛盾和互相制约的；要使两者兼顾，还需要做大量的工作。

7.3.2　热拌沥青混合料

热拌沥青混合料是沥青混合料中最典型的品种，本节主要详述它的组成结构、技术性质、组成材料和设计方法。

1. 沥青混合料的组成材料

沥青混合料的组成材料包括沥青和矿料。矿料包括粗集料、细集料和矿粉。

（1）沥青。

沥青是沥青混合料的主要组成材料之一。沥青在混合料压实过程中犹如润滑剂，将各种矿料组成的稳定骨架胶结在一起，经压实后形成的沥青混合料具有一定的强度和所需的多种优良品质。沥青的质量对沥青混合料的品质有很大影响，沥青面层的低温和疲劳裂缝，以及在高温条件下的车辙深度、推挤、雍包等永久性变形都与沥青有很大的关系。沥青路面所用沥青等级应根据气候条件、沥青混合料类型、道路类型、交通性质、路面类型、施工方法以及当地使用经验等，经技术论证后确定。所选用的沥青质量应符合现行规范对沥青质量要求的相关规定。

（2）粗集料。

热拌沥青混合料用的粗集料包括碎石、破碎砾石、钢渣、矿渣等。高速公路和一级公路不得使用筛选砾石和矿渣。粗集料应洁净、干燥，表面粗糙，质量应符合表7.9的规定。

表 7.9　　　　　　　　　沥青混合料用粗集料质量技术要求

指　　标	高速公路及一级公路		其他等级公路	试验方法
	表面层	其他层次		
石料压碎值/%，不大于	26	28	30	T 0316
洛杉矶磨耗损失/%，不大于	28	30	35	T 0317
表观相对密度/%，不小于	2.60	2.5	2.45	T 0304
吸水率/%，不大于	2.0	3.0	3.0	T 0304
坚固性/%，不大于	12	12	—	T 0314
针片状颗粒含量（混合料）/%，不大于 其中粒径大于9.5mm/%，不大于 其中粒径小于9.5mm/%，不大于	15 12 18	18 15 20	20 — —	T 0312
水洗法<0.075mm 颗粒含量/%，不大于	1	1	1	T 0310
软石含量/%，不大于	3	5	5	T 0320

（3）细集料。

沥青路面的细集料包括天然砂、机制砂和石屑。细集料应洁净干燥、无杂质并有适当颗粒级配，并且与沥青具有良好的黏结力。对于高等级公路的面层或抗滑表层，石屑的用量不宜超过砂的用量，采用花岗岩、石英岩等酸性石料轧制的砂或石屑，因与沥青的黏结性较差，不宜用于高等级公路。细集料的质量要求见表7.10。

（4）矿粉。

沥青混合料的矿粉必须采用石灰岩或岩浆岩中强碱性岩石等憎水性石料经磨细得到的矿粉，原石料中的泥土杂质应除净。矿粉应干燥、洁净，质量符合表7.11要求。

表 7.10　　　　　　　　　沥青混合料用细集料质量技术要求

指　　标	高速公路、一级公路 城市快速路、主干路	其他公路与 城市道路
表观相对密度，不小于	2.5	2.45
坚固性（＞0.3mm）/%，不小于	12	—
砂当量/%，不小于	60	50
含泥量（＜0.075mm 的含量）/%，不小于	3	5

表 7.11　　　　　　　沥青混合料用矿粉质量要求（JTG F40—2004）

项　　目		高速公路、一级公路	其他等级公路
表观密度/(t/m³)，不小于		2.50	2.45
含水率/%，不大于		1	1
粒度范围/%	＜0.6mm	100	100
	＜0.15mm	90～100	90～100
	＜0.075mm	75～100	70～100
外观		无团粒结块	—
亲水系数		＜1	
塑性指数/%		＜4	
加热安定性		实测记录	

2. 沥青混合料的组成结构

（1）沥青混合料的结构组成理论。

沥青混合料的组成结构有两种相互对立的理论：表面理论和胶浆理论。

1）表面理论。按传统的理解，沥青混合料是由粗集料、细集料和填料经人工组配成密实的级配矿质骨架，此矿质骨架由稠度较稀的沥青混合料分布其表面，而将它们胶结成为一个具有强度的整体。

2）胶浆理论。近代某些研究从胶浆理论出发，认为沥青混合料是一种多级空间网状结构的分散系。它是以粗集料为分散相而分散在沥青砂浆的介质中的一种粗分散系；同样，沥青砂浆是以细集料为分散相而分散在沥青胶浆介质中的一种细分散系；而胶浆又是以填料为分散相而分散在高稠度的沥青介质中的一种微分散系。

这三级分散系以沥青胶浆最为重要，它的组成结构决定沥青混合料的高温稳定性和低温变形能力。目前这一理论比较集中于研究填料（矿粉）的矿物成分、填料的级配（以 0.080mm 为最大粒径）以及沥青与填料内表面的交互作用等因素对于混合料性能的影响等。同时这一理论的研究比较强调采用高稠度的沥青和大的沥青用量，以及采用间断级配的矿质混合料。

（2）沥青混合料的结构组成形式。

沥青混合料根据其粗、细集料的比例不同，其结构组成有 3 种形式：悬浮密实结构、骨架空隙结构和骨架密实结构。

1）悬浮密实结构 ［图 7.7 (a)］。采用连续密级配的沥青混合料，由于细集料的数量较多，矿质材料由大到小形成连续型密实混合料，粗集料被细集料挤开。因此，粗集料以悬浮状态位于细集料之间。这种结构的沥青混合料的密实度较高，但各级集料均被次级集料所隔开，不能直接形成骨架，而是悬浮于次级集料和沥青胶浆之间，这种结构的特点是黏结力较高，内摩阻力较小，混合料耐久性好，但稳定性较差。

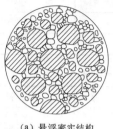 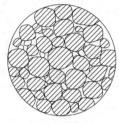 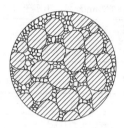

(a) 悬浮密实结构　　　　(b) 骨架空隙结构　　　　(c) 骨架密实结构

图 7.7　沥青混合料的典型组成结构

2) 骨架空隙结构 [图 7.7 (b)]。连续开级配的沥青混合料，由于细集料的数量较少，粗集料之间不仅紧密相连，而且有较多的空隙。这种结构的沥青混合料的内摩阻力起重要作用，黏结力较小。因此，沥青混合料受沥青材料的变化影响较小，稳定性较好，但耐久性较差。当沥青路面采用这种形式的沥青混合料时，沥青面层下必须做下封层。

3) 骨架密实结构 [图 7.7 (c)]。间断密级配的沥青混合料，是上面两种结构形式的有机组合。它既有一定数量的粗集料形成骨架结构，又有足够的细集料填充到粗集料之间的空隙中去，因此，这种结构的沥青混合料其特点是黏聚力与内摩阻力均较高，密实度、强度和稳定性都比较好。耐久性好，但施工和易性差。目前，这种结构形式的沥青混合料路面还用的比较少，处于研究阶段。

3. 沥青混合料的强度理论

沥青混合料属于分散体系，是由粒料与沥青材料所构成的混合体。根据沥青混合料的颗粒性特征，可以认为沥青混合料的强度构成起源于两个方面：

(1) 由于沥青与集料间产生的黏结力。

(2) 由于矿料与矿料间产生的内摩阻力。目前，对沥青混合料强度构成特性开展研究时，许多学者普遍采用了摩尔-库仑理论作为分析沥青混合料的强度理论，并引用两个强度参数——黏结力 c 和内摩阻角 φ，作为其强度理论的分析指标。摩尔-库仑理论的一般表达式为

$$\tau = c + \sigma \tan\varphi \tag{7.4}$$

式中　τ——沥青混合料的抗剪强度，MPa；

　　　σ——试验时的正应力，MPa；

　　　c——沥青混合料的黏结力，MPa；

　　　φ——沥青混合料的内摩擦角，(°)。

由式 (7.4) 可知，沥青混合料的抗剪强度主要取决于黏结力 c 和内摩擦角 φ 两个参数，即 $\tau = f(c, \varphi)$。

4. 沥青混合料的技术性质

对于道路用沥青混合料，在使用过程中将承受车辆荷载反复作用，及环境因素的长期影响，沥青混合料应具有足够的高温稳定性、低温抗裂性、耐久性、水稳定性、表面抗滑性、施工和易性等技术性能，以保证沥青路面优良的服务性能，经久耐用。

（1）高温稳定性。

高温稳定性是指沥青混合料在高温情况下，承受外力的不断作用下抵抗永久变形的能力。沥青是热塑性材料，沥青混合料在夏季高温下，因沥青黏度降低而软化，以致在车轮荷载作用下产生永久变形，路面出现泛油、推挤、车辙等病害，影响行车舒适和安全。因此，沥青混合料必须在高温下仍具有足够的强度和刚度，即具有良好的高温稳定性。

影响沥青混合料高温稳定性的主要因素有沥青的用量和黏度、矿料的级配、形状和尺寸等。沥青过量，不仅降低沥青混合料的内摩阻力，而且在夏季容易产生泛油现象。因此，适当减少沥青的用量，可以使矿料颗粒更多地以结构沥青的形式相联结，增加沥青混合料的黏聚力和内摩阻力，提高沥青的黏度，增加沥青混合料抗剪切变形的能力。由合理矿料级配组成的沥青混合料，可以形成骨架密实结构，这种混合料的黏聚力和内摩阻力都比较大。在矿料的选择上，尽量选用有棱角的矿料颗粒，以提高混合料的内摩擦角。另外，还可加入一些外加剂来改善沥青混合料的性能。以上这些措施都可提高沥青混合料的抗剪强度和减少塑性变形，从而增强沥青混合料的高温稳定性。

根据《公路沥青路面施工技术规范》（JTG F40—2004）规定，采用马歇尔稳定度试验（包括稳定度 MS、流值 FL、马歇尔模数 T）来评价沥青混合料高温稳定性；对高速公路、一级公路、城市快速路、主干路用沥青混合料，还应通过车辙试验检验其抗车辙能力。

（2）低温抗裂性。

低温抗裂性是指沥青混合料在低温下抵抗断裂破坏的能力。由于沥青混合料随着温度的降低，通常会变脆变硬，变形能力下降，在温度下降所产生的温度应力和外界荷载应力的作用下，路面内部的应力来不及松弛，应力逐渐累积下来，这些累积应力超过沥青混合料的容许应力值时即发生开裂，从而导致沥青混合料路面的破坏，所以沥青混合料在低温时应具有较大的抗变形能力来满足低温抗裂性能。

沥青混合料的低温裂缝是由混合料的低温脆化、低温缩裂和温度疲劳引起的。为防止或降低沥青路面的低温开裂风险，可选用黏度相对较低的沥青，或采用橡胶类的改性沥青，同时适当增加沥青用量，以增强沥青混合料的柔韧性。

（3）耐久性。

沥青混合料的耐久性是指其在外界各种因素（如阳光、空气、水、车辆荷载等）的长期作用下不破坏的性能。影响沥青混合料耐久性的主要因素有：沥青的性质、矿料的性质、沥青混合料的组成与结构（沥青用量、混合料压实度）等。

沥青的抗老化性越好，矿料越坚硬、不易风化和破碎、与沥青的黏结性好，沥青混合料的寿命越长。从耐久性角度出发，沥青混合料空隙率减少，可防止水的渗入和日光紫外线对沥青的老化作用，但是一般沥青混合料中均应残留一定量的空隙，以备夏季沥青混合料膨胀。

当沥青用量较正常用量减少时，沥青膜变薄，混合料的延伸能力降低，脆性增加。如沥青用量过少，将使混合料的空隙率增大，沥青膜暴露较多，加速了老化作用。同时增加了渗水率，加强了水对沥青的剥落作用。

沥青混合料的耐久性可用浸水马歇尔试验或真空饱水马歇尔试验来评价。

（4）水稳定性。

多针片状的粗集料对沥青混合料的影响

沥青混合料的水稳定性不足主要表现为沥青路面的水损害破坏，是沥青路面早期损坏的主要类型之一，其表现形式主要有网裂、唧浆、掉粒、松散及坑槽，它不仅导致了路表功能的降低，而且将直接影响到路面的耐久性和使用寿命。

沥青混合料的水稳定性是通过浸水马歇尔试验和冻融劈裂试验来检验。对不同年降雨量气候区的浸水马歇尔试验残留稳定度及冻融劈裂试验的残留强度比指标提出了相应要求，二者需同时符合规定。达不到要求时必须采取措施，调整配比后再次试验。

沥青混合料路面面层脱离

减小沥青路面水害的技术措施有：路面结构隔水，加强路面排水设计；骨料选用粗糙洁净的碱性骨料。沥青选用较低标号的沥青，或选用黏度大、与骨料黏附性好的改性沥青；掺加抗剥离剂；合理选用沥青混合料类型，优化沥青混合料配合比设计；加强施工质量控制，保证沥青混合料施工的均匀稳定，严格控制路面压实度，严禁雨天施工等。

（5）表面抗滑性。

随着现代高速公路的发展以及车辆行驶速度的增加，对沥青混合料路面的抗滑性提出了更高的要求。沥青混合料的抗滑性的影响因素有：矿料的表面性质、沥青组分及用量、混合料级配及宏观构造等。应选用质地坚硬、具有棱角的粗骨料，高速公路通常采用玄武岩。为节省投资，也可采用玄武岩与石灰岩混合使用的方法，这样，等路面使用一段时间后，石灰岩骨料被磨平，玄武岩骨料相对突出，更能增加路面的粗糙性。沥青用量偏多，会明显降低路面抗滑性。沥青含蜡量也对路面抗滑性有明显影响。

路面抗滑性能评价常用的测试方法有摆式仪法、SCRM 摩擦系数测定车法及测试构造深的灌砂法。构造深度、路面抗滑值和摩擦系数越大，说明路面的抗滑性越好。

（6）施工和易性。

要保证室内配料在现场施工条件下顺利的实现，沥青混合料除了应具备前述的技术要求外，还应具备适宜的施工和易性。影响沥青混合料施工和易性的因素很多，诸如当地气温、施工条件及混合料性质等。

就沥青混合料性质而言，影响沥青混合料施工和易性的主要因素是矿料级配。粗细集料的颗粒大小相距过大，缺乏中间粒径，混合料容易离析；细料太少，沥青层不易均匀地分布在粗颗粒表面；细料过多，则拌和困难。

5. 沥青混合料技术性能指标

评价沥青混合料技术性能的主要指标有稳定度、残留稳定度、流值、空隙率和饱和度等。不同类型和用途的沥青混合料技术性能指标要求见表 7.12。马歇尔稳定度（*MS*）是指沥青混合料马歇尔试验测得的试件达到破坏时所能承受的最大荷载。流值（*FL*）是对应于最大荷载时试件的竖向变形量。空隙率（*VV*）是指压实的沥青混合料中空隙体积占沥青混合料总体积的百分率。压实沥青混合料中的沥青饱和度（*VFA*）是指压实的沥青混合料中沥青体积占矿料以外体积的百分率。残留稳定度（*MS*）是指沥青混合料浸水后的稳定度与标准稳定度的百分比。

表 7.12　　　　　　　　　沥青混合料技术性能指标要求

技术指标 名称	表示 符号	表征内容	沥青混合料类型	指标 要求	
				高速公路、一级公路 城市快速路和主干道	其他等级公路 和城市道路
马歇尔 稳定度/kN	MS	高温稳定性	Ⅰ型沥青混凝土	＞7.5	＞5.0
			Ⅱ型沥青混凝土、抗滑表层	＞5.0	＞4.0
流值/0.1mm	FL	变形能力	Ⅰ型沥青混凝土	20～40	20～45
			Ⅱ型沥青混凝土、抗滑表层		
空隙率/%	VV	密实程度	Ⅰ型沥青混凝土、Ⅱ型沥青 混凝土、抗滑表层	3～6	3～5
				4～10	4～10
沥青饱和度 /%	VFA	沥青填隙度	Ⅰ型沥青混凝土、Ⅱ型沥青 混凝土、抗滑表层	70～85	
				60～75	
残留稳定度 /%	MS₀	水稳定性	Ⅰ型沥青混凝土、Ⅱ型沥青 混凝土、抗滑表层	＞75	
				＞70	

注　粗粒式沥青混合料的稳定度可降低 1～1.5kN；Ⅰ型细粒式及砂粒式沥青混合料的空隙率可放宽至 2%～6%。

7.3.3　沥青混合料配合比设计

沥青混合料的各项技术性质之间不仅互相联系，而且在有些方面也相互制约甚至矛盾。为了满足实际工程要求，应综合考虑沥青混合料的各项技术性能以及经济性。沥青混合料配合比设计就是通过合理选择沥青混合料的各组成材料并确定其比例关系，使沥青混合料既满足技术指标要求，又符合经济性原则。

热拌沥青混合料广泛应用于各种等级道路的面层，其配合比设计包括实验室目标配合比设计、生产配合比设计和生产配合比验证 3 个阶段。

1. 目标配合比设计

在实验室进行的目标配合比设计分为矿料组成设计和沥青最佳用量确定两部分内容。

（1）矿料组成设计。

矿料组成设计是将各种矿料（粗集料、细集料和填料）按一定比例混合，使合成的级配符合预定要求，加入沥青后，形成满足工程要求的沥青混合料。根据研究成果和实际经验，可采用推荐的矿料级配范围来确定矿料的组成，并按下列步骤进行。

1）确定沥青混合料类型。沥青混合料类型包括密实式沥青混合料（AC）、开式沥青碎石混合料（AK）和半开式沥青碎石混合料（AM），根据道路等级、路面类型及所处的结构层次等条件，沥青混合料类型按表 7.13 选择确定。

另外，对沥青混合料的矿料间隙率（VMA，等于压实的沥青混合料中矿料以外体积占沥青混合料总体积的百分率）还应符合表 7.14 要求。

2）确定矿料级配范围。根据已经确定的沥青混合料类型，查表 7.15 确定所需矿料的级配。

表 7.13　　　　　　　　　　　沥青混合料类型

结构层次	高速公路、一级公路、城市快速路和主干道		其他等级公路	城市道路
	三层式路面	二层式路面		
上面层	AC-13、AK-13、AC-16、AK-16、AC-20	AC-13、AK-13、AC-16、AK-16	AC-13、AC-16	AC-13、AK-13、AC-16、AK-16、AC-20
中面层	AC-20、AC-25	—	—	AC-20、AC-25
下面层	AC-20、AC-30	AC-20、AC-25	AC-20、AM-20、AC-25、AM-25、AC-30	AM-20、AC-25、AM-25、AC-30

表 7.14　　　　　　　　　　　矿料间隙率指标要求

集料最大尺寸/mm	37.5	31.5	26.5	19	13.2	9.5	4.75
矿料间隙率 VMA/%	12	12.3	13	14	15	16	18

表 7.15　　　　　　　　　密级配沥青混合料矿料级配范围　　　　　　　　　　%

级配类型		通过下列筛孔的质量百分率												
		31.5 mm	26.5 mm	19 mm	16 mm	13.2 mm	9.5 mm	4.75 mm	2.36 mm	1.18 mm	0.6 mm	0.3 mm	0.15 mm	0.075 mm
粗粒	AC-25	100	90~100	75~90	65~83	57~76	45~65	24~52	16~42	12~33	8~24	5~17	4~13	3~7
中粒	AC-20		100	90~100	78~92	62~80	50~72	26~56	16~44	12~33	8~24	5~17	4~13	3~7
	AC-16			100	90~100	76~92	60~80	34~62	20~48	13~36	9~26	7~18	5~14	4~8
细粒	AC-13				100	90~100	68~85	38~68	24~50	15~38	10~28	7~20	5~15	4~8
	AC-10					100	90~100	45~75	30~58	20~44	13~32	9~23	6~16	4~8
砂料	AC-5						100	90~100	55~75	35~55	20~40	12~28	7~18	5~10

3）检测组成材料的原始数据。根据现场取样，对各矿料进行筛分试验，分别绘制出各矿料的筛分曲线，同时测出各矿料的表观密度。

4）计算矿料配合比。根据各组成材料的筛分析试验结果，利用计算机软件（如 MS - Excel）或图解法计算出符合级配要求范围的各矿料用量比例。通常情况下，级配曲线宜尽量接近设计级配范围的中值，尤其应使 0.075mm、2.36mm 和 4.75mm 筛孔的通过量接近设计级配范围的中值。对于交通量大和载重公路，宜偏向级配范围的下（粗）限；对于中小交通或人行道路宜偏向级配范围的上（细）限。合成级配曲线应接近连续级配或合理间断级配，不得有太多的锯齿形交错，在0.3~0.6mm范围内不出现"驼峰"。当反复调整仍有两个以上的筛孔超出级配范围时，须对原材料进行调整或更换原材料重新设计。

（2）沥青最佳用量确定。

沥青最佳用量的确定目前一般采用马歇尔试验法，按下列步骤进行。

1）制作马歇尔试件。按照确定的矿料配合比，计算各种矿料用量。根据规范推荐的沥青用量范围和实践经验，估计适宜的沥青用量（或油石比）。以估计的沥青用量为中值，按0.5%间隔上下变化，取5个不同的沥青用量，用小型拌和机将沥青与矿料拌合均匀，制成直径为101.6mm、高为63.5mm的圆柱体马歇尔试件。

2）测定并计算试件的密度等相关指标。根据集料吸水率大小和沥青混合料的类型，选择合适的方法测量试件的密度，并计算空隙率、沥青饱和度、矿料间隙率等物理指标和分析体积组成。

3）进行马歇尔试验。按照马歇尔试验方法，测定马歇尔稳定度和流值两个力学指标。

4）确定最佳沥青用量。以沥青用量为横坐标，以实测密度、空隙率、饱和度、稳定度、流值为纵坐标，将试验结果绘制成沥青用量与各项指标的关系曲线，如图7.8所示。

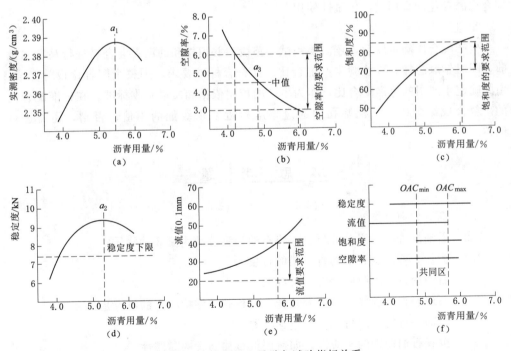

图7.8 沥青用量和马歇尔试验指标关系

从图7.12中取相应于密度最大值的沥青用量a_1，相应于稳定度最大值的沥青用量a_2和相应于规定空隙率范围中值的沥青用量a_3，以三者平均值作为最佳沥青用量的初始值OAC_1。

根据表 7.12 中的沥青混合料技术指标范围，确定各关系曲线上沥青用量的范围，取各沥青用量范围的共同部分，即为沥青最佳用量范围 $OAC_{min} \sim OAC_{max}$，求中值 OAC_2。

$$OAC_2 = \frac{(OAC_{min} + OAC_{max})}{2} \tag{7.5}$$

按最佳沥青用量初始值 OAC_1，在图 7.8 中取相应的各项指标值，当各项指标值均符合表 7.12 中的各项技术指标标准时，以 OAC_1 和 OAC_2 的中值为最佳沥青用量 OAC。如果不能满足表 7.12 中的规定，应重新进行级配调整和计算，直至各项技术指标均符合要求。

2. 生产配合比设计

在进行沥青混合料生产时，由于现场的实际情况与实验室的条件存在差异，筛分和拌制沥青混合料的设备与方法也不尽相同（如实验室采用的是冷料筛分，而生产时采用的是热料筛分），因此，在实验室目标配合比的基础上应进行生产配合比设计。对间歇式拌和机，应从两次筛分后进入各热料仓的材料中取样，并进行筛分，确定各热料仓的材料比例，使所组成的级配与目标配合比设计的级配一致或接近。同时，应反复调整冷料仓进料比例，使供料均衡，并取目标配合比设计的最佳沥青用量。对最佳沥青用量及其 ±0.3% 最佳沥青用量的 3 个沥青用量进行马歇尔试验，以确定生产配合比的最佳沥青用量，供试铺使用。

3. 生产配合比验证

生产配合比确定以后，还需要铺试验路段，并用拌和的沥青混合料进行马歇尔试验，同时钻取芯样，以检验生产配合比。如符合标准要求，则整个配合比设计完成，由此确定生产用的标准配合比，作为生产的控制依据和质量验收标准。在标准配合比的矿料合成级配中，三档筛孔的通过率应接近要求级配的中值；否则，还需进行调整。

思　考　题

7.1　沥青如何分类？

7.2　石油沥青的三组分分析法，将石油沥青分离为哪 3 种物质？

7.3　为什么要控制石油沥青中蜡的含量？

7.4　石油沥青中的胶团是怎么形成的？

7.5　石油沥青的胶体结构有哪几种？每种胶体结构沥青的特点是什么？

7.6　石油沥青的物理特征常数包含哪些？

7.7　解释石油沥青的黏滞性。如何评价石油沥青的黏滞性？

7.8　解释石油沥青的塑性。如何评价石油沥青的塑性？

7.9　解释石油沥青的温度敏感性。如何评价石油沥青的温度敏感性？

7.10　解释沥青的"老化"，说明"老化"的过程。

7.11　解释沥青的闪点和燃点。

7.12 简述煤沥青的技术性质。

7.13 乳化沥青的组成材料有哪些？

7.14 沥青混合料按组成结构可为哪 3 类？各种类型的沥青混合料各有什么特点？

7.15 沥青混合料应具备的主要技术性质是什么？如何评价？

7.16 马歇尔试验的指标有哪些？如何控制沥青混合料的技术性质？

7.17 简述沥青混凝土混合料配合比设计步骤。

7.18 用试算法确定各种矿质集料的配合比，将设计后混合料的组成级配填入表 7.16 中并判定是否符合级配范围要求。计算结果取小数点后一位有效数字)？

表 7.16   思 考 题 7.18

原材料		筛 孔 尺 寸							
		4.75mm	2.36mm	1.18mm	0.6mm	0.3mm	0.15mm	0.075mm	<0.075mm
各种矿料累计筛余/%	粗砂	0	(42)	77	95	100	100	100	
	细砂			0	5	55	75	100	
	矿粉						0	20	80
设计矿质混合料级配									
标准级配范围		0~5	15~35	55~35	70~48	83~63	89~72	88~92	12~8
标准中值		2.5	25	45	41	73	80.5	90	10

7.19 在建筑屋面防水过程中，选用石油沥青的原则是什么？建筑屋面多层防水施工时，能用煤油沥青黏结石油沥青油毡吗？为什么？

思考题讲解

第8章 合成高分子材料

本章导读

　　内容及要求： 本章主要介绍高分子材料基本知识，以及建筑塑料、建筑涂料、黏结剂、合成纤维、土工合成材料和纤维增强树脂基复合材料。通过本章学习，熟悉建筑塑料的组成及用途，合成纤维、黏结剂、建筑涂料、土工合成材料和纤维增强树脂基复合材料的组成及用途；了解高分子化合物的特征及基本性质。

　　重点： 各高分子材料的性能及用途。

　　难点： 各高分子材料的性能。

　　合成高分子材料是指以人工合成的高分子化合物为基础，配以适当的助剂配制而成的材料。它有许多优良的性能，如密度小，比强度大，弹性高，电绝缘性能好，耐腐蚀，装饰性能好等。合成高分子材料作为土木工程材料，始于 20 世纪 50 年代，经过多年的发展，现在已经成为继水泥、木材、钢材之后的一种重要的土木工程材料。由于它能减轻构筑物自重，改善性能，提高工效，减少施工安装费用，获得良好的装饰及艺术效果，因此在土木工程中得到了越来越广泛的应用。

　　合成高分子材料的主要品种有塑料制品、橡胶制品、涂料、黏结剂、密封剂及防水材料等。本章主要介绍合成高分子材料基本知识、建筑塑料、建筑涂料、建筑黏结剂和土工合成材料。

8.1　合成高分子材料基本知识

　　高分子化合物是由许多低分子化合物通过聚合反应连接而成的化合物，由于其分子量较大，一般都在几千以上，有的可达数万、数十万甚至更大，所以称为高分子化合物。由于高分子多是由小分子通过聚合反应制得，因此也常被称为聚合物或高聚物，用于聚合的小分子则被称为"单体"。从结构上看，高分子化合物的分子链是由许多简单的结构单元通过共价键重复连接而成。如，乙烯（CH_2＝CH_2）的分子量为 28，而用乙烯为单体聚合而成的高分子化合物聚乙烯（CH_2—CH_2）$_n$ 的分子量则在 1000～35000 或更大。其中相同的结构单元"—CH_2—CH_2—"称为链节，链节的数目 n 称为聚合度，高聚物的聚合度一般为 10^3～10^7。

8.1.1　合成高分子材料的分类

　　合成高分子材料从不同角度可有不同的分类方法。

（1）根据来源分类。

根据来源可分为天然高分子化合物、合成高分子化合物。天然高分子化合物如纤维素、淀粉等；各种人工合成的高分子如聚乙烯、聚丙烯等为合成高分子化合物。

（2）根据合成反应特点分类。

通常将聚合反应分为加成聚合和缩合聚合两类，简称加聚和缩聚。由一种或多种单体相互加成，结合为高分子化合物的反应，称为加聚反应。在该反应过程中没有产生其他副产物，生成的聚合物的化学组成与单体的基本相同。缩聚反应是指由一种或多种单体互相缩合生成高聚物，同时析出其他低分子化合物（如水、氨、醇、卤化氢等）的反应。缩聚反应生成的高聚物的化学组成与单体的不同。

（3）按分子链的形状分类。

根据分子链的形状不同，可将高分子化合物分为线型、支链型（支化型）和体型（网状）3 种。

（4）按用途分类。

按用途分类，可分为通用高分子、工程材料高分子、功能高分子、仿生高分子、医用高分子、高分子药物、高分子试剂、高分子催化剂和生物高分子等。

塑料中的"四烯"（聚乙烯、聚丙烯、聚氯乙烯和聚苯乙烯），纤维中的"四纶"（锦纶、涤纶、腈纶和维纶），橡胶中的"四胶"（丁苯橡胶、顺丁橡胶、异戊橡胶和乙丙橡胶）都是用途很广的高分子材料，为通用高分子材料。

工程塑料是指具有特种性能（如耐高温、耐辐射等）的高分子材料。如聚甲醛、聚碳酸酯、聚砜、聚酰亚胺、聚芳醚、聚芳酰胺、含氟高分子和含硼高分子等都是较成熟的品种，已广泛用作工程材料。

（5）按对热的性质分类。

按对热的性质可分为热塑性和热固性两类。热塑性高聚物在加热时呈现出可塑性，甚至熔化，冷却后又凝固硬化。这种变化是可逆的，可以重复多次。热固性高聚物在加热时转变为黏稠状态，发生化学变化，相邻的分子互相连接而逐渐固化，其分子量也随之增大最终成为不能熔化、不能溶解的物质。这种变化是不可逆的，大部分缩合树脂属于此类。

（6）按材料的性能分类。

按材料的性能，可把高分子分成塑料、橡胶和纤维三大类。

8.1.2　合成高分子材料的性能特点

1. 优点

与传统材料相比，合成高分子材料具有许多优良特性。

（1）密度小，比强度高，刚度小。高分子材料的平均密度为 $1.45g/cm^3$，约为钢的 1/5、铝的 1/2，与木材相近或略大。这对减轻建筑物自重、节约建筑成本很有利。高分子材料的绝对强度不高，但比强度高。例如，塑料的比强度超过钢和铝，是一种优良的轻质、高强材料。合成高分子材料的刚度小，如塑料的弹性模量只有钢材的 1/20～1/10，且在荷载长期作用下易产生蠕变。但如果在塑料中加入纤维增强材料，其强度可大大提高，甚至可超过钢材。

(2) 加工性能优良，装饰性好。高分子材料成型温度、压力容易控制，适合不同规模的机械化生产。其可塑性强，可制成各种形状的产品。高分子材料生产能耗小，原料来源广，材料成本低，节能效果明显。高分子材料可以被加工成装饰性优异的各种建筑制品，如采用着色、印花、压花、烫金、电镀等装饰方法，给装饰效果的设计带来了很大的灵活性。

(3) 减震、吸声、隔热性好。高分子材料具有良好的韧性，在断裂前能吸收较大的能量，具有较好的减震作用。其导热系数小，如泡沫塑料的导热系数只有 $0.02W/(m \cdot K) \sim 0.046W/(m \cdot K)$，是良好的隔热保温材料，保温隔热性能优于木质和金属制品。高分子材料还具有较好的吸声作用。

(4) 电绝缘性好。高分子材料介电损耗小，是较好的绝缘材料，广泛用于电线、电缆、控制开关、电气设备等。

(5) 耐腐蚀性好。高分子材料的化学稳定性好，对一般的酸、碱、盐及油脂具有较好的耐腐蚀性，因此无须定期进行防腐维护，特别适用于建筑管道、化工厂的门窗、地面和墙体等。

(6) 减磨和耐磨性好。有些高分子材料在无润滑和少润滑的摩擦条件下，它们的耐磨、减磨性是金属材料无法比拟的。

(7) 耐水性和耐水蒸气性好。高分子建材一般吸水率和透气性很低，对环境水的渗透有很好的防潮、防水功能。

2. 缺点

合成高分子材料虽然优点显著，但也有 3 个方面的性能缺点：易老化、易燃及毒性、耐热性差。

(1) 易老化。所谓老化，是指高分子化合物在阳光、空气、热以及环境介质中的酸、碱、盐等作用下，分子组成和结构发生变化，致使其性质变化，如失去弹性、出现裂纹、变硬（脆）或变软、发黏等失去原有的使用功能的现象。塑料、有机涂料和有机胶黏剂都会出现老化。

(2) 易燃及毒性。高分子材料热稳定性较差，温度升高时其性能明显降低，热塑性塑料的耐热温度一般为 $50 \sim 90℃$，热固性塑料的耐热温度一般为 $100 \sim 200℃$。大多数高分子材料高温时不仅可燃，而且燃烧时发烟，产生有毒气体。一般可通过改进配方制成自熄或难燃甚至不燃的产品，但其防火性仍比无机材料差。

(3) 耐热性差。高分子材料的耐热性能较差，如使用温度偏高，会促进其老化，甚至分解；塑料受热会发生变形，在使用中要注意其使用温度的限制。

8.2 建 筑 塑 料

建筑塑料是指用于建筑工程的各种塑料及制品，即指利用高分子材料的特性，以高分子材料为主要成分，添加各种改性剂及助剂，为适合建筑工程各部位的特点和要求而生产的一类新兴的建筑材料。

8.2.1 塑料的分类

塑料的分类体系比较复杂,各种分类方法也有所交叉,按常规分类主要有以下3种:一是按使用特性分类;二是按理化特性分类;三是按加工方法分类。

(1) 按使用特性分类。

根据各种塑料不同的使用特性,通常将塑料分为通用塑料、工程塑料和特种塑料3种类型。

1) 通用塑料。一般是指产量大、用途广、成型性好、价格便宜的塑料,如聚乙烯、聚丙烯、酚醛等。

2) 工程塑料。工程塑料是指被用做工业零件或外壳材料的工业用塑料,是强度、耐冲击性、耐热性、硬度及抗老化性均优的塑料。如 ABS、尼龙等。

3) 特种塑料。一般是指具有特种功能,可用于航空、航天等特殊应用领域的塑料。如增强塑料和泡沫塑料具有高强度、高缓冲性等特殊性能。如氟塑料和有机硅等。

(2) 按理化特性分类。

根据各种塑料不同的理化特性,可以把塑料分为热固性塑料和热塑料性塑料两种类型。

1) 热固性塑料。热固性塑料是指在受热或其他条件下能固化或具有不溶(熔)特性的塑料,如酚醛塑料、环氧塑料等。

2) 热塑性塑料。热塑性塑料是指在特定温度范围内能反复加热软化和冷却硬化的塑料,如聚乙烯、聚四氟乙烯等。

(3) 按加工方法分类。

根据各种塑料不同的成型方法,可以分为膜压、层压、注射、挤出、吹塑、浇铸塑料和反应注射塑料等多种类型。

8.2.2 建筑塑料的特点

建筑塑料不仅能大量替代钢材和木材,而且具有某些传统建材无法比拟的优异性能。其优点如下。

(1) 密度低、比强度高。密度一般在 $0.9 \sim 2.2 \mathrm{g/cm^3}$ 之间,泡沫塑料的密度可以低到 $0.1 \mathrm{g/cm^3}$ 以下,由于自重轻对高层建筑有利。表8.1为金属与塑料比强度的比较。

表 8.1　　　　　　　　　　　金 属 与 塑 料 比 强 度

材　料	密度/(g/cm^3)	拉伸强度/MPa	比强度/[MPa/(g/cm^3)]
高强度合金钢	7.85	1280	163
铝合金	2.8	410~450	146~161
尼龙	1.14	441~800	387~702
酚醛木质层压板	1.4	350	250
定向聚偏二氯乙烯	1.7	700	412

(2) 耐化学腐蚀性好。塑料有很好的抵抗酸、碱、盐侵蚀的能力,特别适合化学工业的建筑用材。

（3）耐水性强。高分子建材一般吸水率和透气性很低，对环境水的渗透有很好的防潮防水功能。

（4）减震、隔热和吸声功能强。高分子建材密度小，可以减少振动、降低噪音。高分子材料的导热性很低，是良好的隔热保温材料，保温隔热性能优于木质和金属制品。

（5）优良的加工性能。高分子材料成型温度、压力容易控制，适合不同规模的机械化生产。其可塑性强，可制成各种形状的产品。高分子材料生产能耗小（约为钢材的 1/5～1/2；铝材的 1/10～1/3）、原料来源广，因而材料成本低。

（6）电绝缘性好。高分子材料介电损耗小，是较好的绝缘材料，广泛用于电线、电缆、控制开关、电器设备等。

（7）装饰性好。高分子材料成型加工方便、工序简单，可以通过电镀、烫金、印刷和压花等方法制备出各种质感和颜色的产品，具有灵活、丰富的装饰性。

塑料的缺点：建筑塑料的热膨胀系数大、弹性模量低、易老化、耐热性差，燃烧时会产生有毒烟雾。在选用时应扬长避短，特别要注意安全防火。

8.2.3　塑料的组成

塑料是以合成树脂为基本材料，在按一定比例加入填料、增塑剂、固化剂、着色剂及其他助剂等，经加工而成的材料。

（1）合成树脂。

合成树脂是塑料组成材料中的基本组分，占 40%～100%，在塑料中主要起胶结作用，它不仅能自身硬结，还能将其他材料牢固的胶结在一起。

合成树脂又分为热塑性树脂和热固性树脂。

热塑性树脂是具有受热软化、冷却硬化的性能，而且不起化学反应，无论加热和冷却重复进行多少次，均能保持这种性能。典型代表性热塑性树脂如聚烯烃、氟树脂、聚酰胺、聚酯、聚碳酸酯、聚甲醛、ABS 树脂、SAN 或 AS 树脂等。其主要缺点有强度、硬度、耐热性、尺寸精度等较低，热膨胀系数较大，力学性能受温度影响较大，蠕变、冷流、耐负荷变形较大等。

热固性树脂加热后产生化学变化，逐渐硬化成型，再受热也不软化，也不能溶解。热固性树脂其分子结构为体型，它包括大部分的缩合树脂，热固性树脂的优点是耐热性高，受压不易变形。其缺点是机械性能较差。热固性树脂有酚醛、环氧、氨基、不饱和聚酯以及硅醚树脂等。

（2）填料。

填料又称填充剂。填充剂一般都是粉末状的物质，而且对聚合物都呈惰性。配制塑料时加入填充剂可以改善塑料的成型加工性能，提高制品的某些性能，赋予塑料新的性能和降低成本。常用的填料有碳酸钙、黏土、滑石粉、石棉、云母等。

（3）增塑剂。

增塑剂是添加到树脂中增加塑料塑性，使之易加工，赋予制品柔软性的功能性化工产品，也是迄今为止使用量最大的助剂种类。

增塑剂是具有一定极性的有机化合物，与聚合物相混合时，升高温度，使聚合物分子热运动变得激烈，于是链间的作用力削弱，分子间距离扩大，减弱了分子间范德华力的作用，使大分子链易移动，从而降低了聚合物的熔融温度，使之易于成型加工。

（4）稳定剂。

稳定剂是能够防止或抑制聚合物在成型加工和使用过程中，由于热、氧、光的作用而引起分解或变色的物质。根据发挥的作用不同可分为热稳定剂、光稳定剂、抗氧剂等3类。

（5）固化剂。

固化剂也叫硬化剂或熟化剂。能在线型分子间起架桥作用从而使多个线型分子相互键合交联成网络结构的物质。促进或调节聚合物分子链间共价键或离子键形成的物质。

（6）着色剂。

塑料用着色剂就是能使塑料着色的一种助剂，主要有颜料和染料两种。颜料是一种不溶的，以不连续的细小颗粒分散于整个树脂中而使之上色的着色剂，包括有机物和无机物两类。染料则是可溶解于树脂中的着色剂，它们是有机化合物，比无机化合物鲜艳、牢固和透亮。

8.2.4 常用建筑塑料

（1）聚氯乙烯塑料（PVC）。

聚氯乙烯塑料由氯乙烯单体聚合而成，属热塑性塑料。其化学稳定性好，抗老化性能好，但耐热性差，通常的使用温度为 $60\sim80℃$ 以下。根据增塑剂的掺量不同，可制得软、硬两种聚氯乙烯塑料。

1）软聚氯乙烯塑料。很柔软，有一定的弹性，可以做地面材料和装饰材料，也可以作为门窗框及制成止水带，用于防水工程的变形缝处。

2）硬聚氯乙烯塑料。有较高的机械性能和良好的耐腐蚀性能、耐油性和抗老化性，易焊接，可进行黏结加工。多用做百叶窗、各种板材、楼梯扶手、波形瓦、门窗框、地板砖、给排水管。

PVC下水管破裂

（2）聚甲基丙烯酸甲酯（PMMA）。

聚甲基丙烯酸甲酯又称有机玻璃，是透光率最高的一种塑料（可达92%），因此可代替玻璃，而且不易破碎，但其表面硬度比无机玻璃差，容易划伤。如果在树脂中加入颜料、稳定剂和填充料，可加工成各种色彩鲜艳、表面光洁的制品。

有机玻璃机械强度较高、耐腐蚀性、耐气候性、抗寒性和绝缘性均较好，成型加工方便。缺点是质脆，不耐磨、价格较贵，可用来制作室内隔墙板、天窗、装饰板及广告牌等。

（3）玻璃钢（FRP）。

玻璃钢亦称作纤维强化塑料，一般指用玻璃纤维增强不饱和聚酯、环氧树脂与酚醛树脂基体，以玻璃纤维或其制品作增强材料的增强塑料。玻璃钢具有质轻，比强度高，耐高温，耐腐蚀，电绝缘性能好，回收利用少，易于加工等优点。但是玻璃钢的弹性模量低，长期耐温性差，层间剪切强度低。一般玻璃钢多用于制造各种装饰板、门窗框、通风道、落水管、浴盆及耐酸防护层等。

（4）聚苯乙烯（PS）。

聚苯乙烯是指由苯乙烯单体经自由基缩聚反应合成的聚合物。聚苯乙烯具有优良的绝热、绝缘和透明性，吸水率极低，防潮和防渗透性能极佳，轻质、高硬度，但脆，低温易开裂。主要用作隔热材料，在建筑中可用来制造管道、模板、异型板材。

（5）ABS 塑料。

ABS 是丙烯腈、丁二烯和苯乙烯的三元共聚物，A 代表丙烯腈，B 代表丁二烯，S 代表苯乙烯。ABS 外观为不透明呈象牙色粒料，其制品可着成五颜六色，并具有高光泽度。ABS 有优良的力学性能，其冲击强度极好，可以在极低的温度下使用；耐磨性优良，尺寸稳定性好；热变形温度为 $93\sim118℃$，制品经退火处理后还可提高 $10℃$ 左右；在 $-40℃$ 时仍能表现出一定的韧性，可在 $-40\sim100℃$ 的温度范围内使用；易于成型和机械加工，耐化学腐蚀；易燃、耐候性差。主要用作装饰板及室内装饰配件和日用品等，其发泡制品可代替木材制作家具。

（6）聚丙烯（PP）。

聚丙烯是由丙烯聚合而制得的一种热塑性树脂。聚丙烯通常为半透明无色固体，无臭无毒。熔点高达 $167℃$，耐热，密度 $0.90g/cm^3$，是最轻的通用塑料；耐腐蚀，抗张强度 30MPa，强度、刚性和透明性都比聚乙烯好。缺点是耐低温冲击性差，较易老化，但可分别通过改性和添加抗氧剂予以克服。

聚丙烯加入混凝土或砂浆中可大大改善混凝土的阻裂抗渗性能，抗冲击及抗震能力。可以广泛的使用于地下工程防水、工业民用建筑工程的屋面、墙体、地坪、水池、地下室以及道路和桥梁工程中，是砂浆、混凝土工程抗裂、防渗、耐磨、保温的新型理想材料。

（7）酚醛树脂（PF）。

酚醛树脂俗称电木胶，以这种树脂为主要原料的压塑粉称电木粉。酚醛树脂含有极性羟基，故它在熔融或溶解状态下，对纤维材料胶合能力很强。以纸、棉布、木片、玻璃布等为填料可以制成强度很高的层压塑料。由于苯酚易氧化，PF 的颜色较深，因此制品大都为暗色。

酚醛塑料常用的填料有纸浆、木粉、布屑、玻纤和石棉等，填料不同，酚醛塑料性能亦不同。PF 在建筑中被大量用来生产胶合板、纸质装饰层压板等。

（8）环氧树脂（EP）。

环氧树脂是由二酚基丙烷（双酚 A）及环氧氯丙烷在氢氧化钠催化作用下缩合而成。本身不会硬化，必须加入固化剂，经室温放置或加热处理后，才能成为不溶（熔）的固体。固化剂常用乙烯多胺邻苯二甲酸酐。

由于 EP 分子中含有羟基、醚键和环氧基等极性基团，因此其突出的性能是与各种材料有很强的黏结力，能够牢固地黏结钢筋、混凝土、木材、陶瓷、玻璃和塑料等。经固化的环氧树脂具有良好的机械性能、电化性能、耐化学性能。

（9）不饱和聚酯树脂（UP）。

不饱和聚酯树脂是一种分子中含有不饱和双键的线型聚酯，分子质量较低，一般为黏性液体或低熔点固体。UP 的优点是工艺性能良好；具有多功能性。其缺点是固化时收缩率较大；加工时单体易挥发，劳动条件较差。

UP 主要用来生产复合材料制品和制造各种非增强的模塑制品。如卫生洁具、人造大理石、塑料涂布地板等。

（10）聚氨酯树脂（PU）。

聚氨酯树脂是由含有异氰酸酯基的多异氰酸酯预聚物与含有羟基的聚醚或聚酯反应生成的一类聚合物。

PU 广泛用作硬质、半硬质、软质泡沫塑料、塑料、弹性体、人造革、涂料和黏结剂等，其中用于隔热的泡沫塑料用量最大，其次是涂料。

8.3 建 筑 涂 料

将天然油漆用作建筑物表面装饰，在我国已有几千年的历史。但由于天然树脂和油漆的资源有限，因此建筑涂料的发展一直受到限制。自 20 世纪 50 年代以来，随着石油化工工业的发展，各种合成树脂和溶剂、助剂的相继出现，以及大规模投入生产，作为涂敷于建筑物表面的装饰材料，再也不是仅靠天然树脂和油漆了。60 年代以后相继研制出以人工合成树脂和人工合成稀释剂为主，甚至以水为稀释剂的乳液型涂膜材料。油漆这一使用了几千年的词已不能代表其确切的含义，故改称为涂料。但习惯上仍将溶剂型涂料称为油漆，而把乳液型涂料称作乳胶漆。

涂敷于建筑物或建筑构件表面，并能与建筑物或建筑构件表面材料很好地粘接，形成完整保护膜的材料称为建筑涂料。建筑涂料的主要作用是装饰建筑物，保护主体建筑材料，提高其耐久性，改善居住条件或提供某些特殊功能，如防霉变、防火、防水等功能。它具有色彩丰富、质感逼真、施工方便等特点。采用建筑涂料来装饰和保护建筑物是最简便、最经济的方式。

8.3.1 建筑涂料的分类

我国目前建筑涂料还没有统一的分类方法，习惯上常用 3 种方法分类。

（1）按主要成膜物质的性质分类。

建筑涂料可分为有机、无机和有机-无机复合涂料三大类。

（2）按涂膜的厚度或质地分类。

建筑涂料可分为表面平整光滑的平面涂料和有特殊装饰质感的非平面类涂料。

（3）按照在建筑物上的使用部位分类。

建筑涂料可以分为外墙涂料、内墙涂料、地面涂料和顶棚涂料等。

8.3.2 建筑涂料的组成

建筑涂料按涂料中各组分所起的作用，一般可分为主要成膜物质、次要成膜物质、稀释剂和辅助材料 4 类。

（1）主要成膜物质。

主要成膜物质包括胶黏剂、基料和固化剂，其作用是将涂料中的其他组分粘接成一个整体，并能牢固地附着在基层的表面，形成连续均匀的坚韧保护膜。根据建筑涂料所处的工作环境，主要成膜物质应具有较好的耐碱性、较好的耐水性、较高的化学稳定性、良好的耐候性以及能常温固化成膜等特点。同时要求材料来源广、资源丰富、价格便宜。

涂料中的主要成膜物质品种有各种合成树脂、天然树脂和植物油料。目前我国建筑涂料所用的成膜物质主要以合成树脂为主。如：聚乙烯醇系缩聚物、聚醋酸乙烯及其共聚物、丙烯酸酯及其共聚物、氯乙烯—偏氯乙烯共聚物、环氧树脂、聚氨酯树脂等。此外，还有氯化橡胶、水玻璃、硅溶胶等无机胶结材料。天然树脂有松香、虫胶、沥青等。植物油料有干性油、半干性油和不干性油。

（2）次要成膜物质。

次要成膜物质是指涂料中所用的颜料和填料，它们也是构成涂膜的组成部分，其作用是使涂膜呈现颜色和遮盖力，增加涂膜硬度，防止紫外线的穿透，提高涂膜的抗老化性和耐候性。次要成膜物质不能离开主要成膜物质而单独组成涂膜。

1）颜料。颜料在涂料中除赋予涂膜以色彩外，还起到使涂膜具有一定的遮盖力及提高膜层机械强度、减少膜层收缩、提高抗老化性等作用。

2）填料。填料的主要作用在于改善涂料的涂膜性能，降低生产成本。填料主要是一些碱土金属盐、硅酸盐和镁、铝的金属盐等，如重晶石粉、碳酸钙、滑石粉、云母粉、瓷土、石英砂等，多为白色粉末状的天然材料或工业副产品。

（3）稀释剂。

稀释剂又称溶剂，是一种能溶解油料、树脂，又易于挥发，能使树脂成膜的有机物质，是溶剂性涂料的一个重要组成部分。它将油料、树脂稀释，并能把颜料和填料均匀分散，调节涂料的黏度，使涂料便于涂刷、喷涂，在基体材料表面形成连续薄层。溶剂还可增加涂料的渗透力，改善涂料和基体材料的粘接能力，节约涂料用量等。

常用的稀释剂有松香水、酒精、200 号溶剂汽油、苯、二甲苯和丙醇等，这些有机溶剂都容易挥发有机物质，对人体有一定影响。而乳胶性涂料，是借助具有表面活化的乳化剂，以水为稀释剂，不采用有机溶剂。

（4）辅助材料。

为了改善涂料的性能，诸如涂膜的干燥时间、柔韧性、抗氧化、抗紫外线作用及耐老化性能等，通常在涂料中加入一些辅助材料。辅助材料又称助剂，它们的掺量很少，但种类很多，且作用显著，是改善涂料使用性能不可忽视的重要方面。常用的辅助材料有增塑剂、催干剂、固化剂、抗氧剂、紫外线吸收剂、防霉剂、乳化剂以及特种涂料中的阻燃剂、防虫剂、芳香剂等。

8.3.3 常用建筑涂料

建筑涂料的主要作用是装饰建筑物，保护主体建筑材料，提高其耐久性。随着现代居住环境要求的提高，建筑涂料还要具有防霉变、防火、防水，增加居住美观等作用。建筑涂料品种繁多，目前建筑涂料主要朝着高性能、环保型、抗菌功能型方向发展。常用建筑涂料的特性与应用范围见表 8.2。

表 8.2　　　　　　　　　　　常用建筑涂料的特性与应用

种　类		主要成分	性　能	应　用
外墙涂料	过氯乙烯外墙涂料	过氯乙烯树脂、改性酚醛树脂、DOP 等	涂膜平滑、韧性、有弹性、不透水，表面干燥快、色彩丰富，耐候性、耐腐蚀性好	砖墙、混凝土、石膏板、抹灰墙面等的装饰
	氯化橡胶外墙涂料	氯化橡胶、瓷土、溶剂等	耐水、耐酸碱、耐候性好，对混凝土、钢铁附着力强，维修性能好	水泥、混凝土外墙，抹灰墙面
	丙烯酸酯外墙涂料	丙烯酸酯、碳酸钙等	耐水、耐候性、耐高低温性良好，装饰效果好、色彩丰富、可调性好	各种外墙饰面
	立体多彩涂料	合成树脂、乳胶漆、腻子等	立体花形图案多样，装饰豪华高雅，耐水、耐油、耐候、耐冲洗，对基层适应性强	休闲娱乐场所、宾馆等各种外墙饰面
	多功能陶瓷涂料	聚硅氧烷化合物、丙烯酸树脂等	耐候性、加工性、耐污性、耐划性优异，是适应高档墙面装饰的涂料	高档高层外墙饰面等
	纳米材料改性外墙涂料	纳米材料、乳胶漆等	不沾水、油，抗老化、抗紫外线、不龟裂、不脱皮，耐冷热、不燃、自洁、耐霉菌。超过传统涂料标准 3 倍以上	各种高档内外墙饰面
内墙涂料	聚乙烯醇水玻璃涂料	聚乙烯醇树脂、水玻璃、轻质碳酸钙等	无毒、无味、耐燃，干燥快，施工方便、涂膜光滑、配色性强，价廉，不耐水擦洗	一般公用建筑的内墙装饰
	醋酸乙烯–丙烯酸酯内墙涂料（乳胶）	醋酸乙烯、丙烯酸酯、钛白粉等	耐水、耐候、耐酸碱性好，附着力强，干燥快，易施工，有光泽	要求较高的内墙装饰建筑物
	烯酸酯内墙涂料（乳胶）	醋酸乙烯、丙烯酸酯、钛白粉等	耐水、耐候、耐酸碱性好，附着力强，干燥快，易施工，有光泽	要求较高的内墙装饰建筑物
	苯–丙乳胶涂料	苯乙烯、丙烯酸丁酯、甲基丙烯酸甲酯等	耐水、耐候、耐碱、耐擦洗性好，外观细腻、色彩鲜艳，加入不同的填料，可表现出丰富的质感	高级建筑的内墙装饰
	环保壁纸型内墙涂料	天然贝壳粉末、有机黏结剂等	色彩图案丰富，不褪色、不起皮，经久耐用，无毒、无害，施工简便，无接缝	中高档建筑内墙装饰
地面涂料	过氧乙烯地面涂料	过氧乙烯、丙烯酸酯、601 等	耐水、耐磨、耐化学腐蚀、耐老化性好，色彩丰富，附着力强，涂膜硬度高，施工方便，重涂性好	各种水泥地面的室内装饰

8.4 建筑黏结剂

黏结剂又称黏合剂，是一种具有优良黏合性能的物质。它能在两种物体表面之间形成薄膜，使之黏结在一起，其形态通常为液态和膏状。

8.4.1 胶粘机理

黏结剂之所以能牢固粘接两个相同或不相同材料，是由于它们具有黏合力。黏合力大小取决于黏结剂与被黏物之间的黏附力和黏结剂本身的内聚力。一般认为黏结力主要来源于以下几个方面：

（1）机械黏结力。

黏结剂涂敷在材料的表面后，能渗入材料表面的凹陷处和表面的孔隙内，黏结剂在固化后如同镶嵌在材料内部。正是靠这种机械锚固力将材料黏结在一起。

（2）物理吸附力。

黏结剂分子和材料分子间存在的物理吸附力，即范德华力将材料黏结。

（3）化学键力。

某些黏结剂分子与材料分子间能发生化学反应，即在黏结剂与材料间存在有化学键力，是化学键力将材料黏结为一个整体。

石材表面清洁影响黏结剂黏结强度

8.4.2 黏结剂的组成

黏结剂一般多为有机合成材料，通常是由黏结料、固化剂、增塑剂和增韧剂、稀释剂及填充剂等原料经配制而成。黏结剂黏结性能主要取决于黏结物质的特性。

（1）黏结料。

黏结料也称黏结物质，是黏结剂中的主要成分，它对黏结剂的性能，如胶结强度、耐热性、韧性、耐介质性等起重要作用。黏结剂中的黏结物质通常是由一种或几种高聚物混合而成，主要起黏结两种物件的作用。要求有良好的黏附性与湿润性。

一般建筑工程中常用的黏结物质有热固性树脂、热塑性树脂、合成橡胶类等。

（2）固化剂。

固化剂是黏结剂中最主要的配合材料，它直接或者通过催化剂与主体聚合物反应，固化结果是把固化剂分子引进树脂中，使分子间距离、形态、热稳定性、化学稳定性等都发生了明显的变化，使树脂由热塑型转变为网状结构。促进剂是一种主要的配合剂，它可以缩短固化时间、降低固化温度。常用的有胺类或酸酐类固化剂等。

（3）增塑剂和增韧剂。

增塑剂一般为低黏度、高沸点的物质，如邻苯二甲酸二丁酯、邻苯二甲酸二辛酯、亚磷酸三苯酯等，因而能增加树脂的流动性，有利于浸润、扩散与吸附，能改善黏结剂的弹性和耐寒性。增韧剂是一种带有能与主体聚合物起反应的官能团的化合物，在黏结剂中成为固化体系的一部分，从而改变黏结剂的剪切强度、剥离强度、低温性能与柔韧性。

（4）稀释剂。

稀释剂也称溶剂，主要对黏结剂起稀释分散、降低黏度的作用，使其便于施工，并能增加黏结剂与被胶黏材料的浸润能力，以及延长黏结剂的使用寿命。

常用的有机溶剂有丙酮、甲乙酮、乙酸乙酯、苯、甲苯、酒精等。

（5）填充剂。

填充剂也称填料，一般在黏结剂中不与其他组分发生化学反应。其作用是增加黏结剂的稠度，降低膨胀系数，减少收缩性，提高胶结层的抗冲击韧性和机械强度。

常用的填充剂有金属及金属氧化物的粉末、玻璃、石棉纤维制品以及其他植物纤维等，如石棉粉、铝粉、磁性铁粉、石英粉、滑石粉及其他矿粉等无机材料。

8.4.3 黏结剂的分类

按固化条件可分为室温固化黏结剂、低温固化黏结剂、高温固化黏结剂、光敏固化黏结剂、电子束固化黏结剂等。

按黏结料性质可将黏结剂分为有机黏结剂和无机黏结剂两大类，其中有机类中又可再分为人工合成有机类和天然有机类。

按状态可以分为溶液类黏结剂、乳液类黏结剂、膏糊类黏结剂、膜状类黏结剂和固体类黏结剂等。

按用途分为结构型黏结剂、非结构型黏结剂、特种黏结剂。

8.4.4 常用黏结剂

据不完全统计，迄今为止已有 6000 多种黏结剂产品问世，由于其品种繁多，组分各异，应用也各有不同。主要用于工程装饰、密封或结构之间的黏结，常用于建筑加固工程和装饰工程中。土木工程中常用黏结剂的性能及应用见表 8.3。

聚丙烯腈纤维
工程应用

表 8.3 土木工程中常用黏结剂的性能及应用

种 类		特 性	主 要 用 途
热塑性树脂黏结剂	聚乙烯缩醛黏结剂	黏结强度高，抗老化，成本低，施工方便	粘贴塑胶壁纸、瓷砖、墙布等。加入水泥砂浆中，改善砂浆性能，也可配成地面涂料
	聚醋酸乙烯酯黏结剂	黏附力好，水中溶解度高，常温固化快，稳定性好，成本低，耐水性、耐热性差	黏结各种非金属材料、玻璃、陶瓷、塑料、纤维织物、木材等
	聚乙烯醇黏结剂	水溶性聚合物，耐热、耐水性差	适合黏结木材、纸张、织物等。与热固性黏结剂并用
	丙烯酸酯类黏结剂	黏度低、干燥成型迅速、对多种材料具有良好的黏结能力、耐候性好、耐水性及耐化学腐蚀性好、电气性能好、使用方便、毒性低	广泛用于钢、铁、铝、钛、不锈钢、塑料、玻璃、陶瓷等材料的黏结，用于应急修补、装配定位、堵漏、密封、紧固防松等工程中
热固性树脂黏结剂	环氧树脂黏结剂	黏结强度高，收缩率小，耐腐蚀，电绝缘性好，且耐水、耐油	黏结金属制品、玻璃、陶瓷、木材、塑料、皮革、水泥制品、纤维制品等
	酚醛树脂黏结剂	黏结强度高，耐疲劳，耐热，耐气候老化	黏结金属、陶瓷、玻璃、塑料和其他非金属制品
	聚氨酯黏结剂	黏附性好，耐疲劳，耐油、耐水、耐酸，韧性好，耐低温性能优异，可室温固化，但耐热性差	黏结塑料、木材、皮革等，特别适用于防水、耐酸、耐碱等工程中

续表

种类		特性	主要用途
热固性树脂黏结剂	不饱和聚酯树脂黏结剂	黏度低、易润湿、强度较高、耐热性好、可室内固化、电绝缘性好、收缩率大、耐水性差	主要用于玻璃钢的黏结，还可黏结陶瓷、金属、木材、人造大理石、混凝土等材料
合成橡胶黏结剂	丁腈橡胶黏结剂	弹性及耐候性良好，耐疲劳、耐油、耐溶剂性好，耐热，有良好的混溶性，但黏着性差，成膜缓慢	耐油部件中橡胶与橡胶、橡胶与金属、织物等的黏结，尤其适用于黏结软质聚氯乙烯材料
	氯丁橡胶黏结剂	黏附力、内聚强度高，耐燃、耐油、耐溶剂性好，储存稳定性差	结构黏结或不同材料的黏结，如橡胶、木材、陶瓷、石棉等不同材料的黏结
	聚硫橡胶黏结剂	弹性、黏性良好，耐油、耐候性好，对气体和蒸汽不渗透，防老化性好	作密封胶及用于路面、地坪、混凝土的修补、表面密封和防滑，以及用于海港、码头及水下建筑的密封
	硅橡胶黏结剂	耐紫外线、耐老化性良好，耐热、耐腐蚀性、黏附性好，防水防震	金属、陶瓷、混凝土、部分塑料的黏结，尤其适用于门窗玻璃的安装以及隧道、地铁等地下建筑中瓷砖、岩石接缝间的密封

8.5 合 成 纤 维

纤维是一种长径比很大而长度较短的物质单元。将纤维材料与基体材料复合在一起，可以利用纤维材料的单向拉伸能力高、乱向分布、对基体材料性能干扰小等优良性质，对基体材料进行改性。

纤维材料的分类如图 8.1 所示。

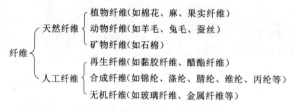

图 8.1　纤维材料的分类

合成纤维是化学纤维的一种，是用合成高分子化合物作原料，经纺丝成型和后处理而制得的化学纤维的统称。它以小分子有机化合物为原料，经加聚反应或缩聚反应合成的线形有机高分子化合物。与天然纤维和人造纤维相比，合成纤维的原料是由人工合成方法制得的，生产不受自然条件的限制。合成纤维的生产有三大工序：合成聚合物制备、纺丝成型、后处理。合成纤维工业最早实现工业化生产的是聚酰胺纤维（锦纶），随后聚丙烯腈纤维（腈纶）、聚酯纤维（涤纶）等陆续投入工业生产，这三种合成纤维的工业化程度最为成熟。

合成纤维的线形分子结构中含有部分晶体，因此非常坚韧，一般具有强度高、变形小、耐腐蚀、耐磨等特点，因此广泛用于纺织工业、航天航空、交通运输、国防、化工及土木工程等行业。在土木工程中，合成纤维的主要应用包括装饰材料、土工织物、改性或增强材料、制作复合材料制品等方面。

工程常用合成纤维的主要特点和应用见表8.4。

表 8.4　　　　　　　　　工程常用合成纤维的主要特点和应用

名称	简称	生产基料	主要特点	应用
聚酰胺纤维	锦纶	其聚合物由己二胺和己二酸缩聚而成，或由己内酰胺缩聚或开环聚合而成	耐磨性较其他纤维优越，弹性恢复率高，密度小，耐腐性高，但耐旋光性稍差，耐热性较差	广泛用于日用织物、家用窗帘布、带轮衬布及地毯纤维等装饰材料
聚酯纤维	涤纶	其聚合物由有机二元酸和二元醇缩聚而成	耐皱性好、弹性和尺寸稳定性大，电绝缘性能良好，耐日光照射，耐摩擦，有较好的耐化学试剂性能，耐强碱性较差	广泛用于服装制品、轮胎帘子线、运输带、消防水管等，也可用作电绝缘材料、耐酸过滤布和造纸毛毯及室内装饰物，还作为沥青混凝土改性材料
聚丙烯腈纤维	腈纶	其聚合物由单体丙烯腈经自由基聚合反应而成	弹性极好，腈纶密度小，织物保暖性好，有"人造羊毛"之称，耐日光性与耐气候性好，但吸湿差、染色性差	广泛用于服装制品，可用作窗帘、幕布及毛毯织物等装饰材料，近几年改性腈纶纤维作为改性材料还应用于混凝土工程中
聚丙烯纤维	丙纶	以聚丙烯为原材料，通过特殊工艺制造而成	纤维直径非常小，密度小，强度较高，耐酸碱性极好，分散能力强	常用作混凝土和水泥砂浆增强或改性材料，作为防渗抗裂材料广泛用于地下工程防水，工业民用建筑工程的屋面、墙体、地坪、水池、地下室等，以及道路和桥梁工程中，可用于各种装饰布、土工布、吸油毡、运输带绳、包装材料和滤布等
聚乙烯醇纤维	维纶	由聚乙烯醇为原料纺丝制得	强度高、吸湿性好，有"合成棉花"之称，耐腐蚀能力强、耐日光照射、分散性好，但染色性差、耐热水性较差	可用于制作帆布、防水布、滤布、运输带、包装材料、自行车胎、帘子线等，还常代替石棉作水泥制品的增强材料
聚氯乙烯纤维	氯纶	由聚氯乙烯或其共聚物为原料纺丝制得	具有自熄性，为一般天然纤维和化学纤维所不具备；耐化学侵蚀能力强，保暖性较好，弹性好，耐磨性好，吸湿性极低，染色性差，耐热性差，易产生和保持静电	常用于制作舞台幕布、家具装饰织物、过滤材料、绝缘布及防护材料，也可用作土工织物
改性聚丙烯短纤维	改性丙纶短纤维	由聚丙烯树脂经特殊加工和处理制成	物理力学性能好，和水泥混凝土的基料有极强的结合力，有效地控制混凝土及水泥砂浆的早期塑性收缩和沉降裂纹；大大提高混凝土的抗渗、抗破碎、抗冲击性能；增强混凝土韧性和耐磨性	作为抗裂材料加入水泥砂浆中，用于内（外）墙粉刷、加气混凝土抹布、室内装饰腻子及保温砂浆；作为加固材料加入喷射混凝土用于隧道等工程；作为增强材料用于抗裂、抗冲击、抗磨损要求高的工程中，如水利工程、地铁、机场跑道、立交高架桥桥面等工程

8.6 土工合成材料

土工合成材料是在土木工程方面应用的合成材料的总称。作为一种土木工程材料，它是以人工合成的聚合物（如塑料、化纤、合成橡胶等）为原料，制成各种类型的产品，置于土体内部、表面或各种土体之间，对土体起隔离、排渗、反滤和加固的作用。其基本特点包括：重量轻、强度高、抗腐蚀性优良、耐磨性好、施工简易等。其所具备的基本功能为：加固、排水、防护、分离、防渗和过滤。

随着土工合成材料的不断完善和发展，其已经成为与钢材、水泥和木材齐名的"第4种工程材料"，并广泛应用于各项工程领域。土工合成材料分为土工织物、土工膜、土工格栅、土工特种材料和土工复合材料等类型。

8.6.1 土工织物

土工织物的制造过程，是首先把聚合物原料加工成丝、短纤维、纱或条带，然后再制成平面结构的土工织物。土工织物按制造方法可分为有纺（织造）土工织物和无纺（非织造）土工织物。有纺土工织物由两组平行的呈正交或斜交的经线和纬线交织而成（图8.2）。无纺土工织物是把纤维作定向的或随意的排列，再经过加工而成（图8.3）。按照联结纤维的方法不同，可分为化学（黏结剂）联结、热力联结和机械联结3种联结方式。

图8.2 有纺土工物

图8.3 无纺土工物

土工织物突出的优点是重量轻，整体连续性好（可做成较大面积的整体），施工方便，抗拉强度较高，耐腐蚀和抗微生物侵蚀性好。缺点是未经改性处理时，其抗紫外线能力低，如暴露在室外，受紫外线直接照射容易老化，但如不直接暴露，则抗老化及耐久性能仍较高。

8.6.2 土工膜

土工膜一般可分为沥青和聚合物（合成高聚物）两大类。目前含沥青的土工膜主要为复合型的（含编织型或无纺型的土工织物），沥青作为浸润黏结剂。另外，聚合物土工膜可根据不同的主材料分为塑性土工膜、弹性土工膜和组合型土工膜（图8.4）。

大量工程实践表明，土工膜的防透水性很好，弹性和适应变形的能力很强，能适用于不同的施工条件和工作应力，具有良好的耐老化能力，处于水下和土中的土工膜的耐久性尤为突出。

8.6.3 土工格栅

土工格栅是一种主要的土工合成材料，与其他土工合成材料相比，它具有独特的性能与功效。土工格栅常用作加筋土结构的筋材或复合材料的筋材等，如图 8.5 所示。土工格栅分为塑料类和玻璃纤维类两种类型。

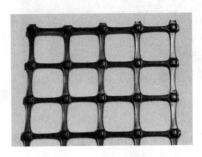

图 8.4　土工膜　　　　　　　图 8.5　土工格栅

（1）塑料类。

塑料类土工格栅是经过拉伸形成的具有方形或矩形的聚合物网材，按其制造时拉伸方向的不同可分为单向拉伸和双向拉伸两种。它是在经挤压制出的聚合物板材（原料多为聚丙烯或高密度聚乙烯）上冲孔，然后在加热条件下施行定向拉伸。单向拉伸格栅只沿板材长度方向拉伸制成，而双向拉伸格栅则是继续将单向拉伸的格栅再在与其长度垂直的方向拉伸制成。

在制造土工格栅时，聚合物的高分子会随加热延伸过程而重新排列定向，这样就加强了分子链间的联结力，达到了提高强度的目的。如果在土工格栅中加入炭黑等抗老化材料，可使其具有较好的耐酸、耐碱、耐腐蚀和抗老化等耐久性能。

（2）玻璃纤维类。

玻璃纤维类土工格栅是以高强度玻璃纤维为材质，有时配合自黏感压胶和表面沥青浸渍处理，使格栅和沥青路面紧密结合成一体。

由于土工格栅网格增加了土石料的互锁力，使得它们之间的摩擦系数显著增大，并显著增大了格栅与土体间的摩擦咬合力，因此它是一种很好的加筋材料。同时土工格栅是一种质量轻，具有一定柔性的平面网材，易于现场裁剪和连接，也可重叠搭接，施工简便，不需要特殊的施工机械和专业技术人员。

8.6.4 土工特种材料

（1）土工膜袋。

土工膜袋是一种由双层聚合化纤织物制成的连续（或单独）袋状材料，利用高压泵把混凝土或砂浆灌入膜袋中，形成板状或其他形状结构，常用于护坡或其他地基处理工程。膜袋根据其材质和加工工艺的不同，分为机制和简易膜袋两大类。机制膜袋按其有无反滤排水点和充胀后的形状又可分为反滤排水点膜袋、无反滤排水点膜袋、无排水点混凝土膜袋、铰链块型膜。

（2）土工网。

土工网是由合成材料条带、粗股条编织或合成树脂压制而成的具有较大孔眼、刚度较大的网状土工合成材料。图 8.6 给出了三维土工网的图像。土工网主要用于软基加固垫层、坡面防护、植草以及用作制造组合土工材料的基材。

图 8.6　三维土工网

（3）土工网垫和土工格室。

土工网垫和土工格室都是用合成材料特制的三维结构。前者多为长丝结合而成的三维透水聚合物网垫，后者是由土工织物、土工格栅或土工膜、条带聚合物构成的蜂窝状或网格状三维结构，常用作防冲蚀和保土工程，刚度大、侧限能力高的土工格室多用于地基加筋垫层、路基基床或道床中。

8.6.5　土工复合材料

土工织物、土工膜、土工格栅和某些特种土工合成材料，将其两种或两种以上的材料互相组合起来就成为土工复合材料。土工复合材料可将不同材料的性质结合起来，更好地满足具体工程的需要，能起到多种功能的作用。如复合土工膜，就是将土工膜和土工织物按一定要求制成的一种土工织物组合物。其中，土工膜主要用来防渗，土工织物起加筋、排水和增加土工膜与土面之间的摩擦力的作用。又如土工复合排水材料，它是以无纺土工织物和土工网、土工膜或不同形状的土工合成材料芯材组成的排水材料，用于软基排水固结处理、路基纵横排水、建筑地下排水管道、集水井、支挡建筑物的墙后排水、隧道排水、堤坝排水设施等。路基工程中常用的塑料排水板就是一种土工复合排水材料。

国外大量用于道路的土工复合材料是玻纤聚酯防裂布和经编复合增强防裂布。能延长道路的使用寿命，从而极大地降低修复与养护的成本。从长远经济利益来考虑，国内应该积极开发和应用土工复合材料。

8.7　纤维增强树脂基复合材料

1. 概述

纤维增强复合材料（fiber reinforced polymer/plastic，FRP）是由纤维材料与基体材料按照一定的比例复合并经过一定的加工工艺制备而成的高性能复合材料。FRP作为结构材料最早出现于 1942 年，美国军方采用玻璃纤维增强复合材料制作雷达天线罩，随后这种材料在航空航天、船舶、汽车、化工、医疗和机械领域逐步得到了广泛的应用。20 世纪 50 年代后，由于 FRP 具有轻质、高强、耐腐蚀等优点，开始在土木工程中得到应用。FRP 与传统的土木工程材料具有较大的差别，其力学性能不仅与其基本材料组成和布置形式相关，还与制备工艺相关。

2.FRP 的组成

复合材料一般是由增强材料和基体材料组成，根据复合材料中增强材料的形状，可分为颗粒复合材料、层合复合材料和纤维增强复合材料。常用的 FRP 一般由高性能纤维和树脂基体按照一定的比例混合并经过养护和固化形成的复合材料。其中，纤维是受力的主要成分；基体的作用是将纤维黏结在一起，使纤维共同受力，同时起到保护纤维的作用。FRP 主要包括 3 种组分，即纤维、基体和外加剂，其他成分还包括表面涂层材料、颜料、填充料等。

FRP 具有轻质、高强、能量吸收能力强、耐腐蚀和耐疲劳等优点，用于工程结构可大幅提升结构的耐久性和服役寿命。

常用 FRP 的基体材料主要有树脂、金属、碳素、陶瓷等，主要的纤维种类有玻璃纤维、硼纤维、碳纤维、芳纶纤维、陶瓷纤维、玄武岩纤维、聚烯烃纤维、金属纤维等。目前工程结构中常用的纤维主要为玻璃纤维（Glass Fiber）、碳纤维（Carbon Fiber）、芳纶纤维（Aramid Fiber）和玄武岩纤维（Basalt Fiber），其与树脂基体制备而成的复合材料分别简称为 GFRP、CFRP、AFRP 和 BFRP。

3. FRP 的技术性能

纤维增强复合材料具有如下特点：

（1）比强度高，比模量大。

（2）材料性能具有可设计性。

（3）抗腐蚀性和耐久性能好。

（4）热膨胀系数与混凝土的相近。

这些特点使得 FRP 材料能满足现代结构向大跨、高耸、重载、轻质高强以及在恶劣条件下工作发展的需要，同时也能满足现代建筑施工工业化发展的要求，因此被越来越广泛地应用于各种民用建筑、桥梁、公路、海洋、水工结构以及地下结构等领域中。

FRP 可包括 FRP 板材、筋材、管材、角型材、工字型材、槽型材等各种型材。根据《纤维增强复合材料工程应用技术标准》（GB 50608—2020），单向 FRP 板和 FRP 筋的主要力学性能指标见表 8.5 和表 8.6。

表 8.5　　　　　　　　　　单向 FRP 板的主要力学性能指标

复材板板类型和等级		抗拉强度标准值/MPa	弹性模量/GPa	极限应变/%
碳纤维复材板 CFP	CFP2000	≥1800	≥140	≥1.4
	CFP2300	≥2300	≥150	≥1.4
玻璃纤维复材板 GFP	GFP800	≥800	≥40	≥2.0
玄武岩纤维复材板 BFP	BFP1000	≥1000	≥50	≥2.0

表 8.6　　　　　　　　　　FRP 筋的主要力学性能指标

复材筋类型和等级		抗拉强度标准值/MPa	弹性模量/GPa	极限应变/%
碳纤维复材筋 CFB	$d \leqslant 10mm$	≥1800	≥140	≥1.5
	$10mm < d \leqslant 13mm$	≥1300	≥130	≥1.0
	$d > 13mm$	≥1100	≥120	≥0.9

续表

复材筋类型和等级		抗拉强度标准值/MPa	弹性模量/GPa	极限应变/%
玻璃纤维复材筋 GFB	$d \leqslant 10\text{mm}$	$\geqslant 700$	$\geqslant 40$	$\geqslant 1.8$
	$10\text{mm} < d \leqslant 22\text{mm}$	$\geqslant 600$		$\geqslant 1.5$
	$d > 22\text{mm}$	$\geqslant 500$		$\geqslant 1.3$
芳纶复材筋 AFB		$\geqslant 1300$	$\geqslant 65$	$\geqslant 2.0$
玄武岩纤维复材筋 BFB		$\geqslant 800$	$\geqslant 50$	$\geqslant 1.6$

4. FRP 的工程应用

（1）FRP 片材加固既有结构。

将 FRP 片材黏贴在构件表面受拉，可以增强构件的受力性能。早在 20 世纪 80 年代，这项技术在我国的工程实践中就曾尝试过：云南海孟公路巍山河桥的加固中采用了外贴 FRP 内夹高强钢丝的方法，此后上海宝山飞云桥、南京长江大桥引桥等，都采用环氧树脂粘贴玻璃布进行了加固，但由于研究尚未深入，这项技术在我国的发展比较缓慢。直到 20 世纪 80 年代，瑞士联邦实验室的 Meier 等人对 FRP 板代替钢板加固混凝土结构的技术进行了系统的研究，并在 1991 年用 CFRP 板成功加固了瑞士的 Ibach 桥。此后，FRP 片材加固混凝土结构技术的研究在欧洲、日本、美国和加拿大等国家和地区得到迅速发展，并在实际工程中得到较多的应用，特别是美国北岭地震和日本阪神地震后，FRP 加固技术的优越性在已损坏结构的快速修复加固中得到了很好的验证。目前，这些国家和地区先后颁布或出版了 FRP 加固混凝土结构设计规范或规程。我国从 1997 年才开始对 FRP 加固技术开展系统的研究，使这一技术逐步得到推广，并在一些重大工程，如人民大会堂、民族文化宫的加固改造中得到了应用。2000 年我国完成了首部 FRP 片材加固技术与施工技术规程。

（2）FRP 筋材增强新结构。

将 FRP 做成筋材可代替钢筋用于增强新结构，极大地提高结构的耐久性能。FRP 筋中纤维体积含量可达到 60%，具有轻质高强的优点，重量约为普通钢筋的 1/5，强度为普通钢筋的 6 倍，且具有抗腐蚀、低松弛、非磁性、抗疲劳等优点。目前用 FRP 筋代替钢筋可利用其良好的耐腐蚀性，避免锈蚀对结构所带来的损害，减少结构维护费用。FRP 筋还主要用于有铁磁性要求的特殊工程中。作为混凝土构件中配筋，FRP 筋要通过表面砂化、压痕、滚花或编织等工艺以增强其与混凝土间的黏结力。另外，在桥梁工程中，FRP 索可用作悬索桥的吊索及斜拉桥的斜拉索，以及预应力混凝土桥的预应力筋。采用预应力的 FRP 索一般较柔软，具有一定的韧性。

在北美、北欧等国家和地区，由于冬季的除冰盐对桥梁结构中钢筋腐蚀所带来的严重危害已成为困扰基础设施工程的主要问题，FRP 配筋和 FRP 预应力筋混凝土结构的研究和应用发展较早且快。20 世纪 70 年代末 FRP 筋开发成功，并应用于工程中；80 年代末，德国、日本相继建成 FRP 预应力混凝土桥。目前已有多种 FRP 筋、索和网格材产品以及配套的锚具，并编制了相关的规范和规程，已在桥梁结构和建筑结构中都得到了较多的应用。

我国这方面的研究才刚开始，已初步研制出 FRP 筋产品和预应力锚夹具。

（3）FRP 拉索应用于桥梁结构。

由 FRP 材料制成的拉索具有轻质、高强、耐疲劳、耐腐蚀和良好的可设计性等特点，将其应用于桥梁结构中时，可以克服传统钢缆的重量大、下垂效果明显、承载效率低、疲劳退化和严重的腐蚀破坏等缺点。

FRP 拉索在大跨度斜拉桥中的应用研究始于 1980 年 Meier 提出的横跨直布罗陀海峡的 8400m 跨度斜拉桥。之后许多学者对采用 FRP 拉索的大跨度桥梁的关键问题诸如锚固性能、振动特性、阻尼特性、抗风性能、抗震性能等进行了研究，且已经取得了阶段性的成果。

目前，FRP 已经被用于实际工程中。1992 年，英国苏格兰 Aberfeldy 建成第一座全 FRP 结构的人行斜拉桥，该桥主塔、主梁及桥面板均采用 GFRP 材料，斜拉索采用 AFRP 材料。该桥是斜拉桥全面采用 FRP 材料的一次大胆尝试，推动了此后 FRP 材料在土木工程中的发展和推广。1996 年，瑞士联邦材料实验室（EMPA）基于对 CFRP 索各向静动力学参数试验研究的基础上，首次将 CFRP 索应用于公路斜拉桥中，该桥共设置了 6 对拉索，对其中的两根采用 CFRP 材料。同年，位于日本茨城县的 Tsukuba 桥建成完工，所有斜拉索均由 CFRP 筋构成。随后，1999 年，丹麦建成了第一座全 CFRP 索斜拉桥 Herning 人行桥，该桥采用 16 根 CFRP 斜拉索，每根斜拉索由 32 根 CFRP 绞线组成。2002 年，美国 Gilman 桥中利用 6 根 CFRP 索和 6 根 AFRP 索替换了部分钢斜拉索。2005 年，东南大学吕志涛等联合相关单位，在江苏大学成功设计并建造了国内第一座全 CFRP 索斜拉桥。2011 年，位于中国湖南省的矮寨大桥建成，该桥主跨为 1176m，采用直径 12.6mm 的碳纤维筋材作为拉索，以抵御潮湿环境引起钢绞线锈蚀的问题。

思 考 题

8.1 简述塑料的基本组成及塑料的特性。

8.2 简述热塑性树脂和热固性树脂的定义及性能特点。

8.3 简述聚氯乙烯塑料在性能和用途上的特点。

8.4 简述玻璃钢的组成、性质与用途。

8.5 简述黏结剂的胶黏机理。

8.6 什么是合成纤维？最主要的 3 种合成纤维是什么？

8.7 土工合成材料的主要类型是什么？其主要应用领域有哪些？

第9章 木 材

本章导读

　　内容及要求： 本章主要介绍木材的性质及影响因素、木材的加工及木材的技术性质。通过本章学习，应掌握木材的主要种类、性能及应用；熟悉含水率对木材变形及强度的影响规律，木材变形规律；了解木材的构造。

　　重点： 木材的主要种类、性能及应用。

　　难点： 木材的构造。

　　木材是人类使用最早的建筑材料之一。我国在木材建筑技术和木材装饰艺术上都有很高的水平和独特的风格。如世界闻名的天坛祈年殿完全由木材构造，而全由木材构造的山西佛光寺正殿保存至今已达千年之久。

中国现存的古代木结构建筑

　　木材具有许多优良性质：比强度大，具有轻质高强的特点；弹性和塑性好，具有承受冲击和振动性能；导热性低，具有较好的隔热、保温性能；易于加工，可制成各种形状的产品；绝缘性好，无毒性；在干燥环境或长期置于水中均有很好的耐久性。因而木材历来与水泥、钢材并列为建筑中的三大材料。目前，木材用于结构相应减少，但是由于木材具有美丽的天然花纹，给人以淳朴、古雅、亲切的质感，因此木材作为装饰与装修的材料，仍有独特的功能和价值，因而被广泛应用。

　　木材也有使其应用受到限制的缺点，如构造不均匀性，各向异性；易吸水从而导致形状、尺寸、强度等物理、力学性能变化；长期处于干湿交替环境中，其耐久性变差；易燃、易腐、天然疵病较多等。

　　建筑工程中所用木材主要来自某些树木的树干部分。然而，树木的生长缓慢。而木材的使用范围广、需求量大，因此对木材的节约使用与综合利用显得尤为重要。

9.1 木材的分类与构造

9.1.1 木材的分类

　　木材是由树木加工而成，树木种类繁多，按树种可分为针叶树和阔叶树两大类。

　　1. 针叶树

　　针叶树树叶如针状（如松）或鳞片状（如侧柏），习惯上也包括宫扇形叶的银杏。针叶树树干通直而高大，树杈较小分布较密，易得大材，纹理平顺，材质均匀，木质较软而易加工。表面密度和胀缩变形较小，耐腐性较强。主要用作承重构件和家具用材。针叶树木常用树种有红松、落叶松、云杉、冷杉、柏树等。

2. 阔叶树木

阔叶树树叶多数宽大、叶脉成网状。阔叶树树干通直部分一般较短，树权较大分布较少，相当数量阔叶材的材质较硬，较难加工，故又名硬木材。阔叶树一般较重，强度较大，胀缩、翘曲变形较大，较易开裂。建筑上常用作尺寸较小的构件。有些树木具有美丽的纹理，适于作内部装修、家具及胶合板等。阔叶树木常用树种有榆树、水曲柳、柞树、桦树、山杨、青杨等。

9.1.2　木材的构造

各种树木具有不同的构造，而木材的性质和应用又与木材的构造有着密切的关系。不同树种以及生长环境不同的木材，其构造差别很大。木材的构造通常分为宏观构造和微观构造两个层次。

1. 木材的宏观构造

木材的宏观构造是指用肉眼或借助放大镜能观察到的构造特征。

木材在各个方向上的构造是不一致的，因此要了解木材构造必须从树干的 3 个切面上来进行剖析，即横切面、径切面和弦切面。木材的宏观构造如图 9.1 所示。

2. 木材的微观构造

在显微镜下所见到的木材组织称为微观构造。在显微镜下可以观察到，木材是由无数管状细胞紧密结合而成，它们大部分为纵向排列，少数横向排列（如髓线）。如图 9.2 和图 9.3 所示，每个细胞又由细胞壁和细胞腔两部分组成，细胞壁又是由细胞纤维组成。其纵向连接较横向牢固。细纤维间具有极小的空隙，能吸附和渗透水分。木材的细胞壁越厚，腔越小，木材越密实，表观密度和强度也越大，但其胀缩也大。与春材比较，夏材的细胞壁较厚，腔较小，所以夏材的构造比春材密实。

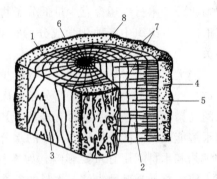

图 9.1　树干的 3 个切面

1—横切面；2—径切面；3—弦切面；4—树皮；
5—木质部；6—年轮；7—髓线；8—髓心

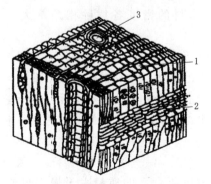

图 9.2　马尾松的显微构造

1—管包；2—髓线；3—树脂道

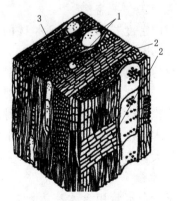

图 9.3　柞木的显微构造

1—导管；2—髓线；3—木纤维

木材细胞因功能不同可分为管胞、导管、木纤维、髓线等多种。针叶树的纤维结构简单而规则，主要是由管胞和髓线组成，其髓线较细小，不很明显，如图 9.2 所示。某些树种在管胞间尚有树脂道，如松树。阔叶树的显微结构较复杂，主要由导管、木纤维及髓线等组成，其髓线很发达，粗大而明显，如图 9.3 所示。导管是壁薄而腔大的细胞，大的管孔肉眼可见。所以，髓线和导管是鉴别针叶树材和阔叶树材的显著特征。

9.2 木材的主要性质

木材的性质主要有木材的化学性质、木材的物理性质和木材的力学性质。

9.2.1 木材的化学性质

木材是一种天然生长的有机材料，由高分子物质和低分子物质组成。构成木材细胞壁的主要物质是纤维素、半纤维素和木质素 3 种高聚物，一般总量占木材的 90% 以上。在高聚物中以纤维素和半纤维素两种多糖居多，占木材的 65%～75%。除高分子物质外，木材中还含有少量低分子物质，如抽提物、灰分等。木材的化学性质，不仅取决于其组织中各种化学成分的相对含量，而且与各组分的分布和相互间的联系相关。

绝大多数木材呈弱酸性，仅有极少数木材呈碱性。这是由于木材中含有天然的酸性成分。木材的主要成分是高分子的碳水化合物，它们是由许许多多失水糖基联接起来的高聚物。每个糖基都含有羟基，其中一部分羟基与醋酸根结合形成醋酸酯，醋酸酯水解能放出醋酸，使得木材中的水分常有酸性。木材的酸性对木材的某些性质、加工工艺和木材利用有重要影响。如木材的酸性导致寄生于木材内的真菌易于生长繁殖，使木材易受菌蚀虫蛀；木材的酸性会引起对金属的腐蚀等。

9.2.2 木材的物理性质

木材的物理性质主要有密度与表观密度、含水量、胀缩性，其中含水量对木材的物理力学性质影响很大。

1. 密度与表观密度

木材的密度指单位体积木材的重量。木材的密度各树种相差不大，一般在 $1.48\sim1.56\text{g/cm}^3$ 之间。

木材的表观密度则随木材孔隙率、含水量及其他一些因素的变化而不同，即便是同种木材，当含水量不同时，其表观密度差异也很大。木材试样的烘干重量与其饱和水时的体积、烘干后的体积、炉干时的体积之比，分别称为基本密度、绝干密度及炉干密度。木材在气干后的重量与气干后的体积之比，称为木材的气干密度。木材的表观密度越大，其胀缩率也越大。

2. 含水量

木材的含水量用含水率表示，是指木材中所含水的质量占干燥木材质量的百分数。

由于纤维素、半纤维素、木质素的分子均含有羟基（—OH 基），所以木材有很强的亲水性。木材中所含的水分根据其存在形式可分为 3 类：

(1) 自由水。

存在于细胞腔和细胞间隙中的水分。自由水含量影响木材的表观密度、保存性、燃烧性和抗腐蚀性。

(2) 吸附水。

被吸附在细胞壁内细纤维间的水分。吸附水直接影响到木材的强度和胀缩变形。

(3) 化合水。

即木材化学组成中的结合水。它在常温下无变化，因此对木材的性能无影响。

木材干燥时，自由水先蒸发，然后吸附水蒸发；反之，干燥的木材吸水时，先吸收成为吸附水，而后才吸收成为自由水。当木材细胞腔和细胞间隙中无自由水，而细胞壁内吸附水达到饱和，此时木材的含水率称为木材的纤维饱和点。纤维饱和点随树种而异，一般在 25%～35% 之间，通常取其平均值，约为 30%。

木材含水量的多少与木材的表观密度、强度、耐久性、加工性、导热性、导电性等有一定关系。尤其是纤维饱和点，它是木材物理性质发生变化的转折点。

木材具有纤维状结构和较大的孔隙率，其内表面积极大。因此，木材易于从空气中吸收水分。潮湿的木材会向干燥的空气中蒸发水分，而干燥的木材会从潮湿的空气中吸收水分。当木材长时间处于一定温度和湿度的环境中时，木材中的含水量最终会达到相对稳定的含水率，亦即水分的蒸发和吸收趋于平衡，这时木材的含水率称为平

衡含水率。平衡含水率随大气的温度和相对湿度而变化，图 9.4 为木材在不同温度和湿度的环境条件下，木材相应的平衡含水率。木材的平衡含水率随其所在地区不同而异，我国北方地区为 12% 左右，南方约为 18%，长江流域一般为 15%。

新伐倒的树木称为新材，其含水率常在 35% 以上，风干木材的含水率为 15%～25%，室内干燥的木材含水率常为 8%～15%。木材中所含水分不同，对木材性质的影响也不同。

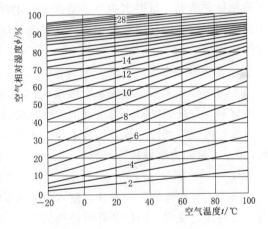

图 9.4 木材的平衡含水率

3. 胀缩性

木材的含水率在纤维饱和点以下，由于含水率的增加而引起尺寸和体积的膨胀称为湿胀；由于含水率的减少而引起尺寸和体积的收缩称为干缩。木材的这种湿胀和干缩性质称为胀缩性，木材具有显著的胀缩性。

木材由于构造不均匀，使各方向的变形性能也不同，在同一木材中，木材的湿胀性纵向（顺纹理）很小，横向（横纹理）很大，弦向又比径向约大一倍。木材湿胀的大小，以胀缩率表示，即木材全干尺寸和在空气中湿润至纤维饱和点的含水率时尺寸的差值与全干尺寸的百分比。或以湿胀系数表示，即含水率每增加 1% 的平均湿胀

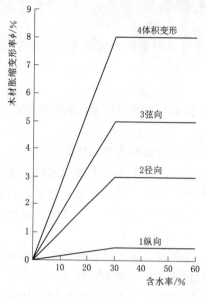

图 9.5 含水量对松木胀缩变形的影响

率。反之，当木材中的自由水蒸发完毕后，吸着水继续散失时，木材才开始发生干缩，即当含水率低于纤维饱和点时，才发生干缩。木材干缩的大小，以干缩率表示，即含水率高于纤维饱和点的生材和干燥后木材尺寸的差值与湿材尺寸的百分比。或以干缩表示，即含水率每减少 1％时的平均干缩率。木材的干缩纵向很小，横向很大（与生长轮所成的角度愈小，干缩愈大）。干缩的大小因树种而异，一般正常木材的纤维方向干缩为 0.1％～0.3％，径向干缩为 3％～6％，弦向干缩为 6％～12％，体积干缩为 9％～14％，这主要是受髓线影响所致。因为木材有湿胀和干缩的缺点，使木材的尺寸和体积不能保持稳定，而随空气中的湿度和温度变化，如图 9.5 所示。

木材的这种湿胀干缩行为随树种而有差异，一般来讲，表观密度大的，夏材含量多，胀缩就较大。木材的湿胀干缩对木材的使用有严重影响，干缩使木结构构件连接处发生隙缝而致接合松弛，湿胀则造成凸起。为了避免这种情况，最根本的办法是预先将木材进行干燥，使木材的含水率与将做成的构件使用时所处的环境湿度相适应，亦即根据图 9.4 将木材预先干燥至平衡含水率后才加工使用。

4. 其他物理性质

木材的导热系数随其表观密度增大而增大，顺纹方向的导热系数大于横纹方向。干木材具有很高的电阻，当木材的含水量提高或温度升高时，木材电阻会降低。木材具有较好的吸声性能，故常用软木板、木丝板、穿孔板等作为吸声材料。

9.2.3 木材的力学性质

1. 木材的强度

由于木材构造的各向异性，使木材的力学性质也具有明显的方向性。木材的强度与外力性质、受力方向以及纤维排列的方向有关。在土木工程中的木材所受荷载种类主要有压力、拉力、弯曲和剪切力。当受力方向与纤维方向一致时，为顺纹方向；当受力方向与纤维方向垂直时，为横纹方向。木材强度按受力状态分为抗压强度、抗拉强度、抗弯强度和抗剪强度 4 种。

（1）抗压强度。

木材抗压强度可分为顺纹抗压强度和横纹抗压强度。

木材的顺纹抗压强度较高，仅次于顺纹抗拉和抗弯强度，且木材的疵病对其影响较小。顺纹受压破坏是木材细胞壁丧失稳定性的结果，并非纤维的断裂。工程中常见的柱、桩、斜撑及桁架等承重构件均是顺纹受压。木材横纹受压时，开始细胞壁弹性变形，此时变形与外力成正比。当超过比例极限时，细胞壁失去稳定，细胞腔被压扁，随即产生大量变形。所以，木材的横纹抗压强度以使用中所限制的变形量来决定，通常取其比例极限作为横纹抗压强度极限指标。木材横纹抗压强度比顺纹抗压强度低得多。通常只有其顺纹抗压强度的 10%～20%。

（2）抗拉强度。

木材的抗拉强度可分为顺纹抗拉强度和横纹抗拉强度两种。

木材的顺纹抗拉强度是木材各种力学强度中最高的。顺纹受拉破坏时往往不是纤维被拉断而是纤维间被撕裂。顺纹抗拉强度为顺纹抗压强度的 2～3 倍。但强度值波动范围大。木材的疵病如木节、斜纹、裂缝等都会使顺纹抗拉强度显著降低。同时，木材受拉杆件连接处应力复杂，这是使顺纹抗拉强度难以被充分利用的原因。木材的横纹抗拉强度很小，仅为顺纹抗拉强度的 1/40～1/10，因为木材纤维之间横向联接薄弱。

（3）抗弯强度。

木材受弯曲时会产生拉应力、压应力和剪切应力。

对于受弯构件，上部为顺纹抗压，下部为顺纹抗拉，而在水平面则为顺纹抗剪。木材在承受弯曲荷载时，通常在受压区首先达到强度极限，开始形成微小的不明显的皱纹，但并不立即发生破坏，随着外力增大，皱纹慢慢地在受压区扩展，产生大量塑性变形，以后当受拉区域内许多纤维达到强度极限时，则因纤维本身及纤维间联结的断裂而最后破坏。

木材的抗弯强度很高，仅小于顺纹抗拉强度，为顺纹抗压强度的 1.5～2 倍。因此，在土建工程中应用很广，如用于桁架、梁、桥梁、地板等。木材的疵病和缺陷对抗弯强度影响很大，使用中应注意。

（4）抗剪强度。

木材在受剪时，根据剪力的作用方向与纤维方向可分为顺纹剪切、横纹剪切和横纹切断 3 种，如图 9.6 所示。

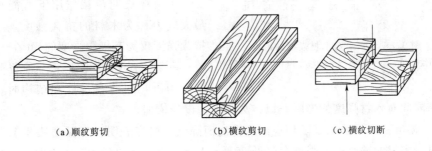

(a)顺纹剪切   (b)横纹剪切   (c)横纹切断

图 9.6　木材的剪切

顺纹剪切时，剪力方向与纤维平行，绝大部分纤维本身并不破坏，而只是破坏剪切面中纤维间的联结。所以木材的顺纹抗剪强度很小，一般为同一方向抗压强度（顺纹抗压强度）的 15%～30%。横纹的剪切，这种剪切是破坏剪切面中纤维的横向连结，因此木材的横纹剪切强度比顺纹剪切强度还要低。横纹切断，木材纤维被切断，因此这种强度较大，一般为顺纹剪切强度的 4～5 倍。

木材的各种强度差异很大，为了便于比较，现将木材各种强度间数值相对大小关系列于表9.1中。

表9.1 木材各强度相对大小关系

抗 压 强 度		抗 拉 强 度		抗弯强度	抗 剪 强 度	
顺纹	横纹	顺纹	横纹		顺纹	横纹
1	1/10~1/3	2~3	1/20~1/3	1.5~2	1/7~1/3	1/2~1

（5）影响木材强度的主要因素。

1）木材的纤维组织。木材受力时，主要靠细胞壁承受外力，细胞纤维组织越均匀密实，强度就越高。例如夏材比春材的结构密实、坚硬，当夏材的含量较高时，木材的强度较高。

2）含水量。木材的含水量是影响强度的重要因素。在纤维饱和点以下时，随含水量降低，即吸附水减少，细胞壁趋于紧密，木材强度增大，反之，强度减小。含水量在纤维饱和点以上变化时，木材强度不变，试验证明，木材含水量的变化，对木材各种强度的影响是不同的，含水量对抗弯和顺纹抗压影响较大，对顺纹抗剪影响较小，而对顺纹抗拉几乎没有影响，如图9.7所示。

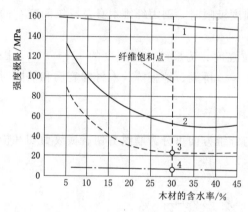

图9.7 含水量对木材强度的影响
1—顺纹受拉；2—弯曲；3—顺纹受压；4—顺纹受剪

3）负荷时间。木材对长期荷载的抵抗能力与对短期荷载不同。木材在外力长期作用下，只有当其应力远低于强度极限的某一定范围以下时，才可避免木材因长期负荷而破坏。这是由于木材在外力作用下产生的等速蠕滑，经过长时间以后，最后达到急剧产生大量连续变形的结果。

木材在长期荷载作用下所能承受的最大应力称为木材的持久强度。木材的持久强度仅为其极限强度的50%~60%。

一切木结构都处于某一种负荷的长期作用下，因此在设计木结构时，应考虑负荷时间对木材强度的影响，以持久强度为设计依据。

4）温度。木材的强度随环境温度升高而降低。研究表明，当温度从25℃升高至50℃时，木材的顺纹抗压强度会降低20%~40%。当温度在100℃以上时，木材中部分组成会分解、挥发，木材颜色变黑，强度明显下降。因此如果环境温度长期超过60℃时，不宜使用木结构。

5）疵病。木材在生长、采伐、保存及加工过程中，所产生的内部和外部的缺陷，统称为疵病。木材的疵病主要有木节、斜纹、裂纹、腐朽和虫害等。一般木材或多或少都存在一些疵病，使木材的物理力学性质受到影响。

木节可分为活节、死节、松软节、腐朽节等几种，活节影响较小。木节使木材顺纹抗拉强度显著降低，对顺纹抗压影响较小。在木材受横纹抗压和剪切时，木节反而增加其强度。

斜纹为木纤维与树轴成一定夹角，斜纹木材严重降低其顺纹抗拉强度，抗弯次之，对顺纹抗压影响较小。

裂纹、腐朽、虫害等疵病，会造成木材构造的不连续性或破坏其组织因此严重影响木材的力学性质，有时甚至能使木材完全失去使用价值。

2. 木材的韧性

在土木工程中木材通常表现出较高的韧性，适合于制作承受振动或冲击荷载作用的结构。但是，木材的材质或所处环境条件不同时，其韧性也会表现为较大的差别。影响韧性的因素很多，如木材的密度越大，冲击韧性越好；在负温下时，湿木材会因冰冻而变脆，其韧性也会严重降低；高温时也会使木材变脆，韧性降低。任何缺陷的存在都可能严重降低木材的冲击韧性。

3. 木材的硬度和耐磨性

木材的硬度和耐磨性主要取决于其细胞组织的紧密程度，且不同切面上的硬度和耐磨性也有较大差别。木材横截面的硬度和耐磨性都较径切面和弦切面要高。对于木髓线发达的木材，其弦切面的硬度和耐磨性均比径切面高。

9.3 木材的干燥、防腐与防火

为了保持所有的尺寸和形状，提高木材的强度和耐久性，木材在加工和使用前必须进行干燥处理和防腐处理；木材具有耐火性差的缺点，因此在使用过程中还需进行防火处理。

9.3.1 木材的干燥

木材在采伐后，使用前通常都应该干燥处理。干燥处理可防止木材受细菌等腐蚀，减少木材在使用中发生收缩裂缝，提高木材的强度和耐久性。干燥方法可分为自然干燥和人工干燥两种。

1. 自然干燥

自然干燥方法是将锯开的板材或方材按一定的方式堆积在通风良好的场所，避免阳光的直射和雨淋，利用空气对流作用，使木材中的水分自然蒸发。这种方法简单易行，不需要特殊设备，干燥后木材的质量良好。但干燥时间长，占用场地大，只能干燥到风干状态。

2. 人工干燥

人工干燥方法是将木材置于密闭的干燥室内，通入蒸汽使木材水分逐渐扩散。人工干燥速度快，效率高。但如果干燥温度和湿度控制不当，会因收缩不匀而导致木材开裂和变形。

9.3.2 木材的防腐

1. 木材的腐蚀

木材是天然的有机材料，受到真菌的侵害后会改变颜色，结构逐渐变得松软、脆弱，强度和耐久性降低，这种现象称为木材的腐蚀。

木材中常见的真菌的种类极多，有霉菌、变色菌、腐朽菌 3 种。霉菌、变色菌不破坏木材细胞壁。所以霉菌、变色菌只使木材变色，影响外观，而不影响木材的强度。腐朽菌对木材危害严重，腐朽菌通过分泌酶来分解木材细胞壁组织中的纤维素、半纤维素和以木质素为其养料，使木材腐朽败坏。但真菌在木材中生存和繁殖必须具有以下 3 个条件。

（1）水分。

真菌繁殖生存时适宜的木材含水率是 35%～50%，也即木材含水率在超过纤维饱和点时易产生腐朽，而对含水率在 20% 以下的气干木材不会发生腐朽。

（2）温度。

木地板腐蚀
原因分析

真菌繁殖的适宜温度为 25～35℃，温度低于 5℃ 时真菌停止繁殖，而高于 60℃ 时，真菌则死亡。

（3）空气

真菌繁殖和生存需要一定氧气存在，所以完全浸入水中的木材，则因缺氧而不宜腐朽。

木材除受真菌侵蚀外，还会遭受昆虫（如白蚁、天牛等）的蛀蚀，因各种昆虫危害造成的木材缺陷称为虫害。往往木材内部已被蛀蚀一空，而外表依然完整，几乎看不出破坏的痕迹，因此危害极大。白蚁喜温湿，在我国南方地区种类多、数量大。天牛则在气候干燥时猖獗，它们危害木材主要在幼虫阶段。

昆虫在树皮或木质部内生存、繁殖，使木材形成很多孔眼或沟道，甚至蛀穴。木材中被昆虫蛀蚀的孔道称为虫眼或虫孔。虫眼对材质的影响与其大小、深度和密集度有关。深的大虫眼或深而密集的小虫眼能破坏木材的完整性，降低其力学性质，也成为真菌侵入木材内部的通道。

2. 木材的防腐

（1）根据木材产生腐朽的原因，通常防止木材腐朽的措施有以下两种。

1）破坏真菌生存条件。破坏真菌生存条件最常用的方法是：使木结构、木制品和储存的木材处于经常保持通风干燥的状态，并对木结构和木制品表面进行油漆处理，油漆涂层既使木材隔绝了空气，又隔绝了水分。由此可知，木材油漆首先是为了防腐，其次才是为了美观。

2）化学处理。将对真菌和昆虫有毒害作用的化学防腐剂注入木材，从而抑制或杀死菌类、虫类，达到防腐目的。

（2）防腐剂种类很多，常用的有以下 3 类。

1）水溶性防腐剂。主要有氟化钠、硼砂等，这类防腐剂主要用于室内木构件防腐。

2）油剂防腐剂。主要有杂酚油（又称克里苏油）、杂酚油-煤焦油混合液等。这类防腐剂毒杀效力强，毒性持久，但有刺激性臭味，处理后材面呈黑色，故多用于室外、地下或水下木结构。

3）复合防腐剂。主要品种有硼酚合剂、氟铬酚合剂、氟硼酚合剂等。这类防腐剂对菌、虫毒性大，对人、畜毒性小，药效持久，因此应用日益广泛。

木材注入防腐剂的方法有很多种，通常有表面涂刷或喷涂法、常压浸渍法、冷热槽浸透法和压力渗透法等，其中表面涂刷或喷涂法简单易行，但防腐剂不能深入木材内部，故防腐效果较差。常压浸渍法是将木材浸入防腐剂中一定时间后取出，使防腐剂渗入木材有一定深度，以提高木材的防腐能力。冷热槽浸透法是将木材先浸入热防腐剂（大于90℃）中数小时后，再迅速移入冷防腐剂中，以获得更好的防腐效果。压力渗透法是将木材放入密闭罐中，抽部分真空，再将防腐剂压入充满罐中，经一定时间后则防腐剂充满木材内部，防腐效果更好，但所需设备较多。

9.3.3 木材的防火

木材的防火就是指将木材经过具有阻燃性能的化学物质处理后，变成难燃的材料，以达到遇小火能自熄，遇大火能延缓或阻滞燃烧蔓延，从而赢得扑救时间。

1. 木材的可燃性

木材属木质纤维材料，是易燃的土木工程材料。在火的作用下，木材的外层碳化，结构疏松；内部温度升高，强度降低。当强度低于所受应力时，结构就会破坏。当木材受到高温作用时，会分解出可燃气体并放出热量，当温度达到260℃时，木材在无火源的情况下，会自行发焰燃烧。因此，在木结构设计中，将260℃定为木材的着火危险温度。

2. 木材的防火

常用的防火处理方法有两种，一是在木材表面涂刷或覆盖难燃烧材料，二是用防火剂浸渍木材。

常用的防火涂层材料：无机涂料（如硅酸盐类、石膏等）；有机涂料（如四氯苯酰醇树脂防火涂料、膨胀型丙烯酸乳胶防火涂料等）；覆盖材料可用各种金属。

浸渍用的防火剂：磷酸氨、硼酸、碳酸氨等。

防火处理能推迟或消除木材的引燃过程，降低火焰在木材上蔓延的速度，延缓火焰破坏木材的速度，从而给灭火或逃生提供时间。但应注意：防火涂料或防火浸剂中的防火组分随着时间的延长和环境因素的作用会逐渐减少或变质，从而导致其防火性能不断减弱。

9.4 木材的应用

尽管当今世界已发展生产了许多新型建筑结构材料和装饰材料，但由于木材具有其独特的优良特性，特别是木质饰面给人的特殊优美感觉，使其他装饰材料无法与之相媲美。所以，木材在建筑工程尤其是装饰领域中，始终保持着重要的地位。

9.4.1 木材的等级

常用木材按加工程度和用途不同，分为原条、原木和锯材3类，见表9.2。

承重结构用的木材，其材质按缺陷（木节、腐朽、裂纹、夹皮、虫害、弯曲和斜纹等）状况分为3个等级，各等级木材的应用范围见表9.3。

表 9.2　　　　　　　　　　　　　　　　木 材 的 分 类 及 用 途

木材种类		说　明	应　用
原条		除去根、梢、枝的伐倒木	用作进一步加工的原材料
原木		除去根、梢、枝和树皮并加工成一定长度和直径的木段	用作屋架、柱、桩木等，也可用于加工锯材和胶合板等
锯材	板材（宽度为厚度的 3 倍或 3 倍以上）	薄板：厚度 12～21mm	门芯板、隔断、木装修等
		中板：厚度 25～30mm	屋面板、装修、地板等
		厚板：厚度 40～60mm	门窗
	方材（宽度小于厚度的 3 倍）	小方：截面积 54cm² 以下	椽条、隔断木筋等
		中方：截面积 55～100cm² 以下	支撑、搁栅、扶手、檩条等
		大方：截面积 101～225cm² 以下	屋架、椽条
		特大方：截面积 226cm² 以上	木或钢木屋架

表 9.3　　　　　　　　　　　　　　　各质量等级木材的应用范围

木材等级	Ⅰ	Ⅱ	Ⅲ
应用范围	受拉或拉弯构件	受弯或压弯构件	受压构件及次要受弯构件

9.4.2　木材的综合应用

木材经加工成型和制作成构件时，会留下大量的碎块废屑，将这些下脚料进行加工处理，就可制成各种人造板材（胶合板原料除外）。常用人造板材有以下几种。

1. 胶合板

原木经蒸煮软化处理后，用旋切、刨切、弧切及锯切等方法制成的薄片状木材，称为单板，由一组单板按相邻层木纹方向互相垂直组坯经热压胶合而成的板材即为胶合板，通常其表板和内层板对称地配置在中心层或板芯的两侧。胶合板一般为 3～13层，工程上常用的是三夹板和五夹板。胶合板多数为平板，也可经一次或多次弯曲处理制成曲形胶合板。

胶合板的特点是：材质均匀，强度高，无明显纤维饱和点存在，吸湿性小，不翘曲开裂，无疵病，幅面大，使用方便，装饰性好。它克服了木材的天然缺陷和局限，大大提高了木材的利用率。

胶合板广泛用作建筑室内隔墙板、护壁板、天花板、门面板以及各种家具和装饰。

2. 纤维板

纤维板是以将木材加工下来的板皮、刨花、树枝等废料，经破碎浸泡、研磨成木浆，再加入一定的胶料，经热压成型、干燥处理而成的人造板材，分硬质纤维板、半硬质纤维板和软质纤维板 3 种。生产纤维板可使木材的利用率达 90％ 以上。

纤维板的特点是：材质构造均匀、各向强度一致，抗弯强度高（可达 55MPa），耐磨，绝热性好，不易胀缩和翘曲变形，不腐朽，无木节、虫眼等缺陷。

表观密度大于 800kg/m³ 的硬质纤维板，强度高，在建筑中应用广泛，它可替代木板，主要用作室内板壁、门板、地板、家具等。通常在板表面施以仿木纹理油漆处理,可获得以假乱真的效果。半硬质纤维板表观密度为 $400\sim800kg/m^3$,常制成带有一定孔型的盲孔版,板表面常施以白色涂料,这种板兼具吸声和装饰作用,多用作宾馆等室内顶棚材料。软质纤维板表观密度小于 $400kg/m^3$,适合作保温隔热材料。

3. 细木工板

细木工板是由上、下两面层和芯材 3 部分组成,上、下面层均为胶合板,芯材是由木材加工使用中剩下的短小木料经再加工成木条,最后用胶将其黏拼在面层板上并经压合而制成。这种板材一般厚为 20mm 左右,长 2000mm 左右,宽 1000mm 左右,强度较高,幅面大,表面平整,使用方便。细木工板可替代实木板应用,现普遍用作建筑室内门、隔墙、隔断、橱柜等的装修。

细木工板质量要求其芯材木条要排列紧密,无空洞,选用软木料,以便于加工。工程中使用细木工板应重视检验其有害物质甲醛含量,不符合标准规定指标者不得用于工程,以确保室内环保。

4. 复合地板

目前家居装修中广泛采用的复合地板,它是一种多层叠压木地板,板材 80% 为木质。这种地板通常是由面层、芯板和背层 3 部分组成,其中面层又有数层叠压而成,每层都有其不同的特色和功能。叠压面层是由经特别加工处理的木纹纸与透明的密胺树脂经高温、高压压合而成;芯板是用木纤维、木屑或其他木质粒状材料(均为木材加工下来的角料)等,再与有机物混合经加压而成的高密度板材;底层为用聚合物叠压的纸质层。复合地板规格一般为 1200mm×200mm 的条板,板厚 8~12mm,其表面光滑美观,坚实耐磨,不变形和干裂,不沾污及褪色,不需打蜡,耐久性较好,且宜清洁,铺设方便。因板材薄,故铺设在室内原有地面上时,不需对门做任何更动。复合地板适用于客厅、起居室、卧室等地面铺装。

5. 刨花板、木丝板、木屑板

刨花板、木丝板、木屑板是分别以刨花木渣、短小废料刨制的木丝、木屑等为原料,经干燥后拌入胶料,再经热压成型而制成的人造板材。所用胶料可为合成树脂,也可为水泥、菱苦土等无机胶结料。这类板材一般表观密度较小,强度较低,主要用作绝热和吸声材料,但其中热压树脂刨花板和木屑板,其表面可粘贴塑料贴面或胶合板做饰面层,这样既增加了板材的强度,又使板材具有装饰性,可用作吊顶、隔墙和家具等材料。

客厅木地板
磨损

🌼 思 考 题

9.1 解释以下名词:(1)自由水;(2)吸附水;(3)木材纤维饱和点;(4)木材平衡含水率。

9.2 木材含水量的变化对木材哪些性质有影响?

9.3 分析影响木材强度的因素有哪些?

9.4 针对木材腐朽的原因,提出防腐措施。

9.5 木材的防火措施有哪几种?

第10章 建筑功能材料

本章导读

内容及要求：本章主要介绍各类建筑功能材料，包括防水材料、绝热材料、吸声与隔声材料、装饰材料。通过本章学习，应熟悉绝热材料和防水材料的分类、性能与工程应用；了解各类功能材料的功能性，其他建筑功能材料的分类与基本性能。

重点：绝热材料和防水材料的分类、性能与工程应用。

难点：建筑功能材料的技术原理。

建筑功能材料是以材料的力学性能以外的功能为特征，它赋予建筑物防水、保温、隔热、采光、防腐等功能。随着人们生活水平的提高以及建筑物使用环境的扩展，未来的建筑物需满足越来越高的安全、舒适、美观、耐久的要求，这些建筑功能的实现就必须依赖建筑功能材料。目前常用的建筑功能材料包括绝热材料、吸声隔声材料、防水材料、装饰材料等。

10.1 绝 热 材 料

绝热材料是指用于减少热传递的一种功能材料，其绝热性能决定于化学成分和（或）物理结构。绝热材料包括保温材料和隔热材料。土木工程上，常把用于控制室内热量外流的材料叫做保温材料；把防止室外热量进入室内的材料叫做隔热材料。

10.1.1 绝热材料性能

通常绝热材料应满足以下要求：绝热材料导热系数（λ）值应不大于 0.23W/(m·K)，热阻（R）值应不小于 4.35（m^2·K)/W，表观密度不大于 $600kg/m^3$，块状材料的抗压强度不低于 0.4MPa，构造简单，施工容易，造价低等。

材料保温隔热性能的好坏是由材料导热系数的大小所决定的。导热系数越小，保温隔热性能越好。材料的导热系数，与其自身的成分、表观密度、内部结构以及传热时的平均温度和材料的含水量有关。影响导热系数的因素如下。

（1）材料的组成。材料的导热系数由大到小为：金属＞无机非金属材料＞有机材料。

（2）微观结构。相同组成的材料，晶体结构的导热系数最大，微晶结构次之，玻璃体结构最小。为了获得导热系数较低的材料，可以通过改变其微观结构的方法来实现。

（3）孔隙率。孔隙率越大，材料的导热系数越小。

（4）孔隙特征。在孔隙相同时，孔径越大，孔隙间连通越多，导热系数越大。这是因为孔中气体产生对流，纤维状材料存在一个最佳表观密度，即在该密度时导热系数最小。表观密度低于这个最佳值时，其导热系数会增大。

（5）含水率。由于水的导热系数 $\lambda=0.58W/(m\cdot K)$，远大于空气的导热系数，所以材料含水量增加后其导热系数会明显增大。若受冻［冰的导热系数 $\lambda=2.93W/(m\cdot K)$］，则导热能力更大。

绝热材料除了具有较小的导热系数外，还应具有一定的强度、抗冻性、耐水性、耐热性、耐低温性和耐腐蚀性，同时还需要具有较小的吸湿性或吸水性。优良的绝热材料是具有很高的孔隙率的，且以封闭、细小孔隙为主的、吸湿性和吸水性较小的有机或无机非金属材料。

10.1.2 绝热材料的类型

1. 按材质类型分类

按材质类型绝热材料可分为 3 类。

（1）无机绝热材料。一般是用矿物质原料制成，呈散粒状、纤维状或多孔状构造，可制成板、片、卷材或套管等形式的制品，包括石棉、岩棉、矿渣棉、玻璃棉、膨胀珍珠岩、膨胀蛭石、多孔混凝土等。

（2）有机绝热材料。是由有机原料制成的绝热材料，包括软木、纤维板、刨花板、聚苯乙烯泡沫塑料、脲醛泡沫塑料、聚氨酯泡沫塑料、聚氯乙烯泡塑料等。

（3）金属绝热材料。如铝箔。

2. 按绝热原理分类

按绝热原理可将绝热材料分为多孔材料和反射材料两类。

（1）多孔材料。靠热导率小的气体充满在孔隙中绝热。主要是纤维聚集组织和多孔结构材料。纤维直径越细，材料容重越小，则绝热性能越好。闭孔比开孔结构的导热性低，如闭孔结构中填充热导率值更小的其他气体时，两种结构的导热性才有较大的差异。泡沫塑料的绝热性较好，其次为矿物纤维、膨胀珍珠岩和多孔混凝土、泡沫玻璃等。

（2）反射材料。如铝箔能靠热反射大大减少辐射传热，几层铝箔或与纸组成夹有薄空气层的复合结构，还可以增大热阻值。

3. 按组织结构分类

按组织结构绝热材料分为纤维状聚集组织（无机或有机纤维及制品）、松散的粒状、片状或粉末状组织（如轻骨料、浮石、硅藻土）、多孔结构（多孔混凝土、泡沫塑料等）、致密结构（铝箔）等。

绝热材料常以松散材、卷材、板材和预制块等形式用于建筑物屋面、外墙和地面等的保温及隔热。可直接砌筑（如加气混凝土砌块）或放在屋顶及围护结构中作芯材，也可铺垫成地面保温层。纤维或粒状绝热材料既能填充于墙内，也能喷涂于墙面，兼有绝热、吸声、装饰和耐火等效果。绝热材料一方面满足了建筑空间或热工设备的热环境，另一方面也节约了能源。

10.1.3　几种常见的无机和有机绝热材料

1. 无机绝热材料

(1) 散粒状绝热材料。

散粒状绝热材料主要有膨胀蛭石、膨胀珍珠岩、陶粒及其制品。

1) 膨胀蛭石。蛭石是一种层状结构的含镁的水铝硅酸盐次生变质矿物，通常由黑（金）云母经热液蚀变作用或风化而成，因其受热失水膨胀时呈挠曲状，形态酷似水蛭，故称蛭石。蛭石经过经 850～1000℃ 燃烧，体积急剧膨胀（可膨胀 5～20 倍）而成为松散颗粒（图 10.1），其堆积密度为 80～200kg/m³，导热系数 0.046～0.07W/(m·K)，具有很强的保温隔热性能。用于填充墙壁、楼板及平屋顶，保温效果佳；膨胀蛭石也可与水泥、水玻璃等胶凝材料配合，制成砖、板、管壳等用于围护结构及管道保温。可在 1000～1100℃ 下使用。

2) 膨胀珍珠岩。珍珠岩是一种火山喷发的酸性熔岩，经急剧冷却而成的玻璃质岩石，形成球粒状玻璃质岩石，有弧形或圆形裂纹，犹如珍珠的结构，所以被命名为珍珠岩（图 10.2）。

珍珠岩一般为浅灰色、淡绿色和褐色，二氧化硅含量达 70%，水分含量为 3%～5%，当将珍珠岩加热到 850～900℃ 时，由于玻璃质软化，其中水分蒸发，造成体积膨胀，可以达到原有体积的 7～16 倍，为膨胀珍珠岩。其堆积密度为 40～500kg/m³，导热系数为 0.047～0.074W/(m·K)，使用温度可达 800℃，最低使用温度为 −200℃，是一种表观密度很小的白色颗粒物质。膨胀珍珠岩具有吸音性好，吸湿性小，抗冻性强的性能，因此被广泛用作建筑保温、隔声材料。

3) 陶粒及其制品。陶粒是用黏土或黏土质页岩等为原料，经高温快速焙烧而获得的一种内部具有大量均匀而互不连通微孔、外壳致密坚硬的人造轻骨料。粒径大于 5mm 的制品称为陶粒，小于 5mm 的制品称为陶砂。当其表观密度较小时，可用于配制绝热用混凝土制品。

作绝热用的陶粒，一般要求其堆积密度不大于 800kg/m³。

图 10.1　膨胀蛭石

图 10.2　膨胀珍珠岩

(2) 纤维质绝热材料。

常用的有天然纤维质材料，如石棉、矿物棉、火山棉及玻璃纤维等。

1) 石棉。石棉是天然纤维状的硅质矿物的泛称。具有优良的防火、绝热、耐酸、耐碱、保温、隔声、防腐、电绝缘性和较高的抗拉强度等特点。石棉按其成分和内部结构，可分为蛇纹石石棉、角闪石石棉和水镁石石棉三大类。蛇纹石石棉分布广，占石棉总产量的 95%。平常所说的石棉，即是指蛇纹石石棉，其密度为 2.2～2.4g/cm³，导热系数约为 0.069W/(m·K)。通常松散的石棉（图 10.3）很少单独使用，常制成石棉粉、石棉涂料、石棉板、石棉毡和白云石石棉制品等。

图 10.3　石棉

值得注意的是，极其微小的石棉纤维飞散到空中，被吸入到人体的肺部后，经过 20～40 年的潜伏期，很容易诱发肺癌等肺部疾病。这就是在世界各国受到不同程度关注的石棉公害问题。

2) 矿物棉。熔融的岩石经喷吹制成的纤维材料称为岩棉，由熔融矿渣经喷吹制成的纤维材料称为矿渣棉。岩棉和矿渣棉统称矿物棉。将矿物棉与有机胶结剂结合可以制成矿棉板、毡、管壳等制品，其堆积密度约为 45～150kg/m³，导热系数约为 0.049～0.044W/(m·K)。由于低堆积密度的矿棉内空气可发生对流而导热，因而，堆积密度低的矿物棉导热系数反而略高。最高使用温度约为 600℃。矿棉也可制成粒状棉用作填充材料，其缺点是吸水性大、弹性小。

矿物棉具有轻质、不燃、绝热和电绝缘等性能，且原料来源广，成本较低，可制成矿棉板、矿棉毡及管壳等。可用作建筑物的墙壁、屋顶、天花板等处的保温和吸声材料，以及热力设备和管道的保温材料。

3) 玻璃纤维。玻璃纤维是一种性能优异的无机非金属材料。成分为二氧化硅、氧化铝、氧化钙、氧化硼、氧化镁、氧化钠等。玻璃纤维按形态和长度，可分为连续纤维、定长纤维（一般长度为 300～500mm，但有时也可较长）和玻璃棉；按玻璃成分，可分为无碱、耐化学、高碱、中碱、高强度、高弹性模量和抗碱玻璃纤维等。玻璃棉堆积密度约为 45～150kg/m³，导热系数约为 0.041～0.035W/(m·K)。

玻璃纤维制品的导热系数主要取决于表观密度、温度和纤维的直径。导热系数随纤维直径增大而增加，并且表观密度低的玻璃纤维制品其导热系数反而略高。以玻璃纤维为主要原料的绝热制品主要有：沥青玻璃棉毡和酚醛玻璃棉板，以及各种玻璃毡、玻璃毯等，通常用于房屋建筑的墙体保温层。

（3）多孔绝热材料。

1) 轻质混凝土。以硅酸盐水泥（或硫铝酸盐水泥、氯氧镁水泥）、活性硅和钙质材料（如粉煤灰、磷石膏、硅藻土）等无机胶结料，集发泡、稳泡、激发、减水等功能为一体的阳离子表面活性剂为制泡剂，形成含有大量封闭气孔的轻质混凝土。导热系数一般为 0.083～0.3W/(m·K)，热阻约为普通混凝土的 10～20 倍。另外，轻质混凝土密度等级一般为 $300 \sim 1800kg/m^3$，常用泡沫混凝土的密度等级为 $300 \sim 1200kg/m^3$。近年来，密度为 $160kg/m^3$ 的超轻泡沫混凝土也在建筑工程中获得了应用。

2）微孔硅酸钙。微孔硅酸钙是以石英砂、普通硅石或活性高的硅藻土以及石灰为原料经过水热合成的绝热材料，其主要水化产物为托贝莫来石或硬硅钙石。以托贝莫来石为主要水化产物的微孔硅酸钙，其表观密度约为 $200kg/m^3$，导热系数约为 $0.047W/(m \cdot K)$，最高使用温度约为 $65℃$；以硬硅钙石为主要水化产物的微孔硅酸钙，其表观密度约为 $230kg/m^3$，导热系数 $0.056W/(m \cdot K)$。微孔硅酸钙具有使用温度高（$100 \sim 1000℃$）、质量稳定等特点，以及耐水性好、防火性强、无腐蚀、经久耐用、制品可锯可刨、安装方便等优点，被广泛用作冶金、电力、化工等工业的热力管道、设备、窑炉的绝热材料，房屋建筑的内墙、外墙、屋顶的防火覆盖材料，各类舰船的仓室墙壁以及走道的防火隔热材料。

3）泡沫玻璃。泡沫玻璃也称多孔玻璃（图 10.4），是一种以磨细玻璃粉为主要原料，通过添加发泡剂，经熔融发泡和退火冷却加工处理后，制得的具有均匀孔隙结构的多孔轻质玻璃制品。其气孔占总体积的 $80\% \sim 95\%$，孔径大小一般为 $0.1 \sim 5mm$，也有的小到几微米。表观密度为 $150 \sim 200kg/m^3$ 的泡沫玻璃，其导热系数约为 $0.042 \sim 0.048W/(m \cdot K)$，抗压强度达 $0.55 \sim 0.16MPa$，具有绝热、吸声、容重轻、不燃烧、耐腐蚀、防鼠害、机械强度较高，又容易进行锯、切、磨和黏接等加工及便于施工等特点。泡沫玻璃作为绝热材料在建筑上主要用于墙体、地板、天花板及屋顶保温。也可用于寒冷地区建造低层的建筑物。

2. 有机绝热材料

（1）泡沫塑料。

泡沫塑料是以各种树脂为基料，加入少量的发泡剂、催化剂、稳定剂以及其他辅助材料，经加热发泡而成的一种轻质、保温、隔热、吸声、防震材料。具有表观密度小（一般为 $20 \sim 80kg/m^3$），导热系数低，隔热性能好，加工使用方便等优点，因此广泛用作建筑上的绝热、隔声材料。常用的泡沫塑料有聚苯乙烯泡沫塑料（图10.5）、聚氨酯泡沫塑料、聚氯乙烯泡沫塑料、脲醛泡沫塑料和酚醛泡沫塑料等。

图 10.4　泡沫玻璃

图 10.5　聚氨酯泡沫塑料

（2）硬质泡沫橡胶。

硬质泡沫橡胶用化学发泡法制成。特点是导热系数小而强度大。硬质泡沫橡胶的表观密度在 $0.064\sim0.12g/cm^3$ 之间。表观密度越小，保温性能越好，但强度越低。硬质泡沫橡胶抗碱和盐的侵蚀能力较强，但强的无机酸及有机酸对它有侵蚀作用，不溶于醇等弱溶剂，但易被某些强有机溶剂软化溶解；属于热塑性材料，耐热性不好，在 65℃ 左右开始软化，但是有良好的低温性能，低温下强度较高且具有较好的体积稳定性，可用于冷冻库。

（3）纤维板。

凡是用植物纤维、无机纤维制成的或用水泥、石膏将植物纤维凝固成的人造板统称为纤维板（图 10.6 和图 10.7），其表观密度为 $210\sim1150kg/m^3$，导热系数为 $0.058\sim0.307W/(m\cdot K)$。纤维板的热传导性能与表观密度及湿度有关。表观密度增大，板的热传导性也增大。纤维板经防火处理后，具有良好的防火性能，但会影响它的物理力学性能。该板材在建筑上用途广泛，可用于墙壁、地板、屋顶等，也可用于包装箱、冷藏库等。

图 10.6 水泥纤维板

图 10.7 木纤维板

常用绝热材料的技术性能及用途，见表 10.1。

表 10.1　　　　　　　　　　常用绝热材料的技术性能及用途

名　称	表观密度 /(kg/m³)	导热系数 /[W/(m·K)]	最高使用温度/℃	用　途
超细玻璃棉毡	30～80	0.035	300～400	墙面、屋面、冷库等
沥青玻纤制品	100～150	0.041	250～300	
矿渣棉纤维	110～130	0.044	≤600	填充材料
岩棉纤维	80～150	0.044	250～600	填充墙体、屋面、热力管道
岩棉制品	80～160	0.04～0.052	≤600	
膨胀珍珠岩	40～500	常温 0.02～0.044 高温 0.06～0.170 低温 0.02～0.038	≤800	高效能保温保冷填充材料

续表

名　称	表观密度 /(kg/m³)	导热系数 /[W/(m·K)]	最高使用 温度/℃	用　途
水泥膨胀珍珠岩制品	300～400	常温 0.05～0.081 低温 0.08～10.12	≤600	保温隔热用
水玻璃膨胀珍珠 岩制品	200～300	常温 0.056～0.093	≤650	
沥青膨胀珍珠岩制品	200～500	0.093～0.120	1000～1100	用于常温与负温部分的绝热
膨胀蛭石	80～900	0.046～0.070	≤600	填充材料
水泥膨胀蛭石制品	300～550	0.076～0.105	≤650	保温隔热用
微孔硅酸钙制品	200～230	0.047～0.056	600	围护结构及管道保温
轻质钙塑板	100～150	0.047	300～400	保温隔热兼防水性能， 并具有装饰性能
泡沫玻璃	150～600	0.058～0.128	300～400	砌筑墙体及冷藏库绝热
泡沫混凝土	300～500	0.082～0.186		围护结构
加气混凝土	500～700	0.093～0.164		
木丝板	300～600	0.110～0.260		顶棚、隔墙板、护墙板
软制纤维板	150～400	0.047～0.093		同上，表面较光洁
芦苇板	250～400	0.093～0.130		顶棚、隔墙板
软木板	105～437	0.044～0.079	≤130	绝热结构
聚苯乙烯泡沫塑料	20～50	0.038～0.047	70	屋面、墙体保温隔热
硬质聚氨酯塑料泡沫	30～65	0.035～0.042	−60～120	屋面、墙体保温、冷藏库隔热
聚氯乙烯塑料泡沫	12～75	0.031～0.045	−196～70	

10.2　吸声、隔声材料

10.2.1　吸声材料

吸声材料，指具有较强的吸收声能、减低噪声性能的材料。当声音传入材料表面时，声能一部分被反射，一部分穿透材料，还有一部由于材料的振动或声音在其中传播时与周围介质摩擦，由声能转化成热能，声能被损耗，即通常所说声音被材料吸收，图 10.8 给出了吸声材料的吸声示意图。

10.2.1.1　吸声材料的性能要求

吸声材料的吸声性能以吸声系数 α 表示。吸声系数 α 指声波遇到材料表面时，被吸收的声能（E_2）与入射声能（E_0）之比。材料的吸声系数 α 越高，吸声效果越好。

任何材料都有一定的吸声能力，只是吸收的程度有所不同。材料的吸声特性除与声波方向有关

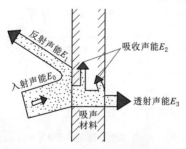
图 10.8　吸声材料的吸声示意图

外，还与声波的频率有关，同一材料，对于高、中、低不同频率的吸声系数不同。为了全面反映材料的吸声特性，通常取 125Hz、250Hz、500Hz、1000Hz、2000Hz、4000Hz 6 个频率的吸声系数来表示材料的吸声的频率特性。凡 6 个频率的平均吸声系数大于 0.2 的材料，可称为吸声材料。

为发挥吸声材料的作用，材料的气孔应是开放的，且应相互连通。气孔越多，吸声性能越好。大多数吸声材料强度较低，设置时要注意避免撞坏。多孔的吸声材料易于吸湿，安装时应考虑到胀缩的影响，还应考虑防火、防腐、防蛀等问题。

10.2.1.2 吸声材料的种类及影响因素

吸声材料按吸声的频率特性可分为低频吸声材料、中频吸声材料和高频吸声材料 3 类；按材料本身的构造可分为多孔性吸声材料和共振吸声材料两类。一般来说，多孔性吸声材料以吸收中、高频声能为主，而共振吸声结构则主要吸收低频声能。

1. 多孔性吸声材料

（1）多孔性吸声材料的吸声机理和类别。

多孔吸声材料就是有很多孔的材料，其主要构造特征是材料内部有大量的、相互贯通的、向外敞开的微孔，即材料具有一定的透气性。主要吸声机理是当声波入射到多孔材料的表面时激发起微孔内部的空气振动，由于空气的黏滞性在微孔内产生相应的黏滞阻力，使振动空气的动能不断转化为热能，使得声能被衰减；另外在空气绝热压缩时，空气与孔壁之间不断发生热交换，也会使声能转化为热能，从而被衰减。

1）从上述的吸声机理可知，多孔性吸声材料须具备条件：①材料内部有大量的微孔或间隙，孔隙应尽量细小且分布均匀；②材料内部的微孔须向外敞开即需通到材料的表面，使得声波能够从材料表面容易进入材料内部；③材料内部的微孔需相互连通，而不能是封闭。

2）按照材料的外观形状，多孔吸声材料可分为纤维型、泡沫型、颗粒型 3 类：①纤维型材料是由无数细小纤维状材料堆叠或压制而成。如毛毯、木丝板、甘蔗纤维板等有机纤维材料与玻璃棉、矿渣棉等无机纤维材料。②泡沫型材料是由表面与内部都有无数微孔的高分子材料制成。如聚氨酯泡沫塑料、微孔橡胶等。③颗粒状材料主要有膨胀珍珠岩和其他微小颗粒状材料制成的吸声砖等。

（2）影响多孔性吸声材料的因素。影响多孔性吸声材料吸声特性的因素有流阻、孔隙率和空隙特征、厚度和容重、温度和湿度等。

1）流阻。是指在稳定气流状态下，加在吸声材料样品两边的压力差与通过样品的气流线速度的比值。流阻低的材料，低频吸声性能较差，而高频吸声性能较好；流阻较高的材料中、低频吸声性能有所提高，但高频吸声性能将明显下降。对于一定厚度的多孔材料，应有一个合理的流阻值，流阻过高或过低都不利于吸声性能的提高。

2）孔隙率和空隙特征。对于吸声材料来说，应有较大的孔隙率，一般应在 70% 以上，多数达 90%。孔隙愈多愈细，吸声效果愈好。如果材料中的孔隙大部分为单独的封闭的气泡（如聚氯乙烯泡沫塑料），且因声波不能进入，从吸声机理上来讲，就不属多孔性吸声材料。当多孔材料表面涂刷油漆或材料吸湿时，则因材料的孔隙被水分或涂料所堵塞，其吸声效果也将大大降低。

3）厚度。在一定频率下，增加吸声材料的厚度，可提高中低频的吸声效果，但对高频的吸声性能几乎没有影响。多孔吸声材料一般有良好的高频吸声性能，不存在吸声上限频率。吸收高频声用较薄的吸声材料，但对低频声，则需较厚的吸声层。从理论上来讲，一般厚度取 1/4 波长，吸声效果最好，但不够经济。从工程实用上看，厚度取 1/10 或 1/15 波长，也能满足要求，通常多孔吸声材料厚度取 3～5cm。为提高低中频吸声性能，厚度取 5～10cm，只有在特殊情况下取 10cm 以上。图 10.9 给出了不同厚度材料的吸声特性。

4）容重。容重对不同的材料的吸声性能的影响不尽相同。对同一种材料，一般当厚度不变时，增大容重可以提高中低频的吸声性能，但是效果低于增加厚度。对不同的多孔性吸声材料，一般存在一个理想的容重范围，容重过低或过高都不利于提高材料的吸声性能。在常用的多孔性吸声材料中，一般超细棉的容重为 $10～20kg/m^3$，玻璃棉为 $40～60kg/m^3$，而岩棉为 $150～200kg/m^3$。图 10.10 给出了不同容重材料的吸声特性。

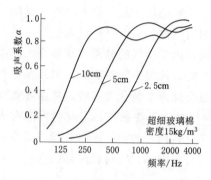

图 10.9　不同厚度材料的吸声特性

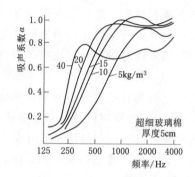

图 10.10　不同密度材料的吸声特性

5）温度和湿度。温度增加吸声峰向高频移动，降低则向低频移动。多孔材料的吸湿或吸水，不但使吸声材料变质，而且降低材料的孔隙率，使吸声性能下降。因此，可采用塑料薄膜护面，保持薄膜松弛，减少对吸声性能的影响。

此外，材料的表面处理、安装和布置方式对吸声性能也有影响。

（3）多孔吸声材料的结构。

1）吸声板结构。吸声板结构是由多孔吸声材料与穿孔板组成的板状吸声结构。穿孔板的穿孔率（穿孔率是指板上的穿孔面积与未穿孔面积之比）一般大于 20％，否则，由于未穿孔部分面积过大造成入射声的反射，影响吸声性能。另外，穿孔板的孔心距越远，吸收峰向低频方向移动。轻织物大多使用玻璃布和聚乙烯塑料薄膜，聚乙烯薄膜的厚度在 0.03mm 以内；否则，会降低高频吸声性能。图 10.11 给出了常见的吸声板结构。

2）空间吸声体。空间吸声体是由框架、护面层、吸声填料和吊件组成。框架作为支承，可以用木筋、角钢或薄壁钢等；护面层常用穿孔率大于 20％、厚度为 0.1～1.0mm 的穿孔或开缝薄铁皮、铝箔或塑料片，孔径取 4～8mm；吸声填料一般用超细玻璃棉毡、矿棉毡、沥青玻璃棉毡等多孔材料，并以玻纤布等透气性能良好、又有一定强度的材料作蒙面层；使用时，各表面均置于声场之中，有利于充分发挥材料的吸声作用，图 10.12 给出了空间吸声体的结构。空间吸声体具有吸声系数高、原材料易购、价廉、安装方便、维修容易和制作工艺简单等优点。空间吸声体可以靠近各个噪声源，根据声波的反射和绕射原理，它有两个或两个以上的面与声源接触，因此，平均吸声系数可达 1 以上。吸声体常用的几何形状有平面形、圆柱形、菱形、球形、圆锥形等。

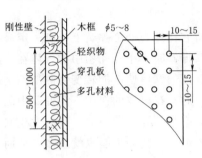

图 10.11　吸声板结构

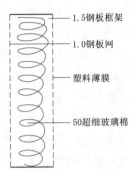

图 10.12　空间吸声体结构

3）吸声劈尖。是一种楔子形空间吸声体，即在金属网架内填充多孔吸声材料，如图 10.13 所示。具有吸声系数较高、低频特性极好的优点。当吸声劈尖的长度大约等于所需吸收的声波最低频率波长的一半时，它的吸声系数可达 0.99。劈尖的实际安装，应交错排列，应避免其方向性，提高吸声性能。

2. 共振吸声材料

共振吸声材料是指利用共振原理设计的具有吸声功能的结构材料。由于多孔性材料的低频吸声性能差，为解决中、低频吸声问题，往往采用共振吸声结构，其吸声频谱以共振频率为中心出现吸收峰，当远离共振频率时，吸声系数就很低。

共振吸声结构基本分为 3 种类型：薄板共振吸声结构、穿孔板共振吸声结构和微穿孔板吸声结构。

（1）薄板共振吸声结构，是将薄的石膏、塑料或胶合板等板材的周边固定在框架上，背后设置一定深度的空腔，这种由薄板（金属板、胶合板或塑料板等）与板后的封闭空气层构成的振动系统就称作薄板共振吸声结构，如图 10.14 所示。

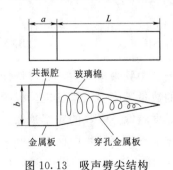

图 10.13　吸声劈尖结构

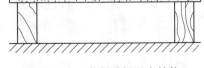

图 10.14　薄板共振吸声结构

1—龙骨架；2—薄板

吸声机理：当声波入射到板面上时，激发薄板产生振动，并发生变形。此时，由于板内摩擦及其与支点间的摩擦损耗，将振动能量变为热能，从而消减声能。

（2）穿孔板共振吸声结构。在薄板上穿小孔，并在其后设置一定深度的空腔所组成的共振吸声结构称为穿孔板共振吸声结构。按照薄板上穿孔的数目分为单孔共振吸声结构与多孔穿孔板共振吸声结构。

1）单孔共振吸声结构或单腔共振吸声结构，是一个封闭的空腔，腔壁上开有一个小孔，腔体通过小孔与外界相通，如图 10.15 所示。可用石膏浇铸，也可采用专门制成的带孔空心陶土砖或煤渣空心砖。

单孔共振吸声结构的吸声机理：可将它比拟为一个弹簧上挂有一定质量的物体所组成的简单振动系统。当外来声波传到共振器时，小孔孔颈中的气体在声波的作用下像活塞一样运动起来，部分空气分子与孔壁的摩擦使声能转变为热能而消耗。当共振器的尺寸和外来声波的波长相比显得很小时，在声波的作用下激发颈中的空气分子像活塞一样作往返运动；当共振器的固有频率与外界声波频率一致时发生共振，这时颈中空气柱振动的速度幅值达最大值，阻尼最大，消耗声能也就最多，从而得到有效的声吸收效果。

2）多孔穿孔板（或穿孔板）共振吸声结构。实际是单孔共振体的并联组合，故其吸声机理与单腔共振结构相同，但吸声效果比单孔共振吸声结构要好很多，如图 10.16 所示。

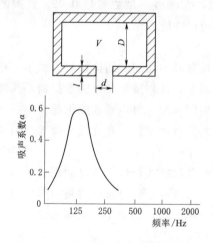

图 10.15　单孔共振吸声结构

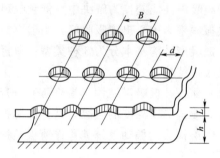

图 10.16　穿孔板共振吸声结构
B—孔距；d—孔径；L—板厚；h—气层厚度

吸声特性：一般穿孔板内的吸声结构以吸收低、中频噪声为主，吸声特性由穿孔孔径，穿孔率、板厚、腔深及附加多孔吸声材料的数量等许多因素确定。板的穿孔面积越大，吸收的频率越高。空腔越深或颈口有效深度越低，吸收的频率越低。工程上一般取板厚为 2～5mm，孔径为 3～6mm，穿孔率宜小于 5%，腔深以 100～250mm 为宜。尺寸超过以上范围，多有不良影响。例如，穿孔率在 20% 以上时，几乎没有共振作用，穿孔板已不再是吸声结构，而成为罩面板。

（3）微穿孔板吸声结构。为克服穿孔板共振吸声结构吸声频带较窄的缺点，开发了微穿孔板吸声结构。它是厚度小于 1mm 孔径小于 1mm 的小孔，穿孔率为 1％～4％的金属微穿孔板（常用钢板或铝板）与板后的空腔所组成的吸声结构。将这种薄板固定在壁面上，并在板后凿以适当深度的空腔，这层薄板与其后的空腔便组成了微穿孔板吸声结构。它有单层与双层之分。

吸声机理与吸声特征：微穿孔板吸声结构实质上仍属于共振吸声结构。因此，吸声机理与穿孔板吸声机理相同。利用空气在小孔中的来回摩擦消耗声能，用腔深来控制吸声峰值的共振频率，腔越深，共振频率越低。由于板薄、孔小而密，声阻比普通穿孔板大得多，因而在吸声系数和带宽方面都有很大改善。微穿孔板吸声结构的吸声系数较高，可达 0.9 以上；吸声频带宽，可达 4～5 个倍频程以上，因此属于性能优良的宽频带吸声结构。其中，双层微穿孔板远优于单层。减小微穿孔板的孔径，提高穿孔率，可增大其吸声系数、拓宽吸声带宽。但孔径太小，加工困难，且易堵塞，故多选 0.5～1.0mm。穿孔率则以 1％～3％为好。微孔板结构吸声峰值的共振频率主要由腔深决定，如：以吸收低频声波为主空腔宜深，以吸收中、高频声波为主空腔宜浅。腔深一般取 5～20cm。

微穿孔板吸声结构广泛用于多种需采用吸声措施的地方，包括一般高速气流管道中。并且，微穿孔板吸声结构耐高温、耐腐蚀、耐潮湿，不怕冲击以及可承受短暂的火焰；同时，微穿孔板结构简单、设计计算理论成熟、严谨，按照微穿孔板吸声结构的理论计算公式计算值与制成后实测值很接近。

10.2.1.3 建筑常用吸声材料及其选用

1. 常用吸声材料

（1）矿棉吸声板。是以矿棉为主要原料，加入适量的黏结剂、防潮剂、防腐剂，经加压、烘干、饰面而成为顶棚吸声兼装饰作用的材料，具有吸声、质轻、保温、隔热、防火、防震、美观及施工方便等特点。用于音乐厅、影剧院、播音室、大会堂等，可调整室内的混响时间，消除回声，改善室内音质，提高语言的清晰度；用于宾馆、医院、会议室、商场、工厂车间及喧闹的场所，降低室内噪声，改善生活环境和劳动条件。

（2）膨胀珍珠岩吸声制品。按所用黏结剂可分为：水玻璃珍珠岩吸声板、水泥玻璃珍珠岩吸声板、聚合物珍珠岩吸声板及复合吸声板等。具有重量轻、吸声效果好、防火、防潮、防蛀、耐酸等优点，而且可锯割，施工方便。适用于播音室、影剧院、宾馆、录像室、医院、会议室、礼堂、餐厅及工业厂房的噪声控制等建筑结构的内墙和顶棚。

（3）贴塑矿棉吸声板。是以半硬质矿棉板或岩面板作基材，表面覆贴加制凹凸纹的聚氯乙烯半硬质膜片而成。特点是具有优良的吸声性能、隔热、容重轻、美观大方及不燃烧。用于影剧院、会议厅、商场、酒店及电子计算机机房等。

（4）玻璃棉吸声制品。主要原料为玻璃棉，加入一些黏结剂、防潮剂、防腐剂经热压成型加工而成。特点是质轻、吸声、保温、隔热、防火、装饰及施工方便等。用于音乐厅、播音室、会议厅、办公室、宾馆、商场等建筑物内墙及顶棚。

(5) 矿物棉纤维板。呈多孔性，使制品具有良好的吸声和隔热性能。以矿物棉为吸声材料生产的空间吸声体，此吸声体系以矿物棉板为主要吸声材料，外护用玻璃纤维布或窗纱以及铝合金钻孔板复合而成。吸声体可制成不同形状、不同规格，具有很高的吸声效果。但是耐水性差，常用有机硅溶液或乳液、沥青乳液、各种高温油、石蜡等进行矿物棉的防水处理以提高耐水能力。

2. 建筑常用吸声材料的选用

为了保持室内良好的音响效果，减少噪声，改善声波的传播，在音乐厅院、大会堂、播音室及工厂噪音大的车间等内部的墙面、地面、天棚等部位当选用吸声材料，选用应按照如下要求。

(1) 为了发挥吸声材料的作用，必须选择材料的气孔是开放的，互相连通的开放连通的气孔越多，吸声性能越好。

(2) 尽可能选用吸声系数较高的材料，以求得到较好的技术经济效果。

(3) 选用的吸声材料应耐虫蛀、腐朽，不易燃烧。

10.2.2 隔声材料

隔声材料是指把空气中传播的噪声隔绝、隔断、分离的一种材料、构件或结构。隔声材料与吸声材料不同，吸声材料一般为轻质、疏松、多孔性材料，对入射其上的声波具有较强的吸收和透射，使反射的声波大大减少；而隔声材料则多为沉重、密实性材料，对入射其上的声波具有较强的反射，使透射的声波大大减少，从而起到隔声作用。通常隔声性能好的材料其吸声性能就差，反之吸声性能好的材料其隔声能力较弱。但是，在实际工程中也可以采取一定的措施将两者结合起来应用，其吸声性能与隔声性能都得到提高。

隔声材料五花八门，日常比较常见的有实心砖块、钢筋混凝土墙、木板、石膏板、铁板、隔声毡、纤维板等等。严格意义上说，几乎所有的材料都具有隔声作用，其区别就是不同材料间隔声量的大小不同而已。同一种材料，由于面密度（指在单位面积上物体的质量分布）不同，其隔声量存在比较大的变化。隔声量遵循质量定律原则，就是隔声材料的单位密集面密度越大，隔声量就越大，面密度与隔声量成正比关系。根据声波传播方式的不同，隔声可分为空气声隔绝（通过空气传播的声音）和撞击声隔绝（通过撞击或振动传播的声音）两种。两者的隔声原理截然不同。隔声不但与材料有关，而且与建筑结构有密切的关系。

1. 空气声隔绝

一般把通过空气传播的噪声称为空气声，而利用墙、门、窗或屏障等隔离空气中传播的声音就叫做空气声隔绝。空气声隔绝可分为以下 4 类。

(1) 单层匀质密实墙。

墙体自身的隔声特性取决于其在声波激发下而产生的振动，影响这种振动的首要因素是墙体的惯性，即其质量，单位面积墙体的质量越大，透射的声能越少，墙体的隔声量就越大，这一规律被称为质量定律。要想改善单层墙的隔声性能，一是增加墙体的质量或厚度，二是材料的吻合临界频率［因声波入射角度造成的声波作用与材料中弯曲波传播速度相吻合而使隔声量降低的现象（吻合效应），发生吻合效应时的频率称为吻合临界频率]。

（2）双层匀质密实墙。

采用有空气间层或填充吸声材料间层的双层墙与同样质量的单层墙相比，隔声量更大。像纤维板之类的轻质双层墙的固有频率相当高，在入射声波作用下会因共振而导致隔声能力降低，而砖砌体或混凝土双层墙的固有频率一般很低，接近人的听觉。双层墙中空气间层的厚度越大，产生的隔声量越大。一般当空气间层的厚度小于 4cm 时，双层墙的隔声效果几乎与同样质量的单层墙相同。另外，在声波作用下双层墙也会出现吻合效应。若两层墙体的材料相同，且厚度一样，则它们的吻合临界频率相同，在此频率附近的隔声量很低。如果两层墙体的面密度不同，不同的吻合临界频率就会使各频率下的隔声量比较均匀一致。

（3）轻质墙。

根据质量定律可知，采用轻质材料的内隔墙，隔声能力较低，不能满足隔声要求。为提高其隔声效果，可采取以下措施：①在两层轻质墙体之间设厚度大于 7.5cm 的空气层；②在两层轻质墙的间层中填充多孔材料；③增加轻质墙的层数。

（4）门窗。

门窗是建筑物围护结构中隔声最薄弱的部分，其面密度比墙体小，周边的缝隙也是传声的途径。提高门隔声能力的关键在于对门扇及其周边缝隙的处理。隔声门应为面密度较大的复合构造，轻质的夹板门可以铺贴强吸声材料；门扇边缘可以用橡胶、泡沫塑料等的垫圈进行密封处理。

隔绝空气声，主要服从质量定律，即材料的体积密度越大，质量越大，隔声性能越好，因此应选用密实的材料作为隔声材料，如砖、混凝土、钢板等。如采用轻质材料或薄壁材料，需辅以多孔吸声材料或采用夹层结构，如夹层玻璃就是一种很好的隔声材料。

2. 撞击声隔绝

撞击声是建筑空间围蔽结构（通常是楼板）在外侧被直接撞击而激发的。楼板因受撞击而振动，并通过房屋结构的刚性连接而传播，最后振动结构向接收空间辐射声能，并形成空气声传给接受者。材料隔绝固体声的能力是用材料的撞击声压级来衡量的。测量时，将试件安装在上部声源室和下部受声室之间的洞口，声源室与受声室之间没有刚性连接，用标准打击器打击试件表面，受声室接受到的声压级减去环境常数，即得材料的撞击声压级。普通教室之间的标准化撞击声压级应小于 75dB。

隔绝措施主要有：①使振动源撞击楼板引起的振动减弱，可通过振动源治理和采取隔振措施来达到，也可以在楼板上铺设弹性面层来达到；②阻隔振动在楼层结构中的传播，可在楼板面层和承重结构之间设置弹性垫层来达到；③阻隔振动结构向接受空间辐射的空气声，可在楼板下做隔声吊顶来解决。

10.3 装 饰 材 料

装饰材料是铺设或涂刷在建筑物表面，以提高其使用功能和美观，保护主体结构在各种环境因素下的稳定性和耐久性的建筑材料及其制品，又称装修材料、饰面材料。主要有石、砂、砖、瓦、水泥、石膏、石棉、石灰、玻璃、马赛克、陶瓷、油漆涂料、纸、金属、塑料、木材、织物等，以及各种复合制品。

建筑装饰材料的品种繁多，分类方法很多：按化学成分不同可分为金属材料、非金属材料和复合材料三大类；按装饰部位的不同分为外墙装饰材料、内墙装饰材料、地面装饰材料和顶棚装饰材料三大类。

10.3.1 装饰材料的基本要求及功能

1. 装饰材料的基本要求

（1）颜色。

颜色并非是材料本身固有的，它涉及到物理学、生理学和心理学。对物理学来说，颜色是光能；对心理学来说，颜色是感受；对生理学来说，颜色是眼部神经与脑细胞感应的联系。人的心理状态会反映他对颜色的感受，一般人对不协调的颜色组合都会产生眼部强烈的反应，颜色选择恰当，颜色组合协调能创造出美好的工作、居住环境。

（2）光泽。

光泽的重要性仅次于颜色。光线射于物体上，一部分光线会被反射。反射光线可分散在各个方面形成漫反射，若是集中形成平行反射光线则为镜面反射，镜面反射是光泽产生的主要因素。所以光泽是有方向性的光线反射，它对形成于物体表面上的物体形象的清晰程度，即反射光线的强弱，起着决定性作用。同一种颜色可显得鲜明亦可显得晦暗，这与表面光泽有关。

（3）透明性。

材料的透明性也是与光线有关的一种性质。既能透光又能透视的物体称透明体；只能透光而不能透视的物体为半透明体；既不能透光又不能透视的物体为不透明体。

（4）表面组织和形状尺寸。

由于装饰材料所用的原材料、生产工艺及加工方法的不同，材料的表面组织有多种多样的特征：有细致或粗糙的，有坚实或疏松的，有平整或凹凸不平的等等，因此不同的材料甚至同一种材料也会产生不同的质感，不同的质感会引起人们不同的感觉。

（5）立体造型。

对于预制的装饰花饰和雕塑制品，都具有一定的立体造型。

此外，装饰材料还应满足强度、耐水性、耐侵蚀性、抗火性、不易沾污、不易褪色等要求，以保证装饰材料能长期保持它的特性。

2. 装饰材料的种类及功能

（1）外墙装饰材料。

外墙装饰材料具有保护墙体和装饰功能。室外饰面除承担自身结构荷载外，还需达到遮风挡雨、保温隔热、防止噪声、保障安全、防止腐蚀、提高墙体的耐久性及使用功能等目的，但材料的选用不得随意改变原建筑墙体设计的承重结构。在装饰方面，利用材料自身的质感、肌理、形状、色彩，通过适当的施工工艺可取得较佳的墙面装饰效果。

（2）内墙装饰。

内墙装饰材料除了具有保护墙体作用外，还能创造出舒适、美观的工作环境，起到室内美化的作用，同时具有反射声波、吸声、隔声等作用。由于人对内墙面的距离较近，所以质感要细腻逼真。墙面的装饰材料大多采用天然大理石、天然花岗岩、天然木材饰面板、铝塑板、装饰织物、瓷砖等，以达到综合的装饰使用效果。

（3）地面装饰材料。

保护地面，美化地面。常用的地面装饰材料有木地板、复合地板、花岗岩、大理石、耐磨抛光地砖、防滑地砖、地毯、防静电地板等。地面材料的选用应根据室内使用功能，并结合空间的分割形状、材料色彩、质感及环境、心理感觉等因素综合考虑。

（4）顶棚装饰材料。

顶棚是内墙的一部分，色彩宜选用浅淡、柔和的色调，不宜采用浓艳的色调，还应与灯饰相协调。吊顶材料的选择应用应充分考虑照明、暖通、消防、音响等技术要求和声学上的要求。

10.3.2 建筑装饰材料的选择

建筑装饰材料的选用应从满足使用功能、装饰功能、耐久性以及经济合理性等方面考虑。

1. 满足使用功能

选择装饰材料时应考虑功能要求。如厨房的天花板和墙面所选装饰材料应耐脏、防火、易擦洗；播音室的内部装饰，所选的装饰材料具有较高的吸声效果；大型公共建筑所选的装饰材料除应满足各种使用功能外还应具有良好的防火性等。

2. 满足装饰功能

选择装饰材料时应结合建筑物的造型、功能、用途、所处的环境等因素，充分考虑建筑装饰材料的颜色、光泽、质感、不同材料的配合，最大限度地表现出建筑装饰材料的装饰效果。

3. 满足耐久性要求

建筑物外部经常受到日晒、雨淋、冰冻等侵袭，而建筑物室内又经常受清洗、摩擦等外力影响。因此，材料应具有某些物理、化学和力学方面的基本性能，如一定的强度、耐水性、耐磨性和耐腐蚀性等，以提高建筑物的耐久性，降低维修费用。

4. 经济合理性

从经济角度考虑装饰材料的选择，应有一个总体观念。不但要考虑到一次性投资，也应考虑到维修费用，在关键性问题上宁可加大投资，以延长使用年限，从而保证总体上的经济性。

10.3.3 常用建筑装饰材料

1. 装饰玻璃制品

玻璃是典型的脆性材料，在急冷急热或在冲击荷载作用下极易破碎。普通玻璃导热系数较大，绝热效果不好。但玻璃具有透明、坚硬、耐热、耐腐蚀及电学和光学方面的优良性能，能够用多种成型和加工方法制成各种形状和大小的制品，可以通过调整化学组成改变其性质，以适应不同的使用要求。建筑中使用的玻璃制品种类很多，主要有平板玻璃、饰面玻璃、安全玻璃、功能玻璃和玻璃砖等。

（1）平板玻璃。

平板玻璃是建筑玻璃中用量最大的一类，主要利用其透光透视特性，用做建筑物的门窗、橱窗及屏风等装饰。包括普通平板玻璃、浮法玻璃和磨砂玻璃等。

1）普通平板玻璃。其透光透视，可见光透射比大于 84%，并具有一定的机械强度，但性脆、抗冲击性差；此外，还具有太阳能总透射比高、遮蔽系数大（约 1.0）、紫外线透射比低等特性。普通平板玻璃的外观质量相对较差，但普通平板玻璃的价格相对较低，且可切割，因而普通平板玻璃主要用于普通建筑工程的门窗等。也可作为钢化玻璃、夹丝玻璃、中空玻璃、磨光玻璃、防火玻璃、光栅玻璃等的原片玻璃。

2）浮法玻璃。其表面平滑，光学畸变小，物象质量高，其他性能与普通平板玻璃相同，但强度稍低，价格较高。浮法玻璃良好的表面平整度和光学均一性，适用于高级建筑的门窗、橱窗、指挥塔窗、夹层玻璃原片、中空玻璃原片、制镜玻璃、有机玻璃模具以及汽车、火车、船舶的风窗玻璃等。

3）磨砂玻璃。磨砂玻璃又称毛玻璃，是用普通平板玻璃、磨光玻璃、浮法玻璃经机械喷砂，手工研磨（磨砂）或氢氟酸溶蚀（化学腐蚀）等方法将表面处理成均匀毛面制成。由于毛玻璃表面粗糙，使透过光线产生漫射，造成透光不透视，使室内光线不眩目、不刺眼。一般用于建筑物的卫生间、浴室、办公室等的门窗及隔断，也可用作黑板及灯罩等。

（2）饰面玻璃。

用作建筑装饰的玻璃，统称为饰面玻璃，主要品种有彩色玻璃或颜色玻璃、花纹玻璃、磨光玻璃或镜面玻璃、釉面玻璃和水晶玻璃等。

1）彩色玻璃或颜色玻璃。透明彩色玻璃是在玻璃原料中加入一定量的金属氧化物作着色剂，使玻璃带有各种颜色，有离子着色、金属着色和硫硒化合物着色 3 种着色机理，具有很好的装饰效果；不透明彩色玻璃是在平板玻璃的表面经喷涂色釉后热处理固色而成，具有耐腐蚀、抗冲刷、易清洗等优良性能；半透明彩色玻璃又称乳浊玻璃，是在玻璃原料中加入乳浊剂，经过热处理，透光不透视，可以制成各种颜色的饰面砖或饰面板。

透明和半透明彩色玻璃常用于建筑内外墙、隔断、门窗及对光线有特殊要求的部位等；不透明彩色玻璃主要用于建筑内外墙面的装饰，可拼成不同的图案，表面光洁、明亮或漫射无光，具有独特的装饰效果。

2）花纹玻璃。花纹玻璃按加工方法可分为压花玻璃、喷花玻璃和刻花玻璃 3 种。

压花玻璃又称滚花玻璃，用压延法生产的平板玻璃，在玻璃硬化前经过刻有花纹的滚筒，使玻璃单面或两面压有花纹图案。由于花纹凸凹不平，使光线散射失去透视性，降低光透射比（光透射比为 60%～70%），同时，其花纹图案多样，具有良好的装饰效果。

喷花玻璃则是在平板玻璃表面贴上花纹图案，抹以护面层，并经喷砂处理而成。

刻花玻璃是由平板玻璃经涂漆、雕刻、围蜡、酸蚀、研磨等工序制作而成，色彩更丰富，可实现不同风格的装饰效果。

3）磨光玻璃或镜面玻璃。是用普通平板玻璃经过机械磨光、抛光而成的透明玻璃。对玻璃表面进行磨光是为了消除玻璃表面不平而引起的筋缕或波纹缺陷，从而使透过玻璃的物象不变形。磨光玻璃具有表面平整光滑且有光泽、物象透过不变形、透光率大（≥84％）等特点。因此，主要用于大型高级建筑的门窗采光、橱窗或制镜。该种玻璃的缺点是加工费时且不经济，自出现浮法生产工艺后，它的用量已大大减少。

（3）安全玻璃。

安全玻璃是指具有良好安全性能的玻璃。主要特性是强度高，抗冲击能力好。被击碎时，碎块不会飞溅伤人，并兼有防火的功能。主要包括钢化玻璃、夹层玻璃和夹丝玻璃。

1）钢化玻璃。钢化玻璃具有弹性好、抗冲击强度高（是普通平板玻璃的4～5倍）、抗弯强度高（是普通平板玻璃的3倍左右）、热稳定性好以及光洁、透明等特点。在遇超强冲击破坏时，碎片呈分散细小颗粒状，无尖锐棱角，从而不致伤人。钢化玻璃能以薄代厚，减轻建筑物的重量，延长玻璃的使用寿命，满足现代建筑结构轻体、高强的要求，适用于建筑门窗、幕墙、船舶车辆、仪器仪表、家具、装饰等。

2）夹层玻璃。夹层玻璃是以两片或两片以上的普通平板、磨光、浮法、钢化、吸热或其他玻璃作为原片，中间夹以透明塑料衬片，经热压黏合而成。夹层玻璃具有防弹、防震、防爆性能。适用于有特殊安全要求的门窗、隔墙、工业厂房的天窗和某些水下工程。

（4）功能玻璃。

功能玻璃是指具有吸热或反射热、吸收或反射紫外线、光控或电控变色等特性，兼备采光、调制光线，防止噪声，增加装饰效果，改善居住环境，调节热量进入或散失，节约空调能源及降低建筑物自重等多种功能的玻璃制品。多应用于高级建筑物的门窗、橱窗等的装饰，在玻璃幕墙中也多采用功能玻璃。主要品种有吸热玻璃、热反射玻璃或镀膜玻璃、防紫外线玻璃、光致变色玻璃、中空玻璃等。

1）吸热玻璃。既能吸收大量红外辐射能，又能保持良好透光率的平板玻璃。吸热玻璃除常用的茶色、灰色、蓝色外，还有绿色、古铜色、青铜色、金色、粉红色等，因而除具有良好的吸热功能外还具有良好的装饰性。它广泛应用于现代建筑物的门窗和外墙，以及用作车、船的挡风玻璃等，起到采光、隔热、防眩等作用。

2）热反射玻璃或镀膜玻璃。具有良好的遮光性和隔热性能，分复合和普通透明两种。由于这种玻璃表面涂敷金属或金属氧化物薄膜，有的透光率是45％～65％（对于可见光），有的甚至在20％～80％之间变动，透光率低，可以达到遮光及降低室内温度的目的。但这种玻璃和普通玻璃一样是透明的。

（5）玻璃砖。

玻璃砖是块状玻璃的统称，主要包括玻璃空心砖、玻璃马赛克和泡沫玻璃砖。

2. 建筑陶瓷

凡以黏土、长石、石英为基本原料，经配料、制坯、干燥、焙烧而制得的成品，统称为陶瓷制品。用于建筑工程的陶瓷制品，则称为建筑陶瓷。建筑陶瓷具有强度高、性能稳定、耐腐蚀性好、耐磨、防水、防火、易清洗以及装饰性好等优点，主要有釉面内墙砖、彩色釉面墙地砖、陶瓷锦砖、卫生陶瓷和琉璃制品等。

（1）釉面内墙砖。

釉面内墙砖又称内墙砖、釉面砖、瓷砖、瓷片。它由多孔坯体和表面釉层两部分组成。表面釉层花色很多，除白色釉面砖外，还有彩色、图案、浮雕、斑点釉面砖等。釉面内墙砖色泽柔和典雅，朴实大方，主要用于厨房、卫生间、浴室、实验室、医院等室内墙面、台面等。但不宜用于室外，因其多孔坯体层和表面釉层的吸水率、膨胀率相差较大，在室外受到日晒雨淋及温度变化时，易开裂或剥落。

（2）彩色釉面墙地砖。

彩色釉面墙地砖（图 10.17）吸水率小、强度高、耐磨、抗冻性好、化学性能稳定，主要用于外墙铺贴，有时也用于铺地。其质量标准与釉面内墙砖相比，增加了抗冻性、耐磨性和抗化学腐蚀性等指标。

（3）陶瓷锦砖。

陶瓷锦砖俗称马赛克。是由各种颜色、多种几何形状的小块瓷片（长边一般不大于 50mm）铺贴在牛皮纸上形成色彩丰富、图案繁多的装饰砖，故又称纸皮砖。所形成的一张张的产品称为"联"。陶瓷锦砖质地坚实、色泽图案多样、吸水率小、耐酸、耐碱、耐磨、耐水、耐压、耐冲击、易清洗、防滑。陶瓷锦砖色泽美观稳定，可拼出风景、动物、花草及各种图案。在室内装饰中，用于浴厕、厨房、阳台、客厅、起居室等处的地面，也可用于墙面；在工业及公共建筑装饰工程中，陶瓷锦砖也被广泛用于内墙、地面和外墙。

（4）卫生陶瓷。

卫生陶瓷是由瓷土烧制的细炻质制品（图 10.18）。常用的卫生陶瓷制品有浴盆（浴缸）、大便器、小便器、洗面器、水箱、洗涤槽等。其主要技术特点是表面光洁、吸水率小、强度较高、耐酸碱腐蚀能力强、耐冲刷和擦洗能力强。除了上述指标外，还应要求其外形和尺寸偏差、色泽均匀度、白度等外观质量，以及满足使用功能要求的技术构造指标。

图 10.17　釉面地砖

图 10.18　卫生陶瓷

（5）琉璃制品。

由难熔黏土为主要原料烧成，属精陶质制品。分为瓦类（板瓦、滴水瓦、筒瓦、沟头）、脊类和饰件类（吻、博古、兽）3 类，特点是质细致密、表面光滑、不易沾污、坚实耐久、色彩绚丽、造型古朴，富有我国传统的民族特色，主要用于具有民族风格的房屋以及建筑园林中的亭、台、楼、阁。

3．建筑涂料

建筑涂料是指涂敷于物体表面，能与物体黏结在一起，并能形成连续性涂膜，从而对物体起到装饰、保护或使物体具有某种特殊功能的材料，建筑涂料的特性与应用详见 8.3 节。

4．饰面石材

天然石材资源丰富、结构致密、强度高、耐水、耐磨、装饰性好、耐久性好，主要用于装饰等级要求高的工程中。建筑装饰用的天然石材主要有装饰板材和园林石材。

（1）装饰板材。

常用的装饰板材有大理石、花岗石和人造石。

1）大理石。又称大理岩或云石，主要矿物成分为方解石、白云石，主要化学成分为碳酸盐。当大理石长期受到雨水冲刷，特别是受酸性雨水冲刷时，可能使大理石表面的某些物质被侵蚀，因此大理石板材一般不宜用于室外装饰。大理石板材主要用于大型建筑或要求装饰等级高的建筑，如商店、宾馆、酒店、会议厅等的室内墙面、柱面、台面及地面。大理石也常加工成栏杆、浮雕等装饰部件。

2）花岗石。又称花岗岩或麻石（图 10.19），主要矿物组成为长石、石英和少量云母等，主要化学成分为 SiO_2（占 $65\%\sim75\%$）。花岗石的优点是结构致密，抗压强度高；材质坚硬，耐磨性强、耐光照、耐冻、耐摩擦、耐久性好，外观色泽可保持百年以上；孔隙率小，吸水率极低，耐冻性强；以及化学稳定性好，抗风化能力强等。缺点是自重大、质脆、耐火性差以及某些花岗岩含有微量放射性元素（不宜用于室内）等。另外，花岗石板材色彩丰富，品格花纹均匀细致，经磨光处理后光亮如镜，质感强，有华丽高贵的装饰效果。

3）人造石。是人造大理石和人造玛瑙的总称，是以不饱和聚酯树脂为黏结剂，配以天然大理石、白云石、硅砂、玻璃粉等无机物粉料，以及适量的阻燃剂、颜料等，经配料混合、瓷铸、振动压缩、挤压等方法成型固化制成的（图 10.20）。它在防潮、防酸、耐高温、无缝连接等方面性能较好，但是在表现效果上，花纹不如天然石材自然，在强度、耐磨性和光洁度上不如天然的花岗岩和大理石。常用人造石材一般有微晶玻璃和人造大理石两类。

（2）园林石材。

公认的四大园林名石即太湖石、英石、灵璧石及黄蜡石。其中太湖石在我国江南园林中应用最多。天然太湖石为溶蚀的石灰岩。太湖石可呈现刚、柔、玲透、浑厚、千姿百态、飞舞跌宕、形状万千。

图 10.19　花岗岩

图 10.20　人造石

10.4　防　水　材　料

防水材料的作用是防止雨水、地下水、工业和民用的给排水、腐蚀性液体以及空气中的湿气、蒸气等侵入建筑物，是土木工程中不可缺少的重要材料。

10.4.1　防水材料分类

防水材料的品种很多，分类方式也很多。

按主要原料分类，可分为沥青基防水材料、橡胶基防水材料、树脂基防水材料、水泥基防水材料和金属类防水材料。

按形状和用途分类，可分为建筑防水卷材、建筑防水涂料、建筑密封材料以及刚性防水和堵漏材料。

通常将防水卷材、防水涂料及密封材料等称作柔性防水材料，而将掺有防水剂等外加剂的防水混凝土、防水砂浆称作刚性防水材料。

10.4.2　防水卷材

防水卷材是一种可卷曲的片状防水材料，是土木工程防水材料中的重要品种之

图 10.21　防水卷材

一（图 10.21）。根据主要组成材料不同，分为沥青防水卷材、高聚物改性沥青防水卷材和合成高分子防水卷材。根据胎体的不同，分为无胎体卷材、纸胎卷材、玻璃纤维胎卷材、玻璃布胎卷材和聚乙烯胎卷材。沥青防水卷材属于传统的防水卷材，使用寿命较短，已趋于淘汰，但沥青防水卷材价格低廉、生产门槛低，对胎体材料进行改进后性能有所改善，故在防水工程中仍有一定的使用量。高聚物改性沥青防水卷材和合成高分子防水卷材性能优异，应用范围广，是防水卷材的发展方向。

1. 防水卷材基本性能要求

（1）耐水性。

耐水性是指在水的作用下和被水浸润后其性能基本不变，在压力水作用下具有不透水性，常用不透水性、吸水性等指标表示。

（2）温度稳定性。

温度稳定性指在高温下不流淌、不起泡、不滑动及低温下不脆裂的性能，即在一定温度变化下保持原有性能的能力，常用耐热度、耐热性等指标表示。

（3）机械强度、延伸性和抗断裂性。

机械强度、延伸性和抗断裂性指防水卷材承受一定荷载、应力或在一定变形的条件下不断裂的性能，常用拉力、拉伸强度和断裂伸长率等指标表示。

（4）柔韧性。

柔韧性指在低温条件下保持柔韧性的性能，对保证易于施工、不脆裂十分重要，常用柔度、低温弯折性等指标表示。

（5）大气稳定性。

大气稳定性指在阳光、热、臭氧及其他化学侵蚀介质等因素的长期综合作用下抵抗侵蚀的能力。常用耐老化性、热老化保持率等指标表示。

2. 常用的防水卷材

（1）沥青防水卷材。

沥青防水卷材是用纤维织物、纤维毡等胎体浸涂沥青，表面撒布粉状、粒状或片状材料制成可卷曲的片状防水材料。沥青防水卷材是传统的防水卷材，成本低，拉伸强度和延伸率低，温度稳定性差，高温易流淌，低温易脆裂；耐老化性较差，使用年限短，是低档防水卷材，属于限制使用的防水材料，主要用于临时设施。

（2）高聚物改性沥青防水卷材。

高聚物改性沥青防水卷材是以合成高分子聚合物改性沥青为涂盖层，纤维织物或纤维毡为胎体，粉状、粒状、片状或薄膜材料为覆面材料制成可卷曲的片状材料。

高聚物改性沥青防水卷材与沥青防水卷材相比，其拉伸强度、耐热度与低温柔性均有一定的提高，并有较好的不透水性和抗腐蚀性。高聚物改性沥青防水卷材是新型防水材料中使用比例较高的一类产品，现在已经成为防水卷材的主导产品之一，属中、高档防水材料，其中以聚酯毡为胎体的卷材性能最优，具有高拉伸强度高延伸率低疲劳强度等特点。

1）SBS 改性沥青卷材。SBS 改性沥青防水卷材（简称 SBS 卷材）是以热塑性弹性体为改性剂，将石油沥青改性后作浸渍涂盖材料，以玻纤毡或聚酯毡等增强材料为胎体，两面覆以隔离材料所制成的一种柔性可卷曲的片状防水材料。

特点：综合性能强，具有良好的耐高温和低温以及耐老化性能，施工简便。

2）APP 改性沥青卷材。APP 改性沥青防水卷材属塑性体沥青防水卷材，是以纤维毡或纤维物为胎体，浸涂 APP（无规聚丙烯）改性沥青，上表面撒布矿物颗粒、片料或覆盖聚乙烯膜，下表面撒布细砂或者覆盖聚乙烯膜，经过一定的生产工艺而加工制成的一种改性沥青可卷曲片状防水材料。

五棵松体育馆
防水工程

特点：分子结构稳定，老化期长，具有良好的耐热性，拉伸强度高，伸长率大，施工简便，无污染。

3）SBR 改性沥青防水卷材。SBR 改性沥青防水卷材系采用玻纤毡或者聚酯无纺布为胎体，浸涂 SBR 改性沥青，上表面撒布矿物颗粒、片料或者覆盖聚乙烯膜，下表面撒布细砂或者覆盖聚乙烯膜所制成的可卷曲片状防水材料。

SBR 改性沥青防水卷材的适用范围，除适用于一般工业与民用建筑防水外，尤其适用于高层建筑的屋面和地下工程的防水防潮以及桥梁、停车场、游泳池、隧道等建筑工程的防水。

（3）合成高分子防水卷材。

合成高分子防水卷材是以合成橡胶、合成树脂或此两者的共混体为基料，掺入适量化学助剂和填料，经混炼、压延或挤出工艺制成的可卷曲的片状防水材料，也称为防水片材。合成高分子防水卷材具有较高的拉伸强度和抗撕裂强度，断裂伸长率大，耐热性和低温柔性好，耐腐蚀，耐老化等一系列优异的性能，是新型的高档防水材料。主要类型如下。

1）三元乙丙（EPDM）橡胶防水片（卷）材。三元乙丙橡胶防水卷材是由三元乙丙橡胶（乙烯、丙烯和少量双环戊二烯共聚合成的高分子聚合物）、硫化剂、促进剂等，经压延或挤出工艺制成的高分子卷材。

三元乙丙橡胶防水卷材耐老化性能好、耐酸碱、抗腐蚀，使用寿命可达 35 年，适用于建筑屋面、地下室的防水。它的拉伸性能好，延伸率大，能够较好适应基层伸缩或开裂变形的需要；耐高低温性能好，低温可达 −40℃，高温可达 160℃，能在恶劣环境长期使用；质量轻，有利于减少屋面负载。

2）聚氯乙烯（PVC）防水卷材。聚氯乙烯（PVC）防水卷材是一种性能优异的高分子防水材料，以聚氯乙烯树脂为主要原料，掺加填充料和适量的改性剂、增塑剂及其他助剂，经混炼、压延或挤出成型，分卷包装而成的防水材料。

聚氯乙烯（PVC）防水卷材具有拉伸强度大、延率高、低温柔性好、使用寿命长等特点；产品性能稳定、质量可靠、施工方便；应用范围广，适用于工业与民用建筑的各种屋面防水（包括种植屋面、平屋面、坡屋面），以及水库、堤坝、水渠以及地下室的防水防渗；还可以用于隧道、高速公路、高架桥梁、粮库、人防工程、垃圾填埋场、人工湖等工程的防水防渗。

除了以上两种典型品种外，合成高分子防水卷材还有很多种类，它们原则上都是塑料或橡胶经过改性，或两者复合以及多种材料复合所制成的能满足土木工程防水要求的制品。

10.4.3　防水涂料

防水涂料是一种流态或半流态物质，涂布在基层表面，固化成膜后形成有一定厚度和弹性的连续薄膜，使基层表面与水隔绝，起到防水防潮的作用。防水涂料在固化前呈黏稠状液态，因此，施工时不仅能在水平面，而且能在立面、阴阳角及各种复杂表面，形成无接缝的完整的防水膜。防水涂料使用时无需加热，既减少环境污染，又便于操作，改善劳动条件；形成的防水层自重小，特别适用于轻型屋面防水；形成的防水膜有较大的延伸性、耐水性和耐候性，能适应基层裂缝等微小变形。涂布的防水涂料，既是防水层的主体材料，又是胶黏剂，故黏结质量容易保证，维修也比较简便，尤其是对于基层裂缝、施工缝、雨水斗及贯穿管周围等一些容易造成渗漏的部位，极易进行增强涂刷、贴布等作业。

防水涂料按液态类型可分为溶剂型、水乳型、反应型 3 种；按其主要成分可分为沥青基防水涂料、高聚物改性沥青防水涂料、合成高分子防水涂料及聚合物水泥防水涂料。

1. 防水涂料基本性能要求

（1）固体含量。

固体含量指防水涂料中所含固体的比例，固体含量多少与成膜厚度及涂膜质量密切相关。

（2）耐热度。

耐热度指防水涂料成膜后的防水薄膜在高温下不发生软化变形和不流淌的性能，它反映防水涂膜的耐高温性能。

（3）柔性。

柔性指防水涂料成膜后的膜层在低温下保持柔韧性的性能。它反映防水涂料在低温下的施工和使用性能。

（4）不透水性。

不透水性指防水涂料膜层在一定水压和一定时间内不出现渗漏的性能，是防水涂料满足防水功能要求的重要指标。

（5）延伸性。

延伸性指防水涂膜适应基层变形的能力。防水涂料成膜后必须具有一定的延伸性，以适应由于温差、干湿等因素造成的基层变形，来保证防水效果。

2. 常用防水涂料

（1）沥青基防水涂料。

沥青基防水涂料的成膜物质就是石油沥青。沥青基防水涂料的种类较多，但目前主要使用的是冷底子油。

冷底子油是用稀释剂（汽油、柴油、煤油、苯等）对沥青进行稀释后的产物。冷底子油黏度小，具有良好的流动性，涂刷在混凝土、砂浆或木材等基面上，能很快渗入基层孔隙中，待溶剂挥发后，便与基面牢固结合。冷底子油形成的涂膜较薄，一般不单独作防水材料使用，只作某些防水材料的配套材料，多在常温下用于防水工程的底层，故称冷底子油。

（2）高聚物改性沥青防水涂料。

高聚物改性沥青防水涂料是以沥青为基料，用合成高分子聚合物进行改性，配制成的水乳型或溶剂型防水涂料。

SBS 改性沥青防水涂料是以 SBS 共聚热塑性弹性体作改性剂，对优质的石油沥青进行改性，并加入多种橡胶、合成树脂、表面活性剂、乳化剂、防霉剂等多种辅助材料，经专用设备精制而成的一种高弹性优质防水涂料。这种涂料具有良好的低温柔性、黏结性、抗裂性、耐老化性和防水性，采用冷施工，操作方便，安全、无毒、不污染环境。施工时，可用胎体增强材料进行加强处理，适合于复杂基层（如厕浴间、厨房、地下室、水池等）的防水与防潮处理。

（3）合成高分子防水涂料。

合成高分子防水涂料是以合成橡胶或合成树脂为主要成膜物质，再加入其他添加剂制成的单组分或双组分防水涂料。合成高分子防水涂料比沥青防水涂料和改性沥青防水涂料具有更好的弹性和塑性，更能适应防水基层的变形，提高其防水效果，延长其使用寿命。

1）聚氨酯防水涂料。聚氨酯防水涂料可以分为单组分和双组分两种。

911聚氨酯防水涂料是一种双组分反应固化型合成高分子防水涂料，甲组分是由聚醚和异氰酸酯经缩聚反应得到的聚氨酯预聚体，乙组分是由增塑剂、固化剂、增稠剂、促凝剂、填充剂组成的彩色液体。使用时，将甲、乙两组分按一定比例混合，搅拌均匀后，涂刷在基面上，经数小时后反应固结为富有弹性、坚韧又有耐久性的防水涂膜。

单组分聚氨酯防水涂料也称湿固化聚氨酯防水涂料，是一种反应型湿固化成膜的防水涂料。使用时涂覆于防水基层，通过和空气中的湿气反应而固化交联成坚韧、柔软和无接缝的橡胶防水膜。

2）丙烯酸酯防水涂料。丙烯酸酯防水材料是以纯丙烯酸酯共聚物或纯丙酸酯乳液为主要原料，加入适量优质填料、助剂配置而成，属合成树脂类单组分防水涂料。该涂料具有优良的耐候性、耐热性和耐紫外线性；延伸性能好，能适应基面一定幅度的开裂变形；可根据需要调配各种色彩，防水层兼有装饰和隔热效果；绿色环保，无毒无味，不污染环境，对人身无伤害；施工简便，工期短，维修方便；可在潮湿基面施工，具有一定的透气性。

丙烯酸酯防水涂料适用于屋面、墙面、厕浴间、地下室等非长期浸水环境下的建筑防水、防渗工程，特别适用于轻型薄壳结构的屋面防水工程，也可用做黏结剂或外墙装饰涂料。

（4）聚合物水泥基防水涂料。

聚合物水泥防水涂料是一种以丙烯酸酯乳液、乙烯—乙酸乙烯酯等聚合物乳液和水泥为主要原料，加入填料及其他助剂配置而成，经水分挥发和水泥水化反应固化成膜的双组分水性防水涂料。它既具有合成高分子聚合物材料弹性高的特点，又有无机材料耐久性好的特点。

聚合物水泥基涂料既包含有机聚合物乳液，又包含无机水泥。有机聚合物涂膜柔性好，临界表面张力较低，装饰效果好，但耐老化性不足。水泥是一种水硬性胶凝材料，与潮湿基面的黏结力强，抗湿性非常好，抗压强度高，但柔性差。二者结合是有机和无机结合，优势互补，刚柔相济，抗渗性提高，拉压比提高，综合性能比较优越，能够达到较好的防水效果。

10.4.4 密封材料

在土木工程中，常出现大量的建筑结构缝和施工缝。为了保证建筑物的水密性和气密性，需对这些缝隙填充有一定弹性、黏结性及密封性的材料，即建筑密封材料。

如装配门窗玻璃、填嵌公路、水渠、管道、机场跑道和桥面板的接头和接缝等。

密封材料分为定型和不定型两种。定型密封材料具有一定形状和尺寸，按被密封部位的不同制成带、条、方、圆、垫片等形状，不定型密封材料称为密封膏或密封剂，有溶剂型、乳液型或化学反应型等黏稠状的密封材料，工程应用场景见图10.22。本节要主介绍密封膏。

1. 密封材料的基本性能要求

为了保证防水密封的效果，除了要求密封材料具有水密性和气密性之外，还应具有良好的黏结性，良好的耐高、低温性和耐老化性能以及一定的弹塑性和拉伸-压缩循环性能。

密封材料应具有良好的施工性，具体体现在以下4个方面：

（1）挤出性。

用挤注枪施工时，应挤出流畅，尤其是低温施工时，更应注意调整密封膏的稠度，以保证施工省力、省时，充满接缝。

图 10.22 密封膏

（2）抗下垂性。

在填充垂直缝和顶板缝时，要求密封膏不流淌、不坍落、不下坠。当施工温度较高或接缝过宽时，不宜一次填完，应分2~3次，以达到抗下垂的目的。

（3）自流平性。

在填注水平接缝时，密封膏应有流平及充满缝隙的性能。

（4）密封膏应有适当的固化速度。

2. 常用密封材料

（1）聚氨酯密封膏。

聚氨酯密封膏的预聚体通常为带有苯环的链式结构，与固化剂调和后，能进一步产生化学反应而交联成无规体型结构。因此，这种密封膏的弹性大、黏结力强，防水性能优良。又因为大多数不饱和双键存在于苯环中，所以密封膏的耐油性、耐候性、耐磨性及耐久性都很好，与混凝土的黏结性也很好，而且不需要打底。

聚氨酯密封膏可用作混凝土屋面和墙面的水平或垂直接缝的密封材料，也是公路及机场跑道补缝、接缝的好材料，还可用于玻璃、金属材料的嵌缝，特别适用于游泳池工程，是最好的密封材料之一。

（2）聚硫橡胶密封膏。

聚硫橡胶密封膏是以液态聚硫橡胶为基料，加入硫化剂、增塑剂、填充料等拌制而成的均匀的膏状体。

聚硫橡胶密封膏具有良好的耐油性、耐溶剂性、耐老化性、耐冲击性、耐水性以及良好的低温挠屈性和黏结性，适应温度范围宽（−40~80℃），抗紫外线曝晒及抗冰雪能力强。

聚硫橡胶密封膏无溶剂、无毒，使用安全可靠，适用于混凝土屋面板、墙板、地面板等接缝的密封以及贮水池、地下室、冷库、游泳池接缝密封，还可用于金属幕墙、金属门窗框、汽车车身等的密封防水、防尘，属优质密封材料。

（3）丙烯酸类密封膏。

丙烯酸类密封膏是以丙烯酸类树脂接入填料、增塑剂、分散剂等配制而成，分溶剂型和水乳型两种。目前应用的以水乳型为主。

丙烯酸类密封膏具有优良的抗紫外线性能、耐老化性及低温柔性，延伸性很好，在−34～80℃温度范围内县有良好的性能，可在表面润湿的混凝土基层上施工，并保持良好的黏结性，无毒无味，不燃，不污染环境，其价格和性能均属中等。

丙烯酸类密封膏主要用于屋面、墙板、门、窗嵌缝。由于其耐水性不够好，故不宜用于长期浸水的工程，如水池、污水处理厂、灌溉系统、堤坝等水下接缝。

（4）有机硅橡胶（硅酮）密封膏。

有机硅橡胶密封膏是以聚硅氧烷为主要成分的单组分和双组分室温固化型的密封材料，单组分应用较多。

硅橡胶密封膏外观为白、黑、棕、银灰及透明的膏状体，可长期贮存，性能稳定，有优异的耐热、耐寒性、耐候性及耐老化性，与各种材料都有较好的黏结性，耐拉伸-压缩疲劳性强，耐水性好，工作温度为−50～150℃。

（5）聚氯乙烯胶泥（PVC胶泥）。

聚氯乙烯胶泥是以煤焦油为基料，加入少量的聚氯乙烯树脂粉、增塑剂、稳定剂、填料等在140℃下塑化而成的热施工的黏稠体。

PVC胶泥自重轻，价格较低，具有良好的弹性、耐热性、耐寒性、耐老化性、黏结性、耐腐蚀性和抗老化性，能在−20～80℃的条件下使用，能很好地适应伸缩和结构局部变形，除热用外，也可以冷用，冷用时需加溶剂稀释。适用于各种屋面的嵌缝密封及墙板、水渠、地下工程伸缩缝的密封防水和维修，还适用于生产硫酸、盐酸、硝酸、氢氧化钠等有腐蚀性气体的车间的屋面防水密封。

10.5　建筑功能材料的新发展

建筑功能材料发展迅速，且在 3 方面有较大的发展：一是注重环境协调性，注重健康、环保；二是复合多功能；三是智能化。

10.5.1　绿色建筑功能材料

以前人们注重材料的使用及装饰功能，而忽视其环保、安全功能。随着社会的进步，健康、环保成为人类的共同愿望和正当要求，人们把符合环保要求的产品冠以富于勃勃生机的绿色二字，如绿色食品、绿色建材等。建筑功能材料作为建材活跃的一大类，重要的发展方向就是绿色。所谓绿色建材又称生态建材、环保建材等，其本质内涵是相通的，即采用清洁生产技术，少用天然资源和能源，大量使用工农业或城市废弃物生产无毒害、无污染、结束生命周期后可回收再利用，有利于环境保护和人体健康的建筑材料。绿色材料一般具有以下特征：

（1）满足建筑设计的力学性能、使用功能和寿命要求。

（2）在生产、使用过程中具有最小的环境负荷影响，寿命终结时可实现再生循环利用，对自然环境友好和符合可持续发展原则。

（3）能够满足对人类健康无伤害原则，甚至具有有利于提高人类生活质量水平的功能特性。在当前的科学技术和社会生产力条件下，已经可以利用各类工业废渣生产水泥、砌块、装饰砖和装饰混凝土等；利用废弃的泡沫塑料生产保温墙体材料；利用无机抗菌剂生产各种抗菌涂料和建筑陶瓷等各种新型绿色功能建筑材料。

上海典型绿色
建筑工程

10.5.2 复合多功能建材

复合多功能建材是指材料在满足某一主要的建筑功能的基础上，附加了其他使用功能的建筑材料。如抗菌自洁涂料，它既能满足一般建筑涂料对建筑主体结构材料的保护和装饰墙面的作用，同时又具有抵抗细菌的生长和自动清洁墙面的附加功能，使得人类的居住环境质量进一步提高，满足人们对健康居住环境的要求；又如多功能玻璃，人类制造使用玻璃已有上千年的历史，随着科学技术的发展，建筑玻璃的功能已不仅仅是满足采光要求，而发展为光线调节、保温隔热、防弹防盗、防辐射、防电磁干扰、装饰等多功能复合材料。

建筑装饰材料的基本要求除了颜色、光泽、透明度、表面组织及形状尺寸等美感方面外，还应根据不同的装饰目的和部位要求，有一定的环保、强度、硬度、防火性、阻燃性、耐水性、抗冻性、耐污染性、耐腐蚀性等特性要求。如外墙装饰材料既要使建筑物的色彩与周围环境协调、统一，同时保护墙体结构，延长结构物的使用寿命。又如内墙装饰材料一方面保护墙体和保证室内的使用条件，创造一个舒适、美观和整洁的工作和生活环境，另一方面是反射声波、吸声、隔音等。由于人与内墙面的距离较近，所以质感要细腻逼真。

在强调以人为本和社会发展可持续性的今天，对材料的绿色环保功能和防火功能也越来越受到人们的重视。为了加强对室内装饰装修材料污染的控制，保障人民群众的身体健康和人身安全，国家制定了《建筑材料放射性核素限量》以及关于室内装饰装修材料有害物质限量等 10 项国家标准。另外，对不同使用部位的建筑装饰材料有不同的具体要求。

10.5.3 智能化建材

所谓智能化建材是指材料本身具有自我诊断和预告失效、自我调节和自我修复的功能并可继续使用的建筑材料。当这类材料的内部发生异常变化时，能将材料的内部状况反映出来，以便在材料失效前采取措施，甚至材料能够在材料失效初期自动进行自我调节，恢复材料的使用功能。如自修复混凝土材料，相当部分建筑物在完工，尤其受到动荷载作用后，可能会产生不利的裂纹，对抗震尤其不利。自修复混凝土有可能克服此缺点，大幅度提高建筑物的抗震能力。把低模量黏结剂填入中空玻璃纤维，并使黏结剂在混凝土中长期保持性能。当结构开裂，玻璃纤维断裂，黏结剂释放，黏接裂缝。为防玻璃纤维断裂，将填充了黏结剂的玻璃纤维用水溶性胶黏接成束，平直地埋入混凝土中。又如自动调光玻璃，根据外部光线的强弱，自动调节透光率，保持室内光线的强度平衡，既避免了强光对人的伤害，又可调节室温和节约能源。

总之，随着社会的发展和科学技术的进步，人们对自身生活环境质量的改善的要求越来越高，建筑功能材料的发展也随之不断进步，要真正实现建筑材料的多种功能于一体的健康、环保材料的生产和应用，尚有较大差距，有待于建筑材料的研究者、生产者、使用者共同努力，实现建筑功能材料生产和使用的可持续发展目标。

思 考 题

10.1　何谓绝热材料？绝热材料有哪些基本性能？

10.2　影响材料导热系数的主要因素是什么？

10.3　按绝热原理，绝热材料分为哪几大类？

10.4　何谓吸声材料？按声的频率特性吸声材料分为哪几类？

10.5　建筑常用的吸声材料有哪些？

10.6　何谓隔声材料？隔声材料与吸声材料有什么区别？

10.7　何谓装饰材料？对装饰材料有哪些基本要求？

10.8　何谓防水材料？防水材料的分类方式有哪些？各分为哪些品种？

10.9　建筑功能材料的发展趋势。

第11章 土木工程材料试验

本章导读

  内容及要求： 本章主要介绍土木工程材料试验基本知识，水泥性能、混凝土骨料、混凝土拌合物、混凝土力学性能、建筑砂浆性能、钢筋力学与机械性能、石油沥青性能等试验的目的与依据、仪器设备、试验步骤及结果处理。通过本章学习，应熟悉土木工程材料试验基本知识，各试验的目的；了解各试验的仪器设备、试验步骤及结果处理；结合具体试验操作，具备材料性能检测和试验操作的基本能力。

  重点： 土木工程材料试验基本知识，各试验的目的。

  难点： 严格的试验步骤。

  工程材料与试验在建筑施工生产、科研及发展中有举足轻重的地位。工程材料基础知识的普及和试验技术的提高，不仅是评定和控制材料质量、施工质量的手段和依据，也是推动科技进步、合理使用工程材料和工业废料、降低生产成本，增进企业效益、环境效益和社会效益的有效途径。工程材料性能试验与质量试验，是从源头抓好建设工程质量管理工作，确保建设工程质量和安全的重要保证。

11.1 土木工程材料试验基本知识

  1. 测试技术

  （1）取样。

  在进行试验之前，首先要选取试样。试样必须具有代表性，取样原则为随机取样，即在若干堆（捆、包）材料中，对任意堆放材料随机抽取试样。

  （2）仪器的选择。

  试验仪器设备的精度要与试验规程要求一致，并且有实际意义。

  试验需要称量时，称量要有一定的精确度，如试样称量精度要求为0.1g，则应选用感量为0.1g的天平，一般称量精度大致为试样质量的0.1%。另外测量试件的尺寸，同样有精度要求，一般对边长小于50mm的，精度可取0.1mm。对试验机量程也有选择要求，根据试件破坏荷载的大小选择量程，使指针停在试验机读盘的第二、第三象限内为好。

  （3）试验。

  试验前一般应将取得的试样进行处理、加工或成型，以制备满足试验要求的试样或试件。试验应严格按着试验规程进行。

（4）结果计算与评定。

对各次试验结果，进行数据处理，一般取 n 次平行试验结果的算术平均值作为试验结果。试验结果应满足精确度与有效数字的要求。

试验结果经计算处理后应给予评定，看是否满足标准要求或评定其等级，在某种情况下还应对试验结果进行分析，并得出结论。

2. 试验原始记录

在试验过程中，对于在一定条件下取得的原始观测数据的记录叫原始记录。在今后的工程材料试验中原始记录的内容一般包括以下几方面。

（1）试样名称、编号、规格型号、外观描述与制备。

（2）试验环境、地点、日期时间。

（3）采用的试验方法（试验规程）以及试验设备的名称与编号。

（4）观测数值与观测导出数值。

（5）试验、记录、计算、校核人员和技术负责人的签字等。

试验的原始记录必须以科学认真的态度实事求是地进行填写，不得修改和涂改。经过对试验数据的校核确需改错的，应依据国家认监委对试验室计量认证认可的有关规定进行，并且能够溯源。

试验的原始记录必须经得起工程实践的长期考验，它还是评价试验工作水平和维护试验人员合法权益的重要法律依据之一。

3. 数值修约规则

在材料试验中，各种试验数据应保留的有效位数，在各自的试验标准中均有规定。为了科学地评价数据资料，首先应了解数据修约规则，以便确定测试数据的可靠性与精确性。《数值修约规则与极限数值的表示与判定》（GB/T 8170—2008）中对数字修约规则进行了具体规定。

数字修约进舍规则：

（1）拟舍弃数字的最左一位数字小于5，则舍去，保留其余各位数字不变。

（2）拟舍弃数字的最左一位数字大于5，则进一，即保留数字的末位数字加1。

（3）拟舍弃数字最左一位数字是5，且其后有非0数字时进一，即保留数字的末位数字加1。

（4）拟舍弃数字的最左一位数字为5，且其后无数字或皆为0时，若所保留的末位数字为奇数（1，3，5，7，9）则进一，即保留数字的末位数字加1；若所保留的末位数字为偶数（0，2，4，6，8），则舍去。

以上进舍规则简单概括为："四舍六入五考虑，五后非零应进一，五后皆零视奇偶，五前为偶应舍去，五前为奇则进一"。

11.2　水泥性能试验

11.2.1　水泥密度试验

1. 试验目的、依据

水泥的密度是进行混凝土配合比设计的必要资料之一，也是水泥比表面积测定所需基本参数之一。本试验依据为《水泥密度测定方法》（GB/T 208—2014）。本方法适用于测定各品种水泥的密度。

2. 主要仪器设备

（1）天平。感量为 0.01g。

（2）密度瓶（图 11.1）。瓶颈的刻度从 0～24mL，且在 0～1mL、18～24mL 范围内以 0.1mL 为刻度，容量误差不大于 0.05mL。

（3）恒温水槽或其他保持恒温的盛水玻璃容器：恒温容器温度应能维持在（20±1）℃。

（4）温度计。测量范围 0～50℃，精度 0.1℃。

（5）烘箱。能使温度控制在（110±5）℃。

（6）无水煤油。

3. 试验步骤

（1）水泥试样应预先通过 0.90mm 方孔筛，在（110±5）℃温度下烘干 1h，并在干燥器内冷却至室温［室温应控制在（20±1）℃］。

（2）称取水泥 60g，精确至 0.01g。

（3）将无水煤油注入李氏瓶中至"0mL"到"1mL"之间刻度线后（选用磁力搅拌此时应加入磁力棒），盖上瓶塞放入恒温水槽内，使刻度部分浸入水中［水温应控制在（20±1）℃］，恒温至少 30min，记下无水煤油的初始（第一次）读数 (V_1)。

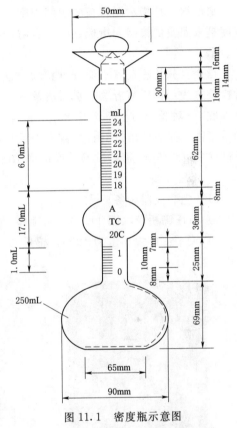

图 11.1 密度瓶示意图

（4）从恒温水槽中取出李氏瓶，用滤纸将李氏瓶细长颈内没有煤油的部分仔细擦干净。

（5）用小匙将水泥样品一点点地装入李氏瓶中，反复摇动（亦可用超声波震动或磁力搅拌等），直至没有气泡排出，再次将李氏瓶静置于恒温水槽，使刻度部分浸入水中，恒温至少 30min，记下第二次读数 (V_2)。

（6）第一次读数和第二次读数时，恒温水槽的温度差不大于 0.2℃。

4. 试验结果

按式（11.1）计算水泥的密度 ρ。

$$\rho = \frac{m}{V_2 - V_1} \tag{11.1}$$

式中 ρ——水泥的密度，g/cm^3；

m——装入密度瓶中水泥的质量，g；

V_1——李氏瓶第一次读数，cm^3；

V_2——李氏瓶第二次读数，cm^3。

以两个试样试验结果的算术平均值作为测定值，计算精确至 $0.01g/cm^3$，两次试验结果的差不得超过 $0.02g/cm^3$。

11.2.2　水泥细度试验（筛析法）

水泥细度是指水泥颗粒的粗细程度。水泥的物理、力学性质都与细度有关，因此细度是水泥质量控制的指标之一。目前，我国普遍采用筛余百分数和比表面积两种方法表示。

筛余百分数法在《水泥细度检验方法 筛析法》（GB/T 1345—2005）中规定了 3 种检验方法：负压筛析法、水筛法及手工筛析法。当试验结果发生争议时，以负压筛法为准。3 种检验方法都采用 $80\mu m$ 或 $45\mu m$ 筛作为试验用筛，用筛网上所得筛余物的质量占试样原始质量的百分数来表示水泥样品的细度。试验时，$80\mu m$ 筛析试验称取试样 25g，$45\mu m$ 筛析试验称取试样 10g。

1. 负压筛法

（1）主要仪器设备。

1）负压筛析仪（图 11.2）：由筛座（图 11.3）、负压筛、负压源及吸尘器组成。

2）天平：最大称量为 100g，感量 0.01g。

图 11.2　负压筛析仪

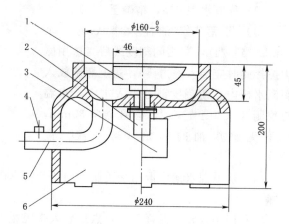

图 11.3　负压筛析仪筛座构造

1—喷气嘴；2—电机；3—控制板开口；4—负压表接口；

5—负压源及收尘器接口；6—外壳

（2）试验步骤及结果。

1）筛析试验前，将负压筛放在筛座上，盖上筛盖，接通电源，检查控制系统，调节负压至 4～6kPa 范围内。

2）称取试样精确至 0.01g，置于洁净的负压筛中，盖上筛盖放在筛座上，开动筛析仪连续筛析 2min，筛析期间如有试样附着在筛盖上，可轻轻敲击，使试样落下。

3）用天平称量筛余物，精确至 0.01g。

2. 手工筛析法

（1）主要仪器设备。

水泥标准筛，筛框高度为 50mm，筛子直径为 150mm。筛布应紧绷在筛框上，接缝必须严密，并附有筛盖。

（2）试验步骤与结果。

称取试样精确至 0.01g，倒入筛内，盖上筛盖。用一只手持筛往复摇动，另一只手轻轻拍打，拍打速度约 120 次/min，每 40 次向同一方向转动 60°，使试样均匀分散在筛网上，直至每分钟通过不超过 0.03g 时为止。筛毕，称其筛余物，精确至 0.01g。

3. 结果评定

水泥试样筛余百分数按式（11.2）计算。

$$F = \frac{m_s}{m_c} \times 100\% \tag{11.2}$$

式中　F——水泥试样的筛余百分数，%；

　　m_s——水泥筛余物的质量，g；

　　m_c——水泥试样的质量，g。

计算结果精确至 0.1%。

合格评定时，每个样品应称取两个试样分别筛析，取筛余平均值为筛析结果。若两次筛余结果绝对误差大于 0.5% 时（筛余值大于 5.0% 时可放至 1.0%）应再做一次试验，取两次相近结果的算数平均值，作为最终结果。

11.2.3　水泥标准稠度用水量试验

测定水泥标准稠度用水量的目的是为测定水泥凝结时间及安定性时制备标准稠度的水泥净浆确定加水量。

本试验按《水泥标准稠度用水量、凝结时间、安定性检验方法》（GB/T 1346—2011）进行，标准稠度用水量有调整水量法和固定水量法两种测定方法。当发生争议时，以调整水量法为准。

1. 主要仪器设备

（1）水泥净浆搅拌机（图 11.4）：由搅拌锅、搅拌叶片组成。

（2）标准法维卡仪：如图 11.5 所示，标准稠度测定用试杆由有效长度（50±1)mm、直径为（10±0.05)mm 的圆柱形耐腐蚀金属制成。测定凝结时间时取下试杆，用试针代替试杆。试针为由钢制成的圆柱体，其有效长度初凝针为（50±1)mm、终凝针为（30±1)mm，直径为（1.13±0.05)mm。滑动部分的总质量为（300±1)g。与试杆、试针连接的滑动杆表面应光滑，能靠重力自由下落，不得有紧涩和旷动现象。

（3）代用法维卡仪：滑动部分的总质量为（300±2)g，金属空心试锥锥底直径 40mm，高 50mm，装净浆用锥模上部内径 60mm，锥高 75mm。

（4）量水器：最小刻度 0.1mL，精度 1%。

（5）天平：最大称量不小于 1000g，分度值不大于 1g。

（6）水泥净浆试模：盛装水泥的试模应由耐腐蚀的、有足够硬度的金属制成，形

状为截顶圆锥体 [深（40±2）mm，顶内径 Φ（65±0.5）mm，底内径 Φ（75±0.5）mm]，每只试模应配备一块厚度不小于 2.5mm、大于试模底面的平板玻璃底板。

图 11.4　水泥净浆搅拌机

图 11.5　水泥维卡仪

2. 标准法试验步骤

（1）首先将维卡仪调整到试杆接触玻璃板时指针对准零点。

（2）称取水泥试样 500g，拌合水量按经验找水。

（3）用湿布将搅拌锅和搅拌叶片擦过，将拌合水倒入搅拌锅内，然后在 5～10s 内小心将称好的 500g 水泥加入水中，防止水和水泥溅出。

（4）拌和时，先将锅放到搅拌机的锅座上，升至搅拌位置。启动搅拌机进行搅拌，低速搅拌 120s，停拌 15s，同时将叶片和锅壁上的水泥浆刮入锅中，接着高速搅拌 120s 后停机。

（5）拌和结束后，立即将拌制好的水泥净浆装入已置于玻璃底板上的试模中，用小刀插捣，轻轻振动数次，使气泡排出，刮去多余的净浆，抹平后迅速将试模和底板移到维卡仪上，并将其中心定在试杆下，降低试杆直至与水泥净浆表面接触，拧紧螺丝 1～2s 后，突然放松，使试杆垂直自由地沉入水泥净浆中，使试杆停止沉入或释放试杆 30s 时记录试杆距底板之间的距离，整个操作应在搅拌后 1.5min 内完成。

（6）以试杆沉入净浆并距底板（6±1）mm 的水泥净浆为标准稠度净浆。其拌和水量为该水泥的标准稠度用水量（P），以水泥质量的百分比计。按式（11.3）计算：

$$P = \frac{拌和用水量}{水泥用量} \times 100\% \qquad (11.3)$$

3. 代用法试验步骤

（1）试验前必须检查测定仪的金属棒能否自由滑动，试锥降至锥顶面位置时，指针应对准标尺零点，搅拌机应运转正常。

（2）称取水泥试样 500g，采用调整水量方法时，拌合水量按经验找水；采用固定水量方法时，拌合水量为 142.5mL，精确至 0.5mL。

（3）拌和用具先用湿布擦抹，将拌合水倒入搅拌锅内，然后在 5～10s 内将称好的 500g 水泥试样倒入搅拌锅内的水中，防止水和水泥溅出。

(4) 拌和时，先将锅放到搅拌机锅座上，升至搅拌位置，开动机器，慢速搅拌 120s，停拌 15s，接着快速搅拌 120s 后停机。

(5) 拌和完毕，立即将净浆一次装入锥模中，用小刀插捣并振动数次，刮去多余净浆，抹平后，迅速放到试锥下面的固定位置上。将试锥降至净浆表面，拧紧螺丝，指针对零，然后突然放松，让试锥垂直自由地沉入净浆中，到停止下沉时（下沉时间约为 30s），记录试锥下沉深度 S。整个操作应在搅拌后 1.5min 内完成。

(6) 用调整水量方法测定时，以试锥下沉深度（30±1）mm 时的拌和水量为标准稠度用水量（%），以占水泥质量百分数计（精确至 0.1%）

$$P = \frac{A}{500} \times 100\% \tag{11.4}$$

式中 A——拌和用水量，mL。

如超出范围，须另称试样，调整水量，重新试验，直至达到（28±2）mm 时为止。

(7) 用固定水量法测定时，根据测得的试锥下沉深度 S（单位：mm），可按以下经验公式计算标准稠度用水量

$$P(\%) = 33.4 - 0.185S \tag{11.5}$$

当试锥下沉深度小于 13mm 时，应用调整水量方法测定。

11.2.4 水泥凝结时间试验

凝结时间是指水泥从开始加水拌和到失去流动性所需要的时间，分为初凝和终凝。初凝时间为水泥从开始加水拌和起至水泥浆开始失去可塑性所需要的时间；终凝时间是从水泥开始加水拌和起至水泥浆完全失去可塑性并开始产生强度所需的时间。水泥的凝结时间对施工有重要实际意义，其初凝时间不宜过早，以便在施工中有足够的时间完成混凝土或砂浆的搅拌、运输、浇捣和砌筑等操作；终凝时间又不宜过迟，以使水泥能尽快硬化和产生强度，进而缩短施工工期。

本试验按《水泥标准稠度用水量、凝结时间、安定性检验方法》（GB/T 1346—2011）进行。

1. 主要仪器设备

(1) 标准维卡仪：与测定标准稠度用水量时的测定仪相同，只是将试锥换成试针，装水泥净浆的锥模换成圆模。

(2) 水泥净浆搅拌机。

(3) 人工拌和圆形钵及拌和铲等。

(4) 量水器：最小刻度 0.1mL，精度 1%。

(5) 天平：最大称量不小于 1000g，分度值不大于 1g。

2. 试验步骤与结果

(1) 测定前，将圆模放在玻璃板上（在圆模内侧及玻璃板上稍稍涂上一薄层机油），在滑动杆下端安装好初凝试针并调整仪器使试针接触玻璃板时，指针对准标尺的零点。

(2) 以标准稠度用水量，用 500g 水泥拌制水泥净浆，记录开始加水的时刻为凝

结时间的起始时刻。将拌制好的标准稠度净浆，一次装入圆模，振动数次后刮平，然后放入养护箱内。

（3）初凝时间的测定。试件在养护箱养护至加水后 30min 时进行第一次测定。测定时从养护箱中取出圆模放在试针下，使试针与净浆面接触，拧紧螺丝，然后突然放松，试针自由沉入净浆，观察试针停止下沉或释放 30s 时指针的读数。当试针沉入至底板（4±1）mm 时，为水泥达到初凝状态，由水泥全部加入水中至初凝状态的时间为水泥的初凝时间（min）。

在最初测定时应轻轻扶持试针的滑棒，使之徐徐下降，以防止试针撞弯。但初凝时间仍必须以自由降落的指针读数为准。

（4）终凝时间的测定。在完成初凝时间测定后，立即将试模连同浆体以平移的方法从玻璃板上取下，翻转 180°，试模直径大端朝上，小端朝下放在玻璃板上，再放入养护箱继续养护，临近终凝时间时每隔 15min 测定一次，当试针沉入试体 0.5mm 时，即环形附近开始不能在试体上留下痕迹时，认为水泥达到终凝状态。由水泥全部加入水中至终凝状态的时间为水泥的终凝时间（min）。

（5）测定时应注意：临近初凝时，每隔 5min 测试 1 次；临近终凝时，每隔 15min 测试 1 次。到达初凝或终凝状态时应立即复测一次，且两次结果必须相同。每次测试不得让试针落入原针孔内，且试针贯入的位置至少要距圆模内壁 10mm。每次测试完毕，须将盛有净浆的圆模放入养护箱，并将试针擦净。

初凝测试完成后，将滑动杆下端的试针更换为终凝试针继续进行终凝试验。终凝测试时，放入养护箱内养护、测试。整个测试过程中，圆模不应受振动。

11.2.5 水泥体积安定性试验

1. 试验目的、依据

检验游离 CaO 的危害性以评价水泥的安定性。实验依据为《水泥标准稠度用水量、凝结时间、安定性检验方法》（GB/T 1346—2011）。沸煮法又可以分为标准法（雷氏法）和代用法（饼法）两种，有争议时以标准法为准。

2. 主要仪器设备

雷氏夹膨胀值测量仪（图 11.6）、雷氏夹（图 11.7）、沸煮箱（篦板与箱底受热部位的距离不得小于 20mm）、水泥净浆搅拌机、标准养护箱、直尺、小刀等。

3. 标准法（雷氏法）

（1）每个雷氏夹配备质量为 75～85g 玻璃板两块，一垫一盖，每组成型 2 个试件。先将雷氏夹与玻璃板表面涂上一薄层机油。

（2）将预先准备好的雷氏夹放在已涂油的玻璃板上，并立即将已制备好的标准稠度的水泥净浆一次装满雷氏夹，装入净浆时一只手轻扶雷氏夹，另一只手用宽约 25mm 的直边刀在浆体表面轻轻插捣 3 次，并盖上涂油的玻璃板。随即将成型好的试件移至养护箱内，养护（24±2）h。

（3）除去玻璃板，取下试件，测雷氏夹指针尖端间的距离 A，精确至 0.5mm，接着将试件放在沸煮箱内水中的篦板上，指针朝上，然后在（30±5）min 内加热至沸腾，并恒沸（180±5）min。

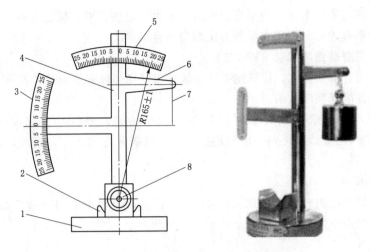

图 11.6 雷氏夹膨胀值测量仪

1—底座；2—模子座；3—测弹性标尺；4—立柱；5—测膨胀值标尺；6—悬臂；7—悬丝；8—弹簧顶扭

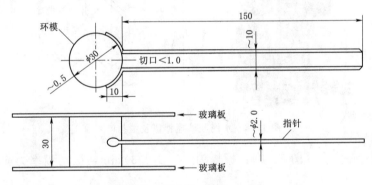

图 11.7 雷氏夹（单位：mm）

（4）煮沸结束后，立即放掉沸煮箱中的热水，打开箱盖，待箱体冷却至室温，取出雷氏夹试件，用膨胀值测定仪测量试件指针尖端的距离 C，精确至 0.5mm。

（5）计算雷氏夹膨胀值（$C-A$）。当两个试件煮后膨胀值 $C-A$ 的平均值不大于 5.0mm 时，即认为该水泥安全性合格。当两个试件的 $C-A$ 值相差超过 5.0mm 时，应用同一品种水泥重做一次试验。再如此，则认为该水泥安定性不合格。

4. 代用法（饼法）

（1）从拌制好的标准稠度净浆中取出约 150g，分成两等份，使之呈球形，放在涂少许机油的玻璃板上，轻轻振动玻璃板并用湿布擦过的小刀由边缘向中央抹动，做成直径为 70~80mm，中心厚约 10mm，边缘渐薄，表面光滑的两个试饼，连同玻璃板放入标准养护箱内养护（24±2）h。

（2）将养护好的试饼，从玻璃板上取下并编号，先检查试饼，在无缺陷的情况下将试饼放在沸煮箱内水中的篦板上，然后在（30±5）min 内加热至沸，并恒沸（180±5）min。

（3）沸煮结束后，立即放掉沸煮箱中的热水，打开箱盖，待箱体冷却至室温，取出试件进行判别。目测试饼未发现裂缝，用钢直尺检查也没有弯曲（使钢直尺和试饼底部紧靠，以两者间不透光为不弯曲）的试饼为安定性合格，反之为不合格。当两个试饼判别结果有矛盾时，该水泥的安定性为不合格。

11.2.6　水泥胶砂强度试验（ISO法）

试验水泥各龄期强度，以确定强度等级；或已知强度等级，检验其强度是否满足国标规定的各龄期强度数值。

本试验方法的依据是《水泥胶砂强度检验方法（ISO 法）》（GB/T 17671—2021），测定水泥胶砂硬化到一定龄期后抗压、抗折强度的大小，是确定水泥强度等级的依据。

1. 主要仪器设备

（1）行星式水泥胶砂搅拌机（图 11.8）：搅拌叶片既绕自身轴线作顺时针自转，又沿搅拌锅周边作逆时针公转。

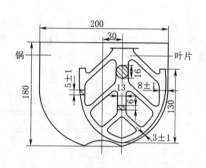

图 11.8　水泥胶砂搅拌机及搅拌叶片

（2）胶砂振实台（图 11.9）：振幅为（15±0.3）mm，振动频率为 60 次/(60±2)s。

（3）胶砂振动台：是胶砂振实台的代用设备，振动台的全波振幅为（0.75±0.02）mm，振动频率为 2800～3000 次/min。

（4）胶砂试模：可装拆的三联试模（图 11.10），模内腔尺寸为 40mm×40mm×160mm，附有下料漏斗或播料器。

（5）下料漏斗、刮平直尺。

（6）抗压试验机和抗压夹具：抗压试验机应符合 JC/T 960 要求，量程为 200kN或 300kN，示值相对误差不超过±1.0%；抗压夹具应符合 JC/T 683 要求，试件受压面积为 40mm×40mm。

（7）抗折强度试验机：应符合 JC/T 724 要求，一般采用双杠杆式电动抗折试验机（图 11.11），也可采用性能符合标准要求的专用试验机。

2. 试件制备

（1）试验前，将试模擦净，模板四周与底座的接触面上应涂黄油，紧

图 11.9　水泥胶砂振实台

图 11.10 三联试模

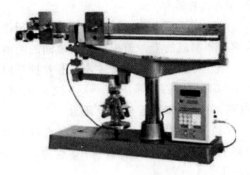

图 11.11 抗折试验机

密装配，防止漏浆。内壁均匀刷一层薄机油。搅拌锅、叶片和下料漏斗等用湿布擦干净（更换水泥品种时，必须用湿布擦干净）。

（2）试验采用的灰砂比为 1∶3，水灰比为 0.5。一锅胶砂成型 3 条试件的材料用量：水泥（450±2）g；ISO 标准砂（1350±5）g；拌和水（225±1）mL。

配料中规定称量用天平精度为±1g，量水器精度±1mL。

（3）胶砂搅拌时先将水加入锅内，再加入水泥（试验前混合均匀），把锅放在固定架上，上升至固定位置。立即开动机器，低速搅拌 30s 后，在第二个 30s 开始的同时均匀加入标准砂，30s 内加完，高速再拌 30s。接着停拌 90s，在刚停的 15s 内用橡皮刮具将叶片和锅壁上的胶砂刮至拌和锅中间。最后高速搅拌 60s。各个搅拌阶段，时间误差应在±1s 以内。

3. 试件成型

（1）用振实台成型。

1）胶砂制备后立即进行成型。把空试模和模套固定在振实台上，用勺子将搅拌好的胶砂分两层装入试模。装第一层时，每个槽内约放 300g 胶砂，先用料勺沿试模长度方向划动胶砂以布满模槽，再用大播料器垂直架在模套顶部，沿每个模槽来回一次将料层播平，接着振实 60 次；再装入第二层胶砂，用料勺沿试模长度方向划动胶砂以布满模槽，但不能接触已振实胶砂，用小播料器播平，再振实 60 次。

2）振实完毕后，移走模套，取下试模，用刮平直尺以近似 90°的角度，架在试模的一端，然后沿试模长度方向以横向据割动作慢慢向另一端移动，将超过试模部分的胶砂刮去。最后用同一刮尺以近似水平的角度将试模表面抹平。

（2）用振动台成型。

1）将试模和下料漏斗卡紧在振动台的中心。胶砂制备后立即将拌好的全部胶砂均匀地装入下料漏斗内。启动振动台，胶砂通过漏斗流入试模的下料时间为 20～40s（下料时间以漏斗三格中的两格出现空洞时为准），振动（120±5）s 停机。

下料时间如大于 20～40s，须调整漏斗下料口宽度或用小刀划动胶砂以加速下料。

2）振动完毕后，自振动台取下试模，移去下料漏斗，试模表面抹平。

（3）用毛笔或其他方法对试体进行编号。编号时应将每只模中 3 条试件编在两个龄期内，同时编上成型和测试日期。

4. 试件养护

（1）在试模上盖一块玻璃板，也可用相似尺寸的钢板或不渗水的、和水泥没有反应的材料制成的板，盖板与试模之间的距离应控制在 2～3mm 之间。

（2）将成型好的试模放入标准养护箱内养护，在温度为 (20±1)℃、相对湿度不低于 90% 的条件下养护 20～24h 之后脱模。对于龄期为 24h 的应在破型前 20min 内脱模，并用湿布覆盖至试验开始。

（3）试件脱模后立即水平或竖直放入水槽中养护。水温为 (20±1)℃，水平放置时刮平面朝上，试件之间应留有空隙，水面至少高出试件 5mm，并随时加水保持恒定水位。

（4）试件龄期是从水泥加水搅拌开始时算起，至强度测定所经历的时间。不同龄期的试件，必须相应地在 24h±15min，48h±30min，72h±45min，7d±2h，28d±8h 的时间内进行强度试验。到龄期的试件应在强度试验前 15min 从水中取出，擦去试件表面沉积物，并用湿布覆盖至试验开始。

5. 强度试验

（1）水泥抗折强度试验。

1）将抗折试验机夹具的圆柱表面清理干净，并调整杠杆处于平衡状态。

2）用湿布擦去试件表面的水分和砂粒，将试件放入夹具内，使试件成型时的侧面与夹具的圆柱面接触。调整夹具，使杠杆在试件折断时尽可能接近平衡位置。

3）以 (50±10)N/s 的速度进行加荷，直到试件折断，记录破坏荷载。

4）保持两个半截棱柱体处于潮湿状态，直至抗压试验开始。

5）按下式计算每条试件的抗折强度（精确至 0.1MPa）。

$$R_f = \frac{1.5 F_f l}{b^3} \tag{11.6}$$

式中　F_f——折断时施加于棱柱体中部的荷载，N；

l——支撑圆柱之间的距离，mm；

b——棱柱体正方形截面的边长，mm。

6）取 3 条棱柱体试件抗折强度测定值的算术平均值作为试验结果（精确至 0.1MPa）。当 3 个测定值中仅有 1 个超出平均值的 ±10% 时，应予剔除，再以其余 2 个测定值的平均数作为试验结果；如果 3 个测定值中有 2 个超出平均值的 ±10% 时，则以剩下的 1 个测定值作为抗折强度结果，若 3 个测定值全部超过平均值的 ±10% 时而无法计算强度时，必须重新检验。

（2）水泥抗压强度试验。

1）立即在抗折后的 6 个断块（应保持潮湿状态）的侧面上进行抗压试验，使试件受压面积为 40mm×40mm。试验前，应将试件受压面与抗压夹具清理干净，试件的底面应紧靠夹具上的定位销，断块露出上压板外的部分应不少于 10mm。

2）在整个加荷过程中，夹具应位于压力机承压板中心，以 (2.4±0.2)kN/s 的速率均匀地加荷至破坏，记录破坏荷载 P（单位：kN）。

3）按下式计算每块试件的抗压强度 $f_{压}$（精确至 0.1MPa）：

$$R_c = \frac{F}{A} \tag{11.7}$$

式中　F——破坏时的最大荷载，N；

　　　A——受压面积，mm^2。

4）每组试件以 6 个抗压强度测定值的算术平均值作为试验结果。如果 6 个测定值中有 1 个超出平均值的±10％，应剔除这个结果，而以剩下 5 个的平均值作为试验结果。如果 5 个测定值中再有超过它们平均数±10％的，则此组结果作废，应重做。当 6 个测定值中同时有两个或两个以上超出平均值的±10％时，则此组结果作废。

根据上述测得的抗折、抗压强度的试验结果，按相应的水泥标准确定其水泥强度等级。

11.3　混凝土骨料试验

11.3.1　砂的颗粒级配试验

通过试验，计算砂的细度模数以确定砂的粗细程度和评定砂的颗粒级配的优劣。本试验方法依据《建设用砂》（GB/T 14684—2022）。

1. 主要仪器设备

（1）方孔筛：包括孔为 9.50mm、4.75mm、2.36mm、1.18mm、0.60mm、0.30mm、0.15mm 的方孔筛，以及筛底和筛盖各 1 只。

（2）天平：称量 1kg，感量 1g。

（3）摇筛机。

（4）烘箱：能使温度控制在（105±5）℃。

（5）浅盘和硬、软毛刷等。

2. 试样制备

在缩分前，应先将试样通过 9.50mm 的筛，并算出筛余百分率。然后，将试样在潮湿状态下充分拌匀，用四分法缩分至约 1100g。在（105±5）℃的温度下烘干至恒质量，冷却至室温后，平均分为两份待用。

3. 试验步骤

（1）称取烘干试样 500g，置于 4.75mm 的筛中，将套筛装入摇筛机，摇筛 10min。

（2）取出套筛，再按筛孔大小顺序，在清洁的浅盘上逐个进行手筛，直到每分钟的筛出量不超过试样总质量的 0.1％时为止。

（3）通过的颗粒并入下一号筛，并和下一号筛中的试样一起过筛。依次顺序进行，直到各号筛全部筛完为止。

（4）试样在各号筛上的筛余量，均不得超过 G。否则应将该筛余试样分成 2 份。再次进行筛分，并以其筛余量之和作为各筛的筛余量。

$$G = \frac{A \times \sqrt{d}}{200} \tag{11.8}$$

式中 G——在各号筛上的最大筛余量，g;

A——筛面面积，mm^2;

d——筛孔尺寸，mm。

当超过按式（11.8）计算出的值时，应按下列方法之一处理：

1）将该粒级试样分成少于按式（11.8）计算出的量，分别筛分，并以筛余量之和作为该号筛的筛余量；

2）将该粒级及以下各粒级的筛余混合均匀，称出其质量，精确至1g，再用四分法缩分为2份，取其中1份，称出其质量，精确至1g，继续筛分。计算该粒级及以下各粒级的分计筛余量时应根据缩分比例进行修正。

4. 结果计算

（1）分计筛余百分率。

各号筛上的筛余量除以试样总质量的百分率（精确到0.1%）。

（2）累计筛余百分率。

该号筛上的分计筛余百分率与大于该号筛的各号筛上的分计筛余百分率之和（精确至0.1%）。

（3）根据式（11.9）计算细度模数 M_x，精确至0.01。

$$M_x = \frac{(A_2 + A_3 + A_4 + A_5 + A_6) - 5A_1}{100 - A_1} \tag{11.9}$$

式中 A_1、A_2、A_3、A_4、A_5、A_6——4.75mm、2.36mm、1.18mm、0.60mm、0.30mm、0.15mm 各筛上的累计筛余百分率。

（4）筛分试验应采用两个试样进行，并以其试验结果的算术平均值作为测定值。如2次试验所得的细度模数之差大于0.20，须重新进行试验。

11.3.2 砂的表现密度试验

砂的表观密度是骨料基本物理状态指标，是进行混凝土配合比设计的必要参数。本试验测定砂的表观密度，即其单位体积的质量。试验依据为《建设用砂》（GB/T 14684—2022）。

1. 主要仪器设备

（1）烘箱：温度控制在（105±5）℃。

（2）天平：称量1kg，感量0.1g。

（3）容量瓶：500mL。

（4）浅盘、毛刷、温度计等。

2. 试样制备

将缩分至660g左右的试样在温度为（105±5）℃的烘箱中烘干至恒量，并在干燥器内冷却至室温，平均分为两份备用。

3. 试验步骤

（1）称取烘干的试样300g（G_0），装入盛有半瓶冷开水的容量瓶中。

（2）摇转容量瓶，使试样在水中充分搅动以排出气泡，塞紧瓶塞，静置24h左右。然后，用滴管添水，使水面与瓶颈刻度线平齐，再塞紧瓶塞，擦干瓶外水珠，称其质量（G_1）。

（3）倒出瓶中的水和试样，将瓶的内外表面洗净，再向瓶内注水至 500mL 刻度线。塞紧瓶塞，擦干瓶外水分，称其质量（G_2）。

注：在砂的表观密度试验过程中，应测量并控制水的温度在 15～25℃ 范围内。试验的各项称量可以在 15～25℃ 的温度范围内进行，但从试样加水静置的最后 2h 起直到试验结束，温度相差不应超过 2℃。

4. 结果计算

结果按式（11.10）计算，精确 10kg/m³

$$\rho_0 = \left(\frac{G_0}{G_0 + G_2 - G_1} - \alpha_t \right) \times \rho_水 \tag{11.10}$$

式中　ρ_0——表观密度，kg/m³；

　　　$\rho_水$——1000，kg/m³；

　　　G_0——烘干试样的质量，g；

　　　G_1——试样、水及容量瓶的总质量，g；

　　　G_2——水及容量瓶的总质量，g；

　　　α_t——水温对表观密度影响的修正系数（表 11.1）。

以 2 次试验的算术平均值作为测定值，如 2 次结果之差值大于 20kg/m³ 时，应重新取样进行试验。

表 11.1　　　　　　　　水温对骨料表观密度影响的修正系数

水温/℃	15	16	17	18	19	20	21	22	23	24	25
α_t	0.002	0.003	0.003	0.004	0.004	0.005	0.005	0.006	0.006	0.007	0.008

11.3.3　砂的堆积密度与空隙率试验

测定砂的堆积密度及空隙率，为计算混凝土中砂浆用量和砂浆中的水泥净浆用量提供依据。试验依据为《建设用砂》（GB/T 14684—2022）。

1. 主要仪器设备

（1）天平：称量 10kg，感量 1g。

（2）容量筒：金属制，圆柱形，内径为 108mm，净高为 109mm，筒壁厚 2mm，容积为 1L。

（3）标准漏斗：如图 11.12 所示。

（4）烘箱：能使温度控制在（105±5）℃。

（5）方孔筛：孔径为 4.75mm。

（6）垫棒：直径 10mm，长 500mm 的圆钢。

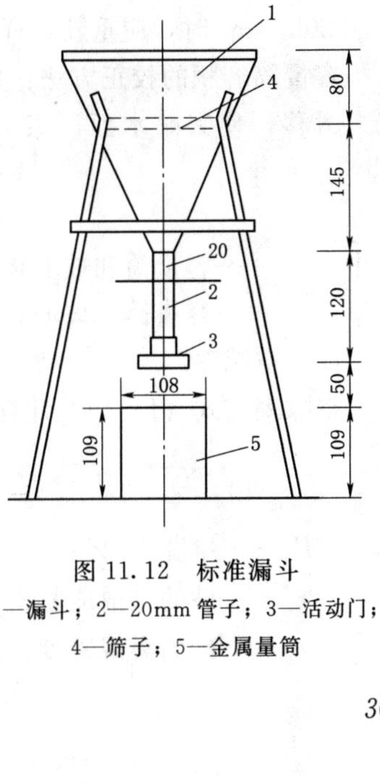

2. 试样制备

用干净盘装试样约 3L，在温度为（105±5）℃ 的烘箱中烘干至恒质量，取出并冷却至室温，筛除大于

图 11.12　标准漏斗

1—漏斗；2—20mm 管子；3—活动门；4—筛子；5—金属量筒

4.75mm 的颗粒，分成大致相等的 2 份备用。

注：试样烘干后如有结块，应在试验前先予捏碎。

3. 试验步骤

（1）松散堆积密度。

称容量筒质量（m_1），将筒置于不受振动的桌上浅盘中。取试样一份，用漏斗或铝制料勺，将它徐徐装入容量筒，漏斗出料口或料勺距容量筒筒口不应该超过 5cm，直至试样装满并超过容量筒筒口。然后，用直尺将多余的试样沿筒口中心线向两个相反方向刮平，称其质量（m_2），精确到 1g。

（2）紧密堆积密度。

取试样一份，分两层装入容量筒。装完一层后，在筒底垫放一根直径为 10mm 的钢筋，将筒按住，左右交替颠击各 25 次。然后，再装入第二层，第二层装满后用同样方法颠实（但筒底所垫钢筋的方向应与第一层放置方向垂直）。两层装完并颠实后，加料直至试样超出容量筒筒口，用直尺将多余的试样沿筒口中心线向两个相反方向刮平，称其质量（m_2），精确到 1g。

4. 结果计算

（1）堆积密度。

松散堆积密度及紧密堆积密度，按式（11.11）计算，精确至 $10kg/m^3$。

$$\rho_o' = \frac{m_2 - m_1}{V_o'} \times 1000 \tag{11.11}$$

式中 ρ_o'——堆积密度，kg/m^3；

m_1——容量筒的质量，kg；

m_2——容量筒和砂的质量，kg；

V_o'——容量筒容积，L。

以两次试验结果的算术平均值作为测定值，精确至 $10kg/m^3$，如 2 次结果之差值大于 $20kg/m^3$ 时，应重新取样进行试验。

容量筒容积的校正方法：以温度为（20±5）℃的饮用水装满容量筒，用玻璃板沿筒口滑移，使紧贴水面，擦干筒外壁水分，称其质量，用式（11.12）计算筒的容积 V。

$$V = m_2 - m_1 \tag{11.12}$$

式中 m_1——容量筒和玻璃板质量，kg；

m_2——容量筒、玻璃板和水的质量，kg。

（2）空隙率。

空隙率按式（11.13）计算，精确到 1%，取两次平均值。

$$P_s = \left(1 - \frac{\rho_o'}{\rho_0}\right) \times 100\% \tag{11.13}$$

式中 P_s——空隙率，%；

ρ_o'——砂的松散或紧密密度，kg/m^3；

ρ_0——砂的表观密度，kg/m^3。

11.3.4 碎石或卵石的颗粒级配试验

测定碎石或卵石的颗粒级配为混凝土配合比设计提供依据。试验依据为《建设用卵石、碎石》（GB/T 14685—2022）。

1. 仪器设备

（1）烘箱：温度控制在（105±5）℃。

（2）天平：分度值不大于最少试样质量的 0.1%。

（3）试验筛：孔径为 2.36mm、4.75mm、9.50mm、16.0mm、19.0mm、26.5mm、31.5mm、37.5mm、53.0mm、63.0mm、75.0mm 及 90.0mm 的方孔筛，并附有筛底和筛盖，筛框内径为 300mm。

（4）摇筛机。

（5）浅盘。

2. 试验步骤

（1）按规定取样，并将试样缩分至不小于表 11.2 规定的质量，烘干或风干后备用。

表 11.2　　　　　　　　　　颗粒级配试验所需最少试样质量

最大粒径/mm	9.5	16.0	19.0	26.5	31.5	37.5	63.0	≥75.0
最少试样质量/kg	1.9	3.2	3.8	5.0	6.3	7.5	12.6	16.0

（2）按表 11.2 的规定称取试样。将试样倒入按孔径大小从上到下组合的套筛（附筛底）上，然后进行筛分。

（3）将套筛置于摇筛机上，摇筛 10min；取下套筛，按筛孔大小顺序再逐个用手筛，筛至每分钟通过量小于试样总量的 0.1% 为止。通过的颗粒并入下一号筛中，并和下一号筛中的试样一起过筛，这样顺序进行，直至各号筛全部筛完为止。当筛余颗粒的粒径大于 19.0mm 时，在筛分过程中，允许用手指拨动颗粒。

（4）称出各号筛的筛余量。

3. 结果计算与评定

（1）计算分计筛余百分率：各号筛的筛余量与试样总质量之比，应精确至 0.1%。

（2）计算累计筛余百分率：该号筛及以上各筛的分计筛余百分率之和，应精确至 1%。筛分后，如每号筛的筛余量及筛底的筛余量之和与筛分前试样质量之差超过 1% 时，应重新试验。

（3）根据各号筛的累计筛余百分率评定该试样的颗粒级配。

11.3.5 碎石或卵石的表观密度试验

测定碎石或卵石的表观密度。试验依据为《建设用卵石、碎石》（GB/T 14685—2022）。

11.3.5.1 液体比重天平法

1. 仪器设备

（1）试验时各项称量可在 15～25℃ 范围内进行，但从试样加水静止的 2h 起至试验结束，其温度变化不应超过 2℃。

（2）烘箱：温度控制在（105±5）℃。

（3）天平：量程不小于 10kg，分度值不大于 5g，其型号及尺寸应能允许在臂上悬挂盛试样的吊篮，并能将吊篮放在水中称量。

（4）吊篮：直径和高度均为 150mm，由孔径为 1～2mm 的筛网或钻有 2～3mm 孔洞的耐锈蚀金属板制成。

（5）试验筛：孔径为 4.75mm 的方孔筛。

（6）盛水容器：有溢流孔、温度计、浅盘、毛巾等。

2. 试验步骤

（1）按规定取样，并缩分至不小于表 11.3 规定的质量，风干后筛除小于 4.75mm 的颗粒，然后洗刷干净，平均分为两份备用。

表 11.3　　　　　　　　表观密度试验所需最少试样质量

最大粒径/mm	<26.5	31.5	37.5	63.0	75.0
最少试样质量/kg	2.0	3.0	4.0	6.0	6.0

（2）取试样一份装入吊篮，并浸入盛水的容器中，水面至少高出试样 50mm。浸泡（24±1）h 后，移放到称量用的盛水容器中，并用上下升降吊篮的方法排除气泡，试样不得露出水面。吊篮每升降一次约 1s，升降高度为 30～50mm。

（3）测定水温后，此时吊篮应全浸在水中，称出吊篮及试样在水中的质量（m_{h2}）。称量时盛水容器中水面的高度由容器的溢流孔控制。

（4）提起吊篮，将试样倒入浅盘，放在烘箱中于（105±5）℃下烘干至恒重，待冷却至室温后，称出其质量（m_{h1}）。

（5）称出吊篮在同样温度水中的质量（m_{h3}）。称量时盛水容器的水面高度仍由溢流孔控制。

3. 结果计算与评定

（1）表观密度应按式（11.14）计算，并精确至 10kg/m³。

$$\rho_0 = \left(\frac{m_{h1}}{m_{h1} + m_{h3} - m_{h2}} \alpha_t \right) \times \rho_{水} \qquad (11.14)$$

式中　ρ_0——表观密度，kg/m³；

　　　$\rho_{水}$——1000，kg/m³；

　　　m_{h1}——烘干试样的质量，g；

　　　m_{h2}——吊篮及试样在水中的质量，g；

　　　m_{h3}——吊篮在水中的质量，g；

　　　α_t——水温对表观密度影响的修正系数（表 11.1）。

（2）表观密度应取两次试验结果的算术平均值，两次试验结果之差大于 20kg/m³，应重新试验。对颗粒材质不均匀的试样，如两次试验结果之差超过 20kg/m³，可取 4 次试验结果的算术平均值。

11.3.5.2 广口瓶法

本方法用于测定最大粒径不大于 37.5mm 的卵石或碎石的表观密度。

1. 仪器设备

（1）试验时各项称量可在 15～25℃ 范围内进行，但从试样加水静止的 2h 起至试验结束，其温度变化不应超过 2℃。

（2）烘箱：温度控制在 （105±5）℃。

（3）天平：量程不小于 10kg，分度值不大于 5g。

（4）广口瓶：1000mL，磨口。

（5）试验筛：孔径为 4.75mm 的方孔筛。

（6）玻璃片（尺寸约 100mm×100mm）、浅盘、毛巾、刷子等。

2. 试验步骤

（1）按规定取样，并缩分至不小于表 11.3 规定的质量，风干后筛除小于 4.75mm 的颗粒，然后洗刷干净，平均分为两份备用。

（2）将试样浸水饱和，然后装入广口瓶中。装试样时，广口瓶应倾斜放置，注入饮用水，用玻璃片覆盖瓶口。以上下左右摇晃的方法排除气泡。

（3）气泡排尽后，向瓶中添加饮用水，直至水面凸出瓶口边缘。然后用玻璃片沿瓶口迅速滑行，使其紧贴瓶口水面。擦干瓶外水分后，称出试样、水、瓶和玻璃片总质量（m_{h5}）。

（4）将瓶中试样倒入浅盘，放在烘箱中于 （105±5）℃ 下烘干至恒重，待冷却至室温后，称出其质量（m_{h4}）。

（5）将瓶洗净并重新注入饮用水，用玻璃片紧贴瓶口水面，擦干瓶外水后，称出水、瓶和玻璃片总质量（m_{h6}）。

3. 结果计算与评定

表观密度应按式（11.15）计算，并精确至 10kg/m³。

$$\rho_0 = \left(\frac{m_{h4}}{m_{h4} + m_{h6} - m_{h5}} \alpha_t \right) \times \rho_{水} \tag{11.15}$$

式中 ρ_0——表观密度，kg/m³；

$\rho_{水}$——1000，kg/m³；

m_{h4}——烘干试样的质量，g；

m_{h5}——试样、水、瓶和玻璃片的总质量，g；

m_{h6}——水、瓶和玻璃片的总质量，g；

α_t——水温对表观密度影响的修正系数（表 11.1）。

11.3.6 压碎指标值试验

本试验方法适用于建筑用碎石、卵石的泥块压碎指标值的测定。试验依据为《建设用卵石、碎石》（GB/T 14685—2022）。

1. 主要仪器设备

（1）压力试验机：量程不小于 300kN，精度不大于 1%。

（2）压碎指标测定仪（图 11.13）。

图 11.13　压碎指标测定仪

（3）天平：称量 1kg，感量 1g。

（4）天平：称量 5kg，感量 5g。

（5）受压试模。

（6）方孔筛：孔径分别为 2.36mm，9.50mm，19.0mm 的筛各 1 只。

（7）垫棒：直径 10mm，长 500mm 圆钢。

2. 试验步骤

（1）按前述规定取样，风干后筛除大于 19.0mm 及小于 9.50mm 的颗粒，并去除针、片状颗粒，分为大致相等的 3 份备用，每份约 3000g。

（2）取 1 份试样分 2 层装入圆模（置于底盘上）内，每装完 1 层试样后，在底盘下面垫放一直径为 10mm 的圆钢。将筒按住，左右交替颠击地面各 25 次，2 层颠实后，平整模内试样表面，盖上压头。

当圆模装不下 3000g 试样时，以装至距圆模上口 10mm 为准。

（3）把装有试样的模子置于压力机上，开动压力试验机，按 1kN/s 的速度均匀加荷至 200kN 并持荷 5s，然后卸荷。取下压头，倒出试样，过孔径为 2.36mm 的筛，称取筛余物。

3. 结果计算

压碎指标值按式（11.16）计算，精确至 0.1%。

$$Q_e = \frac{m_1 - m_2}{m_1} \times 100\%$$ （11.16）

式中　Q_e——压碎指标值，%；

m_1——试样的质量，g；

m_2——压碎试验后筛余的试样质量，g。

压碎指标值取 3 次试验结果的算术平均值，精确至 1%。

11.4　水泥混凝土拌合物试验

11.4.1　试验室拌和方法

1. 试验目的、依据

（1）通过混凝土的试拌确定配合比。

（2）对混凝土拌合物性能进行试验。

（3）制作混凝土的各种试件。

2. 一般规定

（1）在拌和混凝土时，拌和场所温度宜保持在（20±5）℃，对所拌制的混凝土拌合物应避免阳光直射和风吹。

（2）用以拌制混凝土的各种材料温度应与拌和场所温度相同，应避免阳光的直射。

（3）所用材料应一次备齐，并翻拌均匀。

（4）砂、石骨料均以干燥质量为准，若含有水分，应做含水率试验。

（5）材料用量以质量计，称量准确，水泥（掺合料）、水和外加剂为±0.2%；骨料为±0.5%。

（6）拌制混凝土所用各项用具（如搅拌机、拌和钢板和铁铲等）应预先用水湿润。

3. 主要仪器设备

（1）搅拌机：容积为50～100L，转速为18～22r/min。

（2）台秤：称量为100kg，感量50g。

（3）天平：1000g，感量0.5g。

（4）天平：5000g，感量1g。

（5）拌和钢板：尺寸不宜小于1.5m×1.5m；厚度不小于3mm。

4. 试验步骤

（1）人工拌和。

1）在拌和前先将钢板、铁铲等工具洗刷干净并保持湿润。

2）将称好的砂、水泥倒在钢板上，并用铁铲翻拌至颜色均匀，再放入称好的粗骨料与之拌和，至少翻拌3次，然后堆成锥形。

3）将中间扒开一凹坑，加入拌和用水（外加剂一般随水一同加入），小心拌和，至少翻拌6次，每翻拌1次后，应用铁铲在全部物面上压切1次，拌和时间从加水完毕时算起，在3.5min内完毕。

（2）机械拌和。

1）在机械拌和混凝土时，应在拌和混凝土前预先搅拌适量的混凝土进行挂浆（与正式配合比相同），避免在正式拌和时水泥浆的损失，挂浆所多余的混凝土倒在拌和钢板上，使钢板也粘有一层砂浆。

2）将称好的石子、胶凝材料、砂按顺序倒入搅拌机内先拌和几转，然后将需用的水倒入搅拌机内一起拌和2min以上。

3）将拌和好的拌合物倒在拌和钢板上，并刮出黏在搅拌机的拌合物，人工翻拌2～3次，使之均匀。

注：采用机械拌和时，一次拌和量不宜少于搅拌机容积$\frac{1}{4}$。

11.4.2 坍落度法测定混凝土拌合物的稠度

1. 试验目的、依据

测定混凝土拌合物坍落度与坍落扩展度，用以评定混凝土拌合物的流动性及和易性。主要适用于骨料为最大粒径不大于40mm、坍落度不小于10mm的塑性混凝土拌合物。试验依据为《普通混凝土拌合物性能试验方法标准》（GB/T 50080—2016）。

2. 主要仪器设备

坍落度筒（图11.14）：由厚度为1.5mm的薄钢板制成的圆锥形筒，其内壁应光滑，无凸凹部位，底面及顶面应互相平行，并与锥体的轴线相垂直。

3. 试验步骤

（1）湿润坍落度筒及其他用具，并把筒放在坚实的水平面上，然后用脚踩住两边的脚踏板，使坍落度筒在装料时保持固定的位置。

（2）把按要求取得的混凝土试样用小铲分3层均匀地装入筒内，每次所装高度大致为坍落度筒筒高的三分之一，每层用捣棒插捣25次。插捣应呈螺旋形由外向中心进行，每次插捣均应在截面上均匀分布。插捣筒边混凝土时，捣棒可以稍稍倾斜。插捣底层时，捣棒应贯穿整个深度。插捣第2层和顶层时，插捣深度应为插透本层，并且插入下一层表面。浇灌顶层时，混凝土应灌满到高出坍落度筒。插捣过程中，如混凝土沉落到低于筒口，则应随时添加。顶层插捣完后，刮去多余的混凝土，用抹刀抹平。

（3）清除筒边底板上的混凝土，垂直平稳地提起坍落度筒。坍落度筒的提离过程应在3～7s内完成。

从开始装料到提起坍落度筒的整个过程应不间断地进行，并应在150s内完成。

（4）提起坍落度筒后，立即测量筒高与坍落后的混凝土拌合物最高点之间的高度差，即为该混凝土拌合物的坍落度值，示意图如图11.15所示。

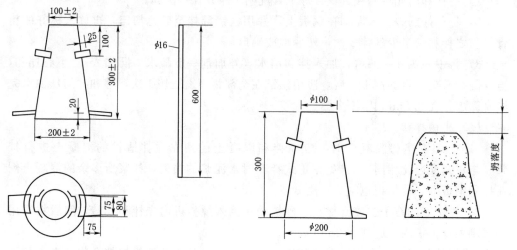

图11.14　坍落度筒及捣棒　　　　　　图11.15　混凝土坍落度测试示意图

4. 结果评定

（1）坍落度筒提起后，如混凝土拌合物发生崩坍或一边剪坏现象，则应重新取样进行测定。如第二次试验仍出现上述现象，则表示该混凝土和易性不好，应记录备查。

（2）观察坍落后的混凝土试体的保水性、黏聚性。

黏聚性的检查方法是用捣棒在已坍落的混凝土锥体侧面轻轻敲打。此时，如果锥体渐渐下沉，则表示黏聚性良好，如果锥体倒塌部分崩裂或出现离析现象，则表示黏聚性不好。

保水性以混凝土拌合物中稀浆析出的过程来评定。坍落度筒提离后，如有较多的稀浆从底部析出，锥体部分的混凝土也因失浆而骨料外露，则表明此混凝土拌合物的保水性能不好。如坍落度筒提起后无稀浆或仅有少量稀浆自底部析出，则表示此混凝土拌合物保水性良好。

（3）当混凝土拌合物坍落度大于 160mm 时，用钢直尺测量混凝土扩展后最大直径和最小直径，在这两个直径之差小于 50mm 的条件下，用其算术平均值作为坍落扩展度值；否则，此次试验无效。

如果发现粗骨料在中央堆集或边缘有水泥净浆析出，表示此混凝土拌合物抗离析性不好，应予记录。

（4）混凝土拌合物坍落度和坍落扩展度值以 mm 为单位，测值精确到 1mm，结果修约至 5mm。

11.4.3 混凝土拌合物表观密度试验

1. 试验目的、依据

测定混凝土拌合物捣实后的单位体积质量（即表观密度），用以核实混凝土配合比计算中的材料用量。试验依据为《普通混凝土拌合物性能试验方法标准》（GB/T 50080—2016）。

2. 主要仪器设备

（1）容量筒：金属制成的圆筒，筒底应有足够刚度，使之不易变形。对骨料最大粒径不大于 40mm 的拌合物，采用容积不小于 5L 的容量筒，筒壁厚度为 3mm；骨料最大粒径大于 40mm 时，容量筒内径与内高均应大于骨料最大粒径的 4 倍。容量筒上缘及内壁应光滑平整，顶面与底面应平行，并与圆柱体的轴线垂直。

（2）台秤：称量 50kg，感量 10g。

（3）振动台。

（4）捣棒：直径 16mm，长 600mm 的钢棒，端部磨圆。

（5）小铲、抹刀、刮尺等。

3. 试验步骤

（1）用湿布把容量筒外壁擦干净，称出质量（m_1），精确到 10g。

（2）混凝土的装料及捣实方法应视拌合物的稠度而定。

坍落度大于 90mm 的用捣棒捣实。采用捣棒捣实时，应根据容量筒的大小决定分层与插捣次数。用 5L 容量筒时，每层混凝土的高度应不大于 100mm，每层插捣次数按每 10000mm^2 不少于 12 次计算。每次插捣应均衡地分布在每层截面上，由边缘向中心插捣。插捣底层时，捣棒应贯穿整个深度；插捣顶层时，捣棒应插透本层，并使之刚刚插入下面一层。每一层捣完后用橡皮锤沿容量筒外壁敲击 5～10 次，进行振实，直至混凝土拌合物表面插捣孔消失并不见大气泡为止。

坍落度不大于 90mm 的混凝土用振动台振实。采用振动台振实时，应一次将混凝土拌合物灌满至稍高出容量筒口。装料时，允许用捣棒稍加插捣。振捣过程中，如混凝土高度沉落到低于筒口，则应随时添加混凝土。振动直至表面出浆为止。

自密实混凝土应一次性填满，且不应进行振动和插捣。

（3）用刮尺齐筒口将多余的混凝土拌合物刮去，表面发有凹陷应予填平，将容量筒外壁仔细擦净，称出混凝土与容量筒质量（m_2），精确至 10g。

4. 结果计算

混凝土拌合物表观密度 ρ_c（kg/m³）按式（11.17）计算。

$$\rho_c = \frac{m_2 - m_1}{V} \times 1000 \tag{11.17}$$

式中　m_1——容量筒质量，kg；

　　　m_2——容量筒及试样质量，kg；

　　　V——容量筒容积，L。

试验结果精确至10kg/m³。

11.5　水泥混凝土力学性能试验

11.5.1　试件的制作及养护

1. 试验目的、依据

制作提供各种性能试验用的混凝土试件。试验依据为《混凝土物理力学性能试验方法标准》（GB/T 50081—2019）。

2. 一般规定

（1）混凝土物理力学性能试验一般以3个试件为一组。每一组试件所用的拌合物应从同盘或同一车混凝土中取出，在试验室用机械或人工拌制。

（2）所有试件应在取样后立即制作，确定混凝土设计特征值、强度或进行材料性能研究时，试件的成型方法应视混凝土设备条件、现场施工方法和混凝土的稠度而定。可采用振动台、振动棒或人工插捣。

（3）棱柱体试件宜采用卧式成型。特殊方法成型的混凝土（如离心法、压浆法、真空作业法及喷射法等），其试件的制作应按相应的规定进行。

（4）制作不同力学性能试验所需试件的规格及最少制作数量的要求见表11.4。抗压强度和劈裂抗拉强度试件在特殊情况下，可采用 $\Phi150\text{mm} \times 300\text{mm}$ 的圆柱体标准试件或 $\Phi100\text{mm} \times 200\text{mm}$ 和 $\Phi200\text{mm} \times 400\text{mm}$ 的圆柱体试件。轴心抗压强度和静力弹性模量试件在特殊情况下，可采用 $\Phi150\text{mm} \times 300\text{mm}$ 的圆柱体试件或 $\Phi100\text{mm} \times 200\text{mm}$ 和 $\Phi200\text{mm} \times 400\text{mm}$ 的圆柱体试件。

表 11.4　　　　　　　　　　　　试件规格及制作数量

试验项目	试件规格/(mm×mm×mm)	与标准试件比值	制作试件数量/块	骨料最大粒径/mm
立方体抗压强度	150×150×150	1	3	37.5
	100×100×100	0.95	3	31.5
	200×200×200	1.05	3	63.0
轴心抗压强度	150×150×300	1	3	37.5
	100×100×200	0.95	3	31.5
	200×200×400	1.05	3	63.0
静力弹模	150×150×300	1	6	37.5

续表

试验项目	试件规格/(mm×mm×mm)	与标准试件比值	制作试件数量/块	骨料最大粒径/mm
劈裂抗压强度	150×150×150	0.9	3	37.5
	100×100×100	0.85	3	19.0
抗折强度	150×150×550（或600）	1	3	37.5
	100×100×400	0.85	3	31.5

立方体抗压强度和劈裂抗压强度标准试件为 150mm×150mm×150mm 立方体试件，轴心抗压强度和静力弹模标准试件为 150mm×150mm×300mm 试件，抗折强度标准试件为 150mm×150mm×550（或600）mm 试件。

3. 主要仪器设备

（1）试模（图 11.16）：由铸铁或钢制成，应具有足够的刚度，并便于拆装。试模内表面应刨光，其表面粗糙度不应大于 0.32μm。组装后各相邻面的夹角应为直角，误差不超过 0.2°。

（2）捣实设备可选用下列 3 种之一。

1）振动台（图 11.17）：试验用振动台的振动频率应为 (50±2)Hz，空载时振幅约为 (0.5±0.02)mm。

图 11.16 混凝土试模

图 11.17 混凝土振动台

2）振捣棒：直径 30mm 高频振动器。

3）钢制捣棒：直径 16mm，长 600mm，一端为弹头形。

（3）混凝土标准养护室：温度应控制在 (20±2)℃，相对湿度为 95% 以上。

4. 试验步骤

（1）制作试件前，检查试模，拧紧螺栓并清刷干净。在其内壁涂一薄层矿物油脂。

（2）室内混凝土拌和按规范要求进行拌和。

（3）振捣成型。

1）采用振动台成型时应将混凝土拌合物一次装入试模，装料时应用抹刀沿试模内略加插捣，并应使混凝土拌合物稍有富余。振动时应防止试模在振动台上自由跳动。振动应持续到表面出砂浆为止，刮除多余的混凝土并用抹刀抹平。

2) 采用人工插捣时，混凝土拌合物应分 2 层装入试模，每层的装料厚度应大致相等。插捣时用捣棒按螺旋方向从边缘向中心均匀进行，插捣底层时捣棒应达到试模底面，插捣上层时，捣棒应贯穿下层深度 20～30mm。插捣时，捣棒应保持垂直，不得倾斜。插捣次数应视试件的截面而定，每层插捣次数在 10000mm² 截面积内不少于 12 次。插捣后应用橡皮锤轻轻敲击试模四周，直至插捣棒留下的空洞消失为止。

3) 用插入式振捣棒振实时，将混凝土拌合物一次装入试模，装料时应用抹刀沿试模内壁插捣，并使混凝土拌合物高出试模上口；宜用直径为 Φ25mm 的插入式振捣棒；插入试模振捣时，振捣棒距试模底板宜为 10～20mm 且不得触及试模底板，振动应持续到表面出浆且无明显大气泡溢出为止，不得过振；振捣时间宜为 20s；振捣棒拔出时应缓慢，拔出后不得留有孔洞；

（4）试件成型后，在混凝土临近初凝时进行抹面，要求沿模口抹平。

（5）成型后的带模试件宜用湿布或塑料布覆盖，并在温度为（20±5）℃、相对湿度大于 50％的室内静置 1～2d，然后编号拆模。

（6）拆模后的试件应立即送入标准养护室养护，试件之间保持一定的距离（10～20mm），试件表面应潮湿，并应避免用水直接冲淋试件。或在温度为（20±2）℃的不流动的 Ca(OH)₂ 饱和溶液中养护。

同条件养护的试件成型后应覆盖表面。试件拆模时间可与构件的实际拆模时间相同。拆模后，试件仍需保持同条件养护。

（7）试件的养护龄期可分为 1d、3d、7d、28d、56d 或 60d、84d 或 90d、180d 等，也可根据设计龄期或需要进行确定，龄期应从搅拌加水开始计时。

11.5.2　立方体抗压强度试验

1. 试验目的、依据

测定混凝土立方体的抗压强度，以检验材料质量，确定、校核混凝土配合比，并为控制施工工程质量提供依据。试验依据为《混凝土物理力学性能试验方法标准》（GB/T 50081—2019）。

2. 主要仪器设备

（1）压力试验机：试件破坏荷载应大于试验机全量程的 20％，不大于全量程的 80％。试验机上、下压板应有足够的刚度，其中的一块压板（最好是上压板）应带球形支座，使压板与试件接触均衡。

（2）钢直尺：量程 300mm，最小刻度 1mm。

3. 试验步骤

（1）试件从养护地点取出后应尽快进行试验，以免试件内部的温度、湿度发生显著变化。

（2）试件在试压前应擦拭干净，测量尺寸并检查其外观。试件尺寸测量精确至 1mm 并据此计算试件的承压面积 A。如实际测定尺寸之差不超过 1mm，可按公称尺寸进行计算。

（3）将试件安放在试验机压板上，试件的中心与试验机下压板中心对准，试件的承压面应与成型时的顶面垂直。开动试验机。当上压板与试件接近时，调整球座，使接触均衡。

在试验过程中应连续均匀地加荷，混凝土强度等级小于 C30 时，加荷速度取 0.3～0.5MPa/s；混凝土强度等级不小于 C30 且小于 C60 时，加荷速度取 0.5～ 0.8MPa/s；混凝土强度等级不小于 C60 时，取 0.8～1.0MPa/s；当试件接近破坏而开始迅速变形时，停止调整试验机油门，直到试件破坏，然后记录破坏荷载（F）。

4. 结果计算

（1）混凝土立方体试件抗压强度按式（11.18）计算。

$$f_{cc} = \frac{F}{A} \tag{11.18}$$

式中　f_{cc}——混凝土立方体试件抗压强度，MPa；

　　　F——破坏荷载，N；

　　　A——试件承压面积，mm^2。

混凝土立方体试件抗压强度计算应精确至 0.1MPa。

（2）以 3 个试件的算术平均值作为该组试件的抗压强度值。3 个测量值中的最大值或最小值中如有 1 个与中间值的差超过中间值的 15%，则把最大值及最小值一并舍除，取中间值作为该组试件的抗压强度值；如 2 个测量值与中间值相差均超过 15%，则此组试验结果无效。

（3）取 150mm×150mm×150mm 的立方体试件的抗压强度为标准值，用其他尺寸试件测得的强度值均应乘以尺寸换算系数。

11.5.3　抗折强度试验

1. 试验目的、依据

适用于测定混凝土的抗折强度，检验其是否符合结构设计要求。试验依据为《混凝土物理力学性能试验方法标准》（GB/T 50081—2019）。

2. 主要仪器设备

（1）抗折试验所用的试验设备可以是抗折试验机、万能试验机或带有抗折试验架的压力试验机。所有这些试验机均应带有能使 2 个相等的、均匀、连续速度可控的荷载同时作用在小梁跨度三分点处的装置（图 11.17）。

（2）钢直尺：量程 300mm、最小刻度 1mm。

3. 试件制备

混凝土抗折试验采用 150mm×150mm×550（600）mm 棱柱体小梁作为标准试件。

如确有必要，允许采用 100mm×100mm×400mm 棱柱体试件。

4. 试验步骤

（1）试件从养护地点取出后应及时进行试验，试验前，试件应保持与原养护地点相似的干湿状态。

（2）试件在试验前应先擦拭干净，测量尺寸并检查外观。

试件尺寸测量精确至 1mm，并据此进行强度计算。

试件不得有明显缺损，在跨中 1/3 梁的受拉区内，不得有表面直径超过 5mm、深度超过 2mm 的孔洞。

（3）按图 11.18 要求调整支承及压头的位置，其所有间距的尺寸偏差应不大于±1mm。将试件在试验机的支座上放稳对中，承压面应选择试件成型时的侧面。开动试验机，当加压头与试件快接近时，调整加压头及支座，使接触均衡。如加压头及支座均不能前后倾斜，则各接触不良之处应用胶皮等物垫平。

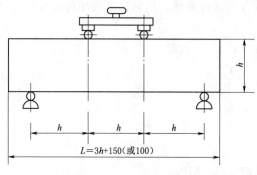

图 11.18　抗折试验装置

在试验过程中，应连续均匀地加荷。混凝土强度等级小于 C30 时，加荷速度为 0.02～0.05MPa/s；混凝土强度等级大于等于 C30 且小于 C60 时，加荷速度取 0.05～0.08MPa/s；混凝土强度等级大于等于 C60 时，取 0.08～0.10MPa/s；当试件接近破坏而开始迅速变形时，停止调整试验机油门，直到试件破坏，然后记录破坏荷载（F）。

5. 结果计算

（1）折断面位于两个集中荷载之间时，抗折强度按式（11.19）计算。

$$f_t = \frac{FL}{bh^2} \tag{11.19}$$

式中　f_t——混凝土抗折强度，MPa；

　　　F——破坏荷载，N；

　　　L——支座间距即跨度，mm；

　　　b——试件截面宽度，mm；

　　　h——试件截面高度，mm。

混凝土抗折强度计算精确至 0.1MPa。

（2）以 3 个试件的算术平均值作为该组试件的抗折强度值。3 个测量值中的最大值或最小值中如有 1 个与中间值的差超过中间值的 15%，则把最大值及最小值一并舍除，取中间值作为该组试件的抗折强度值；如 2 个测量值与中间值相差均超过 15%，则此组试验结果无效。

3 个试件中如有 1 个折断面位于 2 个集中荷载之外，则该试件的试验结果予以舍弃，混凝土抗折强度按另 2 个试件的试验结果计算。如有 2 个试件的折断面均超出两集中荷载之外，则该组试验作废。

（3）采用 100mm×100mm×400mm 棱柱体非标准试件时，取得的抗折强度值应乘以尺寸换算系数 0.85。

当混凝土强度等级大于等于 C60 时，宜采用标准试件。使用非标准试件时，尺寸换算系数应由试验确定。

11.5.4　劈裂抗拉强度试验

1. 试验目的、依据

本方法适用于测定混凝土立方体试件的劈裂抗拉强度。试验依据为《混凝土物理力学性能试验方法标准》（GB/T 50081—2019）。

2. 主要仪器设备

（1）压力试验机。

（2）劈裂抗拉强度试验应采用半径为 75mm 的钢制弧形垫块，其横截面尺寸如图 11.19 所示，垫块的长度与试件相同。

（3）垫条为三层胶合板制成，宽度为 20mm，厚度为 3～4mm，长度不小于试件长度，垫条不得重复使用。

3. 试验步骤

（1）试件从养护地点取出后应及时进行试验，将试件表面与上下承压面擦干净。

（2）将试件放在试验机下压板的中心位置，劈裂承压面和劈裂面应与试件成型时的顶面相垂直。

（3）在上、下压板与试件之间垫以圆弧形垫块及垫条 1 条，垫块与垫条应与试件上、下面的中心线对准，并与成型时的顶面垂直。宜把垫条及试件安装在定位架上使用（图 11.20）。

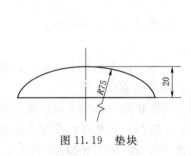

图 11.19 垫块

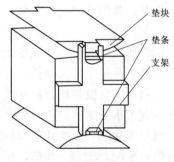

图 11.20 支架示意

（4）开动试验机，当上压板与圆弧形垫块接近时，调整球座，使接触均衡。加荷应连续均匀，加荷速度规定同抗折强度试验相同，试件破坏后记录破坏荷载。

4. 结果计算

（1）混凝土劈裂抗拉强度应按式（11.20）计算。

$$f_{ts} = \frac{2f}{\pi A} = 0.637 \frac{F}{A} \qquad (11.20)$$

式中 f_{ts}——混凝土劈裂抗拉强度，MPa；

  F——试件破坏荷载，N；

  A——试件劈裂面面积，mm^2。

劈裂抗拉强度计算精确到 0.01MPa。

（2）强度值的确定应符合下列规定。

1）3 个试件测量值的算术平均值作为该组试件的强度值（精确至 0.01MPa）。

2）3 个测量值中的最大值或最小值如有一个与中间值的差值超过中间值的 15%，则把最大和最小值一并舍去，取中间值作为该组试验的劈裂抗拉强度值。

3）如最大值和最小值与中间值的差超过中间值的 15%，则该组试件的试验结果无效。

（3）采用 100mm×100mm×100mm 非标准试件测得的劈裂抗拉强度值，应乘以尺寸换算系数 0.85。当混凝土强度等级大于等于 C60 时，宜采用标准试件。使用非标准试件时，尺寸换算系数应由试验确定。

11.6　建筑砂浆性能试验

11.6.1　砂浆的拌和

1. 试验目的、依据

确定水泥砂浆和混合砂浆的配合比，拌制供各种性能试验用的水泥砂浆试样。试验依据为《建筑砂浆基本性能试验方法标准》（JGJ/T 70—2009）。

2. 一般规定

（1）拌制水泥砂浆时，室温宜保持在（20±5)℃，并应避免使砂浆拌合物受到阳光直射和风吹。

（2）拌制砂浆用的材料应符合质量标准，在拌和前，材料的温度应保持与室温相同。

（3）试验所用原材料应与现场使用材料一致。砂应通过 4.75mm 筛。

（4）如砂浆是用于砌筑砌体，需筛去大于 2.5mm 的颗粒。

（5）拌制前应将搅拌机、拌和铁板、铁铲、抹刀等工具表面用水润湿。注意拌和铁板上不得有积水，试验完毕后用水清洗干净，不得留砂浆残渣等。

（6）机械拌和时，应先拌适量砂浆，使搅拌机内壁粘附一薄层水泥砂浆，以使正式拌和时的砂浆配合比成分准确，预拌砂浆的配合比应与正式拌和砂浆配合比相同。

（7）材料用量以质量比计，称量准确。骨料为±1%；水、水泥和掺合料为±0.5%。

3. 主要仪器设备

（1）砂浆搅拌机，满足《试验用砂浆搅拌机》（JG/T 3033）。

（2）铁板：约 1.5m×2m，厚度约 3mm。

（3）台秤：称量 50kg，感量 50g。

（4）案秤：称量 10kg，感量 5g。

（5）铁铲、抹刀等。

4. 试验步骤

（1）人工拌和。

1）将称好的砂子放在铁板上，加上所需的水泥，用铁铲拌和，拌合物颜色均匀为止。

2）将混合均匀的拌合物集中成圆锥形，上面挖一坑，将称好的白灰膏（或黏土膏）倒入；再倒入适量的水将石灰膏（或黏土膏）调稀；然后与水泥和砂共同拌和，逐次加水，仔细拌和均匀。水泥砂浆每翻 1 次，需用铁铲将全部砂浆压切 1 次。

3）拌和时间从加水完毕时算起为 3～5min，应将拌合物拌和至色泽一致，观察其和易性应符合要求。

（2）机械拌和。

1）先按所需数量称出各种材料，再将砂、水泥装入砂浆搅拌机内。

2）然后开动搅拌机，将水徐徐加入，将料拌和均匀。

3）搅拌时间不应少于120s，掺有掺合料和外加剂的砂浆，其搅拌时间不应少于180s。

4）将砂浆拌合物倒在拌和铁板上，再用铁铲翻拌约2次，使之均匀，然后进行试验。

11.6.2 砂浆稠度试验

1. 试验目的、依据

测定砂浆流动性，以确定配合比，在施工期间控制稠度以保证施工质量。适用于稠度小于12cm的砂浆。试验依据为《建筑砂浆基本性能试验方法标准》（JGJ/T 70—2009）。

2. 主要仪器设备

（1）稠度测定仪：标准圆锥体和杆的总质量为（300±2）g。圆锥体的高度为145mm，底部直径为75mm。盛砂浆的容器为截头圆锥形，高为173mm，底部内径为148mm，上口直径为220mm（图11.21）。

（2）其他设备：钢制捣棒，直径为10mm，长350mm，一端为弹头形；秒表和铁铲等。

3. 试验步骤

将拌和均匀的砂浆一次装入容器内，至距上口1cm插捣，插捣25次，然后轻轻振动5～6下，至表面平整；然后将容器置于固定在支架上的圆锥体下方。放松固定螺丝，使圆锥体的尖端和砂浆表面接触，拧紧固定螺丝，读出标尺读数。然后突然松开固定螺丝，使圆锥体自由沉入砂浆中，10s后，读出下沉的距离，精确到1mm，即为砂浆的稠度值。

4. 结果计算

取2次测定结果的算术平均值作为砂浆稠度的测定结果，计算精确到1mm。如2次测定值之差大于10mm，应配料重新测定。

11.6.3 砂浆表观密度试验

1. 试验目的、依据

测定砂浆单位体积质量，以鉴定砂浆质量，并计算每立方米砂浆的材料用量。试验依据为《建筑砂浆基本性能试验方法标准》（JGJ/T 70—2009）。

2. 主要仪器设备

（1）圆筒：容量1L，内径108mm，净高109mm，筒壁厚2～5mm。

（2）天平：称量5kg，感量5g。

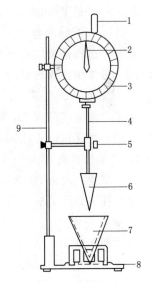

图 11.21　砂浆稠度测定仪
1—齿条测杆；2—指针；3—刻度盘；
4—滑杆；5—制动螺；6—试锥；
7—盛浆容器；8—底座；9—支架

（3）砂浆稠度测定仪。

（4）振动台，振幅（0.5±0.05)mm，频率（50±3)Hz。

（5）钢制捣棒：直径 10mm，长 350mm，一端为弹头形。

（6）秒表。

3. 试验步骤

（1）称圆筒的质量（m_1）。

（2）将拌好的砂浆装入圆筒内，并稍有余量。砂浆稠度不大于 50mm 时，采用振动法，将砂浆在振动台上振动 10s，当振动过程中砂浆沉入到低于筒口时，应随时添加砂浆；砂浆稠度大于 50mm 时，采用插捣法，用捣棒插捣 25 下，当插捣过程中砂浆沉落到低于筒口时，应随时添加砂浆，再用木锤沿容器外壁敲击 5~6 下。

（3）捣实后刮去多余的砂浆，并抹平表面，称出砂浆和筒的质量（m_2），准确至 5g。

4. 结果计算

砂浆表观密度按式（11.22）计算。

$$\rho_{os}=\frac{m_2-m_1}{V} \tag{11.22}$$

式中　ρ_{os}——砂浆表观密度，kg/m^3；

　　m_1——圆筒的质量，kg；

　　m_2——砂浆和圆筒的总质量，kg；

　　V——圆筒的容积，L。

以 2 个试样试验结果的算术平均值作为测定值，计算精确至 10kg/m^3。

11.6.4　砂浆抗压强度试验

1. 试验目的、依据

测定砂浆的实际强度，确定砂浆是否达到设计要求的强度等级。试验依据为《建筑砂浆基本性能试验方法标准》（JGJ/T 70—2009）。

2. 主要仪器设备

（1）试模：每格为 70.7mm×70.7mm×70.7mm 的金属试模。

（2）抹刀、压力机、砖、刷子等。

3. 试验步骤

（1）制作试块。

1）将内壁事先涂刷薄层机油的无底试模放在预先铺有吸水性较好的湿纸的普通砖上，砖的含水率不应大于 2%。

2）砂浆拌和后一次装满试模，成型方法应根据稠度而确定。当稠度大于 50mm 时，宜采用人工插捣成型，当稠度不大于 50mm 时，宜采用振动台振实成型。

3）当砂浆表面开始出现麻斑状态时（约 15~30min），将高出部分的砂浆沿试模顶面削平。

（2）试块养护。

1）试件制作后应在温度为（20±5)℃的环境下静置（24±2)h，对试件进行编号、拆模。当气温较低时，或者凝结时间大于 24h 的砂浆，可适当延长时间，但不应超过 2d。

2）试件拆模后应立即放入温度为（20±2）℃，相对湿度为 90％以上的标准养护室中养护。养护期间，试件彼此间隔不得小于 10mm，混合砂浆、湿拌砂浆试件上面应覆盖，防止有水滴在试件上。

3）从搅拌加水开始计时，标准养护龄期应为 28d，也可根据相关标准要求增加 7d 或 14d。

（3）抗压试验。

1）试压前，应将试块表面刷净擦干。

2）必须将试块的侧面作为受压面进行抗压强度试验。

3）承压试验应连续而均匀地加荷，加荷速度应为 0.25～1.5kN/s；砂浆强度不大于 2.5MPa 时，宜取下限。当试件接近破坏而开始迅速变形时，停止调整试验机油门，直至试件破坏，然后记录破坏荷载。

4. 结果计算

（1）单个砂浆试块的抗压强度按式（11.22），计算。

$$f_{m,cu} = K \frac{N_u}{A} \qquad (11.22)$$

式中　$f_{m,cu}$——单个砂浆试块的抗压强度，MPa，应精确至 0.1MPa；

　　　N_u——破坏荷载，N；

　　　A——试块的受压面积，mm^2；

　　　K——换算系数，取 1.35。

（2）每组试块为 3 块，取其 3 个试块试验结果的算术平均值作为该组砂浆的试块抗压强度。当 3 个测值的最大值或最小值中有 1 个与中间值的差值超过中间值的 15％时，应把最大值及最小值一并舍去，取中间值作为该组试件的抗压强度值；当两个测值与中间值的差值均超过中间值的 15％时，该组试验结果应为无效。

11.7　钢筋力学与机械性能试验

11.7.1　钢材的拉伸性能试验

1. 试验目的

在室温下对钢材进行拉伸试验，可以测定钢材的屈服点、抗拉强度以及伸长率等重要技术性能，并以此对钢材的质量进行评定，看是否满足国家标准的规定。

2. 主要仪器设备

（1）液压万能试验机：示值误差应小于 1％。

（2）游标卡尺：根据试样尺寸测量精度要求，选用相应精度的任一种量具，如游标卡尺、螺旋千分尺或精度更高的测微仪，精度 0.1mm。

（3）钢筋打点机（图 11.22）。

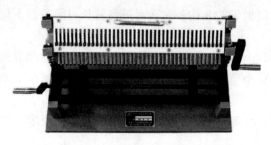

图 11.22　钢筋打点机

3. 试件条件

（1）试验速度：钢筋拉伸试验加载速率应符合规范要求。

（2）试验应在室温 10～35℃ 范围内进行，对温度要求严格的试验，试验温度应为（23±5）℃。

（3）夹持方法：应使用如楔形夹头、螺纹夹、套环夹头等合适的夹具持试样，夹头的夹持面与试样接触应尽可能对称均匀。

4. 试件制备

拉伸试验用钢筋试件长度：$L_0 \geqslant L_0 + 200\text{mm}$，$L_0$ 尺寸见表 11.5。

表 11.5　　　　　　　　　　钢 筋 试 件 尺 寸 表

直径/mm	L_0 (5a)/mm	L_0 (10a)/mm	直径/mm	L_0 (5a)/mm	L_0 (10a)/mm
Φ6	30	60	Φ18	90	180
Φ7	35	70	Φ19	95	190
Φ8	40	80	Φ20	100	200
Φ9	45	90	Φ21	105	210
Φ10	50	100	Φ22	110	220
Φ11	55	110	Φ24	120	240
Φ12	60	120	Φ25	125	250
Φ13	65	130	Φ26	130	260
Φ14	70	140	Φ28	140	280
Φ15	75	150	Φ30	150	300
Φ16	80	160	Φ32	160	320
Φ17	85	170	Φ34	170	340

如平行长度 L_c 比原始标距长许多，例如不经机加工的试样，可以标记一系列套叠的原始标距。有时，可以在试样表面划一条平行于试样纵轴的线，并在此线上标记原始标距（标记不应影响试样断裂），测量标距长度 L_0（精确至 0.1mm）。

5. 试验步骤

（1）根据被测钢筋的品种和直径，确定钢筋试样的原始标距 L_0。

（2）用钢筋打点机在被测钢筋表面打刻标点。

（3）接通试验机电源，启动试验机油泵，使油缸升起，读盘指针调零。根据钢筋直径的大小选定试验机的量程。

（4）夹紧被测钢筋，使上下夹持点在同一直线上，保证试样轴向受力。不得将试件标距部位夹入试验机的钳口中，试样被夹持部分不小于钳口的 2/3。

（5）启动油泵，按要求控制试验机的拉伸速度，拉伸中，测力度盘指针停止转动时的恒定荷载，或第一次回转时的最小荷载，即为所求的屈服点荷载 P_s（N）。

（6）屈服点荷载测出后，继续对试验加荷直至拉断，读出最大荷载 P_b（N）。

（7）卸去试样，关闭试验机油泵和电源。

（8）试件拉断后，将其断裂部分紧密地对接在一起，并尽量使其位于一条轴线上。如断裂处形成缝隙，则此缝隙应计入该试件拉断后的标距内。断后标距 L_1 的测量。

1）直接法：如拉断处到最邻近标距端点的距离大于 $L_0/3$ 时，直接测量标距两端点距离；

2）移位法：如拉断处到最邻近标距端点的距离小于或等于 $L_0/3$ 时，则按以下方法测定 L_1 在长段上从拉断处 O 点取基本等于短段格数，得 B 点，接着取等于长段所余格数［偶数，图 11.23（a）］的一半，得 C 点；或所余格数［奇数，图 11.23（b）］分别加 1 或减 1 的一半，得 C 点和 C_1 点。移位后的 L_1 分别为 $L_{AB}+2L_{BC}$ 和 $L_{AB}+L_{BC}+L_{BC1}$。

测量断后标距的量值其最小刻度应不大于 0.1mm。

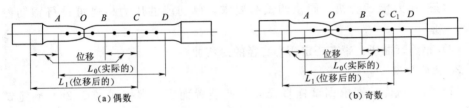

（a）偶数　　　　　　　　　　　　　　（b）奇数

图 11.23　测量示意图

6. 结果评定

（1）钢筋的屈服点和极限抗拉强度分别按式（11.23）和式（11.24）计算。

$$\sigma_s = \frac{P_s}{A} \tag{11.23}$$

式中　σ_s——屈服点，MPa；

　　　P_s——屈服点荷载，N；

　　　A——试件横截面积，mm^2。

$$\sigma_b = \frac{P_b}{A} \tag{11.24}$$

式中　σ_b——极限抗拉强度，MPa；

　　　P_b——最大荷载，N；

　　　A——试件横截面积，mm^2。

（2）断后伸长率按式（11.25）计算。

$$\delta_5（或 \delta_{10}）= \frac{L_0 - L_1}{L_0} \times 100 \tag{11.25}$$

式中　δ_5（或 δ_{10}）——$L_0 = 5a$ 和 $L_0 = 10a$ 时的断后伸长率；

　　　L_0——原标距长度 $5a$（或 $10a$），mm；

　　　L_1——拉断后标距端点间的长度，mm，测量精度±0.5mm。

（3）试验出现下列情况之一者，试验结果无效。

1）试样断在机械刻划的标记上或标距之外，造成断后伸长率小于规定最小值。

2）试验记录有误或设备发生故障影响试验结果。

（4）遇有试验结果作废时，应补做同样数量试样的试验。

（5）试验后试样出现 2 个或 2 个以上的颈缩以及显示出肉眼可见的冶金缺陷（例如分层、气泡、夹渣、缩孔等），应在试验记录和报告中注明。

（6）当试验结果有一项不合格时，应另取 2 倍数量的试样重新做试验，如仍有不合格项目，则该批钢材应判为拉伸性能不合格。

11.7.2 钢筋弯曲（冷弯）试验

1. 试验目的

检验钢筋承受规定弯曲程度的弯曲塑性变形性能，并显示其缺陷，作为评定钢筋质量的技术依据。

2. 主要仪器设备

（1）液压万能试验机：同拉伸试验要求，单功能的压力机也可进行钢筋冷弯试验。

（2）钢筋弯曲机：带有一定弯心直径的冷弯冲头。

3. 试验步骤

（1）弯曲试样长度根据试样直径和弯曲装置而定，常按式（11.26）确定试样长度。

$$L = 5d + 150\text{mm} \tag{11.26}$$

式中　d——弯曲压头或弯心直径，mm。

（2）钢筋冷弯试件不得进行车削加工，根据钢筋的型号和直径确定弯心直径，将弯心头套入试验机，按图 11.24（a）调整试验机平台上的支辊距离 L_1。

$$L_1 = (d + 3a) \pm 0.5a \tag{11.27}$$

式中　d——弯曲压头或弯心直径，mm；

　　　a——试件厚度或直径或多边形截面内切圆直径，mm。

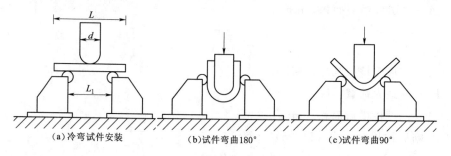

（a）冷弯试件安装　　　　　（b）试件弯曲180°　　　　　（c）试件弯曲90°

图 11.24　钢筋冷弯试验装置

（3）放入钢筋试样，将钢筋面贴紧弯心棒，旋紧挡板，使挡板面贴紧钢筋面或调整两支辊距离到规定要求。

（4）调整所需要弯曲的角度（180°或90°）。

（5）盖好防护罩。启动试验机，平稳加荷，使钢筋弯曲到所需要的角度。当被测钢筋弯曲至规定角度（180°或90°）后，如图11.24（b）、（c）所示，停止冷弯。

4. 试验结果

（1）弯曲后，按有关标准规定检查试样弯曲外表面，进行结果评定。相关产品标准规定的弯曲角度作为最小值，规定的弯曲半径作为最大值。

（2）有关标准未做具体规定时，检查试样的外表面，按以下5种试验结果进行评定，若无裂纹、裂缝或断裂，则评定试样合格。

1）完好：试样弯曲处的外表面金属基体上，肉眼可见因弯曲变形产生的缺陷时称为完好。

2）微裂纹：试样弯曲的外表面金属基体上出现细小的裂纹，其长度不大于2mm、宽度不大于0.2mm时，称为微裂纹。

3）裂纹：试样弯曲外表面金属基体上出现开裂，其长度大于2mm，而不大于5mm，宽度大于0.2mm，而小于等于0.5mm时，称为裂纹。

4）裂缝：试样弯曲外表面。金属基体上出现开裂，其长度大于5mm，宽度大于0.5mm时，称为裂缝。

5）断裂：试样弯曲外表面出现沿宽度贯穿的开裂，其深度超过试样厚度的1/3时，称为断裂。

11.8 石油沥青性能试验

11.8.1 沥青针入度的试验

本方法依据《沥青针入度试验方法》（GB/T 4509—2010）测定沥青的针入度。

沥青的针入度是在规定温度和时间内，附加一定重量的标准针垂直贯入试样的深度，以0.1mm表示。非经注明，标准针、针连杆与附加砝码的总质量为（100±0.05）g，试验温度为（25±0.1）℃，针入度贯入时间为5s。

根据需要如采用其他试验条件时，应在试验结果中注明。

1. 主要仪器设备

（1）针入度测定仪（图11.25）：凡能保证针和针连杆在无明显摩擦下垂直运动，并能指示针贯入深度准确至0.1mm的仪器均可使用。针和针连杆组合件总质量为（50±0.05）g，另附（50±0.05）g砝码一只，以供试验时适合总质量（100±0.05）g的需要。仪器设有放置平底玻璃保温皿的平台，并有调节水平的装置，针连杆应与平台相垂直。仪器设有针连杆制动按钮，使针连杆可自

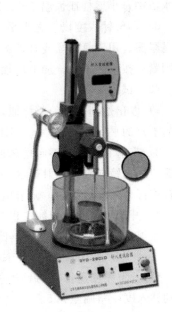

图11.25 针入度测定仪

由下落。针连杆易于装卸，以便检查其重量。仪器还设有可自由转动与调节距离的悬臂，其端部有一面小镜或聚光灯泡，借以观察针尖与试样表面接触情况。当为自动针入度仪时，基本要求与此项相同，但应附有对计时装置的校正检验方法，以经常校验。

（2）标准针由硬化回火的不锈钢制成，洛氏硬度 HRC54～60，表面粗糙度 R_a 为 0.2～0.3μm，针及针杆总质量（2.5±0.05）g，针杆上打印有号码标志，针应设有固定用装置盒，以免碰撞针尖，每根针必须附有计量部门的检验单，并定期进行检验。

（3）盛样皿：金属制，圆柱形平底。小盛样皿的内径 55mm，深 35mm（适用于针入度小于 200）；大盛样皿内径 70mm，深 45mm（适用于针入度 200～350）；对针入度大于 350 的试样需使用特殊盛样皿，其深度不小于 60mm，试样体积不少于 125mL。

（4）恒温水浴：容量不少于 10L，控制温度±0.1℃。水中应备有一带孔的搁板，位于水面下不少于 100mm，距水浴底不少于 50mm 处。

（5）平底玻璃皿：容量不少于 1L，深度不少于 80mm。内设有一不锈钢三脚支架，能使盛样皿稳定。

（6）温度计：0～50℃，分度 0.1℃。

2. 试验步骤

（1）准备工作。

1）准备试样。

2）将试样注入盛样皿中，试样高度应超过预计针入度值 10mm，并盖上盛样皿，以防落入灰尘。盛有试样的盛样皿在 15～30℃室温中冷却 45min～1.5h（小盛样皿）、1～1.5h（中盛样皿）、1.5～2h（大盛样皿）后，移入保持规定试验温度±0.1℃的恒温水浴中，小盛样皿恒温 1～1.5h，中盛样皿恒温 1～1.5h，大盛样皿恒温 1.5～2h。

3）调整针入度仪使之水平。检查针连杆和导轨，以确认无水和其他外来物，无明显摩擦。用三氯乙烯或其他溶剂清洗标准针，并拭干。将标准针插入针连杆，用螺丝固紧。按试验条件，加上附加砝码。

（2）试验步骤。

1）取出达到恒温的盛样皿，并移入水温控制在试验温度±0.1℃（可用恒温水浴中的水）的平底玻璃皿中的三脚支架上，试样表面以上的水层深度不少于 10mm。

2）将盛有试样的平底玻璃皿置于针入度仪的平台上。慢慢放下针连杆，用适当位置的反光镜或灯光反射观察，使针尖恰好与试样表面接触。拉下刻度盘的拉杆，使与针连杆顶端轻轻接触，调节刻度盘或深度指示器的指针指示为零。

3）开动秒表，在指针正指 5s 的瞬间，用手紧压按钮，使标准针自动下落贯入试样，经规定时间，停压按钮使针停止移动。

注：当采用自动针入度仪时，计时与标准针落下贯入试样同时开始，至 5s 时自动停止。

4）拉下刻度盘拉杆与针连杆顶端接触，读取刻度盘指针或深度指示器的读数，得到针入度，精确至 0.5。

5）同一试样平行试验至少 3 次，各测试点之间及与盛样皿边缘的距离不应少于

10mm。每次试验后，应将盛有盛样皿的平底玻璃皿放入恒温水浴，使平底玻璃皿中水温保持试验温度。每次试验应换一根干净标准针或将标准针取下，用蘸有三氯乙烯溶剂的棉花或布揩净，再用干棉花或布擦干。

6）测定针入度大于200的沥青试样时，至少用3支标准针，每次试验后将针留在试样中，直至3次平行试验完成后，才能将标准针取出。

3. 结果处理

同一试样3次平行试验，结果的最大值和最小值之差在下列允许偏差范围内时见表11.6，计算3次试验结果的平均值，取至整数作为针入度试验结果，以0.1mm为单位。

表11.6　　　　　针入度测定允许最大误差表

针入度/0.1mm	允许差值/0.1mm	针入度/0.1mm	允许差值/0.1mm
0～49	2	250～350	8
50～149	4	350～500	20
150～249	6		

11.8.2 沥青延度的试验

本方法依据《沥青延度试验方法》（GB/T 4508—2010）测定沥青的延度。沥青的延度是规定形状的试样在规定温度下，以一定速度受拉伸至断开时的长度，以cm表示。

试验温度与拉伸速率根据有关规定采用，非经注明，试验温度为（25±0.5）℃，拉伸速度为（5±0.25)cm/min。

1. 主要仪器设备

（1）延度仪：将试件浸没于水中，能保持规定的试验温度及按照规定拉伸速度拉伸试件且试验时无明显振动的延度仪均可使用，其形状及组成如图11.26所示。

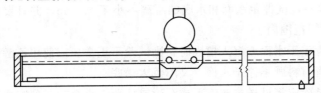

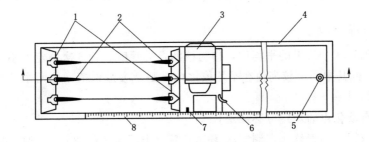

图11.26　延度仪（单位：mm）

1—试模；2—试样；3—电机；4—水槽；5—泄水孔；6—开关柄；7—指针；8—标尺

图 11.27 延度试模

（2）试模：黄铜制，由两个端模和两个侧模组成，其形状如图 11.27 所示。当装配完好后可浇铸成表 11.7 尺寸的试样。

（3）支撑板：黄铜板，一面应磨光至表面粗糙度 R_a 为 $0.63\mu m$。

（4）恒温水浴：容量不少于 10L，控温精度 $\pm0.1℃$，水浴中设有带孔搁架，搁架距底不得少于 50mm。试件浸入水中深度不小于 100mm。

2. 试验步骤

（1）按本规程规定的方法准备试样，然后将试样仔细自模的一端至另一端往返数次缓缓注入模中，最后略高出试模，灌模时应注意勿使气泡混入。

（2）试件在室温中冷却 30～40min，然后置于规定试验温度 $\pm0.1℃$ 的恒温水浴中，保持 30min 后取出，用热刮刀刮除高出试模的沥青，使沥青面与试模面齐平。沥青的刮法应自试模的中间刮向两端，且表面应刮得平滑。

（3）将支撑板、模具和试件一起放入水浴中，并在试验温度下保持 85～95min，然后从板取下试件，拆掉侧模，立即进行拉伸试验。

表 11.7 延 度 试 样 尺 寸

总长/mm	74.5～75.5	最小横断面宽/mm	9.9～10.1
中间缩颈部长度/mm	29.7～30.3	厚度（全部）/mm	9.9～10.1
端部开始缩颈处宽度/mm	19.7～20.3		

（4）将模具两端的孔分别套在实验仪器的柱上，然后以一定的速度拉伸，直到试件拉伸断裂。拉伸速度允许误差在 $\pm5\%$ 以内，测量试件从拉伸到断裂所经过的距离，以 cm 表示。试验时，试件距水面和水底的距离不小于 2.5cm，并且要使温度保持在规定温度的 $\pm0.5℃$ 范围内。

（5）如果沥青浮于水面或沉入槽底时，则试验不正常。应使用乙醇或氯化钠调整水的密度，使沥青材料既不浮于水面，又不沉入槽底。

（6）正常的试验应将试样拉成锥形或线形或柱形，直至在断裂时实际横断面面积接近于零或一均匀断面。如果 3 次试验得不到正常结果，则报告在该条件下延度无法测定。

3. 结果处理

以平行测定 3 个结果的平均值，作为该沥青的延度。若 3 次测定值不在其平均值的 5% 以内，但其中两个较高值在平均值之内，则舍去最低值，取两个较高值的平均值作为测定结果。

11.8.3 沥青软化点的测定（环球法）

本方法依据《沥青软化点测定法 环球法》（GB/T 4507—2014）测定沥青软化点。

沥青的软化点是试样在规定尺寸的金属环内，上置规定尺寸和重量的钢球，放于水（或甘油）中，以（5±0.5)℃/min 的速度加热，至钢球下沉达规定距离（25.4mm）时的温度，以℃表示。

1. 主要仪器设备

（1）软化点试验仪。

软化点试验仪如图 11.28 所示，由下列附件组成：

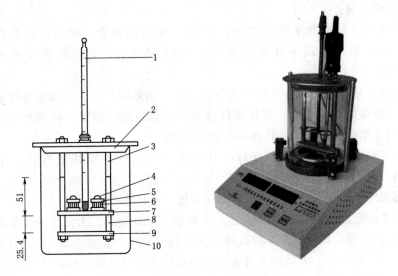

图 11.28　软化点试验仪
1—温度计；2—上盖板；3—立杆；4—钢球；5—钢球定位环；
6—金属环；7—中层板；8—下底板；9—烧杯

1）钢球：直径 9.5mm，质量（3.5±0.05)g。

2）试样环：黄铜或不锈钢等制成。

3）钢球定位环：黄铜或不锈钢制成。

4）金属支架：由两个主杆和三层平行的金属板组成。上层为一圆盘，直径略大于烧杯直径，中间有一圆孔，用以插放温度计。

5）耐热玻璃烧杯：容量 800～1000mL，直径不少于 86mm，高不少于 120mm。

6）温度计：30～180℃，分度 0.5℃。

（2）环夹。

由薄钢条制成，用以夹持金属环，以便刮平表面。

（3）装有温度调节器的电炉或其他加热炉具。

（4）试样底板：金属板或玻璃板。

（5）恒温水槽和平直刮刀。

2. 试验步骤

（1）准备工作。

1）若估计软化点在 120～157℃之间，应将黄铜环与支撑板预热至 80～100℃，然后将铜环放到涂有隔离剂的支撑板上，否则会出现沥青试样从铜环中完全脱落的现象。

2）向每个环中倒入略过量的沥青试样，让试件在室温下至少冷却 30min，对于在室温下较软的样品，应将试件在低于预计软化点 10℃ 以上的环境中冷却 30min。从开始倒试样时起至完成试验的时间不得超过 240min。

3）当试样冷却后，用稍加热的小刀或刮刀干净地刮去多余的沥青，使得每一个圆片饱满且和环的顶部齐平。

（2）试验步骤。

1）新煮沸过的蒸馏水适于软化点为 30～80℃ 的沥青，起始加热介质温度应为（5±1）℃；甘油适用于软化点为 80～157℃ 的沥青，起始加热介质的温度应为（30±1）℃。

2）把仪器放在通风橱内并配置两个样品环、钢球定位器，并将温度计插入合适的位置，浴槽装满加热介质，并使各仪器处于适当位置。用镊子将钢球置于浴槽底部，使其同支架的其他部位达到相同的起始温度。

3）如果有必要，将浴槽置于冰水中，或小心加热并维持适当的起始浴温达 15min，并使仪器处于适当位置，注意不要玷污浴液。

4）再次用镊子从浴槽底部将钢球夹住并置于定位器中。

5）从浴槽底部加热使温度以恒定的速率 5℃/min 上升。为防止通风的影响有必要时可用保护装置，试验期间不能取加热速率的平均值，但在 3min 后，升温速度应达到（5±0.5）℃/min，若温度上升速率超过此限定范围，则此次试验失败。

6）当包着沥青的钢球触及下支撑板时，分别记录温度计所显示的温度。无需对温度计的浸没部分进行校正。取两个温度的平均值作为沥青材料的软化点。当软化点在 30～157℃ 时，如果两个温度的差值超过 1℃，则重新试验。

3. 结果处理

同一试样平行试验两次，当两次测定值的差值符合重复性试验精度要求时，取其平均值作为软化点试验结果，准确至 0.5℃。重复性和再现性的精度要求见表 11.8。

表 11.8　　　　精 度 要 求 数 据 表

加热介质	沥青材料类型	软化点范围/℃	重复性（最大绝对误差）/℃	再现性（最大绝对误差）/℃
水	石油沥青、乳化沥青残留物、焦油沥青	30～80	1.2	2.0
水	聚合物改性沥青、乳化改性沥青残留物	30～80	1.5	3.5
甘油	建筑石油沥青、特种沥青等石油沥青	80～157	1.5	5.5
甘油	聚合物改性沥青、乳化改性沥青残留物等改性沥青产品	80～157	1.5	5.5

参 考 文 献

[1] 张亚梅. 土木工程材料 [M]. 6版. 南京：东南大学出版社，2021.

[2] 苏达根. 土木工程材料 [M]. 4版. 北京：高等教育出版社，2019.

[3] 陈正. 土木工程材料 [M]. 北京：机械工业出版社，2020.

[4] 李克亮，杜晓蒙，李敏. 低成本碱激发绿色胶凝材料配方优化、性能及其微观结构研究 [M]. 北京：中国水利水电出版社，2020.

[5] 霍洪媛，赵红玲. 土木工程材料 [M]. 北京：中国水利水电出版社，2012.

[6] 白宪臣. 土木工程材料 [M]. 2版. 北京：中国建筑工业出版社，2019.

[7] 宋少民，王林. 混凝土学 [M]. 武汉：武汉理工大学，2013.

[8] 张巨松. 混凝土学 [M]. 2版. 哈尔滨：哈尔滨工业大学出版社，2017.

[9] 中华人民共和国住房和城乡建设部. JGJ/T 385—2015 高性能混凝土评价标准 [S]. 北京：中国建筑工业出版社，2015.

[10] 徐至钧. 纤维混凝土在建筑工程中的应用 [M]. 北京：中国标准出版社，2015.

[11] 水中和，魏小胜，王栋民. 现代混凝土科学技术 [M]. 北京：科学出版社，2014.

[12] 施惠生，孙振平，邓恺，等. 混凝土外加剂技术大全 [M]. 北京：化学工业出版社，2013.

[13] 陈海珍，武选正. 桐子林水电站水下不分散混凝土施工技术的应用 [C] //中国水利学会地基与基础工程专业委员会第15次全国学术会议. 昆明：2019.

[14] 张云升，张文华，刘建忠. 超高性能水泥基复合材料 [M]. 北京：科学出版社，2014.

[15] 邵旭东，邱明红，晏班夫，等. 超高性能混凝土在国内外桥梁工程中的研究与应用进展 [J]. 材料导报，2017，31 (12A)：33 - 43.

[16] 余丽武. 土木工程材料 [M]. 2版. 南京：东南大学出版社，2014.

[17] 贾兴文. 土木工程材料 [M]. 重庆：重庆大学出版社，2017.

[18] 刘秋美，刘秀伟. 土木工程材料 [M]. 成都：西南交通大学出版社，2019.

[19] 李彦昌，王海波，杨荣俊. 预拌混凝土质量控制 [M]. 北京：化学工业出版社，2016.

[20] 杨三强，杜二霞，郑轩. 土木工程材料 [M]. 北京：科学出版社，2017.

[21] 嘉兴文. 土木工程材料 [M]. 重庆：重庆大学出版社，2017.

[22] 廖国胜，曾三海. 土木工程材料 [M]. 北京：冶金工业出版社，2018.

[23] 侯亦南. "水立方"的 ETFE 充气膜结构技术概述 [J]. 工程建设与设计，2019 (22)：7 - 8.

[24] 施嘉霖，詹耀裕，黄绸辉. 上海预制装配式建筑研发中心海港基地 2 号试验楼案例介绍 [J]. 混凝土世界，2012 (3)：70 - 79.

[25] 王胜年，苏权科，李克菲，等. 港珠澳大桥混凝土结构耐久性设计与施工技术 [M]. 北京：人民交通出版社，2018.